高 等 数 学

(下册)

主　编　戴培良　姜　伟　吴月柱
副主编　常建明　李上钊　唐志强

科学出版社

北 京

内 容 简 介

本书内容主要包括向量代数与空间解析几何、多元函数的微分法及其应用、重积分、曲线积分与曲面积分、级数等. 全书注重理论与应用相结合, 强调直观性、准确性和应用性.

本书可作为应用型高等学校的理科、工科和经管等专业的高等数学教材, 也可作为相关人员的参考用书.

图书在版编目 (CIP) 数据

高等数学. 下册 / 戴培良, 姜伟, 吴月柱主编. —北京: 科学出版社, 2021.1

ISBN 978-7-03-067042-7

Ⅰ. ①高… Ⅱ. ①戴… ②姜… ③吴… Ⅲ. ① 高等数学-高等学校-教材 Ⅳ. ①O13

中国版本图书馆 CIP 数据核字 (2020) 第 241607 号

责任编辑: 胡云志 孙翠勤 / 责任校对: 彭珍珍
责任印制: 霍 兵 / 封面设计: 华路天然工作室

科 学 出 版 社 出版
北京东黄城根北街 16 号
邮政编码: 100717
http://www.sciencep.com
三河市骏杰印刷有限公司 印刷
科学出版社发行 各地新华书店经销

*

2021 年 1 月第 一 版 开本: 787×1092 1/16
2022 年 12 月第二次印刷 印张: 16 1/2
字数: 385 000
定价: 49.00 元
(如有印装质量问题, 我社负责调换)

前　言

　　高等数学是高等学校理工、经管类等专业学生的一门必修的基础课程. 我国已顺利实现了高等教育大众化, 目前正转型进入高等教育普及化新阶段. 为适应普通本科院校应用型人才培养需求, 结合教育部数学与统计学教学指导委员会制定的工科类和经管类本科数学基础课程教学基本要求, 我们编写了本书.

　　在传统教材的基础上, 本书对知识体系进行了适当的调整和优化. 注重理论与应用相结合, 强调直观性、准确性和应用性. 本书在内容上删除了一些过于烦琐的推理和计算, 弱化理论的证明, 强化数学的应用, 渗透数学建模思想, 加强 Mathematica 数学软件知识. 习题按章节配置, 选择了部分实际问题和数学建模问题. 选修内容用*标记。本书可作为应用型高等学校的理科、工科和经管等专业的高等数学教材.

　　本书分上、下两册. 上册包括一元函数微积分学、微分方程, 下册包括多元函数微积分学、向量代数与空间解析几何、级数等内容. 本书在编写过程中得到了校内许多同事的帮助和支持, 本书的出版得到了科学出版社编辑的大力支持, 在此一并表示衷心的感谢.

　　由于编者水平有限, 书中疏漏之处在所难免, 恳请读者批评指正.

编　者

2020 年 12 月

目　　录

第八章　向量代数与空间解析几何

类似于平面解析几何,空间解析几何通过建立空间坐标系,把空间的点与有次序的三个数对应起来,建立空间图形与方程的对应关系,从而可以用代数的方法来研究几何问题. 本章介绍空间解析几何的基本知识,其对学习多元函数微积分也是必要的.

第一节　向量及其线性运算

一、向量的概念

在自然科学和工程技术中所遇到的量,可以分为两类. 一类是只有大小没有方向的量,称为**数量**(或标量),例如质量、温度、时间、面积等等. 另一类是既有大小又有方向的量,称为**向量**(或矢量),例如力、力矩、位移、速度、加速度等等.

通常用黑体字母或带有箭头的字母来表示向量,例如 a,b 或 $\vec{a}$,$\vec{b}$. 在数学上,往往还用有向线段来表示向量:有向线段的长度表示向量的大小;有向线段的方向表示向量的方向. 如图 8-1 所示,向量 a 的起点为 A,终点为 B,还可记作 $\overrightarrow{AB}$.

若两个向量 a,b 的大小相等,方向相同,则称这两个向量**相等**,记作 $a=b$. 由定义可以看出,两个向量是否相等与它们的起点和终点无关,只由它们的大小和方向决定. 以后我们所研究的都是与起点无关的向量,并称这种向量为**自由向量**. 因此向量可以任意移动,且移动后所得的向量与原向量相等.

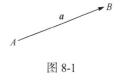

图 8-1

向量的大小也称为向量的**模**或**长度**. a,$\vec{a}$,$\overrightarrow{AB}$ 的模依次分别用 $|a|$,$|\vec{a}|$,$|\overrightarrow{AB}|$ 表示. 模为 1 的向量称为**单位向量**. 模为 0 的向量称为**零向量**,记作 $\mathbf{0}$ 或 $\vec{0}$. 零向量的起点与终点重合,它的方向是不确定的,可以看作是任意的. 规定零向量都相等.

如果两个非零向量的方向相同或相反,就称这两个向量**平行**. 由于零向量的方向是任意的,因此可以认为零向量与任何向量都平行. 若向量 a 与向量 b 平行,记作 $a /\!/ b$.

将彼此平行的一组向量的起点归结为同一点,它们的终点及公共起点应在同一条直线上,因此也称这组向量**共线**. 类似地,若将一组向量的起点归结为同一点,它们的终点及公共起点在同一平面上,则称这组向量**共面**.

二、向量的线性运算

1. 向量的加法

设有两个向量 a,b,任取一点 A,作 $\overrightarrow{AB}=a$,再以 B 为起点作 $\overrightarrow{BC}=b$,记 $\overrightarrow{AC}=c$,则称向量 c 为向量 a 与向量 b 的和(图 8-2),记作 $a+b$,即

$$c = a + b \quad \text{或} \quad \overrightarrow{AC} = \overrightarrow{AB} + \overrightarrow{BC}.$$

上述求两向量之和的方法称为向量加法的**三角形法则**. 由向量相等的定义知用向量加法的三角形法则求得的两向量之和是唯一的, 即与起点 A 的选取无关.

若 a, b 同向, 则 $a + b$ 的方向与两向量的方向相同, 而长度为两向量长度之和. 若 a, b 反向, 则 $a + b$ 的方向与长度较大向量的方向相同, 而长度为两向量长度之差的绝对值.

若 a, b 不共线, 则 $a + b$ 也可由**平行四边形法则**得到. 任取一点 O, 作 $\overrightarrow{OA} = a$, $\overrightarrow{OB} = b$, 再以 OA, OB 为邻边作平行四边形 $OACB$, 则向量 $\overrightarrow{OC}$ 就是 a 与 b 的和(图 8-3).

性质 8.1.1 向量的加法适合下列规律:

(1) **交换律** $a + b = b + a$.

(2) **结合律** $(a + b) + c = a + (b + c)$.

证 (1) 当 a, b 共线时, 易知 $a + b = b + a$. 当 a, b 不共线时, 如图 8-3 所示, 有

$$\overrightarrow{OA} = \overrightarrow{BC} = a, \quad \overrightarrow{OB} = \overrightarrow{AC} = b,$$

进而,

$$a + b = \overrightarrow{OA} + \overrightarrow{AC} = \overrightarrow{OC}, \quad b + a = \overrightarrow{OB} + \overrightarrow{BC} = \overrightarrow{OC}.$$

所以, $a + b = b + a$.

(2) 如图 8-4 所示, 作 $\overrightarrow{AB} = a$, $\overrightarrow{BC} = b$, $\overrightarrow{CD} = c$. 则

$$(a + b) + c = (\overrightarrow{AB} + \overrightarrow{BC}) + \overrightarrow{CD} = \overrightarrow{AC} + \overrightarrow{CD} = \overrightarrow{AD},$$

$$a + (b + c) = \overrightarrow{AB} + (\overrightarrow{BC} + \overrightarrow{CD}) = \overrightarrow{AB} + \overrightarrow{BD} = \overrightarrow{AD}.$$

所以, $(a + b) + c = a + (b + c)$. □

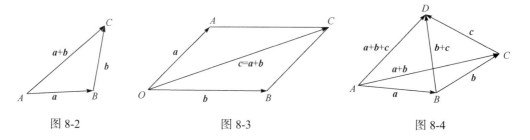

图 8-2　　　　　　　　　　图 8-3　　　　　　　　　　图 8-4

因为向量的加法满足交换律和结合律, 当 n 个向量 $a_1, a_2, \cdots, a_n$ 相加时, 先计算任两个向量的和, 所得到的结果都相等. 因此 n 个向量 $a_1, a_2, \cdots, a_n$ 的和可以记作

$$a_1 + a_2 + \cdots + a_n.$$

推广两向量加法的三角形法则, 可得到多个向量加法的一般性法则: 将多个向量经过平移, 使它们首尾相连, 连接第一个向量的起点和最后一个向量的终点所得的向量就是这些向量的和. 这种加法法则称为**多边形法则**(或**折线法**). 具体地, 若计算 $a_1 + a_2 + \cdots + a_n$ 可依次作 $\overrightarrow{OA_1} = a_1, \overrightarrow{A_1 A_2} = a_2, \cdots, \overrightarrow{A_{n-1} A_n} = a_n$, 如图 8-5 所示, 则

$$a_1 + a_2 + \cdots + a_n = \overrightarrow{OA_n}.$$

如果两个向量大小相等但方向相反, 则称这两个向量互为反向量. 向量 $\boldsymbol{a}$ 的反向量记为 $-\boldsymbol{a}$, 如图 8-6 所示.

向量 $\boldsymbol{b}$ 与向量 $\boldsymbol{a}$ 的差, 记作 $\boldsymbol{b}-\boldsymbol{a}$, 定义为 $\boldsymbol{b}$ 与 $-\boldsymbol{a}$ 的和(图 8-7), 即

$$\boldsymbol{b}-\boldsymbol{a}=\boldsymbol{b}+(-\boldsymbol{a}).$$

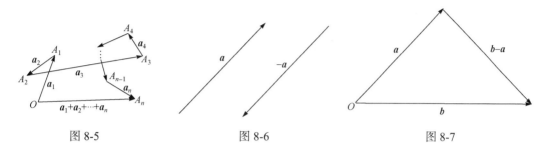

图 8-5　　　　　　　　　图 8-6　　　　　　　　　图 8-7

显然, 任给向量 $\overrightarrow{AB}$ 及点 O, 有 $\overrightarrow{AB}=\overrightarrow{AO}+\overrightarrow{OB}=\overrightarrow{OB}-\overrightarrow{OA}$.

由三角形的两边之和大于第三边, 有下面的**三角不等式**:

$$|\boldsymbol{a}+\boldsymbol{b}|\leqslant|\boldsymbol{a}|+|\boldsymbol{b}|, \text{ 等号当 } \boldsymbol{a},\boldsymbol{b} \text{ 同向时成立;}$$

$$|\boldsymbol{a}-\boldsymbol{b}|\leqslant|\boldsymbol{a}|+|\boldsymbol{b}|, \text{ 等号当 } \boldsymbol{a},\boldsymbol{b} \text{ 反向时成立.}$$

2. 数与向量的乘积

定义 8.1.1　实数 λ 与向量 $\boldsymbol{a}$ 的乘积规定是一个向量, 称为 λ 与 $\boldsymbol{a}$ 的**数乘**, 记作 $\lambda\boldsymbol{a}$, 它的模为 $|\lambda\boldsymbol{a}|=|\lambda|\cdot|\boldsymbol{a}|$; 它的方向当 $\lambda>0$ 时与 $\boldsymbol{a}$ 相同, 当 $\lambda<0$ 时与 $\boldsymbol{a}$ 相反.

$\lambda\boldsymbol{a}=\boldsymbol{0}$ 当且仅当 $\lambda=0$ 或 $\boldsymbol{a}=\boldsymbol{0}$. 当 $\lambda=\pm1$ 时, 有 $1\boldsymbol{a}=\boldsymbol{a},(-1)\boldsymbol{a}=-\boldsymbol{a}$.

性质 8.1.2　设 μ,λ 为任意实数, $\boldsymbol{a},\boldsymbol{b}$ 为任意向量, 则

(1) $\mu(\lambda\boldsymbol{a})=(\mu\lambda)\boldsymbol{a}=\lambda(\mu\boldsymbol{a})$　(结合律).

(2) $\lambda(\boldsymbol{a}+\boldsymbol{b})=\lambda\boldsymbol{a}+\lambda\boldsymbol{b}$　(数乘对于向量加法的分配律).

(3) $(\lambda+\mu)\boldsymbol{a}=\lambda\boldsymbol{a}+\mu\boldsymbol{a}$　(数乘对于数的加法的分配律).

例 8.1.1　如图 8-8 所示, 在平行四边形 $ABCD$ 中, 设 $\overrightarrow{AB}=\boldsymbol{a}$, $\overrightarrow{AD}=\boldsymbol{b}$. 试用 $\boldsymbol{a}$, $\boldsymbol{b}$ 表示向量 $\overrightarrow{OA}$, $\overrightarrow{OB}$, $\overrightarrow{AC}$, $\overrightarrow{BD}$, 其中 O 是平行四边形对角线的交点.

解　$\overrightarrow{AC}=\overrightarrow{AB}+\overrightarrow{AD}=\boldsymbol{a}+\boldsymbol{b}$; $\overrightarrow{BD}=\overrightarrow{AD}-\overrightarrow{AB}=\boldsymbol{b}-\boldsymbol{a}$;

$$\overrightarrow{OA}=-\frac{1}{2}\overrightarrow{AC}=-\frac{1}{2}(\boldsymbol{a}+\boldsymbol{b}); \quad \overrightarrow{OB}=-\frac{1}{2}\overrightarrow{BD}=-\frac{1}{2}(\boldsymbol{b}-\boldsymbol{a}). \quad \square$$

例 8.1.2　设 $\boldsymbol{u}=\boldsymbol{a}+2\boldsymbol{b}-3\boldsymbol{c}$, $\boldsymbol{v}=2\boldsymbol{a}-\boldsymbol{b}+\boldsymbol{c}$, 求 $3\boldsymbol{u}-2\boldsymbol{v}$.

解　由性质 8.1.2 得

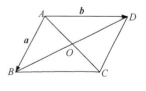

图 8-8

$$\begin{aligned}3\boldsymbol{u}-2\boldsymbol{v}&=3(\boldsymbol{a}+2\boldsymbol{b}-3\boldsymbol{c})-2(2\boldsymbol{a}-\boldsymbol{b}+\boldsymbol{c})\\&=3\boldsymbol{a}+6\boldsymbol{b}-9\boldsymbol{c}-4\boldsymbol{a}+2\boldsymbol{b}-2\boldsymbol{c}\\&=-\boldsymbol{a}+8\boldsymbol{b}-11\boldsymbol{c}.\end{aligned}$$

$\square$

若 a 为非零向量，则 $|a|>0$. 由定义 8.1.1 易知 $\dfrac{1}{|a|}a$ 的长度为 1，方向与 a 相同，即 $\dfrac{1}{|a|}a$ 是与 a 方向相同的单位向量. 上述由一个非零向量得到与它方向相同的单位向量的过程称为向量的**单位化**.

定理 8.1.1 向量 b 与非零向量 a 平行的充分必要条件是存在一个实数 λ，使

$$b=\lambda a.$$

证 充分性是显然的. 下证必要性. 设 $a\,/\!/\,b$. 若 b 与 a 同向，取 $\lambda=\dfrac{|b|}{|a|}$，则 $b=\lambda a$；若 b 与 a 反向，取 $\lambda=-\dfrac{|b|}{|a|}$，则 $b=\lambda a$. □

三、向量之间的夹角及向量的射影

设 a,b 为两个非零向量，任取空间中一点 O，作 $\overrightarrow{OA}=a$，$\overrightarrow{OB}=b$，则射线 OA 与 OB 构成的介于 0 和 π 之间的角称为向量 a 与 b 的**夹角**，记作 $\angle(a,b)$. 由定义易知：若 a,b 同向，则 $\angle(a,b)=0$；若 a,b 反向，则 $\angle(a,b)=\pi$；若 a,b 不平行，则 $0<\angle(a,b)<\pi$.

设 $\vec{l}$ 是一个有向轴，A 为空间中一点，过 A 作平面 α 垂直于 $\vec{l}$，则平面 α 与 $\vec{l}$ 的交点 A' 称为 A 在轴 $\vec{l}$ 上的**射影**或**垂足**(图 8-9). 设 A'，B' 分别为点 A，B 在轴 $\vec{l}$ 上的射影，则称向量 $\overrightarrow{A'B'}$ 为向量 $\overrightarrow{AB}$ 在轴 $\vec{l}$ 上的**射影向量**(图 8-10).

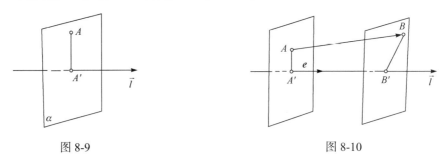

图 8-9   图 8-10

设 e 是与 $\vec{l}$ 同向的单位向量，则 $\overrightarrow{A'B'}\,/\!/\,e$，进而由定理 8.1.1 知，存在实数 x 使得 $\overrightarrow{A'B'}=xe$，称 x 为向量 $\overrightarrow{AB}$ 在轴 $\vec{l}$ 上的**射影**，记作 $\mathrm{Pr}_{\vec{l}}\overrightarrow{AB}$，即 $\mathrm{Pr}_{\vec{l}}\overrightarrow{AB}=x$. 注意 $\mathrm{Pr}_{\vec{l}}\overrightarrow{AB}$ 是一个实数，且 $\mathrm{Pr}_{\vec{l}}\overrightarrow{AB}=\pm|\overrightarrow{A'B'}|$.

性质 8.1.3 $\mathrm{Pr}_{\vec{l}}\overrightarrow{AB}=|\overrightarrow{AB}|\cos\angle(\overrightarrow{AB},\vec{l})$.

证 如图 8-11 所示，过点 A,B 分别作与轴 $\vec{l}$ 垂直的平面 α,β，交点分别记为 A'，B'，过点 A' 作与 AB 平行的直线，交平面 β 于点 B_1. 则 B' 也是 B_1 在轴 $\vec{l}$ 上的射影. 所以

$$\mathrm{Pr}_{\vec{l}}\overrightarrow{AB}=\mathrm{Pr}_{\vec{l}}\overrightarrow{A'B_1}=|\overrightarrow{A'B_1}|\cos\angle(\overrightarrow{A'B_1},\vec{l})=|\overrightarrow{AB}|\cos\angle(\overrightarrow{AB},\vec{l}).\qquad\square$$

由性质 8.1.3 知，若 $\overrightarrow{AB}=\overrightarrow{CD}$，则 $\mathrm{Pr}_{\vec{l}}\overrightarrow{AB}=\mathrm{Pr}_{\vec{l}}\overrightarrow{CD}$. 对任意向量 a，任取空间一点 A 作

$\overrightarrow{AB} = \boldsymbol{a}$，则向量 $\boldsymbol{a}$ 在轴 $\vec{l}$ 上的射影，记作 $\mathrm{Pr}_{\vec{l}}\,\boldsymbol{a}$，等于 $\mathrm{Pr}_{\vec{l}}\,\overrightarrow{AB}$. 显然，$\mathrm{Pr}_{\vec{l}}\,\boldsymbol{a}$ 的定义与 A 的选取无关.

如图 8-12 所示，我们有以下性质.

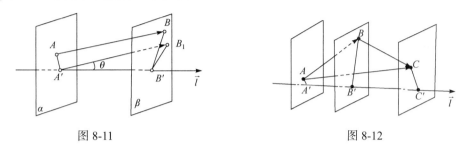

图 8-11　　　　　　　　　　　　　　　　图 8-12

性质 8.1.4　　$\mathrm{Pr}_{\vec{l}}(\boldsymbol{a}+\boldsymbol{b}) = \mathrm{Pr}_{\vec{l}}\,\boldsymbol{a} + \mathrm{Pr}_{\vec{l}}\,\boldsymbol{b}$，$\mathrm{Pr}_{\vec{l}}\,\lambda\boldsymbol{a} = \lambda\,\mathrm{Pr}_{\vec{l}}\,\boldsymbol{a}$.

若向量 $\boldsymbol{a}$ 是与轴 $\vec{l}$ 同向的非零向量，规定 $\mathrm{Pr}_{\boldsymbol{a}}\,\overrightarrow{AB} = \mathrm{Pr}_{\vec{l}}\,\overrightarrow{AB}$.

四、空间直角坐标系

在平面解析几何中，通过建立平面直角坐标系，使平面上的点都能用唯一一组有序数对 (x, y) 表示. 同样地，为了确定空间点的位置，需要建立空间的点与有序数组之间的联系.

在空间取一个定点 O，作三条两两互相垂直的数轴，它们都以 O 为原点且具有相同的长度单位. 这三条轴分别称为 x **轴**(横轴)、y **轴**(纵轴)、z **轴**(竖轴)，统称为**坐标轴**. 通常把 x 轴和 y 轴配置在水平面上，而 z 轴在铅垂方向上，且这三条数轴的正方向符合**右手法则**，即让右手的四指从 x 轴的正向以 $90°$ 的角度绕向 y 轴的正向握住 z 轴，则大拇指的指向就是 z 轴的正向(图 8-13). 这样，点 O 及三条坐标轴就构成了一个空间直角坐标系，称为 $Oxyz$ **坐标系**. 点 O 称为**坐标原点**(或原点).

三条坐标轴中的任意两条轴可以确定一个平面，统称为**坐标面**. x 轴与 y 轴确定的平面称为 xOy 面，x 轴与 z 轴确定的平面称为 xOz 面，y 轴与 z 轴确定的平面称为 yOz 面. 三个坐标面把空间分成八个部分，每一部分称为**卦限**. 由 x 轴、y 轴和 z 轴的正半轴所围成的那个卦限叫作第一卦限，第二、三、四卦限在 xOy 面的上方，按逆时针方向依次确定. 第五至第八卦限在 xOy 面的下方，其中第五卦限在第一卦限的下方，第六、七、八卦限按逆时针依次确定. 这八个卦限通常分别用字母 Ⅰ，Ⅱ，Ⅲ，Ⅳ，Ⅴ，Ⅵ，Ⅶ，Ⅷ 表示(图 8-14).

用 $\boldsymbol{i}, \boldsymbol{j}, \boldsymbol{k}$ 分别表示与 x 轴、y 轴、z 轴同向的单位向量. 此时，$Oxyz$ 坐标系也称为 $[O; \boldsymbol{i}, \boldsymbol{j}, \boldsymbol{k}]$ 坐标系. 对空间中任意向量 $\boldsymbol{r}$，存在唯一一点 M，使得 $\overrightarrow{OM} = \boldsymbol{r}$. 以 OM 为对角线作长方体 $OPNQ$-$RHMK$ (图 8-15)，则有

$$\boldsymbol{r} = \overrightarrow{OM} = \overrightarrow{OP} + \overrightarrow{PN} + \overrightarrow{NM} = \overrightarrow{OP} + \overrightarrow{OQ} + \overrightarrow{OR}.$$

由定理 8.1.1 知，存在唯一的数组 x, y, z，使得 $\overrightarrow{OP} = x\boldsymbol{i}$，$\overrightarrow{OQ} = y\boldsymbol{j}$，$\overrightarrow{OR} = z\boldsymbol{k}$，所以 $\boldsymbol{r} = x\boldsymbol{i} + y\boldsymbol{j} + z\boldsymbol{k}$，这个式子称为向量 $\boldsymbol{r}$ 的坐标分解式. 易知 $x\boldsymbol{i}, y\boldsymbol{j}, z\boldsymbol{k}$ 分别为 $\boldsymbol{r}$ 在 x 轴、y

轴、z 轴的射影向量，x, y, z 分别为 r 在 x 轴、y 轴、z 轴的射影.

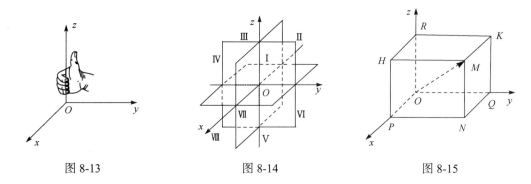

图 8-13　　　　　　　　图 8-14　　　　　　　　图 8-15

显然，给定了向量 r，就唯一确定了点 M（$\overrightarrow{OM} = r$）及坐标轴上三个分量 $\overrightarrow{OP}, \overrightarrow{OQ}, \overrightarrow{OR}$，进而唯一确定三个有序数 x, y, z；反之，给定三个有序数 x, y, z，就唯一确定向量 r 及点 M（$r = \overrightarrow{OM} = xi + yj + zk$）. 这样，在 $Oxyz$ 坐标系下，点 M、向量 $r = \overrightarrow{OM}$、有序数组 (x, y, z) 之间有一一对应的关系

$$M \xleftrightarrow{\text{1-1}} r = \overrightarrow{OM} = xi + yj + zk \xleftrightarrow{\text{1-1}} (x, y, z).$$

称有序数组 (x, y, z) 为向量 r 在 $Oxyz$ 坐标系下的**坐标**，记作 $r = (x, y, z)$ 或 $r(x, y, z)$；有序数组 (x, y, z) 也称为点 M 在坐标系 $Oxyz$ 下的**坐标**，记作 $M(x, y, z)$. 注意，记号 (x, y, z) 既表示点 M 又表示向量 $\overrightarrow{OM}$.

坐标面及坐标轴上点的坐标各有一定的特征. xOy 面上点的坐标为 $(x, y, 0)$，yOz 面上的点的坐标为 $(0, y, z)$，zOx 面上的点的坐标为 $(x, 0, z)$. x 轴上点的坐标为 $(x, 0, 0)$，y 轴上点的坐标为 $(0, y, 0)$，z 轴上点的坐标为 $(0, 0, z)$. 原点坐标为 $(0, 0, 0)$.

五、向量线性运算的坐标表示

设 $P_1(x_1, y_1, z_1)$，$P_2(x_2, y_2, z_2)$，则 $\overrightarrow{OP_1} = (x_1, y_1, z_1)$，$\overrightarrow{OP_2} = (x_2, y_2, z_2)$，进而

$$\begin{aligned}
\overrightarrow{P_1P_2} &= \overrightarrow{OP_2} - \overrightarrow{OP_1} \\
&= (x_2 i + y_2 j + z_2 k) - (x_1 i + y_1 j + z_1 k) \\
&= (x_2 - x_1) i + (y_2 - y_1) j + (z_2 - z_1) k \\
&= (x_2 - x_1, y_2 - y_1, z_2 - z_1).
\end{aligned}$$

也就是说，向量的坐标等于其终点的坐标减去其始点的坐标.

设 $a = (a_x, a_y, a_z)$，$b = (b_x, b_y, b_z)$，即

$$a = a_x i + a_y j + a_z k, \quad b = b_x i + b_y j + b_z k.$$

则利用向量线性运算的规律，易得

$$a + b = (a_x + b_x) i + (a_y + b_y) j + (a_z + b_z) k,$$
$$a - b = (a_x - b_x) i + (a_y - b_y) j + (a_z - b_z) k,$$
$$\lambda a = (\lambda a_x) i + (\lambda a_y) j + (\lambda a_z) k.$$

因此，

$$\boldsymbol{a} + \boldsymbol{b} = (a_x + b_x, a_y + b_y, a_z + b_z),$$

$$\boldsymbol{a} - \boldsymbol{b} = (a_x - b_x, a_y - b_y, a_z - b_z),$$

$$\lambda \boldsymbol{a} = (\lambda a_x, \lambda a_y, \lambda a_z).$$

由定理 8.1.1 知, 当 $\boldsymbol{a} \neq \boldsymbol{0}$ 时, $\boldsymbol{a} /\!/ \boldsymbol{b}$ 的充分必要条件是存在数 λ, 使 $\boldsymbol{b} = \lambda \boldsymbol{a}$. 用坐标表示, 则有

$$(b_x, b_y, b_z) = \lambda(a_x, a_y, a_z) = (\lambda a_x, \lambda a_y, \lambda a_z),$$

即

$$\frac{b_x}{a_x} = \frac{b_y}{a_y} = \frac{b_z}{a_z} = \lambda.$$

由此可知三点 $A_i(x_i, y_i, z_i), i = 1,2,3$ 共线的充分必要条件是

$$\frac{x_2 - x_1}{x_3 - x_1} = \frac{y_2 - y_1}{y_3 - y_1} = \frac{z_2 - z_1}{z_3 - z_1}.$$

例 8.1.3 设 $P_1(x_1, y_1, z_1)$, $P_2(x_2, y_2, z_2)$, 且 $P_1 \neq P_2$, $\lambda \neq -1$. 已知点 P 满足 $\overrightarrow{P_1 P} = \lambda \overrightarrow{P P_2}$, 求 P 的坐标.

解 设 $P(x, y, z)$. 由 $\overrightarrow{P_1 P} = \overrightarrow{OP} - \overrightarrow{OP_1}$, $\overrightarrow{P P_2} = \overrightarrow{OP_2} - \overrightarrow{OP}$ 及 $\overrightarrow{P_1 P} = \lambda \overrightarrow{P P_2}$, 可得

$$\overrightarrow{OP} = \frac{1}{1 + \lambda}(\overrightarrow{OP_1} + \lambda \overrightarrow{OP_2}),$$

将上式写成坐标形式可得点 P 的坐标为

$$x = \frac{x_1 + \lambda x_2}{1 + \lambda}, \quad y = \frac{y_1 + \lambda y_2}{1 + \lambda}, \quad z = \frac{z_1 + \lambda z_2}{1 + \lambda}. \qquad \square$$

本例中, 点 P 称为有向线段 $\overrightarrow{P_1 P_2}$ 的 λ 分点. 特别地, 当 $\lambda = 1$ 时, P 为线段 $P_1 P_2$ 中点, 其坐标为

$$\left(\frac{x_1 + x_2}{2}, \frac{y_1 + y_2}{2}, \frac{z_1 + z_2}{2} \right).$$

习 题 8-1

1. 设 O 是正六边形 $ABCDEF$ 的中心, 在向量 $\overrightarrow{OA}$, $\overrightarrow{OB}$, $\overrightarrow{OC}$, $\overrightarrow{OD}$, $\overrightarrow{OE}$, $\overrightarrow{OF}$, $\overrightarrow{AB}$, $\overrightarrow{BC}$, $\overrightarrow{CD}$, $\overrightarrow{DE}$, $\overrightarrow{EF}$, $\overrightarrow{FA}$ 中, 哪些向量是相等的?

2. 当非零向量 $\boldsymbol{a}$, $\boldsymbol{b}$ 满足什么条件时, 下列等式成立?

(1) $\dfrac{\boldsymbol{a}}{|\boldsymbol{a}|} = \dfrac{\boldsymbol{b}}{|\boldsymbol{b}|}$;
(2) $|\boldsymbol{a} + \boldsymbol{b}| = |\boldsymbol{a} - \boldsymbol{b}|$;

(3) $|\boldsymbol{a} + \boldsymbol{b}| = |\boldsymbol{a}| + |\boldsymbol{b}|$;
(4) $|\boldsymbol{a} + \boldsymbol{b}| = |\boldsymbol{a}| - |\boldsymbol{b}|$.

3. 已知向量 $\boldsymbol{a} = 3\boldsymbol{i} - 4\boldsymbol{j}$, $\boldsymbol{b} = \boldsymbol{i} + \boldsymbol{j} + \boldsymbol{k}$, $\boldsymbol{c} = 2\boldsymbol{j}$, 求 $\dfrac{\boldsymbol{a} + \boldsymbol{b} + \boldsymbol{c}}{3}$.

4. 设 $\overrightarrow{AB} = \boldsymbol{a} + 5\boldsymbol{b}$, $\overrightarrow{BC} = -2\boldsymbol{a} + 8\boldsymbol{b}$, $\overrightarrow{CD} = 3(\boldsymbol{a} - \boldsymbol{b})$, 证明 A, B, D 三点共线.

5. 用向量法证明平行四边形对角线互相平分.

6. 设向量 a 的长度为 4，它与轴 $\bar{l}$ 的夹角是 $\dfrac{\pi}{3}$，求 a 在轴 $\bar{l}$ 上的射影.

7. 已知线段 AB 被点 $C(2,0,-2)$ 和 $D(5,-2,0)$ 三等分，试求这个线段两端点 A,B 的坐标.

第二节　数量积 向量积 *混合积

一、两向量的数量积

1. 数量积的定义

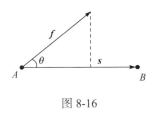

图 8-16

在物理学中，我们知道一个质点在力 f 的作用下，经过位移 s，那么这个力所做的功为

$$W = |f||s|\cos\theta,$$

其中 θ 为 f 和 s 的夹角(图 8-16). 这里的功 W 是由向量 f 和 s 按上式所确定的一个数量. 事实上，由下面定义知，功 W 是力 f 和位移 s 的数量积.

定义 8.2.1　两个向量 a 和 b 的模与它们夹角余弦的乘积叫作向量 a 和 b 的**数量积**，也称**内积**，记作 $a\cdot b$，即

$$a\cdot b = |a||b|\cos\angle(a,b).$$

两个向量的数量积是一个实数.

当 $a\neq 0$ 时，$|b|\cos\angle(a,b) = \mathrm{Pr}_a b$，从而 $a\cdot b = |a|\mathrm{Pr}_a b$. 当 $b\neq 0$ 时，$|a|\cos\angle(a,b) = \mathrm{Pr}_b a$，从而 $a\cdot b = |b|\mathrm{Pr}_b a$.

若 $a\cdot b = 0$，则 $|a| = 0$ 或者 $|b| = 0$ 或者 $\cos\angle(a,b) = 0$，即 a 和 b 中至少有一个向量为零向量或者 $a\perp b$. 反之，若两个向量 a 和 b 中至少有一个向量为零向量时，即 $|a| = 0$ 或者 $|b| = 0$，则 $a\cdot b = 0$；若两个向量 a 和 b 中都不为零向量，而 $a\perp b$ 即 $\angle(a,b) = \dfrac{\pi}{2}$ 时，有 $\cos\angle(a,b) = 0$，进而 $a\cdot b = 0$. 由于零向量的方向可以看作是任意的，故可以认为零向量与任何向量都垂直. 因此，我们有以下性质.

性质 8.2.1　$a\cdot b = 0$ 的充分必要条件是 $a\perp b$.

性质 8.2.2　对任意的向量 a,b 及数 λ，有

(1) $a\cdot a = |a|^2$.

(2) 交换律　$a\cdot b = b\cdot a$.

(3) 分配律　$(a+b)\cdot c = a\cdot c + b\cdot c$.

(4) $\lambda(a\cdot b) = (\lambda a)\cdot b = a\cdot(\lambda b)$.

证　(1) $a\cdot a = |a||a|\cos\angle(a,a) = |a|^2$.

(2) $a\cdot b = |a||b|\cos\angle(a,b) = |b||a|\cos\angle(b,a) = b\cdot a$.

(3) 若 $c = 0$，等式两边均等于零，结论成立. 下设 $c\neq 0$. 由数量积的定义及性质 8.1.4，有

$$
\begin{aligned}
(\boldsymbol{a}+\boldsymbol{b})\cdot\boldsymbol{c} &= |\boldsymbol{a}+\boldsymbol{b}||\boldsymbol{c}|\cos\angle(\boldsymbol{a}+\boldsymbol{b},\boldsymbol{c})\\
&= |\boldsymbol{c}|\operatorname{Pr}_c(\boldsymbol{a}+\boldsymbol{b}) = |\boldsymbol{c}|\operatorname{Pr}_c\boldsymbol{a}+|\boldsymbol{c}|\operatorname{Pr}_c\boldsymbol{b}\\
&= |\boldsymbol{a}||\boldsymbol{c}|\cos\angle(\boldsymbol{a},\boldsymbol{c})+|\boldsymbol{b}||\boldsymbol{c}|\cos\angle(\boldsymbol{b},\boldsymbol{c})\\
&= \boldsymbol{a}\cdot\boldsymbol{c}+\boldsymbol{b}\cdot\boldsymbol{c}.
\end{aligned}
$$

(4) 当$\boldsymbol{a}$和$\boldsymbol{b}$中至少有一个向量为零向量或数λ为零时，结论显然成立.下设$\boldsymbol{a}$和$\boldsymbol{b}$均不为零向量且数λ不是零，则

$$
\begin{aligned}
\lambda(\boldsymbol{a}\cdot\boldsymbol{b}) &= \lambda|\boldsymbol{a}||\boldsymbol{b}|\cos\angle(\boldsymbol{a},\boldsymbol{b})\\
&= \lambda|\boldsymbol{b}|\operatorname{Pr}_b(\boldsymbol{a}) = |\boldsymbol{b}|\operatorname{Pr}_b(\lambda\boldsymbol{a}) = (\lambda\boldsymbol{a})\cdot\boldsymbol{b}.
\end{aligned}
$$

同理，

$$
\begin{aligned}
\lambda(\boldsymbol{a}\cdot\boldsymbol{b}) &= \lambda|\boldsymbol{a}||\boldsymbol{b}|\cos\angle(\boldsymbol{a},\boldsymbol{b})\\
&= \lambda|\boldsymbol{a}|\operatorname{Pr}_a(\boldsymbol{b}) = |\boldsymbol{a}|\operatorname{Pr}_a(\lambda\boldsymbol{b}) = \boldsymbol{a}\cdot(\lambda\boldsymbol{b}).
\end{aligned}
$$

□

例 8.2.1　证明平行四边形对角线的平方和等于它各边的平方和.

图 8-17

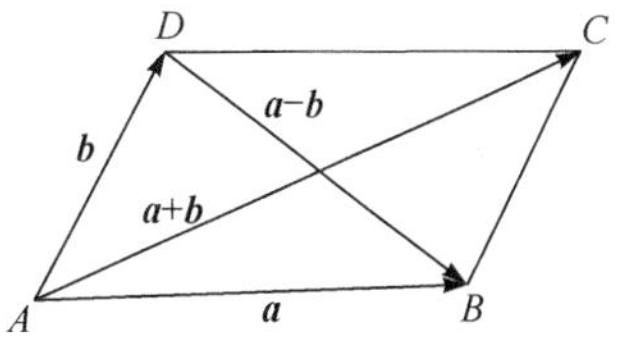

证　如图 8-17 所示，在平行四边形$ABCD$中，设$\overrightarrow{AB}=\boldsymbol{a}$, $\overrightarrow{AD}=\boldsymbol{b}$.则$\overrightarrow{AC}=\boldsymbol{a}+\boldsymbol{b}$,　$\overrightarrow{DB}=\boldsymbol{a}-\boldsymbol{b}$. 于是，

$$
\begin{aligned}
|\overrightarrow{AC}|^2=\overrightarrow{AC}\cdot\overrightarrow{AC} &= (\boldsymbol{a}+\boldsymbol{b})\cdot(\boldsymbol{a}+\boldsymbol{b}) = \boldsymbol{a}\cdot\boldsymbol{a}+2\boldsymbol{a}\cdot\boldsymbol{b}+\boldsymbol{b}\cdot\boldsymbol{b}\\
&= |\boldsymbol{a}|^2+2\boldsymbol{a}\cdot\boldsymbol{b}+|\boldsymbol{b}|^2,\\
|\overrightarrow{DB}|^2=\overrightarrow{DB}\cdot\overrightarrow{DB} &= (\boldsymbol{a}-\boldsymbol{b})\cdot(\boldsymbol{a}-\boldsymbol{b}) = \boldsymbol{a}\cdot\boldsymbol{a}-2\boldsymbol{a}\cdot\boldsymbol{b}+\boldsymbol{b}\cdot\boldsymbol{b}\\
&= |\boldsymbol{a}|^2-2\boldsymbol{a}\cdot\boldsymbol{b}+|\boldsymbol{b}|^2.
\end{aligned}
$$

所以，$|\overrightarrow{AC}|^2+|\overrightarrow{DB}|^2=2|\boldsymbol{a}|^2+2|\boldsymbol{b}|^2=2|\overrightarrow{AB}|^2+2|\overrightarrow{AD}|^2$. □

2. 数量积的坐标表示

在直角坐标系$[O;\boldsymbol{i},\boldsymbol{j},\boldsymbol{k}]$中单位向量$\boldsymbol{i},\boldsymbol{j},\boldsymbol{k}$两两垂直，所以有

$$\boldsymbol{i}\cdot\boldsymbol{j}=0,\quad \boldsymbol{j}\cdot\boldsymbol{k}=0,\quad \boldsymbol{k}\cdot\boldsymbol{i}=0,$$

且

$$\boldsymbol{i}\cdot\boldsymbol{i}=1,\quad \boldsymbol{j}\cdot\boldsymbol{j}=1,\quad \boldsymbol{k}\cdot\boldsymbol{k}=1.$$

设向量$\boldsymbol{a}=(x_1,y_1,z_1)$, $\boldsymbol{b}=(x_2,y_2,z_2)$, 即$\boldsymbol{a}=x_1\boldsymbol{i}+y_1\boldsymbol{j}+z_1\boldsymbol{k}$, $\boldsymbol{b}=x_2\boldsymbol{i}+y_2\boldsymbol{j}+z_2\boldsymbol{k}$，则

$$
\begin{aligned}
\boldsymbol{a}\cdot\boldsymbol{b} &= (x_1\boldsymbol{i}+y_1\boldsymbol{j}+z_1\boldsymbol{k})\cdot(x_2\boldsymbol{i}+y_2\boldsymbol{j}+z_2\boldsymbol{k})\\
&= x_1x_2\boldsymbol{i}\cdot\boldsymbol{i}+x_1y_2\boldsymbol{i}\cdot\boldsymbol{j}+x_1z_2\boldsymbol{i}\cdot\boldsymbol{k}\\
&\quad +y_1x_2\boldsymbol{j}\cdot\boldsymbol{i}+y_1y_2\boldsymbol{j}\cdot\boldsymbol{j}+y_1z_2\boldsymbol{j}\cdot\boldsymbol{k}\\
&\quad +z_1x_2\boldsymbol{k}\cdot\boldsymbol{i}+z_1y_2\boldsymbol{k}\cdot\boldsymbol{j}+z_1z_2\boldsymbol{k}\cdot\boldsymbol{k}\\
&= x_1x_2+y_1y_2+z_1z_2.
\end{aligned}
$$

即两个向量的数量积等于它们对应坐标分量的乘积之和.

例 8.2.2　设向量$\boldsymbol{a}=3\boldsymbol{i}-2\boldsymbol{j}+\boldsymbol{k}$，$\boldsymbol{b}=4\boldsymbol{i}+9\boldsymbol{j}+z\boldsymbol{k}$且$\boldsymbol{a}\perp\boldsymbol{b}$，求$z$.

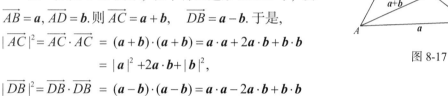

解　因为 $\boldsymbol{a} \perp \boldsymbol{b}$，所以 $\boldsymbol{a} \cdot \boldsymbol{b} = 0$，即

$$3 \times 4 + (-2) \times 9 + 1 \times z = 12 - 18 + z = 0,$$

解得 $z = 6$.　　　　　　　　　　　　　　　　　　　　　　　　　　　　　　　□

3. 向量的模、两点间的距离公式及两向量的夹角

因为 $|\boldsymbol{a}|^2 = \boldsymbol{a} \cdot \boldsymbol{a}$，于是 $|\boldsymbol{a}| = \sqrt{\boldsymbol{a} \cdot \boldsymbol{a}}$. 设 $\boldsymbol{a} = (x_1, y_1, z_1)$，那么

$$|\boldsymbol{a}| = \sqrt{\boldsymbol{a} \cdot \boldsymbol{a}} = \sqrt{x_1^2 + y_1^2 + z_1^2}.$$

设空间中有两点 $P_1(x_1, y_1, z_1), P_2(x_2, y_2, z_2)$，则 $\overrightarrow{P_1P_2} = (x_2 - x_1, y_2 - y_1, z_2 - z_1)$. 那么 P_1 与 P_2 两点间的距离

$$d = |\overrightarrow{P_1P_2}| = \sqrt{(x_2 - x_1)^2 + (y_2 - y_1)^2 + (z_2 - z_1)^2}.$$

设有两非零向量 $\boldsymbol{a} = (x_1, y_1, z_1), \boldsymbol{b} = (x_2, y_2, z_2)$，则它们夹角的余弦

$$\cos \angle(\boldsymbol{a}, \boldsymbol{b}) = \frac{\boldsymbol{a} \cdot \boldsymbol{b}}{|\boldsymbol{a}||\boldsymbol{b}|} = \frac{x_1 x_2 + y_1 y_2 + z_1 z_2}{\sqrt{x_1^2 + y_1^2 + z_1^2}\sqrt{x_2^2 + y_2^2 + z_2^2}}.$$

由此可知 $\boldsymbol{a} = (x_1, y_1, z_1), \boldsymbol{b} = (x_2, y_2, z_2)$ 相互垂直的充分必要条件是

$$x_1 x_2 + y_1 y_2 + z_1 z_2 = 0.$$

4. 向量的方向余弦

向量与坐标轴所成的角叫作向量的**方向角**，方向角的余弦叫作向量的**方向余弦**，一个非零向量的方向完全可由它的方向角或方向余弦来确定.

设非零向量 $\boldsymbol{a} = (x, y, z)$ 与 x 轴、y 轴、z 轴的夹角分别 α, β, γ (图 8-18)，即

$$\angle(\boldsymbol{a}, \boldsymbol{i}) = \alpha, \quad \angle(\boldsymbol{a}, \boldsymbol{j}) = \beta, \quad \angle(\boldsymbol{a}, \boldsymbol{k}) = \gamma.$$

因为

$$\boldsymbol{i} = (1, 0, 0), \quad \boldsymbol{j} = (0, 1, 0), \quad \boldsymbol{k} = (0, 0, 1),$$

所以

$$\cos \alpha = \frac{\boldsymbol{a} \cdot \boldsymbol{i}}{|\boldsymbol{a}||\boldsymbol{i}|} = \frac{x}{|\boldsymbol{a}|} = \frac{x}{\sqrt{x^2 + y^2 + z^2}},$$

$$\cos \beta = \frac{\boldsymbol{a} \cdot \boldsymbol{j}}{|\boldsymbol{a}||\boldsymbol{j}|} = \frac{y}{|\boldsymbol{a}|} = \frac{y}{\sqrt{x^2 + y^2 + z^2}},$$

$$\cos \gamma = \frac{\boldsymbol{a} \cdot \boldsymbol{k}}{|\boldsymbol{a}||\boldsymbol{k}|} = \frac{z}{|\boldsymbol{a}|} = \frac{z}{\sqrt{x^2 + y^2 + z^2}}.$$

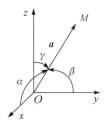

图 8-18

显然，

$$\cos^2 \alpha + \cos^2 \beta + \cos^2 \gamma = 1,$$

且与 $\boldsymbol{a}$ 同方向的单位向量是

$$\frac{1}{|\boldsymbol{a}|}\boldsymbol{a} = \left(\frac{x}{|\boldsymbol{a}|},\frac{y}{|\boldsymbol{a}|},\frac{z}{|\boldsymbol{a}|}\right) = (\cos\alpha,\cos\beta,\cos\gamma).$$

例 8.2.3 已知两点 $P_1(2,2,\sqrt{2})$, $P_2(1,3,0)$, 试求向量 $\overrightarrow{P_1P_2}$ 的长度、方向余弦及方向角.

解 因为 $\overrightarrow{P_1P_2} = (1-2,3-2,0-\sqrt{2}) = (-1,1,-\sqrt{2})$, 所以长度为

$$|\overrightarrow{P_1P_2}| = \sqrt{(-1)^2+1^2+(-\sqrt{2})^2} = 2,$$

方向余弦分别为

$$\cos\alpha = -\frac{1}{2}, \quad \cos\beta = \frac{1}{2}, \quad \cos\gamma = -\frac{\sqrt{2}}{2},$$

方向角分别为

$$\alpha = \frac{2\pi}{3}, \quad \beta = \frac{\pi}{3}, \quad \gamma = \frac{3\pi}{4}. \qquad\qquad \square$$

二、两向量的向量积

1. 向量积的定义

定义 8.2.2 两个向量 $\boldsymbol{a}$ 与 $\boldsymbol{b}$ 的**向量积**(也称外积), 记作 $\boldsymbol{a}\times\boldsymbol{b}$, 是一个向量, 它的模是

$$\boldsymbol{a}\times\boldsymbol{b} = |\boldsymbol{a}||\boldsymbol{b}|\sin\angle(\boldsymbol{a},\boldsymbol{b}),$$

它的方向与 $\boldsymbol{a}$ 和 $\boldsymbol{b}$ 都垂直, 并且 $\boldsymbol{a},\boldsymbol{b},\boldsymbol{a}\times\boldsymbol{b}$ 符合右手法则(图 8-19).

设 O 是一根杠杆 L 的支点. 有一个力 $\boldsymbol{f}$ 作用于这杠杆上 A 点处. 则由力学知, 力 $\boldsymbol{f}$ 对支点 O 的力矩 $\boldsymbol{m}$ 就是 $\boldsymbol{f}$ 与 $\overrightarrow{OA}$ 的向量积(图 8-20).

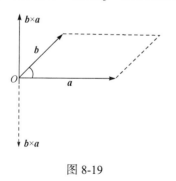

图 8-19

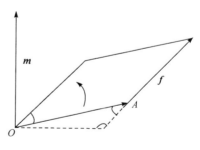

图 8-20

由向量积的定义及平行四边形面积公式, 有以下性质.

性质 8.2.3 两不共线向量 $\boldsymbol{a}$ 与 $\boldsymbol{b}$ 的向量积的模等于以 $\boldsymbol{a}$ 与 $\boldsymbol{b}$ 为邻边构成的平行四边形的面积.

若 $\boldsymbol{a}\times\boldsymbol{b} = \boldsymbol{0}$, 则 $\boldsymbol{a}$, $\boldsymbol{b}$ 至少有一个为零向量或者 $\boldsymbol{a}$ 与 $\boldsymbol{b}$ 共线. 因为零向量的方向是任意的, 可以认为零向量与任何向量都共线. 反之, 若 $\boldsymbol{a}$ 与 $\boldsymbol{b}$ 共线, 则 $\boldsymbol{a}\times\boldsymbol{b} = \boldsymbol{0}$.

定理 8.2.1 向量 $\boldsymbol{a}$ 与 $\boldsymbol{b}$ 共线的充分必要条件是 $\boldsymbol{a}\times\boldsymbol{b} = \boldsymbol{0}$. 特别地, 对任意向量 $\boldsymbol{a}$ 都有 $\boldsymbol{a}\times\boldsymbol{a} = \boldsymbol{0}$.

向量积符合下列运算规律.

性质 8.2.4 对任意向量 a, b, c 及数 λ，有

(1) 反交换律 $a \times b = -b \times a$；

(2) 与数乘向量的结合律 $\lambda(a \times b) = (\lambda a) \times b = a \times (\lambda b)$；

(3) 分配律 $c \times (a + b) = c \times a + c \times b$，$(a + b) \times c = a \times c + b \times c$.

2. 向量积的坐标表示

在直角坐标系 $[O; i, j, k]$ 中单位向量 i, j, k 两两垂直，且 i, j, k 符合右手法则，所以有

$$i \times j = k, \qquad j \times k = i, \qquad k \times i = j.$$

设 $a = a_x i + a_y j + a_z k$，$b = b_x i + b_y j + b_z k$，则

$$
\begin{aligned}
a \times b &= (a_x i + a_y j + a_z k) \times (b_x i + b_y j + b_z k) \\
&= a_x b_x i \times i + a_x b_y i \times j + a_x b_z i \times k \\
&\quad + a_y b_x j \times i + a_y b_y j \times j + a_y b_z j \times k \\
&\quad + a_z b_x k \times i + a_z b_y k \times j + a_z b_z k \times k \\
&= (a_y b_z - a_z b_y) i - (a_x b_z - a_z b_x) j + (a_x b_y - a_y b_x) k.
\end{aligned}
$$

为了便于记忆和计算，借助于三阶行列式，有

$$
a \times b = \begin{vmatrix} i & j & k \\ a_x & a_y & a_z \\ b_x & b_y & b_z \end{vmatrix} = \begin{vmatrix} a_y & a_z \\ b_y & b_z \end{vmatrix} i - \begin{vmatrix} a_x & a_z \\ b_x & b_z \end{vmatrix} j + \begin{vmatrix} a_x & a_y \\ b_x & b_y \end{vmatrix} k
$$

$$
= \left(\begin{vmatrix} a_y & a_z \\ b_y & b_z \end{vmatrix}, \begin{vmatrix} a_z & a_x \\ b_z & b_x \end{vmatrix}, \begin{vmatrix} a_x & a_y \\ b_x & b_y \end{vmatrix} \right).
$$

例 8.2.4 设 $a = (1, 2, 2)$，$b = (-3, 5, 1)$，求 $a \times b$.

解 $a \times b = \begin{vmatrix} i & j & k \\ 1 & 2 & 2 \\ -3 & 5 & 1 \end{vmatrix} = \left(\begin{vmatrix} 2 & 2 \\ 5 & 1 \end{vmatrix}, -\begin{vmatrix} 1 & 2 \\ -3 & 1 \end{vmatrix}, \begin{vmatrix} 1 & 2 \\ -3 & 5 \end{vmatrix} \right)$

$= (-8, -7, 11)$.   ☐

例 8.2.5 已知三角形的顶点为 $A(1, 1, 1)$，$B(2, 3, 4)$，$C(4, 3, 2)$，求 $\triangle ABC$ 的面积.

解 $\overrightarrow{AB} = (1, 2, 3)$，$\overrightarrow{AC} = (3, 2, 1)$，则

$$
\overrightarrow{AB} \times \overrightarrow{AC} = \begin{vmatrix} i & j & k \\ 1 & 2 & 3 \\ 3 & 2 & 1 \end{vmatrix} = \left(\begin{vmatrix} 2 & 3 \\ 2 & 1 \end{vmatrix}, \begin{vmatrix} 3 & 1 \\ 1 & 3 \end{vmatrix}, \begin{vmatrix} 1 & 2 \\ 3 & 2 \end{vmatrix} \right) = (-4, 8, -4),
$$

进而

$$
S_{\triangle ABC} = \frac{1}{2} \left| \overrightarrow{AB} \times \overrightarrow{AC} \right| = \frac{1}{2} \sqrt{(-4)^2 + 8^2 + (-4)^2} = 2\sqrt{6}.
$$ ☐

例 8.2.6　求同时垂直于 $\boldsymbol{a}=(1,-1,2)$，$\boldsymbol{b}=(2,-2,2)$ 的单位向量.

解　由向量积的定义知

$$\boldsymbol{c}=\boldsymbol{a}\times\boldsymbol{b}=\begin{vmatrix} \boldsymbol{i} & \boldsymbol{j} & \boldsymbol{k} \\ 1 & -1 & 2 \\ 2 & -2 & 2 \end{vmatrix}=\left(\begin{vmatrix} -1 & 2 \\ -2 & 2 \end{vmatrix},\begin{vmatrix} 2 & 1 \\ 2 & 2 \end{vmatrix},\begin{vmatrix} 1 & -1 \\ 2 & -2 \end{vmatrix}\right)=(2,2,0)$$

与 $\boldsymbol{a}$ 和 $\boldsymbol{b}$ 都垂直. 又 $|\boldsymbol{c}|=\sqrt{2^2+2^2+0^2}=2\sqrt{2}$，所以与 $\boldsymbol{a}$ 和 $\boldsymbol{b}$ 都垂直的单位向量是

$$\pm\frac{\boldsymbol{c}}{|\boldsymbol{c}|}=\pm\frac{\sqrt{2}}{2}(1,1,0).\qquad\qquad\square$$

*三、向量的混合积

1. 混合积的定义

定义 8.2.3　给定空间中的向量 $\boldsymbol{a},\boldsymbol{b},\boldsymbol{c}$，如果先作前两个向量 $\boldsymbol{a}$ 与 $\boldsymbol{b}$ 的向量积, 所得的向量再与第三个向量 $\boldsymbol{c}$ 作数量积, 最后得到的这个数叫作向量 $\boldsymbol{a},\boldsymbol{b},\boldsymbol{c}$ 的**混合积**, 记作 $[\boldsymbol{abc}]$ 或 $[\boldsymbol{a},\boldsymbol{b},\boldsymbol{c}]$, 即 $[\boldsymbol{abc}]=(\boldsymbol{a}\times\boldsymbol{b})\cdot\boldsymbol{c}$.

若三个向量 $\boldsymbol{a},\boldsymbol{b},\boldsymbol{c}$ 不共面, 把它们归结到共同始点 O, 可以构成以 $\boldsymbol{a},\boldsymbol{b},\boldsymbol{c}$ 为棱的平行六面体(图 8-21), 它的底面是以 $\boldsymbol{a},\boldsymbol{b}$ 为邻边的平行四边形, 面积 $S=|\boldsymbol{a}\times\boldsymbol{b}|$, 它的高 $h=|\overrightarrow{OH}|$ $=|\mathrm{Pr}_{\boldsymbol{a}\times\boldsymbol{b}}\,\boldsymbol{c}|=|\boldsymbol{c}||\cos\angle(\boldsymbol{a}\times\boldsymbol{b},\boldsymbol{c})|$, 它的体积

$$V=S\cdot h=|\boldsymbol{a}\times\boldsymbol{b}||\boldsymbol{c}||\cos\angle(\boldsymbol{a}\times\boldsymbol{b},\boldsymbol{c})|=|[\boldsymbol{abc}]|.$$

因此, 我们有以下定理.

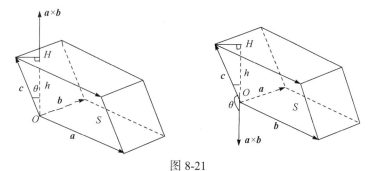

图 8-21

定理 8.2.2　三个不共面向量 $\boldsymbol{a},\boldsymbol{b},\boldsymbol{c}$ 的混合积的绝对值等于以 $\boldsymbol{a},\boldsymbol{b},\boldsymbol{c}$ 为相邻棱的平行六面体的体积 V. 当 $\boldsymbol{a},\boldsymbol{b},\boldsymbol{c}$ 构成右手系时混合积 $[\boldsymbol{abc}]$ 是正数, 当 $\boldsymbol{a},\boldsymbol{b},\boldsymbol{c}$ 构成左手系时混合积 $[\boldsymbol{abc}]$ 是负数. 即

$$[\boldsymbol{abc}]=\varepsilon V,$$

当 $\boldsymbol{a},\boldsymbol{b},\boldsymbol{c}$ 构成右手系时 $\varepsilon=1$; 当 $\boldsymbol{a},\boldsymbol{b},\boldsymbol{c}$ 构成左手系时 $\varepsilon=-1$.

2. 混合积的坐标表示

设 $\boldsymbol{a}=(a_x,a_y,a_z),\boldsymbol{b}=(b_x,b_y,b_z),\boldsymbol{c}=(c_x,c_y,c_z)$, 则

$$\boldsymbol{a} \times \boldsymbol{b} = \begin{vmatrix} \boldsymbol{i} & \boldsymbol{j} & \boldsymbol{k} \\ a_x & a_y & a_z \\ b_x & b_y & b_z \end{vmatrix} = \begin{vmatrix} a_y & a_z \\ b_y & b_z \end{vmatrix} \boldsymbol{i} - \begin{vmatrix} a_x & a_z \\ b_x & b_z \end{vmatrix} \boldsymbol{j} + \begin{vmatrix} a_x & a_y \\ b_x & b_y \end{vmatrix} \boldsymbol{k}$$

$$= \left(\begin{vmatrix} a_y & a_z \\ b_y & b_z \end{vmatrix}, \begin{vmatrix} a_z & a_x \\ b_z & b_x \end{vmatrix}, \begin{vmatrix} a_x & a_y \\ b_x & b_y \end{vmatrix} \right),$$

所以, 混合积

$$[\boldsymbol{abc}] = (\boldsymbol{a} \times \boldsymbol{b}) \cdot \boldsymbol{c} = c_x \begin{vmatrix} a_y & a_z \\ b_y & b_z \end{vmatrix} - c_y \begin{vmatrix} a_x & a_z \\ b_x & b_z \end{vmatrix} + c_z \begin{vmatrix} a_x & a_y \\ b_x & b_y \end{vmatrix}$$

$$= \begin{vmatrix} c_x & c_y & c_z \\ a_x & a_y & a_z \\ b_x & b_y & b_z \end{vmatrix} = \begin{vmatrix} a_x & a_y & a_z \\ b_x & b_y & b_z \\ c_x & c_y & c_z \end{vmatrix}.$$

结合定理 8.2.2, 我们有以下定理.

定理 8.2.3 三个向量 $\boldsymbol{a} = (a_x, a_y, a_z), \boldsymbol{b} = (b_x, b_y, b_z), \boldsymbol{c} = (c_x, c_y, c_z)$ 共面的充分必要条件是它们的混合积 $[\boldsymbol{abc}] = 0$, 即

$$\begin{vmatrix} a_x & a_y & a_z \\ b_x & b_y & b_z \\ c_x & c_y & c_z \end{vmatrix} = 0.$$

例 8.2.7 已知四面体 $ABCD$ 的顶点坐标 $A(0,0,0), B(6,0,6), C(4,3,0), D(2,-1,3)$, 求它的体积.

解 因为 $\overrightarrow{AB} = (6,0,6), \overrightarrow{AC} = (4,3,0), \overrightarrow{AD} = (2,-1,3)$, 所以

$$[\overrightarrow{AB}, \overrightarrow{AC}, \overrightarrow{AD}] = \begin{vmatrix} 6 & 0 & 6 \\ 4 & 3 & 0 \\ 2 & -1 & 3 \end{vmatrix} = -6.$$

又四面体 $ABCD$ 的体积 V 是以 AB, AC, AD 为棱的平行六面体体积的六分之一. 所以

$$V = \frac{1}{6} | [\overrightarrow{AB}, \overrightarrow{AC}, \overrightarrow{AD}] | = 1. \qquad \square$$

习 题 8-2

1. 设两点 $A(-1,1,0)$, $B(0,-1,2)$, 求向量 $\overrightarrow{AB}$ 的模以及方向余弦.

2. 设向量 $\boldsymbol{b}$ 与向量 $\boldsymbol{a} = 2\boldsymbol{i} - 2\boldsymbol{j} + \boldsymbol{k}$ 方向相反, 且 $|\boldsymbol{b}| = 5$, 求向量 $\boldsymbol{b}$.

3. 设向量 $|\boldsymbol{a}| = 1, |\boldsymbol{b}| = 2$, $\angle(\boldsymbol{a}, \boldsymbol{b}) = \frac{\pi}{3}$. 求

　(1) $\boldsymbol{a} \cdot \boldsymbol{b}$; (2) $(3\boldsymbol{a} - 2\boldsymbol{b}) \cdot (\boldsymbol{a} + 3\boldsymbol{b})$; (3) $|\boldsymbol{a} + \boldsymbol{b}|$; (4) $|\boldsymbol{a} - \boldsymbol{b}|$.

4. 设向量 $\boldsymbol{a} = (1, \sqrt{2}, -1)$, $\boldsymbol{b} = (-1, 0, 1)$, 求 $\boldsymbol{a}$ 与 $\boldsymbol{b}$ 的夹角.

5. 设向量 $\boldsymbol{a} = (2, -1, 6)$, $\boldsymbol{b} = (1, b_y, 3)$, 根据下列条件求 b_y 的值.

(1) $a \cdot b = -1$;   (2) $a \perp b$;   (3) $a // b$.

6. 求下列两向量的向量积:

    (1) $a = (1,1,1)$ 和 $b = (3,-2,1)$;

    (2) $a = (0,1,-1)$ 和 $b = (1,-1,0)$;

    (3) $a = (2,3,4)$ 和 $b = (4,6,8)$;

    (4) $a = (2,-1,1)$ 和 $b = (0,3,-1)$.

7. 已知三角形的顶点为 $A(1,2,3)$, $B(3,4,5)$, $C(2,4,7)$, 求 $\triangle ABC$ 的面积及各边上的高.

8. 求同时垂直于向量 $a = (2,3,-1)$, $b = (1,-2,3)$, 且与向量 $c = (2,-1,1)$ 的数量积为 -6 的向量.

9. 求向量 $a = (2,0,-1)$ 在向量 $b = (1,-2,0)$ 上的投影.

10*. 已知四面体 $ABCD$ 的顶点坐标 $A(1,0,0), B(4,4,2), C(4,5,-1), D(3,3,5)$, 求它的体积.

11*. 设 $a = (a_x, a_y, a_z), b = (b_x, b_y, b_z), c = (c_x, c_y, c_z)$, 试用混合积的几何意义证明: 三向量 a, b, c 共面的充分必要条件是

$$\begin{vmatrix} a_x & a_y & a_z \\ b_x & b_y & b_z \\ c_x & c_y & c_z \end{vmatrix} = 0.$$

第三节 平面及其方程

一、轨迹与方程

在空间解析几何中, 任何图形都可以看成具有某种特征性质的点的轨迹. 在此意义下, 若图形 Σ 与某一个方程 (组) E 有如下关系:

(1) 图形 Σ 上任一点的坐标都满足方程 (组) E,

(2) 满足方程 (组) E 的坐标对应的点都在图形 Σ 上,

那么方程 (组) E 就叫作**图形 Σ 的 (轨迹) 方程**, 而图形 Σ 就叫作**方程 (组) E 的图形**.

在空间解析几何中, 关于轨迹与方程主要研究两个基本问题: 一是已知某图形作为点的轨迹时, 建立该图形的方程; 二是已知坐标 x, y, z 间的方程, 研究该方程所表示的图形形状.

本节重点介绍空间中平面及其方程. 接下来几节将分别介绍空间直线、空间曲面、空间曲线及它们的方程.

二、平面的方程

1. 平面的点位式方程

如果两个不共线的向量与平面 π 平行, 则称这两个向量为平面 π 的**方位向量**. 显然任何两个与平面 π 平行的不共线向量均可作为平面 π 的方位向量.

过空间中一定点可以作且只能作一个与两已知不共线向量平行的平面. 下面我们来建立这样确定的平面的方程.

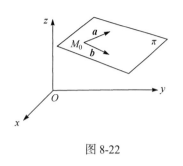

图 8-22

在空间中给定一点 $M_0(x_0, y_0, z_0)$ 及两个不共线的向量 $\boldsymbol{a} = (X_1, Y_1, Z_1)$，$\boldsymbol{b} = (X_2, Y_2, Z_2)$，平面 π 过点 M_0 且与 $\boldsymbol{a}, \boldsymbol{b}$ 平行(图 8-22). 那么，点 $M(x, y, z)$ 在平面 π 上当且仅当 $\overrightarrow{M_0M}, \boldsymbol{a}, \boldsymbol{b}$ 共面，即

$$\begin{vmatrix} x - x_0 & y - y_0 & z - z_0 \\ X_1 & Y_1 & Z_1 \\ X_2 & Y_2 & Z_2 \end{vmatrix} = 0 .$$

此方程叫作**平面的点位式方程**.

2. 平面的三点式方程

众所周知，不共线的三点确定一个平面. 设平面 π 过不共线的三点 $M_1(x_1, y_1, z_1)$，$M_2(x_2, y_2, z_2)$，$M_3(x_3, y_3, z_3)$. 显然，$\overrightarrow{M_1M_2}, \overrightarrow{M_1M_3}$ 可以作为平面 π 的方位向量，且平面 π 可以看成是过点 $M_1(x_1, y_1, z_1)$ 且与 $\overrightarrow{M_1M_2}, \overrightarrow{M_1M_3}$ 平行的平面. 因此平面 π 的方程为

$$\begin{vmatrix} x - x_1 & y - y_1 & z - z_1 \\ x_2 - x_1 & y_2 - y_1 & z_2 - z_1 \\ x_3 - x_1 & y_3 - y_1 & z_3 - z_1 \end{vmatrix} = 0 ,$$

或

$$\begin{vmatrix} x & y & z & 1 \\ x_1 & y_1 & z_1 & 1 \\ x_2 & y_2 & z_2 & 1 \\ x_3 & y_3 & z_3 & 1 \end{vmatrix} = 0 .$$

上面两个方程都叫作**平面的三点式方程**.

3. 平面的点法式方程

如果一个非零向量与一个平面垂直，这个向量就叫作该平面的**法向量**. 显然，法向量与平面内的任何向量均垂直.

过空间中一定点可以作且只能作一个与已知非零向量垂直的平面. 下面我们来建立这样确定的平面的方程.

设平面 π 过空间中一点 $M_0(x_0, y_0, z_0)$ 且与非零向量 $\boldsymbol{n} = (A, B, C)$ 垂直. 那么，点 $P(x, y, z)$ 在平面 π 上当且仅当 $\overrightarrow{M_0P} \perp \boldsymbol{n}$ (图 8-23)，即

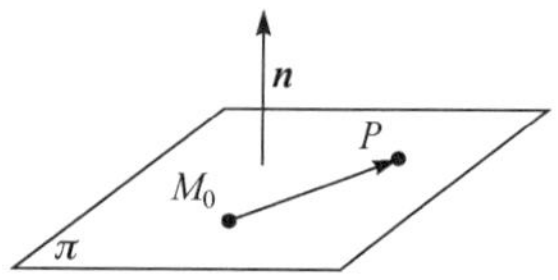

$$A(x - x_0) + B(y - y_0) + C(z - z_0) = 0 .$$

图 8-23

此方程叫作**平面的点法式方程**.

4. 平面的一般方程

平面的点法式方程 $A(x-x_0)+B(y-y_0)+C(z-z_0)=0$ 可以化成三元一次方程
$$Ax+By+Cz+D=0,$$
其中 A,B,C 不全为零，(A,B,C) 为法向量的坐标，$D=-Ax_0-By_0-Cz_0$.

反之，设有三元一次方程 $Ax+By+Cz+D=0$，其中 A,B,C 不全为零. 不妨设 $A\neq 0$，则 $Ax+By+Cz+D=0$ 可化成
$$A\left(x+\frac{D}{A}\right)+B(y-0)+C(z-0)=0,$$
这是以 $\boldsymbol{n}=(A,B,C)$ 为法向量且过点 $M_0\left(-\dfrac{D}{A},0,0\right)$ 的平面的方程.

因此，空间中的任何一个平面的方程都是一个三元一次方程；反过来，每一个三元一次方程都表示一个平面.
$$Ax+By+Cz+D=0, \qquad 其中 A,B,C 不全为零,$$
这个方程叫作**平面的一般方程**.

对于一些特殊的三元一次方程，读者应熟悉其所表示平面具有特殊位置的情况.

(1) 当 $D=0$ 时，方程 $Ax+By+Cz=0$ 表示通过原点的一个平面.

(2) 当 $A=0$ 且 $D\neq 0$ 时，方程 $By+Cz+D=0$ 表示平行于 x 轴的一个平面；
当 $A=0$ 且 $D=0$ 时，方程 $By+Cz=0$ 表示通过 x 轴的一个平面.

(3) 当 $A=B=0$ 且 $D\neq 0$ 时，方程 $Cz+D=0$ 表示平行于 xOy 面的一个平面；
当 $A=B=0$ 且 $D=0$ 时，方程 $Cz=0$ 表示 xOy 面.

对于 $B=0$ 或 $C=0$ 等情形请读者自行讨论和总结.

例 8.3.1 求通过点 $(-3,1,-2)$，且通过 z 轴的平面方程.

解 因为所求平面过 z 轴，设其方程为 $Ax+By=0$. 又因为平面通过点 $(-3,1,-2)$，所以
$$-3A+B=0, \qquad 即 B=3A,$$
将 $B=3A$ 代入所设方程并化简，得
$$x+3y=0. \qquad\qquad □$$

例 8.3.2 如图 8-24 所示，设平面与 x 轴、y 轴及 z 轴分别交于三点 $P(a,0,0)$，$Q(0,b,0)$ 及 $R(0,0,c)$，其中 $abc\neq 0$，求该平面的方程.

解 设所求平面的方程为 $Ax+By+Cz+D=0$. 将 P，Q，R 三点的坐标分别代入方程，得
$$aA+D=0, \qquad bB+D=0, \qquad cC+D=0,$$
进而，

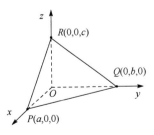

图 8-24

$$A = -\frac{D}{a}, \qquad B = -\frac{D}{b}, \qquad C = -\frac{D}{c}.$$

因平面不过原点, 故 $D \neq 0$. 代入平面方程并消去 D, 得

$$\frac{x}{a} + \frac{y}{b} + \frac{z}{c} = 1. \qquad\qquad\qquad \square$$

此方程称为平面的**截距式方程**. a, b, c 依次称为平面在 x 轴、y 轴、z 轴上的截距.

三、两平面的位置关系

空间中两平面的相关位置有相交、平行和重合三种情况. 设两平面 π_1 与 π_2 的方程分别为

$$\pi_1 : A_1 x + B_1 y + C_1 z + D_1 = 0,$$
$$\pi_2 : A_2 x + B_2 y + C_2 z + D_2 = 0.$$

显然, π_1 与 π_2 平行或重合当且仅当它们的法向量 $\boldsymbol{n}_1 = (A_1, B_1, C_1)$ 与 $\boldsymbol{n}_2 = (A_2, B_2, C_2)$ 平行. 因此有以下定理.

定理 8.3.1　设平面 π_1 与 π_2 的方程如上所述, 则

(1)　π_1 与 π_2 相交的充分必要条件是 $A_1 : B_1 : C_1 \neq A_2 : B_2 : C_2$.

(2)　π_1 与 π_2 平行的充分必要条件是 $\dfrac{A_1}{A_2} = \dfrac{B_1}{B_2} = \dfrac{C_1}{C_2} \neq \dfrac{D_1}{D_2}$.

(3)　π_1 与 π_2 重合的充分必要条件是 $\dfrac{A_1}{A_2} = \dfrac{B_1}{B_2} = \dfrac{C_1}{C_2} = \dfrac{D_1}{D_2}$.

两平面 π_1 与 π_2 间的二面角(即夹角)用 $\angle(\pi_1, \pi_2)$ 表示, 为保证二面角定义的唯一性, 我们规定二面角在 0 和 $\dfrac{\pi}{2}$ 之间. π_1 与 π_2 的法向量 $\boldsymbol{n}_1 = (A_1, B_1, C_1)$ 与 $\boldsymbol{n}_2 = (A_2, B_2, C_2)$ 间的夹角记为 $\angle(\boldsymbol{n}_1, \boldsymbol{n}_2)$. 如图 8-25 所示, 我们有

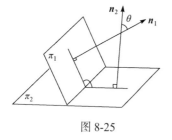

图 8-25

$$\angle(\pi_1, \pi_2) = \angle(\boldsymbol{n}_1, \boldsymbol{n}_2) \quad \text{或} \quad \angle(\pi_1, \pi_2) = \pi - \angle(\boldsymbol{n}_1, \boldsymbol{n}_2).$$

因此,

$$\cos\angle(\pi_1, \pi_2) = |\cos\angle(\boldsymbol{n}_1, \boldsymbol{n}_2)| = \frac{|\boldsymbol{n}_1 \cdot \boldsymbol{n}_2|}{|\boldsymbol{n}_1||\boldsymbol{n}_2|}$$
$$= \frac{|A_1 A_2 + B_1 B_2 + C_1 C_2|}{\sqrt{A_1^2 + B_1^2 + C_1^2}\,\sqrt{A_2^2 + B_2^2 + C_2^2}}.$$

由此可知, π_1 与 π_2 相互垂直当且仅当 $A_1 A_2 + B_1 B_2 + C_1 C_2 = 0$.

例 8.3.3　求平面 $x - y + 2z - 6 = 0$ 和 $2x + y + z - 5 = 0$ 的夹角.

解　由题意知两平面的法向量分别为 $\boldsymbol{n}_1 = (1, -1, 2)$, $\boldsymbol{n}_2 = (2, 1, 1)$. 则

$$|\cos\angle(\boldsymbol{n}_1, \boldsymbol{n}_2)| = \frac{\left|1 \times 2 + (-1) \times 1 + 2 \times 1\right|}{\sqrt{1^2 + (-1)^2 + 2^2}\,\sqrt{2^2 + 1^2 + 1^2}} = \frac{1}{2}.$$

故两平面的夹角为 $\dfrac{\pi}{3}$. □

例 8.3.4 求过点 $A(3,-1,-5)$ 且与两平面 $3x-2y+2z+7=0$，$5x-4y+3z+1=0$ 都垂直的平面方程.

解 两平面 $3x-2y+2z+7=0$，$5x-4y+3z+1=0$ 的法向量分别为 $\boldsymbol{n}_1=(3,-2,2)$，$\boldsymbol{n}_2=(5,-4,3)$. 所求平面的法向量 $\boldsymbol{n}$ 应满足 $\boldsymbol{n}\perp\boldsymbol{n}_1$，$\boldsymbol{n}\perp\boldsymbol{n}_2$. 故可取

$$\boldsymbol{n}=\boldsymbol{n}_1\times\boldsymbol{n}_2=\begin{vmatrix} \boldsymbol{i} & \boldsymbol{j} & \boldsymbol{k} \\ 3 & -2 & 2 \\ 5 & -4 & 3 \end{vmatrix}=(2,1,-2).$$

因此，所求平面的点法式方程为

$$2(x-3)+1\cdot(y+1)-2(z+5)=0,$$

化为一般方程，得

$$2x+y-2z-15=0.$$ □

四、点到平面的距离

一点与平面上的点之间的最短距离，叫作该点到平面的**距离**. 显然，如果过该点引平面的垂线得垂足，那么该点与垂足间的距离即为该点到平面的距离.

定理 8.3.2 设有点 $M(x_0,y_0,z_0)$ 及平面 $\pi:Ax+By+Cz+D=0$，则

(1) 点 M 在平面 π 上的垂足 W 的坐标为 (x_0+kA,y_0+kB,z_0+kC)，其中 $k=-\dfrac{Ax_0+By_0+Cz_0+D}{A^2+B^2+C^2}$.

(2) 点 M 到平面 π 的距离为

$$d=\frac{|Ax_0+By_0+Cz_0+D|}{\sqrt{A^2+B^2+C^2}}.$$

这就是**点到平面的距离公式**.

证 (1) 记平面 $\pi:Ax+By+Cz+D=0$ 的法向量为 $\boldsymbol{n}=(A,B,C)$. 设点 M 在平面 π 上的垂足为 $W(x,y,z)$. 那么，$W(x,y,z)$ 在平面 π 上，且 $\overrightarrow{MW}$ 与 $\boldsymbol{n}$ 平行. 所以，有

$$\begin{cases} Ax+By+Cz+D=0, \\ (x-x_0,y-y_0,z-z_0)=k(A,B,C). \end{cases}$$

解之得，$k=-\dfrac{Ax_0+By_0+Cz_0+D}{A^2+B^2+C^2}$，且

$$(x,y,z)=(x_0+kA,y_0+kB,z_0+kC),$$

即 W 的坐标为 (x_0+kA,y_0+kB,z_0+kC).

(2) 显然点 M 到平面 π 的距离 d 等于 $\overrightarrow{MW}$ 的模长，于是

$$d = |\overrightarrow{MW}| = \sqrt{(x - x_0)^2 + (y - y_0)^2 + (z - z_0)^2}$$

$$= |k| \sqrt{A^2 + B^2 + C^2}$$

$$= \frac{|Ax_0 + By_0 + Cz_0 + D|}{\sqrt{A^2 + B^2 + C^2}}.$$

□

例 8.3.5 求点 $(4, 3, -2)$ 到平面 $3x - y + 5z + 2 = 0$ 的距离.

解 根据点到平面的距离公式, 得

$$d = \frac{|3 \times 4 - 3 + 5 \times (-2) + 2|}{\sqrt{3^2 + (-1)^2 + 5^2}} = \frac{1}{\sqrt{35}}.$$

□

习 题 8-3

1. 指出下列各平面的位置特点:

(1) $x - y + 4z = 0$;　　　(2) $x + 3y - 2 = 0$;

(3) $y + z = 1$;　　　(4) $x - 5z = 0$;

(5) $2y - 3 = 0$;　　　(6) $z = 0$.

2. 分别写出下列平面的法向量以及在各坐标轴上的截距:

(1) $5x + y - 3z - 15 = 0$;　　　(2) $x - y + z - 1 = 0$;

(3) $3x - 2y + z + 1 = 0$;　　　(4) $x + y + z = 0$.

3. 求满足下列条件的平面的方程:

(1) 过点 $A(1, 2, 1)$ 且垂直于 x 轴;

(2) 过点 $A(1, -2, 4)$ 且与平面 $3x - 7y + 5z - 12 = 0$ 平行;

(3) 过点 $A(3, -1, -5)$ 且平行于向量 $\boldsymbol{a} = (3, -2, 2)$, $\boldsymbol{b} = (5, -4, 3)$;

(4) 过点 $A(2, 3, -6)$ 且垂直于线段 OA (O 为坐标原点);

(5) 过点 $A(2, 1, -1)$ 且横截距为 2, 纵截距为 -1;

(6) 过点 $A(4, -3, -1)$ 且通过 x 轴;

(7) 过点 $A(1, -5, 1)$ 和 $B(3, 2, -2)$ 且平行于 y 轴;

(8) 过点 $A(4, 0, -2)$ 和 $B(5, 1, 7)$ 且垂直于 yOz 面;

(9) 过点 $A(8, -3, 1)$ 和 $B(4, 7, 2)$ 且垂直于平面 $3x + 5y - 7z + 21 = 0$;

(10) 过点 $A(1, -1, 0)$, $B(2, 3, -1)$ 和 $C(-1, 0, 2)$.

4. 求平面 $-x + y + 5 = 0$ 与平面 $x - 2y + 2z + 1 = 0$ 的夹角.

5. 求横截距为 3、竖截距为 4 且与平面 $3x + y - z + 1 = 0$ 垂直的平面方程, 并计算它与各坐标面围成的四面体的体积.

6. 求过平面 $2x + y - 4 = 0$ 和 $y + 2z = 0$ 的交线, 且与平面 $3x + 2y - 3z = 0$ 垂直的平面方程.

7. 求点 $M(1, 2, 1)$ 到平面 $x + 2y + 2z - 10 = 0$ 的距离.

8. 指出以下各平面中哪两个垂直, 哪两个平行?

(1) $x + y - z - 2 = 0$;　　　(2) $2x - 3y - z - 1 = 0$;

(3) $2x - y - 3z - 1 = 0$;　　(4) $x + y + z + 4 = 0$;

(5) $x + y - 2z + 1 = 0$;　　(6) $3x + 3y - 3z + 1 = 0$.

第四节　空间直线及其方程

一、空间直线的一般方程

空间直线 L 可以看作是两个平面 π_1 和 π_2 的交线(图 8-26). 设两个相交的平面 π_1 和 π_2 的方程分别为 $A_1 x + B_1 y + C_1 z + D_1 = 0$ 和 $A_2 x + B_2 y + C_2 z + D_2 = 0$. 因为直线 L 上的任意一点同时在两个平面上, 所以它的坐标必满足方程组

$$\begin{cases} A_1 x + B_1 y + C_1 z + D_1 = 0, \\ A_2 x + B_2 y + C_2 z + D_2 = 0. \end{cases} \tag{8.4.1}$$

反过来, 坐标满足方程组(8.4.1)的点同时在两个平面上, 因此一定在这两个平面的交线 L 上. 所以, 方程组(8.4.1)是直线 L 的方程, 称为**直线 L 的一般方程**.

由于通过空间直线 L 的平面有无穷多个, 所以表示该直线的方程组不唯一. 只要在众多平面中任意选两个, 把它们的方程联立起来得到的方程组就表示直线 L. 例如方程组

$$\begin{cases} x = 0, \\ y = 0, \end{cases} \quad \begin{cases} x + y = 0, \\ x - y = 0 \end{cases} 和 \begin{cases} 3x - 2y = 0, \\ 2x + y = 0 \end{cases}$$

都表示同一条空间直线——z 轴所在的直线.

二、空间直线的对称式方程与参数方程

在空间中给定了一点 M_0 与一个非零向量 s, 那么通过点 M_0 且与向量 s 平行的直线 L 就被唯一确定下来了. 非零向量 s 叫作直线 L 的**方向向量**(图 8-27). 显然, 任何与直线 L 平行的非零向量都可作为直线 L 的方向向量, 且直线上任何向量都与其方向向量平行.

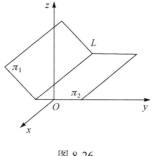

图 8-26

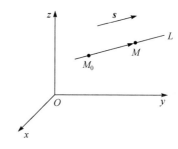

图 8-27

设直线 L 过点 $M_0(x_0, y_0, z_0)$, 且其一个方向向量为 $s = (m, n, p)$. 我们可按照下面的方法来建立直线 L 的方程. 空间中任意一点 $M(x, y, z)$ 在直线 L 上当且仅当 $\overrightarrow{M_0 M} \parallel s$, 即

$$\frac{x-x_0}{m}=\frac{y-y_0}{n}=\frac{z-z_0}{p}.$$

此即为直线 L 的方程, 称为**直线 L 的点向式方程**, 也称为对称式方程或标准方程.

当 m,n,p 中有一个为零时, 不妨设 $p=0$, 习惯上仍将直线 L 的方程记作

$$\frac{x-x_0}{m}=\frac{y-y_0}{n}=\frac{z-z_0}{0},$$

但应理解为 $\begin{cases} z-z_0=0, \\ \dfrac{x-x_0}{m}=\dfrac{y-y_0}{n}. \end{cases}$

当 m,n,p 中有两个为零时, 不妨设 $m=n=0$, 习惯上仍将直线 L 的方程记作

$$\frac{x-x_0}{0}=\frac{y-y_0}{0}=\frac{z-z_0}{p},$$

但应理解为 $\begin{cases} x-x_0=0, \\ y-y_0=0. \end{cases}$

由直线的对称式方程可导出直线的参数方程. 令 $\dfrac{x-x_0}{m}=\dfrac{y-y_0}{n}=\dfrac{z-z_0}{p}=t$, 则有

$$\begin{cases} x=x_0+mt, \\ y=y_0+nt, \\ z=z_0+pt, \end{cases}$$

称其为直线的**参数方程**.

例 8.4.1 已知直线 L 过点 $(4,-1,3)$ 且与直线 $\dfrac{x-3}{2}=\dfrac{y}{1}=\dfrac{z+1}{-5}$ 平行, 求直线 L 的对称式方程和参数方程.

解 因为所求直线 L 与直线

$$\frac{x-3}{2}=\frac{y}{1}=\frac{z+1}{-5}$$

平行, 所以 L 的方向向量可取为 $s=(2,1,-5)$. 又直线 L 过点 $(4,-1,3)$, 故所求直线 L 的对称式方程为

$$\frac{x-4}{2}=\frac{y+1}{1}=\frac{z-3}{-5}.$$

所求直线 L 的参数方程为

$$\begin{cases} x=4+2t, \\ y=-1+t, \\ z=3-5t. \end{cases}$$

$\square$

例 8.4.2 求过两点 $M_1(x_1,y_1,z_1)$ 和 $M_2(x_2,y_2,z_2)$ 的直线方程.

解 可取向量 $\overrightarrow{M_1M_2}$ 作为所求直线的方向向量, 而

$$s=\overrightarrow{M_1M_2}=(x_2-x_1,y_2-y_1,z_2-z_1).$$

又所求直线过点 $M_1(x_1, y_1, z_1)$，所以，所求直线方程为

$$\frac{x-x_1}{x_2-x_1} = \frac{y-y_1}{y_2-y_1} = \frac{z-z_1}{z_2-z_1}.$$ □

此方程称为**空间直线的两点式方程**.

例 8.4.3　将直线 L 的一般方程

$$\begin{cases} 2x+y-3z+5=0, \\ x-y+4z-7=0 \end{cases}$$

化为对称式方程.

解　先求出 L 上的一点 $M(x_0, y_0, z_0)$. 例如，取 $x_0=0$，并代入方程组，得

$$\begin{cases} y-3z+5=0, \\ -y+4z-7=0. \end{cases}$$

解得 $y_0=1$，$z_0=2$，即得到直线上的一点 $M(0,1,2)$.

又由于直线 L 与一般方程中两个平面的法向量 $\boldsymbol{n}_1=(2,1,-3)$，$\boldsymbol{n}_2=(1,-1,4)$ 都垂直，所以直线 L 的方向向量可取为

$$\boldsymbol{s} = \begin{vmatrix} \boldsymbol{i} & \boldsymbol{j} & \boldsymbol{k} \\ 2 & 1 & -3 \\ 1 & -1 & 4 \end{vmatrix} = (1,-11,-3).$$

故所求直线 L 的对称式方程为

$$\frac{x-0}{1} = \frac{y-1}{-11} = \frac{z-2}{-3}.$$ □

此例也可以先在直线 L 上找到两个点的坐标, 再参照例 8.4.2 求解.

三、点到直线的距离

一点到空间直线上的点之间的最短距离叫作该点到空间直线的**距离**. 显然过该点作与空间直线垂直的平面, 得垂足, 那么该点与垂足之间的距离即为该点到空间直线的距离.

给定空间中一点 $M_0(x_0, y_0, z_0)$ 及直线 $L: \dfrac{x-x_1}{m} = \dfrac{y-y_1}{n} = \dfrac{z-z_1}{p}$. 易知 $M_1(x_1, y_1, z_1)$ 为直线 L 上一点, $\boldsymbol{s}(m,n,p)$ 为直线 L 的方向向量. 考虑以 $\boldsymbol{s}$ 和 $\overrightarrow{M_1M_0}$ 为邻边的平行四边形, 其面积为 $|\boldsymbol{s} \times \overrightarrow{M_1M_0}|$. 显然点 M_0 到直线 L 的距离 d 就是平行四边形的对应底 $|\boldsymbol{s}|$ 上的高(图 8-28). 因此, 点 M_0 到直线 L 的距离

$$d = \frac{|\boldsymbol{s} \times \overrightarrow{M_1M_0}|}{|\boldsymbol{s}|}.$$

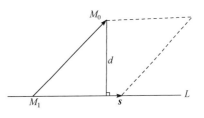

图 8-28

四、两直线的夹角及位置关系

1. 两直线的夹角

设两直线 L_1 和 L_2 的方向向量分别为 s_1 和 s_2，直线 L_1 和 L_2 的**夹角**记作 $\angle(L_1,L_2)$，定义为

$$\angle(L_1,L_2)=\begin{cases}\angle(s_1,s_2), & 0\leqslant\angle(s_1,s_2)\leqslant\dfrac{\pi}{2},\\[3mm]\pi-\angle(s_1,s_2), & \dfrac{\pi}{2}<\angle(s_1,s_2)\leqslant\pi.\end{cases}$$

因此

$$\cos\angle(L_1,L_2)=\left|\cos\angle(s_1,s_2)\right|=\frac{\left|m_1m_2+n_1n_2+p_1p_2\right|}{\sqrt{m_1^2+n_1^2+p_1^2}\cdot\sqrt{m_2^2+n_2^2+p_2^2}}.$$

由上式知，两直线 L_1 和 L_2 互相垂直当且仅当 $m_1m_2+n_1n_2+p_1p_2=0$。

例 8.4.4 求两直线 $L_1:\dfrac{x-1}{1}=\dfrac{y}{-4}=\dfrac{z+3}{1}$ 和 $L_2:\dfrac{x}{2}=\dfrac{y+1}{-2}=\dfrac{z}{-1}$ 的夹角.

解 易知直线 L_1 和 L_2 的方向向量分别为 $s_1=(1,-4,1)$，$s_2=(2,-2,-1)$. 设直线 L_1 和 L_2 的夹角为 θ，则

$$\cos\theta=\frac{\left|1\times2+(-4)\times(-2)+1\times(-1)\right|}{\sqrt{1^2+(-4)^2+1^2}\cdot\sqrt{2^2+(-2)^2+(-1)^2}}=\frac{\sqrt{2}}{2}.$$

所以 $\theta=\dfrac{\pi}{4}$. □

2. 两直线的位置关系

设直线 L_1 和 L_2 的方程分别为

$$L_1:\frac{x-x_1}{m_1}=\frac{y-y_1}{n_1}=\frac{z-z_1}{p_1},$$

$$L_2:\frac{x-x_2}{m_2}=\frac{y-y_2}{n_2}=\frac{z-z_2}{p_2}.$$

$s_1=(m_1,n_1,p_1)$，$s_2=(m_2,n_2,p_2)$ 分别为直线 L_1 和 L_2 的方向向量，$M_1=(x_1,y_1,z_1)$，$M_2=(x_2,y_2,z_2)$ 为直线 L_1 和 L_2 的点(图 8-29).

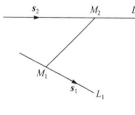

图 8-29

容易看出两直线 L_1 和 L_2 的相互位置取决于三向量 $\overrightarrow{M_1M_2},s_1,s_2$ 的相互位置关系：当且仅当三向量 $\overrightarrow{M_1M_2},s_1,s_2$ 异面时，L_1 和 L_2 异面；当且仅当三向量 $\overrightarrow{M_1M_2},s_1,s_2$ 共面时，L_1 和 L_2 共面. 在共面的情况下，当且仅当 s_1,s_2 不平行时，L_1 和 L_2 相交；当且仅当 $s_1 /\!/ s_2$ 但与 $\overrightarrow{M_1M_2}$ 不平行时，L_1 和 L_2 平行；当且仅当 $s_1 /\!/ s_2 /\!/ \overrightarrow{M_1M_2}$ 时，L_1 和 L_2 重合. 因此，我们有以

下定理.

定理 8.4.1 关于空间两直线 L_1 和 L_2 的位置关系, 我们有如下结论.

(1) L_1 和 L_2 异面当且仅当

$$\Delta = \begin{vmatrix} x_2 - x_1 & y_2 - y_1 & z_2 - z_1 \\ m_1 & n_1 & p_1 \\ m_2 & n_2 & p_2 \end{vmatrix} \neq 0.$$

(2) L_1 和 L_2 相交当且仅当

$$\Delta = 0, \quad m_1 : n_1 : p_1 \neq m_2 : n_2 : p_2.$$

(3) L_1 和 L_2 平行但不重合当且仅当

$$\Delta = 0, \quad m_1 : n_1 : p_1 = m_2 : n_2 : p_2 \neq (x_2 - x_1) : (y_2 - y_1) : (z_2 - z_1).$$

(4) L_1 和 L_2 重合当且仅当

$$\Delta = 0, \quad m_1 : n_1 : p_1 = m_2 : n_2 : p_2 = (x_2 - x_1) : (y_2 - y_1) : (z_2 - z_1).$$

例 8.4.5 判断两直线 $L_1 : \dfrac{x-2}{3} = \dfrac{y-1}{1} = \dfrac{z+3}{-2}$ 和 $L_2 : \dfrac{x+1}{6} = \dfrac{y-2}{2} = \dfrac{z-3}{-4}$ 的位置关系.

解 易知两直线 L_1 和 L_2 的方向向量分别为 $\boldsymbol{s}_1 = (3, 1, -2)$, $\boldsymbol{s}_2 = (6, 2, -4)$. 显然

$$\frac{3}{6} = \frac{1}{2} = \frac{-2}{-4},$$

故 $\boldsymbol{s}_1 \parallel \boldsymbol{s}_2$. 又直线 L_1 上的点 $(2, 1, -3)$ 不在直线 L_2 上, 故 L_1 和 L_2 平行, 但不重合. □

例 8.4.6 求过点 $M(2, 1, 3)$ 且与直线 $L : \dfrac{x+1}{3} = \dfrac{y-1}{2} = \dfrac{z}{-1}$ 垂直相交的直线方程.

解 直线 L 的参数方程为

$$\begin{cases} x = -1 + 3t, \\ y = 1 + 2t, \\ z = -t. \end{cases}$$

设所求直线与直线 L 的交点为 $M_0(-1 + 3t, 1 + 2t, -t)$, 则

$$\overrightarrow{MM_0} = (3t - 3, 2t, -t - 3).$$

又直线 L 的方向向量为

$$\boldsymbol{s} = (3, 2, -1),$$

从而由题意得

$$\boldsymbol{s} \cdot \overrightarrow{MM_0} = 3 \times (3t - 3) + 2 \times 2t + (-1) \times (-t - 3) = 0.$$

解得 $t = \dfrac{3}{7}$. 所以 $\overrightarrow{MM_0} = \left(-\dfrac{12}{7}, \dfrac{6}{7}, -\dfrac{24}{7} \right)$. 显然, $\overrightarrow{MM_0} = \left(-\dfrac{12}{7}, \dfrac{6}{7}, -\dfrac{24}{7} \right)$ 可作为所求直线的方向向量, 故所求直线的方程为

$$\frac{x-2}{-\dfrac{12}{7}} = \frac{y-1}{\dfrac{6}{7}} = \frac{z-3}{-\dfrac{24}{7}}, \quad \text{即} \quad \frac{x-2}{2} = \frac{y-1}{-1} = \frac{z-3}{4}. \qquad \Box$$

五、直线与平面的夹角及位置关系

当直线 L 与平面 π 不垂直时, 直线 L 与它在平面 π 上的投影所成的角称为直线 L 与平面 π 的**夹角**(图 8-30), 记作 $\angle(L, \pi)$; 当直线 L 与平面 π 垂直时, 规定直线 L 与平面 π

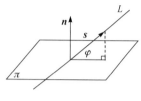

图 8-30

的**夹角**为 $\dfrac{\pi}{2}$. 因此, 直线与平面的夹角介于 0 和 $\dfrac{\pi}{2}$ 之间.

若直线 L 的方向向量为 $\boldsymbol{s} = (m, n, p)$, 平面 π 的法向量为 $\boldsymbol{n} = (A, B, C)$, 则直线 L 与平面 π 的夹角的计算公式为

$$\sin \angle(L, \pi) = \left| \cos \angle(\boldsymbol{s}, \boldsymbol{n}) \right| = \frac{|Am + Bn + Cp|}{\sqrt{A^2 + B^2 + C^2} \cdot \sqrt{m^2 + n^2 + p^2}}.$$

对于直线 L 与平面 π 位置关系, 我们有以下定理.

定理 8.4.2 设直线 L 的方程和方向向量分别为

$$\frac{x - x_0}{m} = \frac{y - y_0}{n} = \frac{z - z_0}{p}, \quad \boldsymbol{s} = (m, n, p).$$

平面 π 的方程和法向量分别为

$$Ax + By + Cz + D = 0, \quad \boldsymbol{n} = (A, B, C).$$

则

(1) 直线 L 与平面 π 相交当且仅当 $Am + Bn + Cp \neq 0$.

(2) 直线 L 与平面 π 平行当且仅当

$$Am + Bn + Cp = 0, \quad \text{且 } Ax_0 + By_0 + Cz_0 + D \neq 0.$$

(3) 直线 L 在平面 π 上当且仅当

$$Am + Bn + Cp = 0, \quad \text{且 } Ax_0 + By_0 + Cz_0 + D = 0.$$

例 8.4.7 试判定直线 L: $\dfrac{x - 3}{2} = \dfrac{y}{1} = \dfrac{z + 2}{-5}$ 与平面 π: $2x + 11y + 3z = 0$ 的位置关系.

解 直线 L 的方向向量为 $\boldsymbol{s} = (2, 1, -5)$, 平面 π 的法向量为 $\boldsymbol{n} = (2, 11, 3)$, 则有

$$\boldsymbol{s} \cdot \boldsymbol{n} = 2 \times 2 + 1 \times 11 + (-5) \times 3 = 0.$$

又将直线 L 上的点 $M_0(3, 0, -2)$ 代入平面方程, 有

$$2 \times 3 + 11 \times 0 + 3 \times (-2) = 0,$$

即点 M_0 在平面 π 上. 故直线 L 在平面 π 上. □

例 8.4.8 求直线 L: $\dfrac{x - 2}{1} = \dfrac{y + 1}{-2} = \dfrac{z - 3}{-2}$ 与平面 π: $x - 2y - 2z + 11 = 0$ 交点的坐标.

解 直线 L 的参数式方程为

$$\begin{cases} x = 2 + t, \\ y = -1 - 2t, \\ z = 3 - 2t. \end{cases}$$

将其代入平面 π 的方程, 得 $(2 + t) - 2(-1 - 2t) - 2(3 - 2t) + 11 = 0$, 解得 $t = -1$. 代入参数式方程, 得 $x = 1$, $y = 1$, $z = 5$. 所以直线 L 与平面 π 的交点的坐标为 $(1, 1, 5)$. □

习 题 8-4

1. 求满足下列条件的直线的方程:

(1) 过点 $A(1,-2,-2)$ 且与直线 $\dfrac{x}{1}=\dfrac{y-2}{7}=\dfrac{z-1}{3}$ 平行;

(2) 过点 $A(2,-3,4)$ 且与平面 $3x-y+2z-4=0$ 垂直;

(3) 过点 $A(-1,2,0)$ 和 $B(2,3,1)$;

(4) 过点 $A(3,4,-4)$ 且方向角分别为 $\dfrac{\pi}{3}$, $\dfrac{\pi}{4}$, $\dfrac{4\pi}{3}$;

(5) 过点 $A(-1,2,1)$ 且平行于直线 $\begin{cases} x+y-2z-1=0, \\ x+2y-z+1=0; \end{cases}$

(6) 过点 $A(1,-1,2)$ 且垂直于直线 $\dfrac{x-2}{2}=\dfrac{y}{2}=\dfrac{z+1}{-1}$ 和 y 轴;

(7) 过点 $A(1,0,2)$ 且与直线 $\dfrac{x-1}{2}=\dfrac{y-1}{1}=\dfrac{z}{-1}$ 垂直相交.

2. 将下列直线的一般式方程转化为对称式方程:

(1) $\begin{cases} 3x+2y+z=0, \\ x-2y+z+2=0; \end{cases}$ (2) $\begin{cases} x-5y+2z+1=0, \\ z=2+5y. \end{cases}$

3. 求直线 $\begin{cases} x+2y+z-1=0, \\ x-2y+z+1=0 \end{cases}$ 与直线 $\begin{cases} x-y-z-1=0, \\ x-y+2z+1=0 \end{cases}$ 的夹角.

4. 求点 $P(-1,2,0)$ 在平面 $x+2y-z+1=0$ 上投影点的坐标.

5. 求点 $P(2,3,1)$ 在直线 $\dfrac{x+7}{1}=\dfrac{y+2}{2}=\dfrac{z+2}{3}$ 上的垂足坐标以及点到直线的距离.

6. 求过点 $P(3,1,-2)$ 且通过直线 $\dfrac{x-4}{3}=\dfrac{y+3}{2}=\dfrac{z}{1}$ 的平面的方程.

7. 求由两直线 $\dfrac{x-1}{6}=\dfrac{y+2}{-2}=\dfrac{z}{2}$ 和 $\dfrac{x}{3}=\dfrac{y-2}{-1}=\dfrac{z+1}{1}$ 所确定的平面的方程.

8. 求过直线 $\dfrac{x-2}{5}=\dfrac{y+1}{2}=\dfrac{z-2}{4}$ 且垂直于平面 $x+4y-3z+7=0$ 的平面的方程.

9. 试确定下列各组中的直线与平面间的位置关系:

(1) $\dfrac{x-2}{3}=\dfrac{y+1}{1}=\dfrac{z-2}{-1}$ 与 $x-13y-10z+5=0$;

(2) $\begin{cases} 2x+z=0, \\ 2x+3y=0 \end{cases}$ 与 $3x-2y-6z=0$;

(3) $\begin{cases} x=3+4t, \\ y=-4, \\ z=1-4t \end{cases}$ 与 $x+y+z=0$.

第五节 常见的空间曲面

平面是空间曲面中最简单的一种, 在本章的第三节已经进行了讨论.

一、球面

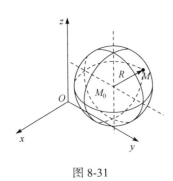

图 8-31

设 $M_0(a,b,c)$ 为空间中一定点, R 为大于零的实数. 到 $M_0(a,b,c)$ 的距离为 R 的点的轨迹叫作以 $M_0(a,b,c)$ 为中心 R 为半径的**球面**(图 8-31). 下面确定该球面的方程. 空间中任意一点 $M(x,y,z)$ 在球面上当且仅当 $|\overrightarrow{M_0M}|=R$, 即

$$\sqrt{(x-a)^2+(y-b)^2+(z-c)^2}=R,$$

两边平方, 得 $(x-a)^2+(y-b)^2+(z-c)^2=R^2$. 所以, 以 $M_0(a,b,c)$ 为中心、R 为半径的球面方程为

$$(x-a)^2+(y-b)^2+(z-c)^2=R^2.$$

特别地, 当球心在坐标原点时, 半径为 R 的球面方程为

$$x^2+y^2+z^2=R^2.$$

例 8.5.1　求球面 $x^2+y^2+z^2+x-y=1$ 的球心坐标和半径.

解　配方, 得

$$\left(x+\frac{1}{2}\right)^2+\left(y-\frac{1}{2}\right)^2+z^2=\frac{3}{2},$$

因此球心坐标为 $\left(-\dfrac{1}{2},\dfrac{1}{2},0\right)$, 半径为 $\dfrac{\sqrt{6}}{2}$.　　　　　　　　□

二、柱面

平行于定直线并沿定曲线 C 移动的直线 L 所形成的轨迹叫作**柱面**, 定曲线 C 叫作柱面的**准线**, 动直线 L 叫作柱面的**母线**(图 8-32).

例如, 方程 $x^2+y^2=R^2$ 表示的曲面可以看成是由平行于 z 轴的动直线 L 沿 xOy 坐标平面上的圆 $C:\begin{cases}x^2+y^2=R^2,\\z=0\end{cases}$ 移动而形成的, 因而是柱面. 该柱面叫作**圆柱面**, C 是它的准线, 平行于 z 轴的动直线 L 是它的母线. 类似地, 方程 $\dfrac{x^2}{a^2}+\dfrac{y^2}{b^2}=1$ 表示母线平行于 z 轴的柱面, 它的准线可取为 xOy 坐标面上的椭圆

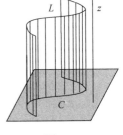

图 8-32

$C_1:\begin{cases}\dfrac{x^2}{a^2}+\dfrac{y^2}{b^2}=1,\\z=0,\end{cases}$　该柱面称为**椭圆柱面**(图 8-33). 方程

$\dfrac{x^2}{a^2}-\dfrac{y^2}{b^2}=1$ 表示母线平行于 z 轴的柱面, 它的准线可取为 xOy 坐标面上的双曲线

$C_2 : \begin{cases} \dfrac{x^2}{a^2} - \dfrac{y^2}{b^2} = 1, \\ z = 0, \end{cases}$ 该柱面称为**双曲柱面**(图 8-34). 方程 $y^2 = 2px$ 表示母线平行于 z 轴的柱

面, 它的准线可取为 xOy 坐标面上的抛物线 $C_3 : \begin{cases} y^2 = 2px, \\ z = 0, \end{cases}$ 该柱面称为**抛物柱面**(图 8-35).

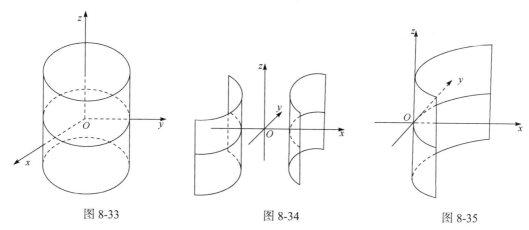

图 8-33   图 8-34   图 8-35

一般地, 只含 x, y 而缺 z 的方程 $F(x, y) = 0$ 在空间中表示母线平行于 z 轴, 以 xOy 坐标面上的曲线 $\begin{cases} F(x, y) = 0, \\ z = 0 \end{cases}$ 为准线的柱面. 类似地, 只含 x, z 而缺 y 的方程 $G(x, z) = 0$ 在空间中表示母线平行于 y 轴, 以 xOz 坐标面上的曲线 $\begin{cases} G(x, z) = 0, \\ y = 0 \end{cases}$ 为准线的柱面. 只含 y, z 而缺 x 的方程 $H(y, z) = 0$ 在空间中表示母线平行于 x 轴, 以 yOz 坐标面上的曲线 $\begin{cases} G(y, z) = 0, \\ x = 0 \end{cases}$ 为准线的柱面.

三、锥面

通过定点 P_0 且与定曲线 C 相交的一族直线所生成的曲面叫作**锥面**, 生成锥面的这些直线叫作锥面的**母线**, 定点 P_0 叫作锥面的**顶点**, 定曲线 C 叫作锥面的**准线**. 显然, 锥面的准线不是唯一的, 恰与一切母线都相交的曲线均可以作为它的准线.

下面用一个例子来介绍锥面方程的求法.

例 8.5.2 已知锥面的顶点在原点, 且准线方程为

$$C : \begin{cases} \dfrac{x^2}{a^2} + \dfrac{y^2}{b^2} = 1, \\ z = c, \end{cases}$$

求锥面的方程.

解 设 $M(x, y, z)$ 为锥面上任意一点, 且它与顶点 $O(0, 0, 0)$ 的连线交准线 C 于点

$M_1(x_1, y_1, z_1)$. 易知 $\overrightarrow{OM} \ // \ \overrightarrow{OM_1}$, 且 $M_1(x_1, y_1, z_1)$ 的坐标满足准线 C 的方程. 于是有

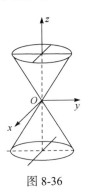

$$\begin{cases} \dfrac{x}{x_1} = \dfrac{y}{y_1} = \dfrac{z}{z_1}, \\ z_1 = c, \\ \dfrac{x_1^2}{a^2} + \dfrac{y_1^2}{b^2} = 1. \end{cases}$$

解之并化简, 得所求锥面的方程为

$$\frac{x^2}{a^2} + \frac{y^2}{b^2} - \frac{z^2}{c^2} = 0. \qquad\qquad \square$$

图 8-36

此锥面叫作**二次锥面**(图 8-36).

四、旋转曲面

一条曲线 C 绕定直线 l 旋转一周所形成的曲面叫作**旋转曲面**. 曲线 C 叫作旋转曲面的**母线**, 定直线 l 叫作旋转曲面的**旋转轴**, 简称**轴**(图 8-37). 通常选取的母线及轴在同一个平面上.

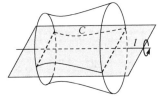

图 8-37

例如, 球面 $x^2 + y^2 + z^2 = 1$ 可以看成由 yOz 坐标面上的圆 $y^2 + z^2 = 1$ 绕 z 轴旋转一周所形成的旋转曲面.

设在 yOz 坐标面上有一曲线 C, 它的方程为

$$\begin{cases} f(y, z) = 0, \\ x = 0. \end{cases}$$

将曲线 C 绕 z 轴旋转一周, 就得到一个以 C 为母线 z 轴为轴的旋转曲面. 它的方程可如下求得.

设 $M(x, y, z)$ 为旋转曲面上任意一点, 且它是由曲线 C 上的点 $M_0(0, y_0, z_0)$ 绕 z 轴旋转得到的. 那么, $z = z_0$, 且点 M 和点 M_0 到 z 轴的距离相等, 即

$$\sqrt{x^2 + y^2} = |y_0|,$$

且

$$f(y_0, z_0) = 0, \tag{8.5.1}$$

将 $y_0 = \pm\sqrt{x^2 + y^2}$, $z_0 = z$, 代入方程(8.5.1), 得

$$f(\pm\sqrt{x^2 + y^2}, z) = 0.$$

这就是所求旋转曲面的方程.

由此可知, 在曲线 C 的方程 $f(y, z) = 0$ 中将 y 改成 $\pm\sqrt{x^2 + y^2}$, 便得到曲线 C 绕 z 轴旋转一周所形成的旋转曲面的方程.

同理可知, 曲线 C 绕 y 轴旋转一周所形成的旋转曲面的方程为

$$f(y, \pm\sqrt{x^2+z^2}) = 0 .$$

例如：(1) 将在 xOy 坐标面上椭圆 $\dfrac{x^2}{a^2} + \dfrac{y^2}{b^2} = 1$，绕 x 轴旋转所得的旋转曲面方程为

$$\frac{x^2}{a^2} + \frac{y^2}{b^2} + \frac{z^2}{b^2} = 1 \quad (\text{图 8-38});$$

绕 y 轴旋转所得的旋转曲面方程为

$$\frac{x^2}{a^2} + \frac{y^2}{b^2} + \frac{z^2}{a^2} = 1 \quad (\text{图 8-39}).$$

这两个方程表示的旋转曲面都叫作**旋转椭圆面**.

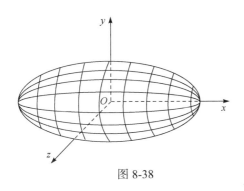
图 8-38

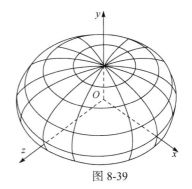
图 8-39

(2) 将在 yOz 坐标面上双曲线 $\dfrac{y^2}{b^2} - \dfrac{z^2}{c^2} = 1$，绕 z 轴旋转所得的旋转曲面方程为

$$\frac{x^2}{b^2} + \frac{y^2}{b^2} - \frac{z^2}{c^2} = 1,$$

其表示的曲面叫作**单叶旋转双曲面**(图 8-40)；绕 y 轴旋转所得的旋转曲面方程为

$$-\frac{x^2}{c^2} + \frac{y^2}{b^2} - \frac{z^2}{c^2} = 1,$$

其表示的旋转曲面叫作**双叶旋转双曲面**(图 8-41).

(3) 将在 yOz 坐标面上抛物线 $y^2 = 2pz$，绕 z 轴旋转所得的旋转曲面方程为

$$x^2 + y^2 = 2pz,$$

其表示的旋转曲面叫作**旋转抛物面**(图 8-42).

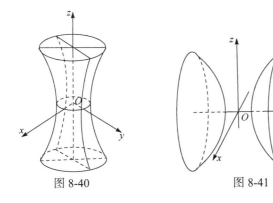
图 8-40　　　　　　图 8-41

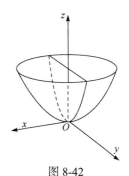
图 8-42

例 **8.5.3**　求 yOz 面上的直线 $z = ky$(k 是非零常数)绕 z 轴旋转一周而形成的旋转曲面的方程.

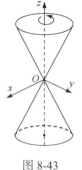

图 8-43

解　因为旋转轴是 z 轴, 所以只要将方程 $z = ky$ 中的 y 换成 $\pm\sqrt{x^2 + y^2}$ 即得所求旋转曲面的方程

$$z = \pm k\sqrt{x^2 + y^2},$$

两边平方, 整理得

$$x^2 + y^2 - \frac{1}{k^2}z^2 = 0.$$

此方程表示的旋转曲面称为**圆锥面**(图 8-43).

五、二次曲面

在空间解析几何中, 我们把三元二次方程 $F(x, y, z) = 0$ 所表示的曲面称为**二次曲面**.

我们通常使用**截痕法**来研究二次方程所表示曲面的几何形状. 所谓截痕法即通常用坐标平面及平行于坐标平面的平面与所讨论的曲面相截, 然后考察其交线（即截痕）的图形及其变化, 以此来想象该曲面空间形状的方法.

通过适当地选取空间直角坐标系, 二次曲面的方程可以化简成标准方程, 共有九类. 下面简要介绍这九类二次曲面的标准方程及其形状.

1. 椭球面　$\dfrac{x^2}{a^2} + \dfrac{y^2}{b^2} + \dfrac{z^2}{c^2} = 1$ $(a > 0, b > 0, c > 0)$

椭球面的标准方程中不含有 1 次项, 所以其图形关于坐标轴、坐标面及坐标原点对称. 原点是椭球面的中心. 设点 (x, y, z) 为椭球面上任意一点, 则有

$$|x| \leqslant a, \quad |y| \leqslant b, \quad |z| \leqslant c,$$

即椭球面的图像一定包含在由 $x = \pm a, y = \pm b, z = \pm c$ 六个面所围成的长方体内.

当 $a = b = c$ 时, 椭球面的标准方程变为 $x^2 + y^2 + z^2 = a^2$, 表示的是球面; 当 a, b, c 中有某两个相等时, 标准方程表示的是旋转椭球面.

用坐标面或平行于坐标面的平面 $x = g\,(|g| < a), y = h\,(|h| < b), \ z = k\,(|k| < c)$ 分别截椭球面所得交线均为椭圆(图 8-44).

2. 单叶双曲面　$\dfrac{x^2}{a^2} + \dfrac{y^2}{b^2} - \dfrac{z^2}{c^2} = 1$ $(a > 0, b > 0, c > 0)$

单叶双曲面的标准方程不含有 1 次项, 所以其图形关于坐标轴、坐标面和坐标原点对称.

当 $a = b$ 时, 标准方程表示的是单叶旋转双曲面.

用平行于坐标面 xOy 的平面 $z = k$ 去截单叶双曲面所得交线为椭圆; 用平行于坐标面 xOz 的平面 $y = h$ 或平行于坐标面 yOz 的平面 $x = g$ 分别去截单叶双曲面所得交线均为双曲线(图 8-45).

3. 双叶双曲面　$\dfrac{x^2}{a^2}+\dfrac{y^2}{b^2}-\dfrac{z^2}{c^2}=-1\ (a>0,b>0,c>0)$

双叶双曲面的标准方程不含有1次项, 所以其图形关于坐标轴、坐标面和坐标原点对称. $|z|\geqslant c$.

当 $a=b$ 时, 标准方程表示的是双叶旋转双曲面.

用平行于坐标面 xOy 的平面 $z=k\ (|k|>c)$ 去截双叶双曲面所得交线均为椭圆; 用平行于坐标面 xOz 的平面 $y=h$ 或平行于坐标面 yOz 的平面 $x=g$ 分别去截双叶双曲面所得交线均为双曲线(图 8-46).

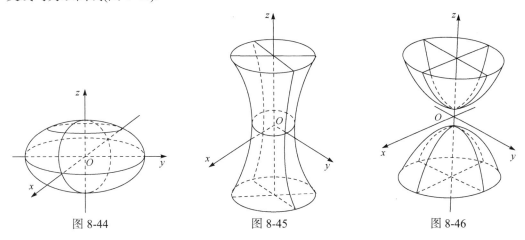

图 8-44　　　　　　　　　图 8-45　　　　　　　　　图 8-46

4. 椭圆抛物面　$\dfrac{x^2}{a^2}+\dfrac{y^2}{b^2}=z\ (a>0,b>0)$

椭圆抛物面关于坐标面 xOz 和 yOz 对称, 也关于 z 轴对称. 图像过坐标原点, 且位于坐标面 xOy 的上方($z\geqslant 0$).

当 $a=b$ 时, 标准方程表示的是旋转抛物面.

用平行于坐标面 xOy 的平面 $z=k\ (k>0)$ 去截椭圆抛物面所得交线均为椭圆; 用平行于坐标面 xOz 的平面 $y=h$ 或平行于坐标面 yOz 平面 $x=g$ 分别去截椭圆抛物面所得交线均为抛物线(图 8-47).

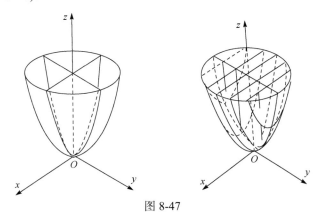

图 8-47

5. 双曲抛物面 $\dfrac{x^2}{a^2} - \dfrac{y^2}{b^2} = z\ (a > 0, b > 0)$

双曲抛物面关于坐标面 xOz、坐标面 yOz 对称及 z 轴对称. 图像过坐标原点.

用坐标面 $xOy\,(z = 0)$ 去截双曲抛物面所得交线为两相交直线 $\left(y = \pm \dfrac{b}{a}x \right)$；用平行于坐标面 xOy 的平面 $z = k\ (k \neq 0)$ 去截曲面所得交线为双曲线（$k > 0$ 和 $k < 0$ 对应的双曲线位置及开口方向均不同）；用平行于坐标面 xOz 的平面 $y = h$ 或平行于坐标面 yOz 的平面 $x = g$ 分别去截双曲抛物面所得交线均为抛物线(图 8-48).

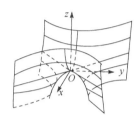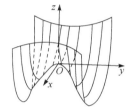

图 8-48

从形状上看，双曲抛物面像一个马鞍，所以双曲抛物面又称**马鞍面**.

6. 椭圆锥面 $\dfrac{x^2}{a^2} + \dfrac{y^2}{b^2} = z^2\ (a > 0, b > 0)$

椭圆锥面的标准方程只含有平方项，所以其图形关于坐标轴、坐标面和坐标原点对称. 图像过坐标原点，坐标原点为椭圆锥面的顶点.

用坐标面 $xOy\,(z = 0)$ 去截椭圆锥面得交点 $(0,0,0)$；用平行于坐标面 xOy 的平面 $z = k\ (k \neq 0)$ 去截椭圆锥面所得交线为椭圆；用平行于坐标面 xOz 的平面 $y = h$ 或平行于坐标面 yOz 的平面 $x = g$ 分别去截椭圆锥面所得交线均为双曲线(参考图 8-36).

7. 椭圆柱面 $\dfrac{x^2}{a^2} + \dfrac{y^2}{b^2} = 1\ (a > 0, b > 0)$

8. 抛物柱面 $\dfrac{x^2}{a^2} - \dfrac{y^2}{b^2} = 1\ (a > 0, b > 0)$

9. 双曲柱面 $x^2 = 2py\ (p > 0)$

椭圆柱面、抛物柱面及双曲柱面已在本节前段讨论过.

习 题 8-5

1. 求球心在点 $(-1, -3, 2)$ 处且通过点 $(1, -1, 1)$ 的球面的方程.

2. 求顶点为原点，准线为 $\begin{cases} x^2 - 2z + 1 = 0, \\ y - z + 1 = 0 \end{cases}$ 的锥面方程.

3. 在空间直角坐标系下, 下列方程表示什么图形?

(1) $y^2 = 2z$;　　　　　　(2) $x^2 + y^2 = 4$;

(3) $x^2 - y^2 = 1$;　　　　　(4) $x^2 + y^2 + z^2 - 1 = 0$;

(5) $\dfrac{x^2}{9} + \dfrac{y^2}{16} + \dfrac{z^2}{25} = 1$;　　(6) $4x^2 - y^2 + 4z = 0$.

4. 写出下列平面曲线绕指定轴旋转所生成旋转曲面的方程:

(1) xOz 面上的抛物线 $z^2 = 5x$ 绕 x 轴旋转;

(2) xOy 面上的双曲线 $4x^2 - 9y^2 = 36$ 绕 y 轴旋转;

(3) yOz 面上的直线 $2y - 3z + 1 = 0$ 绕 z 轴旋转.

5. 指出下列方程在空间直角坐标系下所表示的曲面的名称. 若为柱面或旋转曲面, 请说明它们是如何形成的:

(1) $3x - 2y + 5 = 0$;　　　　(2) $x^2 + 2z^2 = 1$;

(3) $\dfrac{x^2 + y^2}{4} - \dfrac{z^2}{9} = 1$;　　　(4) $x^2 = 2(y^2 + z^2)$;

(5) $x^2 = y - 2$;　　　　　　(6) $y^2 + z^2 = 3$;

(7) $\dfrac{x^2}{3} - \dfrac{y^2 + z^2}{6} = 1$;　　　(8) $y = x^2 + z^2$.

第六节　空间曲线及其方程

一、空间曲线的一般方程

空间曲线总可以看作两个曲面的交线. 设空间两曲面的方程分别为
$$F(x, y, z) = 0 \quad \text{和} \quad G(x, y, z) = 0,$$
它们的交线为 C. 易知曲线 C 上的任何点的坐标同时满足两个曲面的方程, 即满足方程组
$$\begin{cases} F(x, y, z) = 0, \\ G(x, y, z) = 0. \end{cases} \tag{8.6.1}$$
反过来, 满足方程组(8.6.1)的坐标对应的点同时在两个曲面上, 进而在曲线 C 上. 因此, 方程组(8.6.1)为曲线 C 的方程, 称为**曲线 C 的一般方程**.

例 8.6.1　方程组 $\begin{cases} z = x^2 + y^2, \\ x + y = 1 \end{cases}$ 表示怎样的曲线?

解　因为方程 $z = x^2 + y^2$ 表示由坐标面 yOz 内的抛物线 $z = y^2$ 绕 z 轴旋转一周生成的旋转抛物面; 方程 $x + y = 1$ 表示平行于 z 轴的一个平面. 于是方程组
$$\begin{cases} z = x^2 + y^2, \\ x + y = 1 \end{cases}$$
表示上述旋转抛物面与平面的交线(抛物线), 如图 8-49 所示.　　　　　　□

例 8.6.2 方程组 $\begin{cases} x^2 + y^2 + z^2 = 4a^2, \\ (x-a)^2 + y^2 = a^2 \end{cases}$ $(a > 0)$ 表示怎样的曲线?

解 因为方程 $x^2 + y^2 + z^2 = 4a^2$ 表示球心在原点, 半径为 $2a$ 的球面; 方程 $(x-a)^2 + y^2 = a^2$ 表示母线平行于 z 轴的一个圆柱面, 其准线为坐标面 xOy 内的一个圆: 圆心为 $(a, 0, 0)$, 半径为 a. 于是方程组

$$\begin{cases} x^2 + y^2 + z^2 = 4a^2, \\ (x-a)^2 + y^2 = a^2 \end{cases}$$

表示上述球面与柱面的交线(图 8-50).

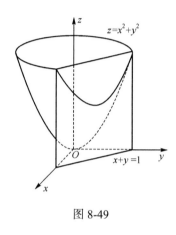

图 8-49

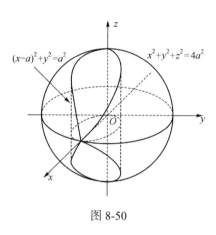

图 8-50

二、空间曲线的参数方程

空间曲线也可用参数方程来表示, 这是另一种表示空间曲线的常用表达方式. 当把空间曲线看作点的运动轨迹时, 常用参数方程表示.

设空间曲线 C 上动点的坐标分量 x, y, z 均表示为参数 t 的函数:

$$\begin{cases} x = x(t), \\ y = y(t), \\ z = z(t). \end{cases} \tag{8.6.2}$$

给定参数 t 一个定值就得到曲线 C 上的一个定点; 随着参数 t 的变动可得到曲线 C 上的全部点. 方程组(8.6.2)称为**曲线 C 的参数方程**.

例 8.6.3 已知一半径为 r 的圆柱面, 其上有一动点 M 绕轴作等角速度的圆周运动, 同时作平行于轴线的匀速直线运动, 则动点 M 的轨迹所形成的曲线称为圆柱螺线, 试求其轨迹方程.

解 首先建立空间直角坐标系, 使 z 轴与圆柱面的轴重合, z 轴的正方向为动点 M 沿轴线运动的方向, 取 M 的起始点为 $A(r, 0, 0)$, 如图 8-51 所示. 则圆柱面的方程为 $x^2 + y^2 = r^2$. 设动点作圆周运动的角速度为 ω, 作匀速直线运动的速度为 v. 设经过时间 t 后, 点 M 的坐标为 (x, y, z), 则

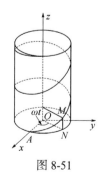

图 8-51

$$
\begin{cases}
x = r\cos\omega t, \\
y = r\sin\omega t, \quad t \geqslant 0. \\
z = vt,
\end{cases}
$$

这就是所求轨迹的参数方程. □

*三、曲面的参数方程

曲面 S 有时也可用参数形式表示, 曲面的参数方程通常含有两个参数. 将曲面 S 上动点的坐标分量 x, y, z 均表示为参数 u, v 的函数:

$$
\begin{cases}
x = x(u, v), \\
y = y(u, v), \\
z = z(u, v).
\end{cases} \tag{8.6.3}
$$

随着参数 u, v 的变动可得到曲面 S 上的所有点. 方程组(8.6.3)称为**曲面 S 的参数方程**.

例如空间曲线 C

$$
\begin{cases}
x = \varphi(t), \\
y = \psi(t), \quad \alpha \leqslant t \leqslant \beta \\
z = \omega(t),
\end{cases}
$$

绕 z 轴旋转, 所得旋转曲面的参数方程为

$$
\begin{cases}
x = \sqrt{(\varphi(t))^2 + (\psi(t))^2}\,\cos\theta, \\
y = \sqrt{(\varphi(t))^2 + (\psi(t))^2}\,\sin\theta, \quad \alpha \leqslant t \leqslant \beta,\ 0 \leqslant \theta \leqslant 2\pi. \\
z = \omega(t),
\end{cases} \tag{8.6.4}
$$

实际上, 固定 t 可得到空间曲线 C 上一点 $M(\varphi(t), \psi(t), \omega(t))$, 点 M 绕 z 轴旋转得到平面 $z = \omega(t)$ 上一个圆, 其半径为 M 到 z 轴的距离 $\sqrt{(\varphi(t))^2 + (\psi(t))^2}$, 因此, 固定 t 的方程 (8.6.4)就是该圆的参数方程. 随着 t 在 $[\alpha, \beta]$ 上变动, 就得到了整个旋转曲面. 所以方程(8.6.4)为所得旋转曲面的参数方程.

再例如球面 $x^2 + y^2 + z^2 = R^2$ 可以看成坐标面 xOz 上的半圆周

$$
\begin{cases}
x = R\sin u, \\
y = 0, \quad 0 \leqslant u \leqslant \pi \\
z = R\cos u,
\end{cases}
$$

绕 z 轴旋转所得, 故球面 $x^2 + y^2 + z^2 = R^2$ 的参数方程为

$$
\begin{cases}
x = R\sin u\cos v, \\
y = R\sin u\sin v, \quad 0 \leqslant u \leqslant \pi,\ 0 \leqslant v \leqslant 2\pi. \\
z = R\cos u,
\end{cases} \tag{8.6.5}
$$

受参数方程(8.6.5)的启发, 可得椭球面 $\dfrac{x^2}{a^2} + \dfrac{y^2}{b^2} + \dfrac{z^2}{c^2} = 1$ 的参数方程

$$\begin{cases} x = a\sin u\cos v, \\ y = b\sin u\sin v, \quad 0 \leqslant u \leqslant \pi, \ 0 \leqslant v \leqslant 2\pi. \\ z = c\cos u, \end{cases}$$

四、空间曲线在坐标面上的投影

已知空间曲线 C 和平面 Π, 从 C 上各点向平面 Π 作垂线, 垂足所构成的曲线 C_1 称为曲线 C 在平面 Π 上的**投影曲线**(简称投影). 准线为曲线 C 而母线垂直于平面 Π 的柱面称为曲线 C 关于平面 Π 的**投影柱面**. 曲线 C 关于平面 Π 的投影柱面与平面 Π 的交线就是曲线 C 在平面 Π 上的投影曲线 C_1 (图 8-52).

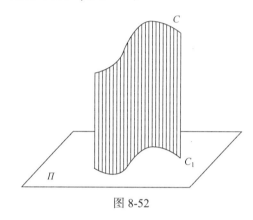

图 8-52

特别地, 以曲线 C 为准线、母线平行于 z 轴(即垂直于坐标面 xOy)的柱面称为曲线 C 关于坐标面 xOy 的投影柱面, 此投影柱面与坐标面 xOy 的交线就是曲线 C 在坐标面 xOy 上的投影曲线.

设空间曲线 C 的一般方程为

$$\begin{cases} F(x,y,z)=0, \\ G(x,y,z)=0. \end{cases} \tag{8.6.6}$$

在这个方程组中消去 z , 就得到一个不含变量 z 的方程

$$H(x,y)=0 . \tag{8.6.7}$$

方程(8.6.7)表示一个母线平行于 z 轴的柱面.

由于方程(8.6.7)是由方程组(8.6.6)消去 z 而得到的, 因此, 当 x,y,z 满足方程组时, 前两个变量 x,y 必定满足方程组(8.6.6), 这说明曲线 C 上的所有点都在由方程(8.6.7)所表示的柱面上, 即此柱面必定包含曲线 C. 进而, 方程(8.6.7)所表示的柱面必定包含曲线 C 关于坐标面 xOy 的投影柱面, 而方程组

$$\begin{cases} H(x,y)=0, \\ z=0 \end{cases}$$

所表示的曲线必定包含曲线 C 在坐标面 xOy 上的投影.

类似地, 由表示曲线 C 的方程组

$$\begin{cases} F(x, y, z) = 0, \\ G(x, y, z) = 0 \end{cases}$$

中消去变量 y 或变量 x 而得到方程

$$R(x, z) = 0 \quad \text{或} \quad T(y, z) = 0,$$

再分别与 $y = 0$ 或 $x = 0$ 联立, 就可以分别得到包含曲线 C 在坐标面 xOy 或坐标面 yOz 上的投影曲线的方程

$$\begin{cases} R(x, z) = 0, \\ y = 0, \end{cases} \quad \text{或} \quad \begin{cases} T(y, z) = 0, \\ x = 0. \end{cases}$$

例 8.6.4 求曲线 C : $\begin{cases} z = x^2 + y^2, \\ 2x + 4y - z = 0 \end{cases}$ 在坐标面 xOy 上的投影曲线的方程.

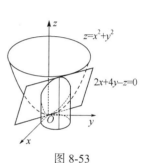

图 8-53

解 由曲线 C 的方程组消去 z , 得曲线 C 关于坐标面 xOy 的投影柱面方程

$$x^2 + y^2 - 2x - 4y = 0 ,$$

即

$$(x-1)^2 + (y-2)^2 = 5 .$$

与 $z = 0$ 联立, 得

$$\begin{cases} (x-1)^2 + (y-2)^2 = 5, \\ z = 0, \end{cases} \tag{8.6.8}$$

这就是曲线 C 在坐标面 xOy 上的投影曲线的方程. □

方程(8.6.8)表示的是坐标面 xOy 内的一个圆, 其圆心为 $(1,2)$, 半径为 $\sqrt{5}$ (图 8-53).

习 题 8-6

1. 画出下列曲线在第一卦限内的图形:

(1) $\begin{cases} x^2 + y^2 = a^2, \\ x^2 + z^2 = a^2; \end{cases}$ (2) $\begin{cases} z = \sqrt{4 - x^2 - y^2}, \\ x - y = 0. \end{cases}$

2. 指出下列方程表示的曲线:

(1) $\begin{cases} x^2 + y^2 + z^2 = 25, \\ x = 3; \end{cases}$ (2) $\begin{cases} x^2 + 4y^2 + 9z^2 = 36, \\ y = 1; \end{cases}$

(3) $\begin{cases} x^2 - 4y^2 + z^2 = 25, \\ x = -3; \end{cases}$ (4) $\begin{cases} y^2 + z^2 - 4x + 8 = 0, \\ y = 4. \end{cases}$

3. 将曲线 $\begin{cases} x^2 + y^2 + z^2 = 25, \\ y - x = 0 \end{cases}$ 化为参数方程.

4. 求球面 $x^2 + y^2 + z^2 = 9$ 与平面 $x + z = 1$ 的交线在坐标面 xOy 上的投影曲线的方程.

5. 求通过曲线 $\begin{cases} 2x^2 + y^2 + z^2 = 16, \\ x^2 - y^2 + z^2 = 0 \end{cases}$ 且母线平行于 y 轴的柱面方程.

第七节　Mathematica 软件应用(7)

一、空间曲面的图形

在 Mathematica 中空间曲面的图形可用内建函数 ParametricPlot3D 来作出, 它的命令格式为

ParametricPlot3D $[\{x[u,v],\ y[u,v],\ z[u,v]\},\{u,\ u_1,\ u_2\},\{v,\ v_1,\ v_2\}]$, 可选项].

例 8.7.1　作球面 $x^2+y^2+z^2=9$ 的图形.

解　球面的参数方程为

$$\begin{cases} x=3\sin u\cos v, \\ y=3\sin u\sin v, \quad (0\leqslant u\leqslant \pi,\ 0\leqslant v\leqslant 2\pi), \\ z=3\cos u \end{cases}$$

其图形如图 8-54 所示.

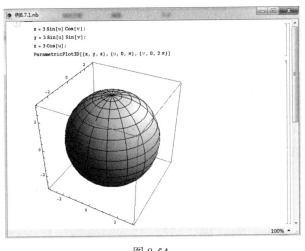

图 8-54　　　　　□

例 8.7.2　作出 xOy 坐标面上的抛物线 $z^2=5x$ 绕 x 轴旋转一周的曲面图形, 不画出边框和坐标轴.

解　抛物线 $z^2=5x$ 绕 x 轴旋转一周的曲面方程为 $y^2+z^2=5x$, 其参数方程为

$$\begin{cases} x=u^2, \\ y=\sqrt{5}\ u\sin v, \quad (0\leqslant u<+\infty,\ 0\leqslant v\leqslant 2\pi), \\ z=\sqrt{5}\ u\cos v \end{cases}$$

画出曲面在原点附近的图形, 如图 8-55 所示.

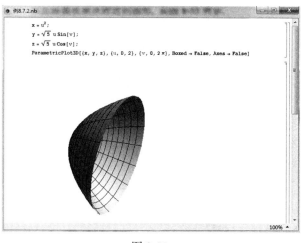

图 8-55

例 8.7.3　画出圆柱面 $z = \sqrt{x^2 + y^2}$ 与旋转抛物面 $z = 2 - x^2 - y^2$ 所围立体的图形.

解　如图 8-56 与图 8-57 所示.

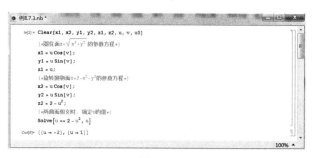

图 8-56

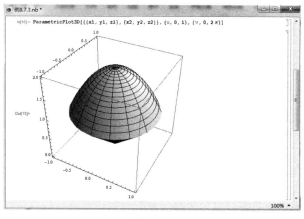

图 8-57

例 8.7.4　画出上半球面 $z = \sqrt{4 - x^2 - y^2}$ 与锥面 $z = \sqrt{3(x^2 + y^2)}$ 所围立体的图形.

解　如图 8-58 与图 8-59 所示.

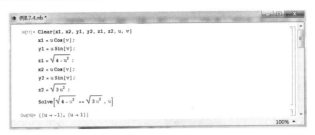

图 8-58

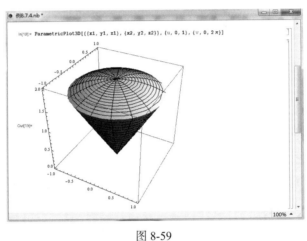

图 8-59

二、空间曲线的图形

在 Mathematica 中, 空间曲线的图形可以用函数 ParametricPlot3D 来画出. 它的命令格式为

$$\text{ParametricPlot3D}\,[\,\{\,x[t]\,,\,y[t]\,,\,z[t]\,\}\,,\,\{\,t\,,\alpha\,,\beta\,\}\,,\,\text{可选项}].$$

例 8.7.5 画出空间曲线 $\begin{cases} x^2 + y^2 + z^2 = 9, \\ y = x \end{cases}$ 的图形.

解 将第二个方程代入第一个方程, 得

$$2x^2 + z^2 = 9\,.$$

令 $x = \dfrac{3}{\sqrt{2}}\cos t$, $z = 3\sin t$, 则所求的参数方程为

$$\begin{cases} x = \dfrac{3}{\sqrt{2}}\cos t, \\ y = \dfrac{3}{\sqrt{2}}\cos t, \quad (0 \leqslant t \leqslant 2\pi), \\ z = 3\sin t \end{cases}$$

其图形如图 8-60 所示.

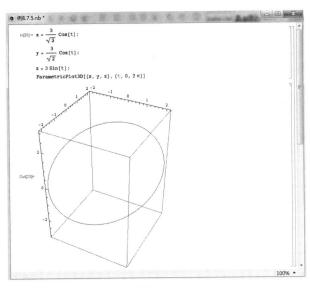

图 8-60

例 **8.7.6** 画出螺旋线 $\begin{cases} x = 2\sin t, \\ y = 2\cos t, \\ z = \dfrac{t}{5} \end{cases}$ 的图形.

解 如图 8-61 所示.

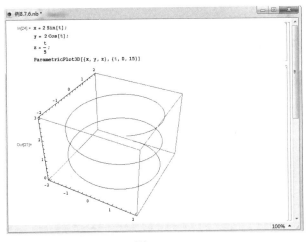

图 8-61

例 **8.7.7** 画出空间曲线 $\begin{cases} x = t\sin t, \\ y = t\cos t, \\ z = t \end{cases}$ 的图形.

解 如图 8-62 所示.

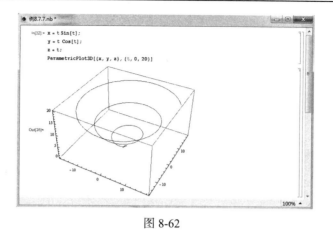

图 8-62　　　　　　　　　　　　　　　□

习　题　8-7

1. 画出圆锥面 $x^2 + y^2 = 5z^2$ 与平面 $z = 1$ 所围立体的图形.

2. 画出旋转单叶双曲面 $4x^2 + y^2 - z^2 = 4$ 的图形.

3. 画出 $z = y^2$ 绕 z 轴的旋转曲面图形, 不画出边框和坐标轴.

第九章　多元函数的微分法及其应用

前面我们研究了一元函数及其微积分. 但在自然科学、工程技术和日常生活等众多领域中, 往往涉及多个因素之间关系的问题. 这在数学上就表现为一个变量依赖于多个变量的情形, 因而导出了多元函数的概念及其微分和积分的问题.

本章在一元函数微分学的基础上, 讨论多元函数的微分法及其应用. 我们以二元函数为主, 但所得到的概念、性质与结论都可以很自然地推广到二元以上的多元函数. 同时, 我们还需特别注意一些与一元函数微分学显著不同的性质和特点. 而从二元函数到二元以上的多元函数则可类推.

第一节　多元函数的基本概念

一、区域

在一元函数中, 我们曾使用过区间与邻域的概念. 由于讨论多元函数的需要, 下面我们把这些概念进行推广, 同时引进一些其他概念.

1. 邻域

设 $P_0(x_0,y_0)\in \mathbf{R}^2$, δ 为某一正数, 在 $\mathbf{R}^2$ 中与点 $P_0(x_0,y_0)$ 的距离小于 δ 的点 $P(x,y)$ 的全体, 称为点 $P_0(x_0,y_0)$ 的 δ **邻域**, 记作 $U(P_0,\delta)$, 即

$$U(P_0,\delta) = \left\{ P \in \mathbf{R}^2 \,\big|\, |P_0P| < \delta \right\} = \left\{ (x,y) \,\Big|\, \sqrt{(x-x_0)^2 + (y-y_0)^2} < \delta \right\}.$$

在几何上, $U(P_0,\delta)$ 就是平面上以点 $P_0(x_0,y_0)$ 为中心, 以 δ 为半径的圆盘(不包括圆周).

$U(P_0,\delta)$ 中除去点 $P_0(x_0,y_0)$ 后所剩部分, 称为点 $P_0(x_0,y_0)$ 的去心 δ 邻域, 记作 $\overset{\circ}{U}(P_0,\delta)$. 如果不需要强调邻域的半径, 通常就用 $U(P_0)$ 或 $\overset{\circ}{U}(P_0)$ 分别表示点 $P_0(x_0,y_0)$ 的某个邻域或某个去心邻域.

2. 内点、边界点和聚点

设集合 $E \subset \mathbf{R}^2$, 点 $P \in \mathbf{R}^2$, 如果存在 $\delta > 0$, 使得 $U(P,\delta) \subset E$, 则称点 P 是 E 的**内点**(图 9-1). 如果存在 $\delta > 0$, 使得 $U(P,\delta) \bigcap E = \varnothing$, 则称点 P 是 E 的外点. 若在点 P 的任一邻域内, 都既有集合 E 的点, 又有**余集** $E^c(\mathbf{R}^2 \setminus E)$ 的点, 则称点 P 是 E 的**边界点**(图 9-2), E 的边界点的全体称为 E 的**边界**, 记作 ∂E. 如果在点 P 的任一去心邻域内总有 E 中的点(P 本身可属于 E, 也可不属于 E), 则称点 P 是 E 的**聚点**.

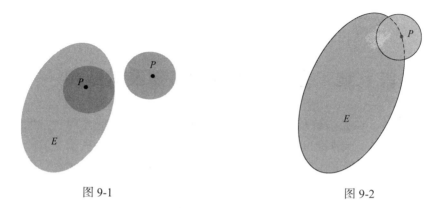

图 9-1　　　　　　　　　　　　　　　图 9-2

例如, 设点集 $E = \left\{(x,y) \big| 1 \leqslant x^2 + y^2 < 4\right\}$, 点 $P_0(x_0, y_0) \in \mathbf{R}^2$, 若 $1 < x_0^2 + y_0^2 < 4$, 则点 P 是 E 的内点, 也是 E 的聚点; 若 $x_0^2 + y_0^2 = 1$ 或 $x_0^2 + y_0^2 = 4$, 则点 P 是 E 的边界点, 也是 E 的聚点. E 的边界 $\partial E = \left\{(x,y) \big| x^2 + y^2 = 1 \text{ 或 } x^2 + y^2 = 4\right\}$.

又如, 点集 $E = \left\{(x,y) \big| x^2 + y^2 = 0 \text{ 或 } x^2 + y^2 \geqslant 1\right\}$, 原点 $(0,0)$ 是 E 的边界点, 但不是 E 的聚点.

3. 开集与闭集

设集合 $E \subset \mathbf{R}^2$, 如果 E 中的每一点都是 E 的内点, 则称 E 是 $\mathbf{R}^2$ 中的**开集**; 如果 E 的余集 E^c 是 $\mathbf{R}^2$ 中的开集, 则称 E 是 $\mathbf{R}^2$ 中的**闭集**.

例如, 点集 $E = \left\{(x,y) \big| 1 < x^2 + y^2 < 4\right\}$ 是 $\mathbf{R}^2$ 中的开集; 点集 $\left\{(x,y) \big| 1 \leqslant x^2 + y^2 \leqslant 4\right\}$ 是 $\mathbf{R}^2$ 中的闭集; 点集 $\left\{(x,y) \big| 1 \leqslant x^2 + y^2 < 4\right\}$ 既不是 $\mathbf{R}^2$ 中的开集, 也不是 $\mathbf{R}^2$ 中的闭集.

4. 有界集与无界集

设集合 $E \subset \mathbf{R}^2$, 如果存在常数 $M > 0$, 使得对所有的点 $P(x,y) \in E$, 都有
$$|OP| = \sqrt{x^2 + y^2} \leqslant M,$$
则称 E 是 $\mathbf{R}^2$ 中的**有界集**. 一个集合如果不是有界集, 就称为**无界集**.

5. 区域、闭区域

设 E 是 $\mathbf{R}^2$ 中的非空开集, 如果对于 E 中的任意两点 P_1 与 P_2, 总存在 E 中的折线把 P_1 与 P_2 连接起来, 则称 E 是 $\mathbf{R}^2$ 中的**区域**(或**开区域**). 可见区域即为"连通"的开集. 开区域连同它的边界一起, 称为**闭区域**.

例如, $\left\{(x,y) \big| x + y > 1\right\}$ 是 $\mathbf{R}^2$ 中的无界开区域, $\left\{(x,y) \big| 1 < x^2 + y^2 < 4\right\}$ 是 $\mathbf{R}^2$ 中的有界开区域; $\left\{(x,y) \big| x + y \geqslant 1\right\}$ 是 $\mathbf{R}^2$ 中的无界闭区域, $\left\{(x,y) \big| 1 \leqslant x^2 + y^2 \leqslant 4\right\}$ 是 $\mathbf{R}^2$ 中的有界闭区域.

　　读者不难将上述这些概念逐一推广到 n 维空间 $\mathbf{R}^n$ 中去. 例如, 设 P_0 是 $\mathbf{R}^n$ 中一点, δ 为某正数, 则点 P_0 的 δ 邻域就是

$$U(P_0,\delta) = \left\{ P \big| |P_0P| < \delta, P \in \mathbf{R}^n \right\}.$$

二、多元函数的概念

　　在很多自然现象以及实际问题中, 经常会遇到多个变量之间的依赖关系, 举例如下.

　　例 9.1.1　圆柱体的体积 V 和它的半径 r 、高 h 之间具有关系

$$V = \pi r^2 h.$$

这里, 当 r, h 在集合 $\left\{ (r,h) \big| r>0, h>0 \right\}$ 内取定一对值 (r,h) 时, V 的对应值就随之确定.

　　例 9.1.2　一定量的理想气体的压强 p 、体积 V 和绝对温度 T 之间具有关系

$$p = \frac{RT}{V},$$

其中 R 为常数. 这里, 当 V, T 在集合 $\left\{ (V,T) \big| V>0, T>T_0 \right\}$ 内取定一对值 (V,T) 时, p 的对应值就随之确定.

　　例 9.1.3　设 R 是电阻 R_1, R_2 并联后的总电阻, 由电学知道, 它们之间具有关系

$$R = \frac{R_1 R_2}{R_1 + R_2}.$$

这里, 当 R_1, R_2 在集合 $\left\{ (R_1,R_2) \big| R_1>0, R_2>0 \right\}$ 内取定一对值 (R_1,R_2) 时, R 的对应值就随之确定.

　　上面三个例子的具体意义虽各不相同, 但它们却有共同的性质, 抽出这些共性就可得出以下二元函数的定义.

　　定义 9.1.1　设 D 是 $\mathbf{R}^2$ 的一个非空子集, 称映射 $f:D \to \mathbf{R}$ 为定义在 D 上的**二元函数**, 通常记为

$$z = f(x,y), \quad (x,y) \in D$$

或

$$z = f(P), \quad P \in D,$$

其中点集 D 称为该函数的**定义域**, x 与 y 称为**自变量**, z 称为**因变量**.

　　上述定义中, 与自变量 x, y 的一对值 (x,y) 相对应的因变量 z 的值, 也称为 f 在点 (x,y) 处的**函数值**, 记作 $f(x,y)$, 即 $z = f(x,y)$. 函数值 $f(x,y)$ 的全体所构成的集合称为函数 f 的**值域**, 记作 $f(D)$, 即

$$f(D) = \left\{ z \big| z = f(x,y), (x,y) \in D \right\}.$$

　　类似地可以定义三元函数 $u = f(x,y,z), (x,y,z) \in D\ (D \in \mathbf{R}^3)$ 以及三元以上的函数. 一般地, 把定义 9.1.1 中的平面点集 D 换成 n 维空间 $\mathbf{R}^n$ 内的点集 D, 映射 $f:D \to \mathbf{R}$ 就称为定义在 D 上的 n**元函数**, 通常记为

$$u = f(x_1, x_2, \cdots, x_n), \quad (x_1, x_2, \cdots, x_n) \in D,$$

或简记为

$$u = f(x), \quad x \in D,$$

也可记为

$$u = f(P), \quad P(x_1, x_2, \cdots, x_n) \in D.$$

在 $n = 2$ 或 3 时，习惯上将点 (x_1, x_2) 与点 (x_1, x_2, x_3) 分别写成 (x, y) 与 (x, y, z). 若用字母表示 $\mathbf{R}^2$ 或 $\mathbf{R}^3$ 中的点，即写成 $P(x, y)$ 或 $M(x, y, z)$，则相应地二元函数及三元函数也可简记为 $z = f(P)$ 及 $u = f(M)$.

当 $n = 1$ 时，n 元函数就是一元函数. 当 $n \geq 2$ 时，n 元函数统称为**多元函数**.

一个二元函数 $z = f(x, y), (x, y) \in D$ 的图像 $\{(x, y, z) \mid z = f(x, y), (x, y) \in D\}$ 在几何上表示一空间曲面，其定义域 D 便是该曲面在 xOy 坐标面上的投影(图 9-3). 例如函数 $z = \sqrt{1 - x^2 - y^2}$ 的图像是一张半球面，它在 xOy 坐标面上的投影是圆域 $D = \{(x, y) \mid x^2 + y^2 \leq 1\}$，$D$ 就是函数 $z = \sqrt{1 - x^2 - y^2}$ 的定义域.

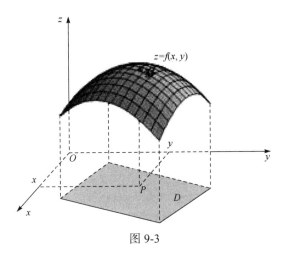

图 9-3

与一元函数相类似，当我们用某个算式表达多元函数时，凡是使算式有意义的自变量所组成的点集称为这个多元函数的自然定义域. 例如，二元函数 $z = \ln(x + y)$ 的自然定义域为

$$\{(x, y) \mid x + y > 0\}.$$

又如，二元函数 $z = \arcsin(x^2 + y^2)$ 的自然定义域为

$$\{(x, y) \mid x^2 + y^2 \leq 1\}.$$

我们约定，凡用算式表达的多元函数，除另有说明外，其定义域是指它的自然定义域.

一元函数的单调性、奇偶性、周期性等性质的定义在多元函数中不再适用，但有界性的定义仍然适用.

设有 n 元函数 $y = f(x)$，其定义域为 $D \subset \mathbf{R}^n$，若存在正数 M，使对任一点 $x \in D$，有 $|f(x)| \leq M$，则称 n 元函数 $y = f(x)$ 在 D 上有界，M 称为 $f(x)$ 在 D 上的一个界.

三、多元函数的极限

与一元函数的极限相类似, 多元函数的极限同样是多元函数微积分学的基础. 但自变量个数的增多, 导致多元函数的极限要比一元函数的极限复杂很多. 现在以二元函数为例, 利用邻域概念来定义二元函数的极限.

定义 9.1.2 设二元函数 $f(P) = f(x,y)$ 的定义域为 D, $P_0(x_0, y_0)$ 是 D 的聚点, 如果存在常数 A, 使得对于任意给定的正数 ε, 总存在正数 δ, 使得当点 $P(x,y) \in D \cap \overset{\circ}{U}(P_0, \delta)$ 时, 都有

$$|f(P) - A| = |f(x,y) - A| < \varepsilon,$$

则称常数 A 为函数 $f(x,y)$ 当 $P(x,y)$ (在 D 上)趋于 $P_0(x_0, y_0)$ 时的**极限**, 记作

$$\lim_{P \to P_0} f(P) = A, \qquad \lim_{(x,y) \to (x_0, y_0)} f(x,y) = A$$

或者

$$f(P) \to A \quad (P \to P_0), \qquad f(x,y) \to A((x,y) \to (x_0, y_0)).$$

为了区别一元函数的极限, 我们把二元函数的极限叫作**二重极限**.

仿此可以定义 n 元函数的极限.

例 9.1.4 设 $f(x,y) = (x^2 + y^2)\sin\dfrac{1}{x^2 + y^2}$, 证明 $\lim\limits_{(x,y) \to (0,0)} f(x,y) = 0$.

证 这里函数 $f(x,y)$ 的定义域为 $D = \mathbf{R}^2 \setminus \{(0,0)\}$, 点 $O(0,0)$ 为 D 的聚点. 因为

$$|f(x,y) - 0| = \left| (x^2 + y^2)\sin\frac{1}{x^2 + y^2} \right| \leqslant x^2 + y^2,$$

则对 $\forall \varepsilon > 0$, 取 $\delta = \sqrt{\varepsilon}$, 当 $0 < \sqrt{(x-0)^2 + (y-0)^2} < \delta$, 即 $P(x,y) \in D \cap U(O, \delta)$ 时, 总有 $|f(x,y) - 0| < \varepsilon$. 所以结论成立. □

这里要注意, 按照二重极限的定义, 必须当动点 $P(x,y)$ 在 D 上以任何方式趋于定点 $P_0(x_0, y_0)$ 时, $f(x,y)$ 都以常数 A 为极限, 才有

$$\lim_{(x,y) \to (x_0, y_0)} f(x,y) = A.$$

如果仅当 $P(x,y)$ 在 D 上以某种特殊方式(例如沿着一条定直线或定曲线)趋于定点 $P_0(x_0, y_0)$ 时, $f(x,y)$ 趋于常数 A, 那么还不能断定 $f(x,y)$ 存在极限. 但是如果当 $P(x,y)$ 在 D 上以不同方式趋于定点 $P_0(x_0, y_0)$ 时, $f(x,y)$ 趋于不同的常数, 则便能断定 $f(x,y)$ 的极限不存在.

考察函数

$$f(x,y) = \begin{cases} \dfrac{xy}{x^2 + y^2}, & x^2 + y^2 \neq 0, \\ 0, & x^2 + y^2 = 0. \end{cases}$$

显然, 当点 $P(x,y)$ 沿 x 轴趋于点 $O(0,0)$ 时,

$$\lim_{\substack{(x,y)\to(0,0)\\y=0}} f(x,y) = \lim_{x\to 0} f(x,0) = \lim_{x\to 0} 0 = 0 ;$$

又当点 $P(x,y)$ 沿 y 轴趋于点 $O(0,0)$ 时,

$$\lim_{\substack{(x,y)\to(0,0)\\x=0}} f(x,y) = \lim_{y\to 0} f(0,y) = \lim_{y\to 0} 0 = 0 .$$

虽然点 $P(x,y)$ 以上述两种特殊方式(沿 x 轴或沿 y 轴)趋于原点时函数的极限存在并且相等, 但是 $\lim\limits_{(x,y)\to(0,0)} f(x,y)$ 并不存在. 这是因为当点 $P(x,y)$ 沿着直线 $y=kx$ 趋于点 $O(0,0)$ 时, 有

$$\lim_{\substack{(x,y)\to(0,0)\\y=kx}} f(x,y) = \lim_{x\to 0} \frac{x\cdot kx}{x^2+k^2x^2} = \frac{k}{1+k^2} ,$$

显然它是随着 k 的值的不同而改变的.

以上关于二元函数的极限概念, 可相应地推广到 n 元函数 $u = f(P) = f(x_1,x_2,\cdots,x_n)$ 上去. 从极限定义可以看出, 多元函数极限与一元函数极限的定义有着完全相同的形式, 因而有关一元函数的极限运算法则和方法都可以平行地推广到多元函数上来(洛必达法则及单调有界法则等除外).

例 9.1.5　求 $\lim\limits_{(x,y)\to(2,0)} \dfrac{\sin(xy)}{y}$.

解　函数的定义域 $D = \left\{(x,y)\big| y\neq 0, x\in \mathbf{R}\right\}$, $P_0(2,0)$ 为 D 的聚点, 所以, 由极限运算法则, 得

$$\lim_{(x,y)\to(2,0)} \frac{\sin(xy)}{y} = \lim_{(x,y)\to(2,0)} \left[\frac{\sin(xy)}{xy}\cdot x\right] = \lim_{xy\to 0} \frac{\sin(xy)}{xy}\cdot \lim_{x\to 2} x = 1\cdot 2 = 2 . \qquad \square$$

例 9.1.6　求 $\lim\limits_{(x,y)\to(0,2)} xy\sin\dfrac{1}{x^2+y^2}$.

解　由于 $\lim\limits_{(x,y)\to(0,2)} xy = 0\cdot 2 = 0$, 而 $\left|\sin\dfrac{1}{x^2+y^2}\right|\leqslant 1$, 所以

$$\lim_{(x,y)\to(0,2)} xy\sin\frac{1}{x^2+y^2} = 0 . \qquad \square$$

四、多元函数的连续性

有了多元函数的极限概念, 就可以定义多元函数的连续性.

定义 9.1.3　设二元函数 $f(P) = f(x,y)$ 的定义域为 D, $P_0(x_0,y_0)$ 是 D 的聚点, 且 $P_0(x_0,y_0)\in D$, 如果

$$\lim_{(x,y)\to(x_0,y_0)} f(x,y) = f(x_0,y_0) ,$$

则称函数 $f(x,y)$ **在点 $P_0(x_0,y_0)$ 处连续**.

如果函数 $f(x,y)$ 在 D 的每一点处都连续, 那么就称函数 $f(x,y)$ **在 D 上连续**, 或称 $f(x,y)$ 是 D 上的**连续函数**.

设函数 $f(x,y)$ 的定义域为 D，$P_0(x_0,y_0)$ 是 D 的聚点，如果函数 $f(x,y)$ 在点 $P_0(x_0,y_0)$ 不连续，则称点 $P_0(x_0,y_0)$ 为函数 $f(x,y)$ 的**间断点**. 这里需要指出：函数 $f(x,y)$ 在间断点 P_0 处可以没有定义. 另外，有时函数 $f(x,y)$ 的所有间断点还可以形成一条曲线，我们称之为**间断线**.

例如，$(0,0)$ 是函数 $f(x,y)=\dfrac{1}{x^2+y^2}$ 的间断点; $x^2+y^2=1$ 是函数 $f(x,y)=\dfrac{1}{x^2+y^2-1}$ 的间断线.

仿此可以定义 n 元函数的连续性与间断点.

与一元函数一样，利用多元函数的极限运算法则可以证明，多元连续函数的和、差、积、商(在分母不为零处)仍是连续函数，多元连续函数的复合函数也是连续函数.

与一元初等函数相类似，一个多元初等函数是指能用一个算式表示的多元函数，这个算式由常量及具有不同自变量的一元基本初等函数经过有限次的四则运算和复合运算而得到. 例如，$x+y^3$，$\dfrac{x+y}{2+x^2}$，e^{x^2y}，$\sin(x^2+y+z^2)$ 等都是多元初等函数. 根据上面的分析，即可得到下述结论：一切多元初等函数在定义区域内是连续的. 所谓定义区域，是指包含在自然定义域内的区域或闭区域.

在求多元初等函数 $f(P)$ 在点 P_0 处的极限时，如果点 P_0 在函数的定义区域内，则有函数的连续性，该极限值就等于函数在点 P_0 的函数值，即

$$\lim_{P\to P_0}f(P)=f(P_0).$$

例 9.1.7 求 $\displaystyle\lim_{(x,y)\to(1,2)}\dfrac{2+\sqrt{xy+2}}{xy}$.

解 函数 $f(x,y)=\dfrac{2+\sqrt{xy+2}}{xy}$ 是多元初等函数，点 $(1,2)$ 在其定义区域内，所以

$$\lim_{(x,y)\to(1,2)}\dfrac{2+\sqrt{xy+2}}{xy}=f(1,2)=2.\qquad\square$$

例 9.1.8 求 $\displaystyle\lim_{(x,y)\to(0,0)}\dfrac{1-\sqrt{xy+1}}{xy}$.

解
$$\lim_{(x,y)\to(0,0)}\dfrac{1-\sqrt{xy+1}}{xy}=\lim_{(x,y)\to(0,0)}\dfrac{1-(xy+1)}{xy(1+\sqrt{xy+1})}$$

$$=-\lim_{(x,y)\to(0,0)}\dfrac{1}{1+\sqrt{xy+1}}=-\dfrac{1}{2}.\qquad\square$$

以上运算的最后一步用到了二元函数 $\dfrac{1}{1+\sqrt{xy+1}}$ 在点 $(0,0)$ 的连续性.

与闭区间上一元连续函数的性质相类似，在有界闭区域上连续的多元函数具有如下性质.

性质 9.1.1 (有界性与最值定理) 有界闭区域 D 上的多元连续函数，必定在 D 上有

界, 且能取得它的最大值与最小值.

性质 9.1.2（介值定理） 有界闭区域 D 上的多元连续函数必取得介于其最大值与最小值之间的任何值.

性质 9.1.3（一致连续性定理） 有界闭区域 D 上的多元连续函数必定在 D 上一致连续.

性质9.1.3就是说, 若 $f(P)$ 在有界闭区域 D 上连续, 则对于任意给定的正数 ε, 总存在正数 δ, 使得对于 D 上的任意两点 P_1, P_2, 只要当 $|P_1 P_2| < \delta$ 时, 都有

$$\left| f(P_1) - f(P_2) \right| < \varepsilon$$

成立.

习　题　9-1

1. 判定下列平面点集中哪些是开集、闭集、区域、有界集、无界集? 并分别指出它们的聚点所成的点集(称为导集)和边界.

(1) $\left\{ (x,y) \mid x \neq 0, y \neq 0 \right\}$;　　　　(2) $\left\{ (x,y) \mid 1 < x^2 + y^2 \leqslant 4 \right\}$;

(3) $\left\{ (x,y) \mid y > x^2 \right\}$;　　　　(4) $\left\{ (x,y) \mid x^2 + (y-1)^2 \geqslant 1 \right\} \bigcap \left\{ (x,y) \mid x^2 + (y-2)^2 \leqslant 4 \right\}$.

2. 求下列各函数表达式:

(1) $f(x,y) = x^2 + y^2 - xy \tan \dfrac{x}{y}$, 求 $f(tx, ty)$;

(2) $f\left(x+y, \dfrac{y}{x} \right) = x^2 - y^2$, 求 $f(x,y)$.

3. 求下列函数的定义域, 并绘出定义域的图形:

(1) $z = \sqrt{4 - x^2 - y^2}$;　　　　(2) $z = \ln(xy)$;

(3) $z = \sqrt{1 - x^2} + \sqrt{y^2 - 1}$;　　　　(4) $z = \ln(1 - |x| - |y|)$.

4. 求下列极限:

(1) $\displaystyle\lim_{(x,y)\to(0,1)} \dfrac{1 - xy}{x^2 + y^2}$;　　　　(2) $\displaystyle\lim_{(x,y)\to(1,0)} \dfrac{\ln(x + \mathrm{e}^y)}{\sqrt{x^2 + y^2}}$;

(3) $\displaystyle\lim_{(x,y)\to(0,0)} \dfrac{2 - \sqrt{xy + 4}}{xy}$;　　　　(4) $\displaystyle\lim_{(x,y)\to(0,0)} \dfrac{xy}{\sqrt{xy + 1} - 1}$;

(5) $\displaystyle\lim_{(x,y)\to(0,2)} \dfrac{\sin(xy)}{x}$;　　　　(6) $\displaystyle\lim_{(x,y)\to(0,0)} \left(x \sin \dfrac{1}{y} + y \sin \dfrac{1}{x} \right)$;

(7) $\displaystyle\lim_{(x,y)\to(0,0)} \dfrac{x^3 + y^3}{x^2 + y^2}$;　　　　(8) $\displaystyle\lim_{(x,y)\to(0,0)} \dfrac{1 - \cos(x^2 + y^2)}{(x^2 + y^2) \mathrm{e}^{x^2 y^2}}$.

5. 证明下列极限不存在:

(1) $\displaystyle\lim_{(x,y)\to(0,0)} \dfrac{x + y}{x - y}$;　　　　(2) $\displaystyle\lim_{(x,y)\to(0,0)} \dfrac{x^2 y^2}{x^2 y^2 + (x - y)^2}$.

6. 下列函数在何处是间断的?

(1) $z = \dfrac{y^2 + x}{y^2 - x}$;　　　　(2) $z = \dfrac{1}{\sin x \cos y}$.

7. 证明 $\lim\limits_{(x,y)\to(0,0)} \dfrac{xy}{\sqrt{x^2+y^2}} = 0$.

8. 设 $F(x,y) = f(x)$，$f(x)$ 在 x_0 处连续, 证明: 对任意 $y_0 \in \mathbf{R}$，$F(x,y)$ 在点 (x_0,y_0) 处连续.

第二节　偏　导　数

一、偏导数的定义及其计算法

在一元函数中, 通过研究函数的变化率引入了导数概念. 对多元函数同样需要研究它的变化率. 对于多元函数来说, 由于自变量不止一个, 因变量与自变量的关系就更为复杂, 但我们可以考虑函数关于某一个自变量的变化率. 以二元函数 $z = f(x,y)$ 为例, 如果只有 x 变化, 而自变量 y 固定(即看作常量), 该二元函数就是 x 的一元函数, 它对 x 的导数, 就称为二元函数 $z = f(x,y)$ 关于 x 的偏导数, 即有如下定义.

定义 9.2.1　设函数 $z = f(x,y)$ 在点 (x_0,y_0) 的某邻域内有定义, 当 y 固定在 y_0, 而 x 在 x_0 处取得增量 Δx 时, 函数相应地取得增量 $f(x_0 + \Delta x, y_0) - f(x_0, y_0)$, 如果

$$\lim_{\Delta x \to 0} \frac{f(x_0 + \Delta x, y_0) - f(x_0, y_0)}{\Delta x} \tag{9.2.1}$$

存在, 则称此极限为函数 $z = f(x,y)$ 在点 (x_0,y_0) **对 x 的偏导数**, 记作

$$\left.\frac{\partial z}{\partial x}\right|_{(x_0,y_0)}, \quad z_x(x_0,y_0), \quad \left.\frac{\partial f}{\partial x}\right|_{(x_0,y_0)} \text{ 或 } f_x(x_0,y_0).$$

类似地, 如果

$$\lim_{\Delta y \to 0} \frac{f(x_0, y_0 + \Delta y) - f(x_0, y_0)}{\Delta y} \tag{9.2.2}$$

存在, 则称此极限为函数 $z = f(x,y)$ 在点 (x_0,y_0) **对 y 的偏导数**, 记作

$$\left.\frac{\partial z}{\partial y}\right|_{(x_0,y_0)}, \quad z_y(x_0,y_0), \quad \left.\frac{\partial f}{\partial y}\right|_{(x_0,y_0)} \text{ 或 } f_y(x_0,y_0).$$

当函数 $z = f(x,y)$ 在点 (x_0,y_0) 同时存在对 x 与对 y 的偏导数时, 简称 $f(x,y)$ 在点 (x_0,y_0) 可偏导.

如果函数 $z = f(x,y)$ 在某平面区域 D 内的每一点 (x,y) 处都存在对 x 的偏导数, 那么这个偏导数仍然是 x, y 的函数, 我们称它为函数 $z = f(x,y)$ **对自变量 x 的偏导函数**, 记作

$$\frac{\partial z}{\partial x}, \quad z_x, \quad \frac{\partial f}{\partial x} \text{ 或 } f_x(x,y).$$

类似地, 可以定义函数 $z = f(x,y)$ **对自变量 y 的偏导函数**, 记作

$$\frac{\partial z}{\partial y}, \quad z_y, \quad \frac{\partial f}{\partial y} \text{ 或 } f_y(x,y).$$

由偏导函数的概念可知, $f(x,y)$ 在点 (x_0,y_0) 处对 x 的偏导数 $f_x(x_0,y_0)$ 显然就是偏导函数 $f_x(x,y)$ 在点 (x_0,y_0) 处的函数值; $f_y(x_0,y_0)$ 就是偏导函数 $f_y(x,y)$ 在点 (x_0,y_0) 处

的函数值.与一元函数的导函数一样,在不致产生误解时,偏导函数也简称为偏导数.

从偏导数的定义可以看出,计算多元函数的偏导数并不需要新的方法,因为这里只有一个自变量在变动,另一个自变量是看作常数的,所以仍旧是一元函数的微分法问题. 例如求 $\dfrac{\partial f}{\partial x}$ 时,只要把 y 暂时看作常数而对 x 求导数;求 $\dfrac{\partial f}{\partial y}$ 时,只要把 x 暂时看作常数而对 y 求导数.

偏导数概念还可推广到二元以上的函数. 例如三元函数 $u = f(x,y,z)$ 在点 (x,y,z) 处对 x 的偏导数定义为

$$f_x(x,y,z) = \lim_{\Delta x \to 0} \frac{f(x+\Delta x, y, z) - f(x, y, z)}{\Delta x},$$

其中 (x,y,z) 是函数 $u = f(x,y,z)$ 的定义域的内点. 它们的求法也仍旧是一元函数的微分法问题.

例 9.2.1　求函数 $z = x^2 + 3xy + y^2$ 在点 $(1,2)$ 处的偏导数.

解　把 y 看作常数,得

$$\frac{\partial z}{\partial x} = 2x + 3y;$$

把 x 看作常数,得

$$\frac{\partial z}{\partial y} = 3x + 2y.$$

将 $(1,2)$ 代入上述两式,得

$$\left.\frac{\partial z}{\partial x}\right|_{(1,2)} = 2\times 1 + 3\times 2 = 8, \qquad \left.\frac{\partial z}{\partial y}\right|_{(1,2)} = 3\times 1 + 2\times 2 = 7. \qquad \square$$

例 9.2.2　求函数 $z = x^2 \cos 2y$ 的偏导数.

解　$\dfrac{\partial z}{\partial x} = 2x\cos 2y, \dfrac{\partial z}{\partial y} = -2x^2 \sin 2y.$ $\qquad \square$

例 9.2.3　设 $z = y^x$ $(y > 0, y \neq 1)$,求证: $\dfrac{1}{\ln y}\dfrac{\partial z}{\partial x} + \dfrac{y}{x}\dfrac{\partial z}{\partial y} = 2z.$

证　因为

$$\frac{\partial z}{\partial x} = y^x \ln y, \qquad \frac{\partial z}{\partial y} = xy^{x-1},$$

所以 $\dfrac{1}{\ln y}\dfrac{\partial z}{\partial x} + \dfrac{y}{x}\dfrac{\partial z}{\partial y} = \dfrac{1}{\ln y}\cdot y^x \ln y + \dfrac{y}{x}\cdot xy^{x-1} = y^x + y^x = 2z.$ $\qquad \square$

例 9.2.4　求三元函数 $u = \sin(x + y^2 - \mathrm{e}^z)$ 的偏导数.

解　把 y, z 看作常数,得

$$\frac{\partial u}{\partial x} = \cos(x + y^2 - \mathrm{e}^z);$$

把 x, z 看作常数,得

$$\frac{\partial u}{\partial y} = 2y\cos(x + y^2 - e^z);$$

把 x，y 看作常数，得

$$\frac{\partial u}{\partial z} = -e^z\cos(x + y^2 - e^z).$$ □

例 9.2.5 已知理想气体的状态方程 $pV = RT$（R 为常量），求证：$\dfrac{\partial p}{\partial V} \cdot \dfrac{\partial V}{\partial T} \cdot \dfrac{\partial T}{\partial p} = -1$.

证 因为

$$p = \frac{RT}{V}, \quad \frac{\partial p}{\partial V} = -\frac{RT}{V^2}; \quad V = \frac{RT}{p}, \quad \frac{\partial V}{\partial T} = \frac{R}{p}; \quad T = \frac{pV}{R}, \quad \frac{\partial T}{\partial p} = \frac{V}{R},$$

所以

$$\frac{\partial p}{\partial V} \cdot \frac{\partial V}{\partial T} \cdot \frac{\partial T}{\partial p} = -\frac{RT}{V^2} \cdot \frac{R}{p} \cdot \frac{V}{R} = -\frac{RT}{pV} = -1.$$ □

这里要注意，对一元函数来说，$\dfrac{\mathrm{d}y}{\mathrm{d}x}$ 可看作函数的微分 $\mathrm{d}y$ 与自变量的微分 $\mathrm{d}x$ 之商，而上式表明，偏导数的记号是一个整体记号，不能看作分子与分母之商.

二、偏导数的几何意义及函数偏导数存在与函数连续的关系

设二元函数 $z = f(x, y)$ 在点 (x_0, y_0) 处存在偏导数.

如图 9-4 所示，设 $M_0(x_0, y_0, f(x_0, y_0))$ 为曲面 $z = f(x, y)$ 上的一点，过点 M_0 作平面 $y = y_0$，此平面与曲面相交得一曲线，其方程为

$$\begin{cases} z = f(x, y), \\ y = y_0. \end{cases}$$

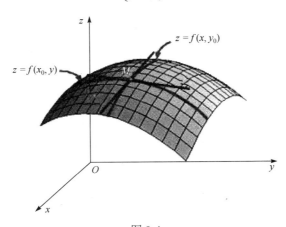

图 9-4

由于偏导数 $f_x(x_0, y_0)$ 等于一元函数 $f(x, y_0)$ 的导数 $f'(x, y_0)\big|_{x=x_0}$，故由函数导数的几

何意义可知：$f_x(x_0, y_0)$ 表示曲线 $\begin{cases} z = f(x, y), \\ y = y_0 \end{cases}$ 在点 M_0 处的切线对 x 轴的斜率；同样

$f_y(x_0, y_0)$ 表示曲线 $\begin{cases} z = f(x, y), \\ x = x_0 \end{cases}$ 在点 M_0 处的切线对 y 轴的斜率.

我们知道，一元函数如果在某一点可导，那么函数在该点一定连续，但对多元函数来说，它在某一点可偏导，并不能保证它在该点连续. 这是因为，偏导数的存在只能保证动点 $P(x, y)$ 沿着平行于相应坐标轴的方向趋于定点 $P_0(x_0, y_0)$ 时，函数值 $f(x, y)$ 趋于 $f(x_0, y_0)$，但不能保证动点 $P(x, y)$ 以任意方式趋于定点 $P_0(x_0, y_0)$ 时，函数值 $f(x, y)$ 趋于 $f(x_0, y_0)$.

例 9.2.6 设

$$f(x, y) = \begin{cases} \dfrac{xy}{x^2 + y^2}, & x^2 + y^2 \neq 0, \\ 0, & x^2 + y^2 = 0, \end{cases}$$

求 $f(x, y)$ 的偏导数并讨论 $f(x, y)$ 在 $(0,0)$ 的连续性.

解 当 $x^2 + y^2 \neq 0$ 时，

$$f_x(x, y) = \frac{y(x^2 + y^2) - xy \cdot 2x}{(x^2 + y^2)^2} = \frac{y(y^2 - x^2)}{(x^2 + y^2)^2},$$

$$f_y(x, y) = \frac{x(x^2 + y^2) - xy \cdot 2y}{(x^2 + y^2)^2} = \frac{x(x^2 - y^2)}{(x^2 + y^2)^2}.$$

当 $x^2 + y^2 = 0$ 时，

$$f_x(0,0) = \lim_{\Delta x \to 0} \frac{f(\Delta x, 0) - f(0,0)}{\Delta x} = \lim_{\Delta x \to 0} \frac{0 - 0}{\Delta x} = 0,$$

$$f_y(0,0) = \lim_{\Delta y \to 0} \frac{f(0, \Delta y) - f(0,0)}{\Delta y} = \lim_{\Delta y \to 0} \frac{0 - 0}{\Delta y} = 0.$$

又由第一节可知，$\lim\limits_{(x,y) \to (0,0)} f(x, y)$ 不存在，故 $f(x, y)$ 在 $(0,0)$ 处不连续.   □

此例说明，一个函数在一点处偏导数存在，这个函数在该点处不一定连续.

三、高阶偏导数

设函数 $z = f(x, y)$ 在区域 D 内处处存在偏导函数 $f_x(x, y)$ 与 $f_y(x, y)$，如果这两个偏导函数仍可求偏导，则称它们的偏导数为函数 $z = f(x, y)$ 的**二阶偏导数**. 按照求导次序的不同，有下列四个二阶偏导数.

函数 $z = f(x, y)$ 关于 x 的二阶偏导数：$\dfrac{\partial}{\partial x}\left(\dfrac{\partial z}{\partial x}\right) = \dfrac{\partial^2 z}{\partial x^2}$，也可记作 z_{xx}，$\dfrac{\partial^2 f}{\partial x^2}$ 或 f_{xx}.

类似可定义其他三种二阶偏导数，其记号和定义分别为

$$\frac{\partial}{\partial y}\left(\frac{\partial z}{\partial x}\right) = \frac{\partial^2 z}{\partial x \partial y},$$ 也可记作 z_{xy}，$\dfrac{\partial^2 f}{\partial x \partial y}$ 或 f_{xy}；

$$\frac{\partial}{\partial x}\left(\frac{\partial z}{\partial y}\right) = \frac{\partial^2 z}{\partial y \partial x},$$ 也可记作 z_{yx}，$\dfrac{\partial^2 f}{\partial y \partial x}$ 或 f_{yx}；

$$\frac{\partial}{\partial y}\left(\frac{\partial z}{\partial y}\right) = \frac{\partial^2 z}{\partial y^2}，也可记作 z_{yy}, \frac{\partial^2 f}{\partial y^2} 或 f_{yy}.$$

其中偏导数 $\frac{\partial^2 f}{\partial x \partial y}$ 和 $\frac{\partial^2 f}{\partial y \partial x}$ 称为函数 $z = f(x, y)$ 的二阶混合偏导数. 仿此可继续定义多元函数的三阶、四阶以至 n 阶偏导数. 二阶及二阶以上的偏导数统称为**高阶偏导数**.

例 9.2.7　设函数 $z = xy^3 - 2x^3y^2 + x + y + 2$ 的四个二阶偏导数及三阶偏导数 $\frac{\partial^3 z}{\partial y^3}$.

解　因为

$$\frac{\partial z}{\partial x} = y^3 - 6x^2y^2 + 1, \qquad \frac{\partial z}{\partial y} = 3xy^2 - 4x^3y + 1,$$

所以

$$\frac{\partial^2 z}{\partial x^2} = -12xy^2, \qquad \frac{\partial^2 z}{\partial x \partial y} = 3y^2 - 12x^2y,$$

$$\frac{\partial^2 z}{\partial y \partial x} = 3y^2 - 12x^2y, \qquad \frac{\partial^2 z}{\partial y^2} = 6xy - 4x^3,$$

$$\frac{\partial^3 z}{\partial y^3} = 6x. \qquad\qquad □$$

注意到例 9.2.7 中有 $\frac{\partial^2 z}{\partial x \partial y} = \frac{\partial^2 z}{\partial y \partial x}$，这不是偶然的，下面的定理说明了这一点.

定理 9.2.1　如果函数 $z = f(x, y)$ 的两个二阶混合偏导数 $\frac{\partial^2 f}{\partial x \partial y}$ 和 $\frac{\partial^2 f}{\partial y \partial x}$ 在区域 D 内连续，那么在该区域 D 内必有 $\frac{\partial^2 f}{\partial x \partial y} = \frac{\partial^2 f}{\partial y \partial x}$.

换句话说，二阶混合偏导数在连续的条件下与求导次序无关. 这个性质还可进一步推广：高阶混合偏导数在其连续的条件下与求导次序无关. 此定理证明从略.

例 9.2.8　设 $u = \dfrac{1}{r}, r = \sqrt{(x-a)^2 + (y-b)^2 + (z-c)^2}$，则

$$\frac{\partial^2 u}{\partial x^2} + \frac{\partial^2 u}{\partial y^2} + \frac{\partial^2 u}{\partial z^2} = 0.$$

证
$$\frac{\partial u}{\partial x} = -\frac{1}{r^2} \cdot \frac{\partial r}{\partial x} = -\frac{1}{r^2} \cdot \frac{x-a}{r} = -\frac{x-a}{r^3},$$

$$\frac{\partial^2 u}{\partial x^2} = -\frac{1}{r^3} + \frac{3(x-a)}{r^4} \cdot \frac{\partial r}{\partial x} = -\frac{1}{r^3} + \frac{3(x-a)^2}{r^5}.$$

由函数关于自变量的对称性，得

$$\frac{\partial^2 u}{\partial y^2} = -\frac{1}{r^3} + \frac{3(y-b)^2}{r^5}, \qquad \frac{\partial^2 u}{\partial z^2} = -\frac{1}{r^3} + \frac{3(z-c)^2}{r^5},$$

因此

$$\frac{\partial^2 u}{\partial x^2} + \frac{\partial^2 u}{\partial y^2} + \frac{\partial^2 u}{\partial z^2} = -\frac{3}{r^3} + \frac{3\left[(x-a)^2 + (y-b)^2 + (z-c)^2\right]}{r^5}$$

$$= -\frac{3}{r^3} + \frac{3r^2}{r^5} = 0 .$$ □

上述方程叫作**拉普拉斯(Laplace)方程**, 它是数学物理方程中很重要的方程.

习 题 9-2

1. 求下列函数的偏导数:

(1) $z = x^3 y - y^3 x$;

(2) $z = \dfrac{x^2 + y^2}{xy}$;

(3) $z = \sqrt{\ln(xy)}$;

(4) $z = \sin(xy) + \cos^2(xy)$;

(5) $z = \ln \tan \dfrac{x}{y}$;

(6) $z = (1 + xy)^y$;

(7) $z = \dfrac{3}{y^2} - \dfrac{1}{\sqrt[3]{x}} + \ln 5$;

(8) $u = \arctan(x - y)^z$;

(9) $u = x^{\frac{y}{z}}$;

(10) $u = \sin \dfrac{x}{y} \cos \dfrac{y}{x} + z$.

2. 设 $f(x, y) = x + (y-1)\arcsin\sqrt{\dfrac{x}{y}}$, 求 $f_x(x, 1)$.

3. 求曲线 $\begin{cases} z = \dfrac{x^2 + y^2}{4}, \\ y = 4 \end{cases}$ 在点 $(2, 4, 5)$ 处的切线对于 x 轴的倾角.

4. 设 $z = \mathrm{e}^{-\left(\frac{1}{x} + \frac{1}{y}\right)}$, 求证 $x^2 \dfrac{\partial z}{\partial x} + y^2 \dfrac{\partial z}{\partial y} = 2z$.

5. 求下列函数的二阶偏导数 z_{xx}, z_{xy} 和 z_{yy} .

(1) $z = x^4 + y^4 - 4x^2 y^2$;

(2) $z = \arctan \dfrac{y}{x}$;

(3) $z = y^x$.

6. 设 $z = y\ln(xy)$, 求 $\dfrac{\partial^3 z}{\partial x^2 \partial y}$, $\dfrac{\partial^3 z}{\partial x \partial y^2}$.

7. 验证:

(1) $y = \mathrm{e}^{-kn^2 t} \sin nx$ 满足 $\dfrac{\partial y}{\partial t} = k \dfrac{\partial^2 y}{\partial x^2}$;

(2) $z = 2\cos^2\left(x - \dfrac{t}{2}\right)$ 满足 $2\dfrac{\partial^2 z}{\partial t^2} + \dfrac{\partial^2 z}{\partial x \partial t} = 0$.

8. 设 $r = \sqrt{x^2 + y^2 + z^2}$, 证明:

(1) $\left(\dfrac{\partial r}{\partial x}\right)^2 + \left(\dfrac{\partial r}{\partial y}\right)^2 + \left(\dfrac{\partial r}{\partial z}\right)^2 = 1$;

(2) $\dfrac{\partial^2 r}{\partial x^2} + \dfrac{\partial^2 r}{\partial y^2} + \dfrac{\partial^2 r}{\partial z^2} = \dfrac{2}{r}$.

第三节 全 微 分

一、全微分

在定义二元函数 $f(x,y)$ 的偏导数时, 我们曾经考虑了函数的下述两个增量

$$f(x+\Delta x,y)-f(x,y), \quad f(x,y+\Delta y)-f(x,y),$$

它们分别称为函数 $z=f(x,y)$ 在点 (x,y) 处对 x 与对 y 的**偏增量**. 当 $f(x,y)$ 在点 (x,y) 可偏导时, 这两个偏增量可以分别表示为

$$f(x+\Delta x,y)-f(x,y)=f_x(x,y)\Delta x+o(\Delta x),$$
$$f(x,y+\Delta y)-f(x,y)=f_y(x,y)\Delta y+o(\Delta y).$$

两式右端的第一项分别称为函数 $z=f(x,y)$ 在点 (x,y) 处对 x 与对 y 的**偏微分**. 在许多实际问题中, 我们还需要研究 $f(x,y)$ 的形如

$$f(x+\Delta x,y+\Delta y)-f(x,y)$$

的**全增量**, 记作 Δz.

一般来说, 计算全增量 Δz 比较复杂. 与一元函数的情形一样, 我们希望用自变量增量 $\Delta x,\Delta y$ 的线性函数来近似地代替函数的全增量, 从而引入如下定义.

定义 9.3.1 设函数 $z=f(x,y)$ 在点 $P_0(x_0,y_0)$ 的某邻域 $U(P_0)$ 内有定义, 对于 $U(P_0)$ 中的点 $P(x,y)=P(x_0+\Delta x,y_0+\Delta y)$, 若函数 $z=f(x,y)$ 在点 P_0 处的全增量

$$\Delta z=f(x_0+\Delta x,y_0+\Delta y)-f(x_0,y_0)$$

可表示为

$$\Delta z=A\Delta x+B\Delta y+o(\rho), \tag{9.3.1}$$

其中 A,B 是不依赖于 Δx, Δy 而仅与 x_0, y_0 有关的常数, $\rho=\sqrt{(\Delta x)^2+(\Delta y)^2}$, $o(\rho)$ 是较 ρ 高阶的无穷小量, 则称函数 $z=f(x,y)$ 在点 P_0 处**可微分**(简称**可微**), 而 $A\Delta x+B\Delta y$ 称为函数 $z=f(x,y)$ 在点 P_0 处的**全微分**, 记作

$$\mathrm{d}z\big|_{P_0}=\mathrm{d}f(x_0,y_0)=A\Delta x+B\Delta y. \tag{9.3.2}$$

如果函数 $z=f(x,y)$ 在区域 D 内的每一点处都可微, 则称函数 $z=f(x,y)$ **在区域 D 内可微**, $z=f(x,y)$ 称为区域 D 内的**可微函数**.

在第二节中曾指出, 多元函数在某点可偏导, 并不能保证函数在该点连续. 但是, 由上述定义可知, 如果函数 $z=f(x,y)$ 在点 $P_0(x_0,y_0)$ 可微, 那么该函数在点 $P_0(x_0,y_0)$ 一定连续. 事实上, 由(9.3.1)式可得

$$\lim_{\rho\to 0}\Delta z=0,$$

从而($\rho\to 0$ 与 $(\Delta x,\Delta y)\to(0,0)$ 相当)

$$\lim_{(\Delta x,\Delta y)\to(0,0)}f(x_0+\Delta x,y_0+\Delta y)=\lim_{\rho\to 0}[\Delta z+f(x_0,y_0)]=f(x_0,y_0).$$

因此函数 $z=f(x,y)$ 在点 $P_0(x_0,y_0)$ 处连续.

下面讨论函数 $z = f(x, y)$ 在点 $P_0(x_0, y_0)$ 可微的条件.

定理 9.3.1 (可微的必要条件)　若函数 $z = f(x, y)$ 在点 $P_0(x_0, y_0)$ 可微, 则该函数在点 (x_0, y_0) 处可偏导, 且有 $A = \dfrac{\partial z}{\partial x}\Big|_{P_0}, B = \dfrac{\partial z}{\partial y}\Big|_{P_0}$, 即 $z = f(x, y)$ 在点 $P_0(x_0, y_0)$ 处的全微分为

$$dz\big|_{P_0} = \frac{\partial z}{\partial x}\Big|_{P_0} \Delta x + \frac{\partial z}{\partial y}\Big|_{P_0} \Delta y .$$

证　在(9.3.1)式中令 $\Delta y = 0$, 即取 $\rho = |\Delta x|$, 则有

$$f(x_0 + \Delta x, y_0) - f(x_0, y_0) = A\Delta x + o(\rho) .$$

上式两边同除以 Δx, 并令 $\Delta x \to 0$, 得

$$\lim_{\Delta x \to 0} \frac{f(x_0 + \Delta x, y_0) - f(x_0, y_0)}{\Delta x} = A ,$$

从而偏导数 $\dfrac{\partial z}{\partial x}\Big|_{P_0}$ 存在, 且等于常数 A. 同理可证 $\dfrac{\partial z}{\partial y}\Big|_{P_0} = B$.　□

与一元函数一样, 由于自变量增量等于自变量本身的微分, 即

$$\Delta x = dx, \quad \Delta y = dy,$$

所以 $z = f(x, y)$ 在点 $P_0(x_0, y_0)$ 处的全微分又可写为

$$dz\big|_{P_0} = \frac{\partial z}{\partial x}\Big|_{P_0} dx + \frac{\partial z}{\partial y}\Big|_{P_0} dy . \tag{9.3.3}$$

例 9.3.1　考察函数

$$f(x, y) = \begin{cases} \dfrac{xy}{\sqrt{x^2 + y^2}}, & x^2 + y^2 \neq 0, \\ 0, & x^2 + y^2 = 0 \end{cases}$$

在原点处的可微性.

解　按偏导数定义

$$f_x(0, 0) = \lim_{\Delta x \to 0} \frac{f(\Delta x, 0) - f(0, 0)}{\Delta x} = \lim_{\Delta x \to 0} \frac{0 - 0}{\Delta x} = 0 .$$

同理可得 $f_y(0, 0) = 0$. 若函数 f 在原点可微, 则

$$\Delta z - dz = f(0 + \Delta x, 0 + \Delta y) - f(0, 0) - \left[f_x(0, 0)\Delta x + f_y(0, 0)\Delta y \right]$$

$$= \frac{\Delta x \Delta y}{\sqrt{(\Delta x)^2 + (\Delta y)^2}}$$

应是较 $\rho = \sqrt{(\Delta x)^2 + (\Delta y)^2}$ 高阶的无穷小量. 为此, 考察极限

$$\lim_{\rho \to 0} \frac{\Delta z - dz}{\rho} = \lim_{(\Delta x, \Delta y) \to (0, 0)} \frac{\Delta x \Delta y}{(\Delta x)^2 + (\Delta y)^2} ,$$

由第一节知道, 上述极限不存在, 因而函数 f 在原点不可微.　□

我们知道, 一元函数在某点可导是可微的充分必要条件. 而例 9.3.1 说明对于多元函数来说, 当函数在某点 $P_0(x_0, y_0)$ 可偏导时, 虽能形式地写出 $\left.\dfrac{\partial z}{\partial x}\right|_{P_0}\Delta x + \left.\dfrac{\partial z}{\partial y}\right|_{P_0}\Delta y$, 但它不一定是函数在该点的全微分. 换句话说, 可偏导只是可微的必要条件而不是充分条件. 现在不禁要问: 当函数可偏导时, 还需要添加哪些条件, 才能保证函数可微呢?

定理 9.3.2(可微的充分条件)　若函数 $z = f(x, y)$ 的偏导数 f_x 与 f_y 在点 (x_0, y_0) 的某邻域内存在, 且 f_x 与 f_y 在点 (x_0, y_0) 连续, 则函数 f 在点 (x_0, y_0) 可微.

证　考察函数的全增量
$$\Delta z = f(x_0 + \Delta x, y_0 + \Delta y) - f(x_0, y_0)$$
$$= [f(x_0 + \Delta x, y_0 + \Delta y) - f(x_0, y_0 + \Delta y)] + [f(x_0, y_0 + \Delta y) - f(x_0, y_0)],$$
在第一个括号里, 由于 $y_0 + \Delta y$ 不变, 因而可看作是 x 的一元函数 $f(x, y_0 + \Delta y)$ 在点 x_0 处的函数值增量; 在第二个括号里, 则是一元函数 $f(x_0, y)$ 在点 y_0 处的函数值增量. 对它们分别应用拉格朗日中值定理, 得到
$$\Delta z = f_x(x_0 + \theta_1\Delta x, y_0 + \Delta y)\Delta x + f_y(x_0, y_0 + \theta_2\Delta y)\Delta y, \quad 0 < \theta_1, \theta_2 < 1. \tag{9.3.4}$$
由 f_x, f_y 在点 (x_0, y_0) 连续, 因此有
$$f_x(x_0 + \theta_1\Delta x, y_0 + \Delta y) = f_x(x_0, y_0) + \alpha, \tag{9.3.5}$$
$$f_y(x_0, y_0 + \theta_2\Delta y) = f_y(x_0, y_0) + \beta, \tag{9.3.6}$$
其中当 $(\Delta x, \Delta y) \to (0, 0)$ 时, $\alpha \to 0, \beta \to 0$. 将(9.3.5)和(9.3.6)两式代入(9.3.4)式, 得
$$\Delta z = f_x(x_0, y_0)\Delta x + f_y(x_0, y_0)\Delta y + \alpha\Delta x + \beta\Delta y.$$
$$\left|\frac{\alpha\Delta x + \beta\Delta y}{\rho}\right| \leqslant |\alpha| + |\beta| \to 0 \quad ((\Delta x, \Delta y) \to (0, 0)),$$
这就证明了函数 f 在点 (x_0, y_0) 可微. □

以上关于二元函数可微的定义及可微的必要条件和充分条件, 可以完全类似地推广到三元和三元以上的多元函数.

这里还要注意, 偏导数连续并不是函数可微的必要条件, 如函数
$$f(x, y) = \begin{cases} (x^2 + y^2)\sin\dfrac{1}{\sqrt{x^2 + y^2}}, & x^2 + y^2 \neq 0, \\ 0, & x^2 + y^2 = 0 \end{cases}$$
在原点 $(0, 0)$ 可微, 但 f_x, f_y 却在点 $(0, 0)$ 不连续(自行说明). 若函数 $z = f(x, y)$ 的偏导数 f_x, f_y 在点 (x_0, y_0) 连续, 则称函数 f 在点 (x_0, y_0) **连续可微**.

通常, 我们把二元函数的全微分等于它的两个偏微分之和这一性质称为二元函数的微分符合**叠加原理**. 叠加原理也适用于二元以上的函数情形. 例如, 如果三元函数 $u = f(x, y, z)$ 可微分, 那么它的全微分等于它的三个偏微分之和, 即

$$du = \frac{\partial u}{\partial x}dx + \frac{\partial u}{\partial y}dy + \frac{\partial u}{\partial z}dz.$$

例 9.3.2　求函数 $z = x^2 y + \dfrac{x}{y}$ 的全微分.

解　因为

$$\frac{\partial z}{\partial x} = 2xy + \frac{1}{y}, \quad \frac{\partial z}{\partial y} = x^2 - \frac{x}{y^2},$$

所以

$$dz = \left(2xy + \frac{1}{y}\right)dx + \left(x^2 - \frac{x}{y^2}\right)dy. \qquad\qquad □$$

例 9.3.3　求函数 $z = x^2 e^y + y^2 \sin x$ 在点 $(\pi, 0)$ 处的全微分.

解　因为

$$\frac{\partial z}{\partial x} = 2x e^y + y^2 \cos x, \qquad \frac{\partial z}{\partial y} = x^2 e^y + 2y \sin x,$$

$$\left.\frac{\partial z}{\partial x}\right|_{(\pi,0)} = 2\pi, \qquad\qquad \left.\frac{\partial z}{\partial y}\right|_{(\pi,0)} = \pi^2.$$

所以

$$\left. dz \right|_{(\pi,0)} = 2\pi dx + \pi^2 dy. \qquad\qquad □$$

例 9.3.4　求函数 $u = \left(\dfrac{y}{x}\right)^{\frac{1}{z}}$ 的全微分.

解　因为

$$\frac{\partial u}{\partial x} = \frac{1}{z}\left(\frac{y}{x}\right)^{\frac{1}{z}-1} \cdot \left(-\frac{y}{x^2}\right) = -\frac{y}{x^2 z}\left(\frac{y}{x}\right)^{\frac{1}{z}-1},$$

$$\frac{\partial u}{\partial y} = \frac{1}{z}\left(\frac{y}{x}\right)^{\frac{1}{z}-1} \cdot \frac{1}{x} = \frac{1}{xz}\left(\frac{y}{x}\right)^{\frac{1}{z}-1},$$

$$\frac{\partial u}{\partial z} = \left(\frac{y}{x}\right)^{\frac{1}{z}}\left(\ln\frac{y}{x}\right) \cdot \left(-\frac{1}{z^2}\right) = -\frac{1}{z^2}\left(\ln\frac{y}{x}\right) \cdot \left(\frac{y}{x}\right)^{\frac{1}{z}},$$

所以

$$du = \left(\frac{y}{x}\right)^{\frac{1}{z}}\left(-\frac{dx}{xz} + \frac{dy}{yz} - \frac{1}{z^2}\left(\ln\frac{y}{x}\right)dz\right). \qquad □$$

二、全微分在近似计算中的应用

由二元函数的全微分的定义及关于全微分存在的充分条件可知, 当二元函数

$z = f(x, y)$ 的两个偏导数 f_x，f_y 在点 (x_0, y_0) 连续，并且 $|\Delta x|$，$|\Delta y|$ 都较小时，就有近似等式

$$\Delta z \approx \mathrm{d}z = f_x(x_0, y_0)\Delta x + f_y(x_0, y_0)\Delta y. \tag{9.3.7}$$

上式也可以写成

$$f(x_0 + \Delta x, y_0 + \Delta y) \approx f(x_0, y_0) + f_x(x_0, y_0)\Delta x + f_y(x_0, y_0)\Delta y. \tag{9.3.8}$$

与一元函数的情形相类似，我们可以利用(9.3.7)式或(9.3.8)式对二元函数作近似计算和误差估计，举例如下.

例 9.3.5 计算 $(1.08)^{3.96}$ 的近似值.

解 设 $f(x, y) = x^y$，令 $x_0 = 1, y_0 = 4, \Delta x = 0.08, \Delta y = -0.04$，则

$$f(1, 4) = 1, \quad f_x(1, 4) = yx^{y-1}\big|_{(1,4)} = 4, \quad f_y(1, 4) = x^y \ln x\big|_{(1,4)} = 0,$$

由公式(9.3.8)得

$$(1.08)^{3.96} = f(x_0 + \Delta x, y_0 + \Delta y) \approx f(1, 4) + f_x(1, 4)\Delta x + f_y(1, 4)\Delta y$$

$$= 1 + 4 \times 0.08 = 1.32. \qquad \square$$

例 9.3.6 应用公式 $S = \dfrac{1}{2}ab\sin C$ (C 表示 $\angle C$ 的度数)计算某三角形面积，现测得 $a = 12.50, b = 8.30, C = 30°$. 若测量 a, b 的误差为 ± 0.01，C 的误差为 $\pm 0.1°$，求用此公式计算三角形面积时的绝对误差限与相对误差限.

解 依题意，测量中 a，b，C 的绝对误差限分别为

$$|\Delta a| = 0.01, \quad |\Delta b| = 0.01, \quad |\Delta C| = 0.1° = \frac{\pi}{1800}.$$

由于

$$|\Delta S| \approx |\mathrm{d}S| = \left| \frac{\partial S}{\partial a}\Delta a + \frac{\partial S}{\partial b}\Delta b + \frac{\partial S}{\partial C}\Delta C \right| \leqslant \left|\frac{\partial S}{\partial a}\right||\Delta a| + \left|\frac{\partial S}{\partial b}\right||\Delta b| + \left|\frac{\partial S}{\partial C}\right||\Delta C|$$

$$= \frac{1}{2}|b\sin C||\Delta a| + \frac{1}{2}|a\sin C||\Delta b| + \frac{1}{2}|ab\cos C||\Delta C|,$$

将各数据代入上式，得到 S 的绝对误差限为

$$|\Delta S| \approx 0.14.$$

因为

$$S = \frac{1}{2}ab\sin C = \frac{1}{2} \times 12.50 \times 8.30 \times \frac{1}{2} \approx 25.94.$$

所以 S 的相对误差限为

$$\left|\frac{\Delta S}{S}\right| \approx \frac{0.14}{25.94} \approx 0.5\%. \qquad \square$$

*三、二元函数可微性的几何意义

一元函数可微，在几何上反映为曲线存在不平行于 y 轴的切线. 对于二元函数来说，

可微性则反映为曲面与其切平面之间的类似关系. 为此, 我们用类似平面曲线切线的定义, 给出曲面的切平面的定义.

平面曲线在某点 $P(x_0, y_0)$ 的切线 PT 定义为过点 P 的割线 PQ 当动点 Q 沿着曲线趋近点 P 时的极限位置(如果存在的话). 这时, PQ 与 PT 的夹角 φ 也将随 $Q \to P$ 而趋于零(图 9-5). 由于 $\sin\varphi = \dfrac{h}{d}$, 其中 h 和 d 分别表示点 Q 到切线 PT 的距离和 Q 到 P 的距离, 因此当动点 Q 沿着曲线趋近点 P 时, $\varphi \to 0$ 等同于 $\dfrac{h}{d} \to 0$.

仿照上述定义, 引入曲面 S 在点 P 的切平面定义.

定义 9.3.2 设 P 是曲面 S 上一点, Π 为通过 P 的一个平面, 曲面 S 上的动点 Q 到 P 和到平面 Π 的距离分别为 d 和 h, 当 Q 在 S 上以任何方式趋于 P 时, 恒有 $\dfrac{h}{d} \to 0$, 则称平面 Π 为曲面 S 在点 P 处的**切平面**, P 为**切点**(图 9-6).

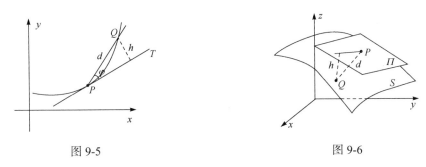

图 9-5　　　　　　　　　图 9-6

关于切平面有下述定理.

定理 9.3.3 曲面 $z = f(x, y)$ 在点 $P(x_0, y_0, z_0)(z_0 = f(x_0, y_0))$ 存在不平行于 z 轴的切平面的充要条件是函数 $f(x, y)$ 在点 $P_0(x_0, y_0)$ 可微, 且曲面 $z = f(x, y)$ 在点 (x_0, y_0, z_0) 的切平面方程为

$$f_x(x_0, y_0)(x - x_0) + f_y(x_0, y_0)(y - y_0) - (z - z_0) = 0 . \tag{9.3.9}$$

(证略)

过点 $P(x_0, y_0, z_0)$ 与切平面垂直的直线称为曲面在点 P 的**法线**. 由切平面方程(9.3.9)式可知, 法线的方向向量是

$$\pm(f_x(x_0, y_0), f_y(x_0, y_0), -1) ,$$

所以过切点 P 的法线方程为

$$\frac{x - x_0}{f_x(x_0, y_0)} = \frac{y - y_0}{f_y(x_0, y_0)} = \frac{z - z_0}{-1} . \tag{9.3.10}$$

二元函数全微分的几何意义如图 9-7 所示, 当自变量 x, y 的增量分别为 $\Delta x, \Delta y$ 时, 函数 $z = f(x, y)$ 的增量 Δz 是竖坐标上的一段 NQ, 而二元函数 $z = f(x, y)$ 在点 (x_0, y_0) 的全微分

$$\mathrm{d}z = f_x(x_0, y_0)\Delta x + f_y(x_0, y_0)\Delta y$$

的值是过 P 的切平面 PM_1MM_2 上相应的增量 NM. 于是 Δz 与 $\mathrm{d}z$ 之差是 MQ, 它的值随着 $\rho \to 0$ 而趋于零, 而且是较 ρ 高阶的无穷小量.

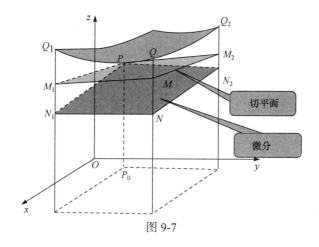

图 9-7

例 9.3.7 试求抛物面 $z = f(x, y) = ax^2 + by^2$ 在曲面上点 $P(x_0, y_0, z_0)$ 处的切平面方程和法线方程.

解 因为

$$f_x(x_0, y_0) = 2ax_0, \quad f_y(x_0, y_0) = 2by_0,$$

由公式(9.3.9), 过点 P 的切平面方程为

$$2ax_0(x - x_0) + 2by_0(y - y_0) - (z - z_0) = 0,$$

化简得(注意 $z_0 = ax_0^2 + by_0^2$)

$$2ax_0 x + 2by_0 y - z - z_0 = 0.$$

由公式(9.3.10), 过点 P 的法线方程为

$$\frac{x - x_0}{2ax_0} = \frac{y - y_0}{2by_0} = \frac{z - z_0}{-1}. \qquad \square$$

习 题 9-3

1. 求下列函数的全微分:

(1) $z = xy + \dfrac{y}{x}$;

(2) $z = \mathrm{e}^{\frac{y}{x}}$;

(3) $z = \dfrac{y}{\sqrt{x^2 + y^2}}$;

(4) $z = y\sin(x + y)$;

(5) $u = x^{yz}$;

(6) $u = x\mathrm{e}^{yz} + y + \mathrm{e}^{-z}$.

2. 求函数 $z = \ln(1 + x^2 + y^2)$ 在点 $(1, 2)$ 处的全微分.

3. 求函数 $z = \mathrm{e}^{xy}$ 当 $x = 1, y = 1, \Delta x = 0.1, \Delta y = -0.2$ 时的全微分.

4. 求下列数的近似值:

(1) $(1.97)^{1.05}$; (注: $\ln 2 \approx 0.639$)

(2) $\sqrt{(1.02)^3 + (1.97)^3}$.

5. 设矩形的边长 x=6m, y=8m. 若 x 增加 2mm, 而 y 减少 5mm, 求矩形的对角线和面积变化的近似值.

6. 设有一无盖圆柱形容器, 容器的壁与底的厚度均为 0.1cm, 内高为 20cm, 内半径为 4cm, 求容器外壳体积的近似值.

第四节　多元复合函数的求导法则

一、复合函数的求导法则

在这一节里, 我们将一元函数微分学中复合函数的求导法则推广到多元复合函数的情形. 多元复合函数的求导法则在多元函数微分学中也起着重要作用.

下面按照多元复合函数不同的复合情形, 分三种情况讨论.

1. 复合函数的中间变量均为一元函数的情形

定理 9.4.1　如果函数 $u = \varphi(t)$ 及 $v = \psi(t)$ 都在点 t 可导, 函数 $z = f(u,v)$ 在对应点 (u,v) 可微, 则复合函数 $z = f[\varphi(t),\psi(t)]$ 在点 t 可导, 且有

$$\frac{\mathrm{d}z}{\mathrm{d}t} = \frac{\partial z}{\partial u}\frac{\mathrm{d}u}{\mathrm{d}t} + \frac{\partial z}{\partial v}\frac{\mathrm{d}v}{\mathrm{d}t}. \tag{9.4.1}$$

证　设 t 获得增量 Δt, 这是 $u = \varphi(t)$, $v = \psi(t)$ 的对应增量为 Δu, Δv, 由此, 函数 $z = f(u,v)$ 相应地获得增量 Δz. 因为函数 $z = f(u,v)$ 在点 (u,v) 可微, 于是由上节知道

$$\Delta z = \frac{\partial z}{\partial u}\Delta u + \frac{\partial z}{\partial v}\Delta v + \alpha\Delta u + \beta\Delta v,$$

这里, 当 $\Delta u \to 0, \Delta v \to 0$ 时, $\alpha \to 0, \beta \to 0$.

将上式两边各除以 Δt, 得

$$\frac{\Delta z}{\Delta t} = \frac{\partial z}{\partial u}\frac{\Delta u}{\Delta t} + \frac{\partial z}{\partial v}\frac{\Delta v}{\Delta t} + \alpha\frac{\Delta u}{\Delta t} + \beta\frac{\Delta v}{\Delta t}.$$

因为, 当 $\Delta t \to 0$ 时, $\Delta u \to 0, \Delta v \to 0, \dfrac{\Delta u}{\Delta t} \to \dfrac{\mathrm{d}u}{\mathrm{d}t}, \dfrac{\Delta v}{\Delta t} \to \dfrac{\mathrm{d}v}{\mathrm{d}t}$, 所以

$$\lim_{\Delta t \to 0}\frac{\Delta z}{\Delta t} = \frac{\partial z}{\partial u}\frac{\mathrm{d}u}{\mathrm{d}t} + \frac{\partial z}{\partial v}\frac{\mathrm{d}v}{\mathrm{d}t}.$$

这就证明了复合函数 $z = f[\varphi(t),\psi(t)]$ 在点 t 可导, 且其导数可用公式(9.4.1)计算.　　　□

该定理可推广到复合函数的中间变量多于两个的情形. 例如, 设 $z = f(u,v,w)$, $u = \varphi(t), v = \psi(t), w = \omega(t)$ 复合而得复合函数 $z = f[\varphi(t),\psi(t),\omega(t)]$, 则在定理 9.4.1 类似的条件下, 复合函数在点 t 可导, 且其导数可用下述公式计算:

$$\frac{\mathrm{d}z}{\mathrm{d}t} = \frac{\partial z}{\partial u}\frac{\mathrm{d}u}{\mathrm{d}t} + \frac{\partial z}{\partial v}\frac{\mathrm{d}v}{\mathrm{d}t} + \frac{\partial z}{\partial w}\frac{\mathrm{d}w}{\mathrm{d}t}. \tag{9.4.2}$$

公式(9.4.1)及公式(9.4.2)中的导数 $\dfrac{\mathrm{d}z}{\mathrm{d}t}$ 称为**全导数**.

例 9.4.1　设 $z = \mathrm{e}^{2u-3v}$，而 $u = x^3, v = \sin x$，求 $\dfrac{\mathrm{d}z}{\mathrm{d}x}$.

解　因为

$$\frac{\partial z}{\partial u} = 2\mathrm{e}^{2u-3v}, \quad \frac{\partial z}{\partial v} = -3\mathrm{e}^{2u-3v}, \quad \frac{\mathrm{d}u}{\mathrm{d}x} = 3x^2, \quad \frac{\mathrm{d}v}{\mathrm{d}x} = \cos x,$$

所以

$$\frac{\mathrm{d}z}{\mathrm{d}x} = \frac{\partial z}{\partial u}\frac{\mathrm{d}u}{\mathrm{d}x} + \frac{\partial z}{\partial v}\frac{\mathrm{d}v}{\mathrm{d}x} = \mathrm{e}^{2u-3v}(6x^2 - 3\cos x) = \mathrm{e}^{2x^3-3\sin x}(6x^2 - 3\cos x). \qquad \square$$

例 9.4.2　若可微函数 $f(x,y)$ 对任意正实数 λ 满足关系式 $f(\lambda x, \lambda y) = \lambda^k f(x,y)$，其中 k 为正整数，则称 $f(x,y)$ 为 k **次齐次函数**. 证明 k 次齐次函数满足方程

$$x\frac{\partial f}{\partial x} + y\frac{\partial f}{\partial y} = kf(x,y).$$

证　设 $u = \lambda x, v = \lambda y$，则由已知条件有等式 $f(u,v) = \lambda^k f(x,y)$. 上式等式左端看作以 u,v 为中间变量，λ 为自变量的函数，等式两端对 λ 求导，得

$$\frac{\partial f}{\partial u}\cdot\frac{\mathrm{d}u}{\mathrm{d}\lambda} + \frac{\partial f}{\partial v}\cdot\frac{\mathrm{d}v}{\mathrm{d}\lambda} = k\lambda^{k-1}f(x,y),$$

即

$$x\frac{\partial f}{\partial u} + y\frac{\partial f}{\partial v} = k\lambda^{k-1}f(x,y),$$

上式对任意正实数 λ 都成立，特别取 $\lambda = 1$，即得所证等式

$$x\frac{\partial f}{\partial x} + y\frac{\partial f}{\partial y} = kf(x,y). \qquad \square$$

例 9.4.3　设 $z = uv + \cos t$，而 $u = \sin t, v = \mathrm{e}^t$，求全导数 $\dfrac{\mathrm{d}z}{\mathrm{d}t}$.

解

$$\frac{\mathrm{d}z}{\mathrm{d}t} = \frac{\partial z}{\partial u}\frac{\mathrm{d}u}{\mathrm{d}t} + \frac{\partial z}{\partial v}\frac{\mathrm{d}v}{\mathrm{d}t} + \frac{\partial z}{\partial t} = v\cos t + u\mathrm{e}^t - \sin t$$

$$= \mathrm{e}^t\cos t + \mathrm{e}^t\sin t - \sin t = \mathrm{e}^t(\sin t + \cos t) - \sin t. \qquad \square$$

2. 复合函数的中间变量均为多元函数的情形

定理 9.4.2　如果函数 $u = \varphi(x,y)$ 及 $v = \psi(x,y)$ 都在点 (x,y) 可偏导，函数 $z = f(u,v)$ 在对应点 (u,v) 可微，则复合函数 $z = f[\varphi(x,y), \psi(x,y)]$ 在点 (x,y) 可偏导，且有

$$\frac{\partial z}{\partial x} = \frac{\partial z}{\partial u}\frac{\partial u}{\partial x} + \frac{\partial z}{\partial v}\frac{\partial v}{\partial x}, \tag{9.4.3}$$

$$\frac{\partial z}{\partial y} = \frac{\partial z}{\partial u}\frac{\partial u}{\partial y} + \frac{\partial z}{\partial v}\frac{\partial v}{\partial y}. \tag{9.4.4}$$

事实上，这里求 $\dfrac{\partial z}{\partial x}$ 时，将 y 看作常量，因此中间变量 u，v 仍可看作一元函数而应用定

理 9.4.1. 但由于复合函数 $z = f\left[\varphi(x,y),\psi(x,y)\right]$ 以及 $u = \varphi(x,y)$ 和 $v = \psi(x,y)$ 都是 x, y 的二元函数, 所以应把(9.4.1)式中的 d 改为 ∂, 再把 t 换成 x, 这样便由(9.4.1)式得(9.4.3)式. 同理由(9.4.1)式可得(9.4.4)式.

类似地, 可把中间变量和自变量推广到多于两个的情形. 例如, 设 $u = \varphi(x,y)$, $v = \psi(x,y)$ 及 $w = \omega(x,y)$ 都在点 (x,y) 可偏导, 函数 $z = f(u,v,w)$ 在对应点 (u,v,w) 可微, 则复合函数 $z = f\left[\varphi(x,y),\psi(x,y),\omega(x,y)\right]$ 在点 (x,y) 可偏导, 且有下列计算公式:

$$\frac{\partial z}{\partial x} = \frac{\partial z}{\partial u}\frac{\partial u}{\partial x} + \frac{\partial z}{\partial v}\frac{\partial v}{\partial x} + \frac{\partial z}{\partial w}\frac{\partial w}{\partial x}, \tag{9.4.5}$$

$$\frac{\partial z}{\partial y} = \frac{\partial z}{\partial u}\frac{\partial u}{\partial y} + \frac{\partial z}{\partial v}\frac{\partial v}{\partial y} + \frac{\partial z}{\partial w}\frac{\partial w}{\partial y}. \tag{9.4.6}$$

例 9.4.4　设 $z = \ln(u^2 + v)$, 而 $u = e^{x+y^2}, v = x^2 + y$, 求 $\dfrac{\partial z}{\partial x}, \dfrac{\partial z}{\partial y}$.

解　由于

$$\frac{\partial z}{\partial u} = \frac{2u}{u^2 + v}, \quad \frac{\partial z}{\partial v} = \frac{1}{u^2 + v}, \quad \frac{\partial u}{\partial x} = e^{x+y^2}, \quad \frac{\partial u}{\partial y} = 2ye^{x+y^2}, \quad \frac{\partial v}{\partial x} = 2x, \quad \frac{\partial v}{\partial y} = 1,$$

因此, 由公式(9.4.3)得到

$$\frac{\partial z}{\partial x} = \frac{\partial z}{\partial u}\frac{\partial u}{\partial x} + \frac{\partial z}{\partial v}\frac{\partial v}{\partial x} = \frac{2u}{u^2 + v} \cdot e^{x+y^2} + \frac{1}{u^2 + v} \cdot 2x = \frac{2}{u^2 + v}\left(ue^{x+y^2} + x\right),$$

由公式(9.4.4)得到

$$\frac{\partial z}{\partial y} = \frac{\partial z}{\partial u}\frac{\partial u}{\partial y} + \frac{\partial z}{\partial v}\frac{\partial v}{\partial y}$$

$$= \frac{2u}{u^2 + v} \cdot 2ye^{x+y^2} + \frac{1}{u^2 + v} = \frac{1}{u^2 + v}\left(4uye^{x+y^2} + 1\right). \qquad \square$$

例 9.4.5　设 $w = f(x+y+z, xyz)$, f 具有二阶连续偏导数, 求 $\dfrac{\partial w}{\partial x}, \dfrac{\partial^2 w}{\partial x \partial z}$.

解　令 $u = x+y+z, v = xyz$, 则 $w = f(u,v)$.

为方便表达, 引入下述记号:

$$f_1' = \frac{\partial f(u,v)}{\partial u}, \quad f_{12}'' = \frac{\partial^2 f(u,v)}{\partial u \partial v}.$$

这里下标 1 表示对第一个变量 u 求偏导数, 下标 2 表示对第二个变量 v 求偏导数. 同理有 f_2', f_{11}'', f_{22}'' 等等.

因所给函数由 $w = f(u,v)$ 及 $u = x+y+z, v = xyz$ 复合而成, 由复合函数求导法则, 有

$$\frac{\partial w}{\partial x} = \frac{\partial f}{\partial u}\frac{\partial u}{\partial x} + \frac{\partial f}{\partial v}\frac{\partial v}{\partial x} = f_1' + yzf_2',$$

$$\frac{\partial^2 w}{\partial x \partial z} = \frac{\partial}{\partial z}(f_1' + yzf_2') = \frac{\partial f_1'}{\partial z} + yf_2' + yz\frac{\partial f_2'}{\partial z}.$$

求 $\dfrac{\partial f_1'}{\partial z}$ 及 $\dfrac{\partial f_2'}{\partial z}$ 时, 应注意 f_1' 及 f_2' 仍旧是复合函数, 根据复合函数求导法则, 有

$$\frac{\partial f_1'}{\partial z} = \frac{\partial f_1'}{\partial u}\frac{\partial u}{\partial z} + \frac{\partial f_1'}{\partial v}\frac{\partial v}{\partial z} = f_{11}'' + xyf_{12}'',$$

$$\frac{\partial f_2'}{\partial z} = \frac{\partial f_2'}{\partial u}\frac{\partial u}{\partial z} + \frac{\partial f_2'}{\partial v}\frac{\partial v}{\partial z} = f_{21}'' + xyf_{22}''.$$

于是

$$\frac{\partial^2 w}{\partial x \partial z} = f_{11}'' + xyf_{12}'' + yf_2' + yz(f_{21}'' + xyf_{22}'')$$

$$= f_{11}'' + y(x+z)f_{12}'' + xy^2zf_{22}'' + yf_2'. \qquad \square$$

3. 复合函数的中间变量既有一元函数，又有多元函数的情形

定理 9.4.3 如果函数 $u = \varphi(x,y)$ 在点 (x,y) 可偏导，$v = \psi(y)$ 在点 y 可导，函数 $z = f(u,v)$ 在对应点 (u,v) 可微，则复合函数 $z = f[\varphi(x,y),\psi(y)]$ 在点 (x,y) 可偏导，且有

$$\frac{\partial z}{\partial x} = \frac{\partial z}{\partial u}\frac{\partial u}{\partial x}, \tag{9.4.7}$$

$$\frac{\partial z}{\partial y} = \frac{\partial z}{\partial u}\frac{\partial u}{\partial y} + \frac{\partial z}{\partial v}\frac{\mathrm{d}v}{\mathrm{d}y}. \tag{9.4.8}$$

上述情形实际上是情形 2 的一种特例，即在情形 2 中，如中间变量 v 与 x 无关，就有 $\frac{\partial v}{\partial x} = 0$，再把 $\frac{\partial v}{\partial y}$ 换成 $\frac{\mathrm{d}v}{\mathrm{d}y}$，就得到上述结果.

在情形 3 中，还会遇到这样的情形：复合函数的某些中间变量本身又是复合函数的自变量. 例如，设 $z = f(u,x,y)$ 可微，而 $u = \varphi(x,y)$ 可偏导，则复合函数 $z = f[\varphi(x,y),x,y]$ 可看作情形 2 中当 $v = x, w = y$ 的特殊情形. 因此有

$$\frac{\partial v}{\partial x} = 1, \qquad \frac{\partial v}{\partial y} = 0; \qquad \frac{\partial w}{\partial x} = 0, \qquad \frac{\partial w}{\partial y} = 1.$$

从而复合函数 $z = f[\varphi(x,y),x,y]$ 在点 (x,y) 处可偏导，且由公式(9.4.5)和(9.4.6)得

$$\frac{\partial z}{\partial x} = \frac{\partial f}{\partial u}\frac{\partial u}{\partial x} + \frac{\partial f}{\partial x}, \qquad \frac{\partial z}{\partial y} = \frac{\partial f}{\partial u}\frac{\partial u}{\partial y} + \frac{\partial f}{\partial y}.$$

注意：这里 $\frac{\partial z}{\partial x}$ 与 $\frac{\partial f}{\partial x}$ 是不同的，$\frac{\partial z}{\partial x}$ 表示把复合函数 $z = f[\varphi(x,y),x,y]$ 中的 y 看作不变而对 x 的偏导数，$\frac{\partial f}{\partial x}$ 表示把 $f(u,x,y)$ 中的 u 及 y 看作不变而对 x 的偏导数. $\frac{\partial z}{\partial y}$ 与 $\frac{\partial f}{\partial y}$ 也有类似的区别.

例 9.4.6 设 $u = f(x,y,z) = \mathrm{e}^{x^2+2y^2+3z^2}$，$z = y^2\cos x$，求 $\frac{\partial u}{\partial x}$ 和 $\frac{\partial u}{\partial y}$.

解
$$\frac{\partial u}{\partial x} = \frac{\partial f}{\partial x} + \frac{\partial f}{\partial z}\frac{\partial z}{\partial x} = 2x\mathrm{e}^{x^2+2y^2+3z^2} + 6z\mathrm{e}^{x^2+2y^2+3z^2}\cdot(-y^2\sin x)$$

$$= (2x - 6zy^2\sin x)\mathrm{e}^{x^2+2y^2+3z^2}.$$

$$\frac{\partial u}{\partial y} = \frac{\partial f}{\partial y} + \frac{\partial f}{\partial z}\frac{\partial z}{\partial y} = 4y\mathrm{e}^{x^2+2y^2+3z^2} + 6z\mathrm{e}^{x^2+2y^2+3z^2}2y\cos x$$

$$= 4y(1+3z\cos x)\mathrm{e}^{x^2+2y^2+3z^2}. \qquad \square$$

例 9.4.7 设 $z = f(u,v)$ 具有二阶连续偏导数, $u = x - y, v = x + y$, 用 z 关于 u, v 的偏导数表示方程 $\dfrac{\partial^2 z}{\partial x^2} + \dfrac{\partial^2 z}{\partial y^2} = 2$.

解 由复合函数求导法则, 得

$$\frac{\partial z}{\partial x} = \frac{\partial z}{\partial u}\frac{\partial u}{\partial x} + \frac{\partial z}{\partial v}\frac{\partial v}{\partial x} = \frac{\partial z}{\partial u} + \frac{\partial z}{\partial v},$$

两边再对 x 求偏导数, 得

$$\frac{\partial^2 z}{\partial x^2} = \left(\frac{\partial^2 z}{\partial u^2} + \frac{\partial^2 z}{\partial v\partial u}\right)\cdot\frac{\partial u}{\partial x} + \left(\frac{\partial^2 z}{\partial u\partial v} + \frac{\partial^2 z}{\partial v^2}\right)\cdot\frac{\partial v}{\partial x} = \frac{\partial^2 z}{\partial u^2} + 2\frac{\partial^2 z}{\partial u\partial v} + \frac{\partial^2 z}{\partial v^2}.$$

同样地

$$\frac{\partial z}{\partial y} = \frac{\partial z}{\partial u}\frac{\partial u}{\partial y} + \frac{\partial z}{\partial v}\frac{\partial v}{\partial y} = -\frac{\partial z}{\partial u} + \frac{\partial z}{\partial v},$$

两边再对 y 求偏导数, 得

$$\frac{\partial^2 z}{\partial y^2} = \left(-\frac{\partial^2 z}{\partial u^2} + \frac{\partial^2 z}{\partial v\partial u}\right)\cdot\frac{\partial u}{\partial y} + \left(-\frac{\partial^2 z}{\partial u\partial v} + \frac{\partial^2 z}{\partial v^2}\right)\cdot\frac{\partial v}{\partial y} = \frac{\partial^2 z}{\partial u^2} - 2\frac{\partial^2 z}{\partial u\partial v} + \frac{\partial^2 z}{\partial v^2}.$$

由此可得

$$\frac{\partial^2 z}{\partial x^2} + \frac{\partial^2 z}{\partial y^2} = 2\left(\frac{\partial^2 z}{\partial u^2} + \frac{\partial^2 z}{\partial v^2}\right),$$

故变换所得方程为

$$\frac{\partial^2 z}{\partial u^2} + \frac{\partial^2 z}{\partial v^2} = 1. \qquad \square$$

全微分形式不变性 设函数 $z = f(u,v)$ 可微, 则有全微分

$$\mathrm{d}z = \frac{\partial z}{\partial u}\mathrm{d}u + \frac{\partial z}{\partial v}\mathrm{d}v.$$

如果 u, v 又是 x, y 的函数, 即 $u = \varphi(x,y)$, $v = \psi(x,y)$, 且这两个函数也可微, 则复合函数 $z = f[\varphi(x,y),\psi(x,y)]$ 的全微分为

$$\mathrm{d}z = \frac{\partial z}{\partial x}\mathrm{d}x + \frac{\partial z}{\partial y}\mathrm{d}y,$$

其中 $\dfrac{\partial z}{\partial x}$ 及 $\dfrac{\partial z}{\partial y}$ 分别由公式(9.4.3)及(9.4.4)给出, 将公式(9.4.3)及(9.4.4)中的 $\dfrac{\partial z}{\partial x}$ 及 $\dfrac{\partial z}{\partial y}$ 代入上式, 得

$$\mathrm{d}z = \left(\frac{\partial z}{\partial u}\frac{\partial u}{\partial x} + \frac{\partial z}{\partial v}\frac{\partial v}{\partial x}\right)\mathrm{d}x + \left(\frac{\partial z}{\partial u}\frac{\partial u}{\partial y} + \frac{\partial z}{\partial v}\frac{\partial v}{\partial y}\right)\mathrm{d}y$$

$$
\begin{aligned}
&= \frac{\partial z}{\partial u}\left(\frac{\partial u}{\partial x}\mathrm{d}x + \frac{\partial u}{\partial y}\mathrm{d}y\right) + \frac{\partial z}{\partial v}\left(\frac{\partial v}{\partial x}\mathrm{d}x + \frac{\partial v}{\partial y}\mathrm{d}y\right) \\
&= \frac{\partial z}{\partial u}\mathrm{d}u + \frac{\partial z}{\partial v}\mathrm{d}v .
\end{aligned}
$$

由此可见, 无论 z 是自变量 u,v 的函数还是中间变量 u,v 的函数, 它的全微分形式是一样的. 这个性质叫作**全微分形式不变性**.

例 9.4.8　设 $z = \mathrm{e}^{xy}\sin(x+y)$, 利用全微分形式不变性求 $\mathrm{d}z$, 并导出 $\dfrac{\partial z}{\partial x}$ 与 $\dfrac{\partial z}{\partial y}$.

解　令 $u = xy, v = x+y$, 则 $z = \mathrm{e}^u \sin v$. 由于

$$
\mathrm{d}z = \frac{\partial z}{\partial u}\mathrm{d}u + \frac{\partial z}{\partial v}\mathrm{d}v = \mathrm{e}^u \sin v \mathrm{d}u + \mathrm{e}^u \cos v \mathrm{d}v, \quad \mathrm{d}u = y\mathrm{d}x + x\mathrm{d}y, \mathrm{d}v = \mathrm{d}x + \mathrm{d}y,
$$

因此

$$
\begin{aligned}
\mathrm{d}z &= \mathrm{e}^u \sin v (y\mathrm{d}x + x\mathrm{d}y) + \mathrm{e}^u \cos v(\mathrm{d}x + \mathrm{d}y) \\
&= \mathrm{e}^{xy}[y\sin(x+y) + \cos(x+y)]\mathrm{d}x + \mathrm{e}^{xy}[x\sin(x+y) + \cos(x+y)]\mathrm{d}y
\end{aligned}
$$

并由此得到

$$
\frac{\partial z}{\partial x} = \mathrm{e}^{xy}[y\sin(x+y) + \cos(x+y)],
$$

$$
\frac{\partial z}{\partial y} = \mathrm{e}^{xy}[x\sin(x+y) + \cos(x+y)]. \qquad \square
$$

习　题　9-4

1. 求下列复合函数的偏导数或全导数(其中 f 可微):

(1) 设 $z = \arctan(xy), y = \mathrm{e}^x$, 求 $\dfrac{\mathrm{d}z}{\mathrm{d}x}$;

(2) 设 $z = \dfrac{x^2 + y^2}{xy}\mathrm{e}^{\frac{x^2+y^2}{xy}}$, 求 $\dfrac{\partial z}{\partial x}, \dfrac{\partial z}{\partial y}$;

(3) 设 $z = x^2 + xy + y^2, x = t^2, y = t$, 求 $\dfrac{\mathrm{d}z}{\mathrm{d}t}$;

(4) 设 $z = x^2 \ln y, x = \dfrac{u}{v}, y = 3u - 2v$, 求 $\dfrac{\partial z}{\partial u}, \dfrac{\partial z}{\partial v}$;

(5) 设 $u = f(x+y, xy)$, 求 $\dfrac{\partial z}{\partial x}, \dfrac{\partial z}{\partial y}$;

(6) 设 $u = f\left(\dfrac{x}{y}, \dfrac{y}{z}\right)$, 求 $\dfrac{\partial u}{\partial x}, \dfrac{\partial u}{\partial y}, \dfrac{\partial u}{\partial z}$.

2. 设 $z = \arctan\dfrac{u}{v}, u = x+y, v = x-y$, 验证: $\dfrac{\partial z}{\partial x} + \dfrac{\partial z}{\partial y} = \dfrac{x-y}{x^2+y^2}$.

3. 设 $z = xy + xF(u), u = \dfrac{y}{x}, F(u)$ 为可导函数, 证明: $x\dfrac{\partial z}{\partial x} + y\dfrac{\partial z}{\partial y} = z + xy$.

4. 设 $z = \dfrac{y}{f(x^2 - y^2)}, f(u)$ 为可导函数, 验证: $\dfrac{1}{x}\dfrac{\partial z}{\partial x} + \dfrac{1}{y}\dfrac{\partial z}{\partial y} = \dfrac{z}{y^2}$.

5. 求下列函数的所有二阶偏导数(其中 f 具有二阶导数或二阶连续偏导数):

(1) $z = f(x^2 + y^2)$; (2) $z = f(xy, y)$; (3) $z = f(xy^2, x^2 y)$; (4) $z = f(\sin x, \cos y, e^{2x-y})$.

6. 设 $u = f(x, y)$ 可微, 而 $x = r\cos\theta$, $y = r\sin\theta$, 证明:

$$\left(\frac{\partial u}{\partial r}\right)^2 + \left(\frac{1}{r}\frac{\partial u}{\partial \theta}\right)^2 = \left(\frac{\partial u}{\partial x}\right)^2 + \left(\frac{\partial u}{\partial y}\right)^2.$$

7. 设 F 与 G 均有二阶连续导数, 且 $z = F(x + at) + G(x - at)$, 证明: $\dfrac{\partial^2 z}{\partial t^2}\bigg| = a^2 \dfrac{\partial^2 z}{\partial x^2}\bigg|$.

第五节　隐函数的求导公式

一、一个方程的情形

在一元函数微分学中, 我们已经提出了隐函数的概念, 并且指出了不经过显化直接由方程

$$F(x, y) = 0 \tag{9.5.1}$$

求它所确定的隐函数的导数的方法. 现在介绍隐函数存在定理, 并根据多元复合函数的求导法来推出隐函数的导数公式(这里相关定理不作证明).

定理 9.5.1 (隐函数存在定理)　若函数 $F(x, y)$ 满足下列条件:

(1) 函数 $F(x, y)$ 在点 $P_0(x_0, y_0)$ 的某一邻域内具有连续偏导数;

(2) $F(x_0, y_0) = 0$, $F_y(x_0, y_0) \neq 0$,

则在点 P_0 的某个邻域内, 方程 $F(x, y) = 0$ 能唯一地确定一个具有连续导数的函数 $y = f(x)$, 它满足条件 $y_0 = f(x_0)$, 并且

$$\frac{\mathrm{d}y}{\mathrm{d}x} = -\frac{F_x}{F_y}. \tag{9.5.2}$$

公式(9.5.2)就是一元隐函数的求导公式, 其推导如下: 将方程(9.5.1)所确定的函数 $y = f(x)$ 代入(9.5.1), 得恒等式

$$F(x, f(x)) \equiv 0,$$

其左端可以看成是 x 的一个复合函数, 求这个函数的全导数, 上式两边对 x 求导, 即得

$$\frac{\partial F}{\partial x} + \frac{\partial F}{\partial y}\frac{\mathrm{d}y}{\mathrm{d}x} = 0,$$

由于 F_y 连续, 且 $F_y(x_0, y_0) \neq 0$, 所以存在点 $P_0(x_0, y_0)$ 的一个邻域, 在此邻域内 $F_y \neq 0$, 于是得

$$\frac{\mathrm{d}y}{\mathrm{d}x} = -\frac{F_x}{F_y}.$$

如果 $F(x, y)$ 的二阶偏导数也都连续, 那么可以求出 $\dfrac{\mathrm{d}^2 y}{\mathrm{d}x^2}$. 将等式(9.5.2)两端同时对 x 求导, 得

$$\frac{\mathrm{d}^2 y}{\mathrm{d} x^2} = -\frac{\left(F_{xx} + F_{xy} \cdot \dfrac{\mathrm{d} y}{\mathrm{d} x}\right) F_y - \left(F_{yx} + F_{yy} \cdot \dfrac{\mathrm{d} y}{\mathrm{d} x}\right) F_x}{F_y^{\,2}}.$$

将(9.5.2)式代入, 整理得到

$$\frac{\mathrm{d}^2 y}{\mathrm{d} x^2} = -\frac{F_{xx} F_y^{\,2} - 2 F_{xy} F_x F_y + F_{yy} F_x^{\,2}}{F_y^{\,3}}.$$

例 9.5.1　设 $y - x - \dfrac{1}{2}\sin y = 0$, 求 $\dfrac{\mathrm{d} y}{\mathrm{d} x}, \dfrac{\mathrm{d}^2 y}{\mathrm{d} x^2}$.

解　令 $F(x, y) = y - x - \dfrac{1}{2}\sin y$, 因为

$$F_x = -1, \quad F_y = 1 - \frac{1}{2}\cos y,$$

所以

$$\frac{\mathrm{d} y}{\mathrm{d} x} = -\frac{F_x}{F_y} = \frac{1}{1 - \dfrac{1}{2}\cos y} = \frac{2}{2 - \cos y},$$

$$\frac{\mathrm{d}^2 y}{\mathrm{d} x^2} = -\frac{2 \cdot \sin y \cdot \dfrac{\mathrm{d} y}{\mathrm{d} x}}{(2 - \cos y)^2} = \frac{-4\sin y}{(2 - \cos y)^3}. \qquad\qquad \square$$

隐函数存在定理 9.5.1 可以推广到多元函数, 即一个三元方程

$$F(x, y, z) = 0 \qquad\qquad (9.5.3)$$

在一定条件下, 就可以确定一个可微的二元隐函数. 具体有下面的定理.

定理 9.5.2 (隐函数存在定理)　若函数 $F(x, y, z)$ 满足下列条件:

(1) 函数 $F(x, y, z)$ 在点 $P_0(x_0, y_0, z_0)$ 的某一邻域内具有连续偏导数;

(2) $F(x_0, y_0, z_0) = 0$, $F_z(x_0, y_0, z_0) \neq 0$,

则在点 P_0 的某个邻域内, 方程 $F(x, y, z) = 0$ 能唯一地确定一个具有连续偏导数的函数 $z = f(x, y)$, 它满足条件 $z_0 = f(x_0, y_0)$, 并且

$$\frac{\partial z}{\partial x} = -\frac{F_x}{F_z}, \qquad \frac{\partial z}{\partial y} = -\frac{F_y}{F_z}. \qquad\qquad (9.5.4)$$

上述公式(9.5.4)推导如下: 因为 $F(x, y, f(x, y)) = 0$. 将上述两边分别对和求导, 应用复合函数求导得

$$F_x + F_z \cdot \frac{\partial z}{\partial x} = 0, \qquad F_y + F_z \cdot \frac{\partial z}{\partial y} = 0.$$

由于 F_z 连续, 且 $F_z(x_0, y_0, z_0) \neq 0$, 所以存在点 $P_0(x_0, y_0, z_0)$ 的一个邻域, 在此邻域内 $F_z \neq 0$, 于是得

$$\frac{\partial z}{\partial x} = -\frac{F_x}{F_z}, \qquad \frac{\partial z}{\partial y} = -\frac{F_y}{F_z}.$$

如果函数 $F(x,y,z)$ 具有二阶连续偏导数, 则也可以求出隐函数的各二阶偏导数.

例 9.5.2　设 $z^3 - 3xyz = a^3$, 求 $\dfrac{\partial^2 z}{\partial x \partial y}$.

解　令 $F(x,y,z) = z^3 - 3xyz - a^3$, 则有

$$F_x = -3yz, \quad F_y = -3xz, \quad F_z = 3z^2 - 3xy,$$

于是

$$\frac{\partial z}{\partial x} = -\frac{F_x}{F_z} = \frac{yz}{z^2 - xy}, \quad \frac{\partial z}{\partial y} = -\frac{F_y}{F_z} = \frac{xz}{z^2 - xy}.$$

从而

$$\frac{\partial^2 z}{\partial x \partial y} = \frac{\partial}{\partial y}\left(\frac{yz}{z^2 - xy}\right) = \frac{(z^2 - xy)\left(z + y\dfrac{\partial z}{\partial y}\right) - yz\left(2z\dfrac{\partial z}{\partial y} - x\right)}{(z^2 - xy)^2}$$

$$= \frac{z(z^4 - 2xyz^2 - x^2 y^2)}{(z^2 - xy)^3}. \qquad\qquad □$$

例 9.5.3　设 $z = z(x,y)$ 由方程 $F(x-z, y-z) = 0$ 确定, 其中 F 具有二阶连续偏导数. 证明: $z_{xx} + 2z_{xy} + z_{yy} = 0$

证　以 F_1, F_2 分别表示 F 关于第一个变量和第二个变量的偏导数, 由复合函数求导法则得 $F_x = F_1, F_y = F_2, F_z = -(F_1 + F_2)$, 于是有

$$z_x = \frac{F_1}{F_1 + F_2}, \quad z_y = \frac{F_2}{F_1 + F_2},$$

所以 $z_x + z_y = 1$. 再两边分别对 x 和 y 求偏导数, 得 $z_{xx} + z_{yx} = 0$, $z_{xy} + z_{yy} = 0$. 由于二阶偏导数连续, 故 $z_{xy} = z_{yx}$, 将上述两式相加即得所需结果. □

*二、方程组的情形

在一个方程情形的基础上, 我们将隐函数存在定理推广到方程组的情形.

设有方程组

$$\begin{cases} F(x,y,u,v) = 0, \\ G(x,y,u,v) = 0. \end{cases} \tag{9.5.5}$$

这时, 在四个变量中, 一般只能有两个变量独立变化, 因此在一定条件下, 方程组(9.5.5)就有可能确定出两个二元函数. 我们有下面的定理.

定理 9.5.3 (隐函数存在定理)　若函数 $F(x,y,u,v)$, $G(x,y,u,v)$ 满足下列条件:

(1) 函数 $F(x,y,u,v)$, $G(x,y,u,v)$ 在点 $P_0(x_0, y_0, u_0, v_0)$ 的某一邻域内具有对各个变量的连续偏导数;

(2) $F(x_0, y_0, u_0, v_0) = 0, G(x_0, y_0, u_0, v_0) = 0$;

(3) 雅可比(Jacobi)行列式：$J = \dfrac{\partial(F,G)}{\partial(u,v)} = \begin{vmatrix} F_u & F_v \\ G_u & G_v \end{vmatrix}$ 在点 $P_0(x_0, y_0, u_0, v_0)$ 不等于零.

则在点 $P_0(x_0, y_0, u_0, v_0)$ 的某个邻域内，方程组(9.5.5)能唯一地确定具有连续偏导数的一组函数 $u = u(x, y)$，$v = v(x, y)$，它们满足条件 $u_0 = u(x_0, y_0), v_0 = v(x_0, y_0)$，并有

$$\frac{\partial u}{\partial x} = -\frac{1}{J}\frac{\partial(F,G)}{\partial(x,v)} = -\frac{\begin{vmatrix} F_x & F_v \\ G_x & G_v \end{vmatrix}}{\begin{vmatrix} F_u & F_v \\ G_u & G_v \end{vmatrix}}, \qquad \frac{\partial v}{\partial x} = -\frac{1}{J}\frac{\partial(F,G)}{\partial(u,x)} = -\frac{\begin{vmatrix} F_u & F_x \\ G_u & G_x \end{vmatrix}}{\begin{vmatrix} F_u & F_v \\ G_u & G_v \end{vmatrix}}, \qquad (9.5.6)$$

$$\frac{\partial u}{\partial y} = -\frac{1}{J}\frac{\partial(F,G)}{\partial(y,v)} = -\frac{\begin{vmatrix} F_y & F_v \\ G_y & G_v \end{vmatrix}}{\begin{vmatrix} F_u & F_v \\ G_u & G_v \end{vmatrix}}, \qquad \frac{\partial v}{\partial y} = -\frac{1}{J}\frac{\partial(F,G)}{\partial(u,y)} = -\frac{\begin{vmatrix} F_u & F_y \\ G_u & G_y \end{vmatrix}}{\begin{vmatrix} F_u & F_v \\ G_u & G_v \end{vmatrix}}, \qquad (9.5.7)$$

(9.5.6), (9.5.7)两式推导如下：由于

$$\begin{cases} F(x, y, u(x,y), v(x,y)) = 0, \\ G(x, y, u(x,y), v(x,y)) = 0, \end{cases}$$

将方程组中的每一个方程两边分别对 x 求导，得

$$\begin{cases} F_x + F_u \dfrac{\partial u}{\partial x} + F_v \dfrac{\partial v}{\partial x} = 0, \\ G_x + G_u \dfrac{\partial u}{\partial x} + G_v \dfrac{\partial v}{\partial x} = 0. \end{cases}$$

上述方程组的系数行列式 $J = \dfrac{\partial(F,G)}{\partial(u,v)} = \begin{vmatrix} F_u & F_v \\ G_u & G_v \end{vmatrix} \neq 0$，从而可解出 $\dfrac{\partial u}{\partial x}, \dfrac{\partial v}{\partial x}$，得

$$\frac{\partial u}{\partial x} = -\frac{1}{J}\frac{\partial(F,G)}{\partial(x,v)}, \qquad \frac{\partial v}{\partial x} = -\frac{1}{J}\frac{\partial(F,G)}{\partial(u,x)}.$$

同理可得

$$\frac{\partial u}{\partial y} = -\frac{1}{J}\frac{\partial(F,G)}{\partial(y,v)}, \qquad \frac{\partial v}{\partial y} = -\frac{1}{J}\frac{\partial(F,G)}{\partial(u,y)}.$$

例 9.5.4 设 $\begin{cases} u^3 + xv = y, \\ v^3 + yu = x, \end{cases}$ 求 $\dfrac{\partial u}{\partial x}, \dfrac{\partial v}{\partial x}, \dfrac{\partial u}{\partial y}, \dfrac{\partial v}{\partial y}$.

解 设 $F(x, y, u, v) = u^3 + xv - y$，$G(x, y, u, v) = v^3 + yu - x$，则有

$$J = \frac{\partial(F,G)}{\partial(u,v)} = \begin{vmatrix} F_u & F_v \\ G_u & G_v \end{vmatrix} = \begin{vmatrix} 3u^2 & x \\ y & 3v^2 \end{vmatrix} = 9u^2v^2 - xy.$$

因

$$\frac{\partial(F,G)}{\partial(x,v)} = \begin{vmatrix} F_x & F_v \\ G_x & G_v \end{vmatrix} = \begin{vmatrix} v & x \\ -1 & 3v^2 \end{vmatrix} = 3v^3 + x,$$

$$\frac{\partial(F,G)}{\partial(u,x)} = \begin{vmatrix} F_u & F_x \\ G_u & G_x \end{vmatrix} = \begin{vmatrix} 3u^2 & v \\ y & -1 \end{vmatrix} = -3u^2 - yv,$$

$$\frac{\partial(F,G)}{\partial(y,v)} = \begin{vmatrix} F_y & F_v \\ G_y & G_v \end{vmatrix} = \begin{vmatrix} -1 & x \\ u & 3v^2 \end{vmatrix} = -3v^2 - xu,$$

$$\frac{\partial(F,G)}{\partial(u,y)} = \begin{vmatrix} F_u & F_y \\ G_u & G_y \end{vmatrix} = \begin{vmatrix} 3u^2 & -1 \\ y & u \end{vmatrix} = 3u^3 + y,$$

从而

$$\frac{\partial u}{\partial x} = -\frac{1}{J}\frac{\partial(F,G)}{\partial(x,v)} = \frac{x+3v^3}{xy-9u^2v^2}, \quad \frac{\partial v}{\partial x} = -\frac{1}{J}\frac{\partial(F,G)}{\partial(u,x)} = -\frac{3u^2+yv}{xy-9u^2v^2},$$

$$\frac{\partial u}{\partial y} = -\frac{1}{J}\frac{\partial(F,G)}{\partial(y,v)} = -\frac{3v^2+xu}{xy-9u^2v^2},$$

$$\frac{\partial v}{\partial y} = -\frac{1}{J}\frac{\partial(F,G)}{\partial(u,y)} = \frac{y+3u^3}{xy-9u^2v^2}. \qquad \square$$

事实上, 在具体解题时, 可不用公式(9.5.6)和(9.5.7)进行计算, 而直接对方程两边同时求偏导数, 再通过解方程组求出相关偏导数.

例 9.5.5 设函数 $x = x(u,v), y = y(u,v)$ 在点 (u,v) 的某邻域内具有连续偏导数且

$$\frac{\partial(x,y)}{\partial(u,v)} = \begin{vmatrix} x_u & x_v \\ y_u & y_v \end{vmatrix} \neq 0 .$$

(1) 证明方程组

$$\begin{cases} x = x(u,v), \\ y = y(u,v) \end{cases} \tag{9.5.8}$$

在点 (x,y,u,v) 的某邻域内唯一确定一组具有连续偏导数的反函数 $u = u(x,y), v = v(x,y)$.

(2) 求反函数 $u = u(x,y), v = v(x,y)$ 对 x, y 的偏导数.

解 (1) 令 $\begin{cases} F(x,y,u,v) = x - x(u,v) = 0, \\ G(x,y,u,v) = y - y(u,v) = 0 \end{cases}$ 则有

$$J = \frac{\partial(F,G)}{\partial(u,v)} = \frac{\partial(x,y)}{\partial(u,v)} \neq 0 .$$

由隐函数存在定理 9.5.3, 即得结论.

(2) 把方程组(9.5.8)所确定的反函数 $u = u(x,y), v = v(x,y)$ 代入(9.5.8)式, 得

$$\begin{cases} x = x[u(x,y),v(x,y)], \\ y = y[u(x,y),v(x,y)], \end{cases}$$

对上述等式两边分别对 x 求偏导数, 得

$$\begin{cases} 1 = x_u \cdot u_x + x_v \cdot v_x, \\ 0 = y_u \cdot u_x + y_v \cdot v_x \end{cases}$$

因 $J \neq 0$，故可解得

$$\frac{\partial u}{\partial x} = \frac{1}{J} \frac{\partial y}{\partial v}, \quad \frac{\partial v}{\partial x} = -\frac{1}{J} \frac{\partial y}{\partial u}.$$

同理，可得

$$\frac{\partial u}{\partial y} = -\frac{1}{J} \frac{\partial x}{\partial v}, \quad \frac{\partial v}{\partial y} = \frac{1}{J} \frac{\partial x}{\partial u}. \qquad \Box$$

习　题　9-5

1. 求由下列方程所确定的隐函数的导数或偏导数:

(1) $\sin y + e^x - xy^2 = 0$，求 $\dfrac{dy}{dx}$；　　(2) $\ln\sqrt{x^2 + y^2} = \arctan\dfrac{y}{x}$，求 $\dfrac{dy}{dx}$；

(3) $\sin(xy) + \cos(xz) + \tan(yz) = 0$，求 $\dfrac{\partial z}{\partial x}, \dfrac{\partial z}{\partial y}$；

(4) $x + 2y + z - 2\sqrt{xyz} = 0$，求 $\dfrac{\partial z}{\partial x}, \dfrac{\partial z}{\partial y}$；

(5) $\dfrac{x}{z} = \ln\dfrac{z}{y}$，求 $\dfrac{\partial z}{\partial x}, \dfrac{\partial z}{\partial y}$；

(6) $x^2 + y^2 + z^2 - 2x + 2y - 4z - 5 = 0$，求 $\dfrac{\partial z}{\partial x}, \dfrac{\partial z}{\partial y}$；

(7) $e^{-xy} + 2z - e^z = 0$，求 $\dfrac{\partial z}{\partial x}, \dfrac{\partial z}{\partial y}$；

(8) $z = f(x + y + z, xyz), f$ 可微，求 $\dfrac{\partial z}{\partial x}, \dfrac{\partial x}{\partial y}, \dfrac{\partial y}{\partial z}$；

(9) $e^z - xyz = 0$，求 $\dfrac{\partial^2 z}{\partial x^2}, \dfrac{\partial^2 z}{\partial x \partial y}$.

2. 设 $z = x^2 + y^2$，其中 $y = y(x)$ 由方程 $x^2 + y^2 - xy = 1$ 所确定, 求 $\dfrac{dz}{dx}$ 及 $\dfrac{d^2 z}{dx^2}$.

3. 设 $u = x^2 + y^2 + z^2$，其中 $z = f(x, y)$ 由方程 $x^3 + y^3 + z^3 = 3xyz$ 所确定, 求 u_x 及 u_{xx}.

4. 设 $x + z = yf(x^2 - z^2)$，其中 f 可微，求 $z\dfrac{\partial z}{\partial x} + y\dfrac{\partial z}{\partial y}$.

5. 设 $F(x, y, z) = 0$ 可确定可微隐函数: $x = x(y, z), y = y(x, z), z = z(x, y)$，证明: $\dfrac{\partial z}{\partial x} \cdot \dfrac{\partial x}{\partial y} \cdot \dfrac{\partial y}{\partial z} = -1$.

6. 设 $F(u, v)$ 具有连续偏导数, 试证由方程 $F(cx - az, cy - bz) = 0$ 所确定的函数 $z = f(x, y)$ 满足 $a\dfrac{\partial z}{\partial x} + b\dfrac{\partial z}{\partial y} = c$.

7. 求由下列方程组所确定的隐函数的导数或偏导数:

(1) $\begin{cases} z = x^2 + y^2, \\ x^2 + 2y^2 + 3z^2 = 20, \end{cases}$ 求 $\dfrac{dy}{dx}, \dfrac{dz}{dx}$；　　(2) $\begin{cases} x + y + z = 1, \\ x^2 + y^2 + z^2 = 4, \end{cases}$ 求 $\dfrac{dx}{dz}, \dfrac{dy}{dz}$；

(3) $\begin{cases} u = F(ux, v + y), \\ v = G(u - x, v^2 y), \end{cases}$ 其中 F, G 具有连续偏导数, 求 $\dfrac{\partial u}{\partial x}, \dfrac{\partial v}{\partial x}$；

(4) $\begin{cases} x = \mathrm{e}^u + u\sin v, \\ y = \mathrm{e}^u - u\cos v, \end{cases}$ 求 $\dfrac{\partial u}{\partial x}, \dfrac{\partial v}{\partial x}, \dfrac{\partial u}{\partial y}, \dfrac{\partial v}{\partial y}.$

8. 设变换 $\begin{cases} u = x - 2y, \\ v = x + ay, \end{cases}$ 可把方程 $6\dfrac{\partial^2 z}{\partial x^2} + \dfrac{\partial^2 z}{\partial x \partial y} - \dfrac{\partial^2 z}{\partial y^2} = 0$ 简化为 $\dfrac{\partial^2 z}{\partial u \partial v} = 0$，求常数 a.

第六节　多元函数微分学的几何应用

一、空间曲线的切线与法平面

设空间曲线 L 的参数方程为
$$x = x(t), \quad y = y(t), \quad z = z(t) \quad (\alpha \leqslant t \leqslant \beta), \tag{9.6.1}$$
这里假定 (9.6.1) 式中的三个函数均在点 $t = t_0 \in [\alpha, \beta]$ 处可导，且
$$[x'(t_0)]^2 + [y'(t_0)]^2 + [z'(t_0)]^2 \neq 0.$$
记 $x_0 = x(t_0), y_0 = y(t_0), z_0 = z(t_0)$ $(\alpha \leqslant t \leqslant \beta)$，在曲线 L 上点 $P_0(x_0, y_0, z_0)$ 附近选取一点 $P(x, y, z) = P(x_0 + \Delta x, y_0 + \Delta y, z_0 + \Delta z)$，这里 $\Delta x = x(t_0 + \Delta t) - x(t_0)$，$\Delta y = y(t_0 + \Delta t) - y(t_0)$，$\Delta z = z(t_0 + \Delta t) - z(t_0)$，于是连接 L 上的点 P_0 与 P 的割线方程为
$$\frac{x - x_0}{\Delta x} = \frac{y - y_0}{\Delta y} = \frac{z - z_0}{\Delta z},$$
上式各分母除以 Δt，得
$$\frac{x - x_0}{\dfrac{\Delta x}{\Delta t}} = \frac{y - y_0}{\dfrac{\Delta y}{\Delta t}} = \frac{z - z_0}{\dfrac{\Delta z}{\Delta t}}.$$
当 $\Delta t \to 0$ 时，$P \to P_0$，且
$$\frac{\Delta x}{\Delta t} \to x'(t_0), \qquad \frac{\Delta y}{\Delta t} \to y'(t_0), \qquad \frac{\Delta z}{\Delta t} \to z'(t_0),$$
从而，曲线 L 在点 $P_0(x_0, y_0, z_0)$ 处切线 l 的方程为
$$\frac{x - x_0}{x'(t_0)} = \frac{y - y_0}{y'(t_0)} = \frac{z - z_0}{z'(t_0)}. \tag{9.6.2}$$
由此可见，向量 $\boldsymbol{T} = (x'(t_0), y'(t_0), z'(t_0))$ 为曲线 L 在点 P_0 处的一个切向量.

过点 P_0 可以作无穷多条直线与切线 l 垂直，所有这些直线均在同一平面上，称此平面为曲线 L 上在点 P_0 处的**法平面**. 它通过点 P_0，且以 L 上在点 P_0 处的切线 l 为它的法线，所以曲线 L 上在点 P_0 处的法平面方程为
$$x'(t_0)(x - x_0) + y'(t_0)(y - y_0) + z'(t_0)(z - z_0) = 0. \tag{9.6.3}$$

例 9.6.1　求曲线 $x = t, y = t^2, z = t^3$ 在点 $(1,1,1)$ 处的切线与法平面方程.

解　因为 $x'(t) = 1, y'(t) = 2t, z'(t) = 3t^2$，而在点 $(1,1,1)$ 处所对应的参数 $t = 1$，所以曲线在点 $(1,1,1)$ 处的一个切向量为 $\boldsymbol{T} = (1,2,3)$. 于是，所求切线方程为

$$\frac{x-1}{1}=\frac{y-1}{2}=\frac{z-1}{3}\,,$$

法平面方程为

$$(x-1)+2(y-1)+3(z-1)=0\,,$$

即

$$x+2y+3z-6=0\,. \qquad\qquad\qquad \square$$

现在我们再来看空间曲线 L 的方程为另外两种形式的情况.

(1) 空间曲线 L 的方程为

$$\begin{cases} y=y(x),\\ z=z(x), \end{cases}$$

这是把变量 x 作为参数, 它就是参数方程(9.6.1)的类型

$$x=x,\qquad y=y(x),\qquad z=z(x)\,.$$

若 $y(x),z(x)$ 均在 $x=x_0$ 处可导, 那么由上面的结论可知, $\boldsymbol{T}=(1,y'(x_0),z'(x_0))$ 就是曲线 L 在点 $P_0(x_0,y_0,z_0)$ ($y_0=y(x_0),z_0=z(x_0)$)处的一个切向量, 故曲线 L 在点 $P_0(x_0,y_0,z_0)$ 处的切线方程为

$$\frac{x-x_0}{1}=\frac{y-y_0}{y'(x_0)}=\frac{z-z_0}{z'(x_0)}\,, \qquad\qquad (9.6.4)$$

曲线 L 在点 $P_0(x_0,y_0,z_0)$ 处的法平面方程为

$$(x-x_0)+y'(x_0)(y-y_0)+z'(x_0)(z-z_0)=0\,. \qquad\qquad (9.6.5)$$

(2) 空间曲线 L 的方程为

$$\begin{cases} F(x,y,z)=0,\\ G(x,y,z)=0, \end{cases} \qquad\qquad (9.6.6)$$

$P_0(x_0,y_0,z_0)$ 是曲线 L 上的一个点, 设 F , G 具有连续偏导数, 且

$$\left.\frac{\partial(F,G)}{\partial(y,z)}\right|_{P_0}\neq0\,.$$

由隐函数存在定理(定理 9.5.3)知道, 方程组(9.6.6)在点 $P_0(x_0,y_0,z_0)$ 的某邻域内确定了一组函数 $y=y(x),z=z(x)$, 且有

$$\frac{\mathrm{d}y}{\mathrm{d}x}=y'(x)=\frac{\begin{vmatrix} F_z & F_x\\ G_z & G_x \end{vmatrix}}{\begin{vmatrix} F_y & F_z\\ G_y & G_z \end{vmatrix}},\qquad \frac{\mathrm{d}z}{\mathrm{d}x}=z'(x)=\frac{\begin{vmatrix} F_x & F_y\\ G_x & G_y \end{vmatrix}}{\begin{vmatrix} F_y & F_z\\ G_y & G_z \end{vmatrix}},$$

从而 $\boldsymbol{T}=\left(1,y'(x_0),z'(x_0)\right)$ 就是曲线 L 在点 $P_0(x_0,y_0,z_0)$ 处的一个切向量, 其中

$$y'(x_0) = \frac{\begin{vmatrix} F_z & F_x \\ G_z & G_x \end{vmatrix}_0}{\begin{vmatrix} F_y & F_z \\ G_y & G_z \end{vmatrix}_0}, \quad z'(x_0) = \frac{\begin{vmatrix} F_x & F_y \\ G_x & G_y \end{vmatrix}_0}{\begin{vmatrix} F_y & F_z \\ G_y & G_z \end{vmatrix}_0},$$

上面分子分母中带下标 0 的行列式表示行列式在点 $P_0(x_0, y_0, z_0)$ 的值. 将上面的切向量 $\boldsymbol{T}$

乘以 $\begin{vmatrix} F_y & F_z \\ G_y & G_z \end{vmatrix}_0$, 得

$$\boldsymbol{T}_1 = \left(\begin{vmatrix} F_y & F_z \\ G_y & G_z \end{vmatrix}_0, \begin{vmatrix} F_z & F_x \\ G_z & G_x \end{vmatrix}_0, \begin{vmatrix} F_x & F_y \\ G_x & G_y \end{vmatrix}_0 \right),$$

也是曲线 L 在点 $P_0(x_0, y_0, z_0)$ 处的一个切向量. 由此得到曲线 L 在点 $P_0(x_0, y_0, z_0)$ 处的切线方程为

$$\frac{x - x_0}{\begin{vmatrix} F_y & F_z \\ G_y & G_z \end{vmatrix}_0} = \frac{y - y_0}{\begin{vmatrix} F_z & F_x \\ G_z & G_x \end{vmatrix}_0} = \frac{z - z_0}{\begin{vmatrix} F_x & F_y \\ G_x & G_y \end{vmatrix}_0}, \tag{9.6.7}$$

曲线 L 在点 $P_0(x_0, y_0, z_0)$ 处的法平面方程为

$$\begin{vmatrix} F_y & F_z \\ G_y & G_z \end{vmatrix}_0 (x - x_0) + \begin{vmatrix} F_z & F_x \\ G_z & G_x \end{vmatrix}_0 (y - y_0) + \begin{vmatrix} F_x & F_y \\ G_x & G_y \end{vmatrix}_0 (z - z_0) = 0. \tag{9.6.8}$$

由(9.6.7)和(9.6.8)两式可以看出, $\begin{vmatrix} F_y & F_z \\ G_y & G_z \end{vmatrix}_0, \begin{vmatrix} F_z & F_x \\ G_z & G_x \end{vmatrix}_0, \begin{vmatrix} F_x & F_y \\ G_x & G_y \end{vmatrix}_0$ 中至少有一个不等于零

时, 我们可得同样的结果.

例 9.6.2 求曲线 $x^2 + y^2 + z^2 = 50, x^2 + y^2 = z^2$ 在点 $(3, 4, 5)$ 处的切线方程与法平面方程.

解 设

$$F(x, y, z) = x^2 + y^2 + z^2 - 50, \quad G(x, y, z) = x^2 + y^2 - z^2.$$

它们在点 $(3, 4, 5)$ 处的偏导数和雅可比行列式的值分别为

$$F_x = 6, \quad F_y = 8, \quad F_z = 10; \quad G_x = 6, \quad G_y = 8, \quad G_z = -10$$

和

$$\begin{vmatrix} F_y & F_z \\ G_y & G_z \end{vmatrix} = -160, \quad \begin{vmatrix} F_z & F_x \\ G_z & G_x \end{vmatrix} = 120, \quad \begin{vmatrix} F_x & F_y \\ G_x & G_y \end{vmatrix} = 0,$$

所以曲线在点 $(3, 4, 5)$ 处的切线方程为

$$\frac{x - 3}{-160} = \frac{y - 4}{120} = \frac{z - 5}{0},$$

即

$$\frac{x-3}{-4}=\frac{y-4}{3}=\frac{z-5}{0}.$$

法平面方程为

$$-4(x-3)+3(y-4)=0,$$

即

$$4x-3y=0.\qquad\qquad\qquad\Box$$

二、空间曲面的切平面与法线

设曲面 Σ 由方程

$$F(x,y,z)=0 \qquad\qquad\qquad (9.6.9)$$

给出, $P_0(x_0,y_0,z_0)$ 为曲面 Σ 上的一点, 函数 $F(x,y,z)$ 的偏导数在该点连续且不同时为零(这里不妨设 $F_z(x_0,y_0,z_0)\neq 0$). 由隐函数存在定理知道, 方程(9.6.9)在点 P_0 附近确定唯一连续可微的隐函数 $z=f(x,y)$, 使得 $z_0=f(x_0,y_0)$, 且

$$\frac{\partial z}{\partial x}=-\frac{F_x}{F_z},\qquad \frac{\partial z}{\partial y}=-\frac{F_y}{F_z}.$$

因为在点 P_0 附近(9.6.9)式与函数 $z=f(x,y)$ 表示同一曲面, 函数 $z=f(x,y)$ 在 (x_0,y_0) 可微, 故该曲面在点 P_0 处存在切平面与法线, 且切平面的一个法向量为

$$\pm(f_x(x_0,y_0),f_y(x_0,y_0),-1)=\pm\left(\frac{F_x(x_0,y_0,z_0)}{F_z(x_0,y_0,z_0)},\frac{F_y(x_0,y_0,z_0)}{F_z(x_0,y_0,z_0)},1\right),$$

从而向量

$$\left(F_x(x_0,y_0,z_0),F_y(x_0,y_0,z_0),F_z(x_0,y_0,z_0)\right)$$

也是该切平面的一个法向量.

由以上结论得到, 该曲面在点 P_0 处的切平面与法线方程分别

$$F_x(P_0)(x-x_0)+F_y(P_0)(y-y_0)+F_z(P_0)(z-z_0)=0 \qquad (9.6.10)$$

与

$$\frac{x-x_0}{F_x(x_0,y_0,z_0)}=\frac{y-y_0}{F_y(x_0,y_0,z_0)}=\frac{z-z_0}{F_z(x_0,y_0,z_0)}. \qquad (9.6.11)$$

从(9.6.10)和(9.6.11)两式可以看出, $F_x(x_0,y_0,z_0)$, $F_y(x_0,y_0,z_0)$, $F_z(x_0,y_0,z_0)$ 中至少有一个不等于零时, 我们可得同样的结论.

例 9.6.3　求椭球面 $x^2+2y^2+3z^2=6$ 在点 $(1,1,1)$ 处的切平面方程与法线方程.

解　设 $F(x,y,z)=x^2+2y^2+3z^2-6$. 由于 $F_x=2x,F_y=4y,F_z=6z$ 处处连续, 在点 $(1,1,1)$ 处, $F_x=2,F_y=4,F_z=6$. 因此, 由公式(9.6.10)和(9.6.11)得切平面方程

$$2(x-1)+4(y-1)+6(z-1)=0,$$

即

$$x+2y+3z-6=0.$$

法线方程

$$\frac{x-1}{1} = \frac{y-1}{2} = \frac{z-1}{3} .$$

□

习　题　9-6

1. 求下列曲线在所示点处的切线方程与法平面方程:

(1) $x = \theta - \sin\theta, y = 1 - \cos\theta, z = 4\sin\dfrac{\theta}{2}$, 在 $\theta = \dfrac{\pi}{2}$ 的对应点;

(2) $x = a\sin^2 t, y = b\sin t\cos t, z = c\cos^2 t$, 在 $t = \dfrac{\pi}{4}$ 的对应点;

(3) $x = \dfrac{t}{1+t}, y = \dfrac{1+t}{t}, z = t^2$, 在 $t = 1$ 的对应点;

(4) $2x^2 + 3y^2 + z^2 = 9, z^2 = 3x^2 + y^2$, 在点 $(1,-1,2)$;

(5) $x^2 + y^2 + z^2 - 3x = 0, 2x - 3y + 5z - 4 = 0$, 在点 $(1,1,1)$.

2. 求曲线 $x = t, y = t^2, z = t^3$ 上的点, 使曲线在该点的切线平行于平面 $x + 2y + z = 6$.

3. 求下列曲面在所示点处的切平面方程与法线方程:

(1) $y - \mathrm{e}^{2x-z} = 0$, 在点 $(1,1,2)$;　　　　　　(2) $\mathrm{e}^z - z + xy = 3$, 在点 $(2,1,0)$;

(3) $ax^2 + by^2 + cz^2 = 1$, 在点 (x_0, y_0, z_0);

(4) $\dfrac{x^2}{a^2} + \dfrac{y^2}{b^2} + \dfrac{z^2}{c^2} = 1$, 在点 $\left(\dfrac{a}{\sqrt{3}}, \dfrac{b}{\sqrt{3}}, \dfrac{c}{\sqrt{3}}\right)$.

4. 求曲面 $x^2 + 2y^2 + 3z^2 = 21$ 的切平面, 使其平行于平面 $x + 4y + 6z = 11$.

5. 求曲面 $x^2 + 2y^2 + z^2 = 1$ 的切平面, 使其平行于平面 $x - y + 2z = 4$.

6. 求曲面 $3x^2 + y^2 + z^2 = 16$ 上点 $(-1,-2,3)$ 处的切平面与 xOy 坐标平面的夹角的余弦.

7. 试证曲面 $\sqrt{x} + \sqrt{y} + \sqrt{z} = \sqrt{a}(a > 0)$ 上任意点处的切平面在各坐标轴上的截距之和等于 a.

8. 证明对任何常数 ρ, φ, 球面 $x^2 + y^2 + z^2 = \rho^2$ 与锥面 $x^2 + y^2 = \tan^2\varphi \cdot z^2$ 是正交的.

第七节　方向导数与梯度

一、方向导数

偏导数反映的是函数沿坐标轴方向上的变化率. 但在许多问题中, 需要设法求得函数在其他特定方向上的变化率. 这就是本节所要讨论的方向导数.

定义 9.7.1　设三元函数 f 在点 $P_0(x_0, y_0, z_0)$ 的某邻域 $U(P_0) \subset \mathbf{R}^3$ 有定义, l 为从点 P_0 出发的射线, $P(x, y, z)$ 为 l 上且含于 $U(P_0)$ 内的任一点, 以 ρ 表示 P 与 P_0 两点间的距离. 若极限

$$\lim_{\rho \to 0^+} \frac{f(P) - f(P_0)}{\rho} = \lim_{\rho \to 0^+} \frac{\Delta_l f}{\rho}$$

存在, 则称此极限为函数 f 在点 P_0 沿方向 l 的**方向导数**, 记作

$$\left.\frac{\partial f}{\partial l}\right|_{P_0}, \qquad f_l(P_0) \text{ 或 } f_l(x_0, y_0, z_0).$$

容易看出, 若 f 在点 P_0 存在关于 x 的偏导数, 则 f 在点 P_0 沿 x 轴正向的方向导数恰为

$$\left.\frac{\partial f}{\partial l}\right|_{P_0} = \left.\frac{\partial f}{\partial x}\right|_{P_0}.$$

当 l 方向为 x 轴的负向时, 则有

$$\left.\frac{\partial f}{\partial l}\right|_{P_0} = -\left.\frac{\partial f}{\partial x}\right|_{P_0}.$$

沿任一方向的方向导数与偏导数的关系由下述定理给出.

定理 9.7.1　若函数 f 在点 $P_0(x_0, y_0, z_0)$ 可微, 则 f 在点 P_0 处沿任一方向 l 的方向导数都存在, 且

$$f_l(P_0) = f_x(P_0) \cos\alpha + f_y(P_0) \cos\beta + f_z(P_0) \cos\gamma, \tag{9.7.1}$$

其中 $\cos\alpha$, $\cos\beta$ 和 $\cos\gamma$ 为方向 l 的方向余弦.

证　设 $P(x_0 + \Delta x, y_0 + \Delta y, z_0 + \Delta z)$ 为方向 l 上的任一点, 于是

$$\Delta x = \rho\cos\alpha, \quad \Delta y = \rho\cos\beta, \quad \Delta z = \rho\cos\gamma,$$

其中

$$\rho = |P_0 P| = \sqrt{(\Delta x)^2 + (\Delta y)^2 + (\Delta z)^2}.$$

由假设 f 在点 P_0 可微, 故有

$$f(P) - f(P_0) = f_x(P_0)\Delta x + f_y(P_0)\Delta y + f_z(P_0)\Delta z + o(\rho).$$

从而有

$$\frac{f(P) - f(P_0)}{\rho} = f_x(P_0)\frac{\Delta x}{\rho} + f_y(P_0)\frac{\Delta y}{\rho} + f_z(P_0)\frac{\Delta z}{\rho} + \frac{o(\rho)}{\rho}$$

$$= f_x(P_0)\cos\alpha + f_y(P_0)\cos\beta + f_z(P_0)\cos\gamma + \frac{o(\rho)}{\rho}.$$

因 $\rho \to 0$ 时, $\frac{o(\rho)}{\rho} \to 0$, 于是上式两边令 $\rho \to 0$, 左边极限存在, 且

$$f_l(P_0) = \lim_{\rho \to 0^+} \frac{f(P) - f(P_0)}{\rho}$$

$$= f_x(P_0)\cos\alpha + f_y(P_0)\cos\beta + f_z(P_0)\cos\gamma. \qquad \square$$

对于二元函数 $f(x, y)$ 来说, 相应于 (9.7.1) 的结果是

$$f_l(P_0) = f_x(P_0) \cos\alpha + f_y(P_0) \cos\beta,$$

其中 α 和 β 是方向 l 的方向角.

例 9.7.1　设 $f(x, y, z) = x + y^2 + z^3$. 求 f 在点 $P_0(1, 1, 1)$ 处沿 l 方向的方向导数, 其中 (1) l 为方向 $(2, -2, 1)$; (2) l 为从点 $(1, 1, 1)$ 到点 $(2, -2, 1)$ 的方向.

解 (1) l 的方向余弦为

$$\cos\alpha = \frac{2}{\sqrt{2^2 + (-2)^2 + 1^2}} = \frac{2}{3}, \quad \cos\beta = -\frac{2}{3}, \quad \cos\gamma = \frac{1}{3}.$$

$$f_x(P_0) = 1, \quad f_y(P_0) = 2y\big|_{y=1} = 2, \quad f_z(P_0) = 3z^2\big|_{z=1} = 3.$$

因此,

$$\frac{\partial f}{\partial l}\bigg|_{P_0} = f_x(P_0)\cos\alpha + f_y(P_0)\cos\beta + f_z(P_0)\cos\gamma = \frac{2}{3} + 2\times\left(-\frac{2}{3}\right) + 3\times\frac{1}{3} = \frac{1}{3}.$$

(2) l 的方向余弦为

$$\cos\alpha = \frac{2-1}{\sqrt{(2-1)^2 + (-2-1)^2 + (1-1)^2}} = \frac{1}{\sqrt{10}}, \quad \cos\beta = -\frac{3}{\sqrt{10}}, \quad \cos\gamma = 0.$$

因此,

$$\frac{\partial f}{\partial l} = 1\times\frac{1}{\sqrt{10}} - 2\times\frac{3}{\sqrt{10}} = -\frac{5}{\sqrt{10}}. \qquad \square$$

例 9.7.2 求函数 $z = xe^{2y}$ 在点 $P(1,0)$ 处沿从点 $P(1,0)$ 到点 $Q(2,-1)$ 的方向的方向导数.

解 这里方向 $l = \overrightarrow{PQ} = (1,-1)$, 其方向余弦为

$$\cos\alpha = \frac{1}{\sqrt{1^2 + (-1)^2}} = \frac{1}{\sqrt{2}}, \quad \cos\beta = -\frac{1}{\sqrt{2}}.$$

因为函数在点 P 可微, 且

$$\frac{\partial z}{\partial x}\bigg|_{(1,0)} = e^{2y}\big|_{(1,0)} = 1, \quad \frac{\partial z}{\partial y}\bigg|_{(1,0)} = 2xe^{2y}\big|_{(1,0)} = 2,$$

故所求的方向导数为

$$\frac{\partial z}{\partial l}\bigg|_{(1,0)} = 1\times\frac{1}{\sqrt{2}} + 2\times\left(-\frac{1}{\sqrt{2}}\right) = -\frac{\sqrt{2}}{2}. \qquad \square$$

二、梯度

与方向导数相关的一个概念是函数的梯度.

定义 9.7.2 设三元函数 f 在点 $P_0(x_0, y_0, z_0)$ 可偏导, 则称向量 $\left(f_x(P_0), f_y(P_0), f_z(P_0)\right)$ 为函数 f 在点 P_0 的**梯度**, 记作

$$\mathrm{grad}f(P_0) = \left(f_x(P_0), f_y(P_0), f_z(P_0)\right).$$

向量 $\mathrm{grad}f$ 的长度(或模)为

$$\left|\mathrm{grad}f\right| = \sqrt{[f_x(P_0)]^2 + [f_y(P_0)]^2 + [f_z(P_0)]^2}.$$

若函数 f 在点 $P_0(x_0, y_0, z_0)$ 可微, 因与方向 l 同向的单位向量就是

$$l_0 = (\cos\alpha, \cos\beta, \cos\gamma).$$

于是方向导数公式(9.7.1)又可写成

$$f_l(P_0) = \text{grad} f(P_0) \cdot l_0 = |\text{grad} f(P_0)| \cos\theta,$$

这里 θ 表示梯度向量与单位向量 l_0 的夹角. $f_l(P_0)$ 为向量 $\big(f_x(P_0), f_y(P_0), f_z(P_0)\big)$ 在方向 l 上的投影.

因此当 $\theta = 0$ 时, $f_l(P_0)$ 取得最大值 $|\text{grad} f(P_0)|$. 这就是说, 当 f 在点 P_0 可微时, f 在点 P_0 的梯度方向是 f 的值增长最快的方向, 且沿这一方向的变化率就是梯度的模 $|\text{grad} f(P_0)|$; 而当方向 l 与梯度反方向 $(\theta = \pi)$ 时, 方向导数取得最小值 $-|\text{grad} f(P_0)|$.

对于二元函数的梯度概念如下: 设二元函数 $f(x,y)$ 在点 $P_0(x_0, y_0)$ 可偏导, 则称向量 $\big(f_x(P_0), f_y(P_0)\big)$ 为函数 f 在点 P_0 的**梯度**, 记作

$$\text{grad} f(P_0) = \big(f_x(P_0), f_y(P_0)\big).$$

向量 $\text{grad} f$ 的长度(或模)为

$$|\text{grad} f| = \sqrt{[f_x(P_0)]^2 + [f_y(P_0)]^2}.$$

习　题　9-7

1. 求函数 $z = x^2 + y^2$ 在点 $(1,2)$ 处沿从点 $(1,2)$ 到点 $(2, 2+\sqrt{3})$ 的方向的方向导数.

2. 求函数 $z = 1 - \dfrac{x^2}{a^2} - \dfrac{y^2}{b^2}$ 在点 $\left(\dfrac{a}{\sqrt{2}}, \dfrac{b}{\sqrt{2}}\right)$ 处沿曲线 $\dfrac{x^2}{a^2} + \dfrac{y^2}{b^2} = 1$ 在这点的内法线方向的方向导数.

3. 求函数 $u = xy^2 + z^3 - xyz$ 在点 $(1,1,2)$ 沿方向 l (其方向角分别为 $60°, 45°, 60°$)的方向导数.

4. 求函数 $u = xyz$ 在点 $(5,1,2)$ 沿从点 $(5,1,2)$ 到点 $(9,4,14)$ 的方向的方向导数.

5. 求函数 $u = x^2 + y^2 + z^2$ 在曲线 $x = t, y = t^2, z = t^3$ 上的点 $(1,1,1)$ 处, 沿曲线在该点的切线正方向(对应于 t 增大的方向)的方向导数.

6. 求函数 $u = x + y + z$ 在球面 $x^2 + y^2 + z^2 = 1$ 上点 (x_0, y_0, z_0) 处沿球面在该点的外法线方向的方向导数.

7. 设函数 $f(x, y, z) = x^2 + 2y^2 + 3z^2 + xy + 3x - 2y - 6z$, 求 f 在点 $(0,0,0)$ 及 $(1,1,1)$ 处的梯度.

8. 设 u, v 均为 x, y, z 的函数且都存在各连续偏导数, 证明:

(1) $\text{grad}(u + v) = \text{grad} u + \text{grad} v$;　　(2) $\text{grad}(uv) = v\,\text{grad} u + u\,\text{grad} v$;

(3) $\text{grad}(u^2) = 2u\,\text{grad} u$.

9. 问函数 $u = xy^2z$ 在点 $P(1, -1, 2)$ 处沿什么方向的方向导数最大? 并求此方向导数的最大值.

10. 设 $r = \sqrt{x^2 + y^2 + z^2}$, 试求: (1) $\text{grad}\, r$;　　(2) $\text{grad}\, \dfrac{1}{r}$.

第八节　多元函数的极值及其求法

一、多元函数的极值与最值

在许多实际问题中, 常常需要求一个多元函数的最大值或最小值. 与一元函数相类似, 多元函数的最大值、最小值与极大值、极小值有着密切联系, 因此我们还是以二元函数为例, 先讨论多元函数的极值问题.

定义 9.8.1 设函数 $z = f(x, y)$ 在点 $P_0(x_0, y_0)$ 的某邻域 $U(P_0)$ 内有定义. 若对于任何点 $P(x, y) \in \overset{\circ}{U}(P_0)$，成立不等式

$$f(P) < f(P_0) \quad (\text{或 } f(P) > f(P_0)),$$

则称函数 $f(x, y)$ 在点 $P_0(x_0, y_0)$ 取得**极大值**(或**极小值**)，点 P_0 称为函数 $f(x, y)$ 的**极大值点**(或**极小值点**). 极大值和极小值统称**极值**，极大值点和极小值点统称**极值点**.

这里所讨论的极值点只限于定义域的内点. 上述概念可推广到 n 元函数中去.

例 9.8.1 设 $f(x, y) = 2x^2 + y^2$, $g(x, y) = \sqrt{4 - x^2 - y^2}$, $h(x, y) = xy$. 由定义直接可以知道，坐标原点 $(0, 0)$ 是 f 的极小值点，是 g 的极大值点，但不是 h 的极值点. 这是因为对任何点 $(x, y) \neq (0, 0)$，恒有 $f(x, y) > f(0, 0) = 0$；对任何点 $(x, y) \in \left\{ (x, y) \mid 0 < x^2 + y^2 \leqslant 4 \right\}$，恒有 $g(x, y) < g(0, 0) = 2$；而对于函数 $h(x, y)$，在原点 $(0, 0)$ 的任意去心邻域内，既含有使得 $h(x, y) > 0$ 的 Ⅰ，Ⅲ 象限中的点，又含有使得 $h(x, y) < 0$ 的 Ⅱ，Ⅳ 象限中的点，所以 $h(0, 0) = 0$ 既不是极大值也不是极小值. 　　　　　　　　□

由极值定义可知，若函数 $f(x, y)$ 在点 $P_0(x_0, y_0)$ 取得极值，则当固定 $y = y_0$ 时，一元函数 $f(x, y_0)$ 必定在 $x = x_0$ 取相同的极值. 同理，一元函数 $f(x_0, y)$ 在 $y = y_0$ 也取相同的极值. 于是得到二元函数取极值的必要条件.

定理 9.8.1 (极值必要条件) 若函数 $z = f(x, y)$ 在点 $P_0(x_0, y_0)$ 可偏导，且在点 P_0 取得极值，则有

$$f_x(x_0, y_0) = 0, \qquad f_y(x_0, y_0) = 0.$$

从几何上看，这时如果曲面 $z = f(x, y)$ 在点 (x_0, y_0, z_0) 处存在切平面，则切平面方程

$$z - z_0 = f_x(x_0, y_0)(x - x_0) + f_y(x_0, y_0)(y - y_0)$$

成为平行于 xOy 坐标平面的平面 $z - z_0 = 0$.

类似地可推得，若三元函数 $u = f(x, y, z)$ 在点 $P_0(x_0, y_0, z_0)$ 可偏导，且在点 P_0 取得极值，则有

$$f_x(x_0, y_0, z_0) = 0, \qquad f_y(x_0, y_0, z_0) = 0, \qquad f_z(x_0, y_0, z_0) = 0.$$

仿照一元函数，把满足 $f_x(x, y) = 0$, $f_y(x, y) = 0$ 的点 $P_0(x_0, y_0)$ 称为函数 $z = f(x, y)$ 的**驻点**. 由定理 9.8.1 可知，函数可偏导的极值点一定是驻点. 但函数的驻点不一定是极值点，例如原点 $(0, 0)$ 是函数 $z = xy$ 的驻点，但不是该函数的极值点.

与一元函数的情形相同，函数在偏导数不存在的点处也有可能取得极值. 例如，$f(x, y) = \sqrt{x^2 + y^2}$ 在原点 $(0, 0)$ 不存在偏导数，但 f 在点 $(0, 0)$ 处取得极小值 $f(0, 0) = 0$.

怎样来判定函数在驻点处能否取得极值呢？下面给出极值的充分条件.

定理 9.8.2 (极值充分条件) 若函数 $z = f(x, y)$ 在点 $P_0(x_0, y_0)$ 的某邻域 $U(P_0)$ 内具有二阶连续偏导数，又 $f_x(x_0, y_0) = 0$, $f_y(x_0, y_0) = 0$，记

$$f_{xx}(x_0, y_0) = A, \qquad f_{xy}(x_0, y_0) = B, \qquad f_{yy}(x_0, y_0) = C,$$

则有

(1) 当 $B^2 - AC < 0$ 时，函数 $z = f(x,y)$ 在点 $P_0(x_0, y_0)$ 处取得极值，且当 $A < 0$ 时取极大值，当 $A > 0$ 时取极小值；

(2) 当 $B^2 - AC > 0$ 时，函数 $z = f(x,y)$ 在点 $P_0(x_0, y_0)$ 处不取极值；

(3) 当 $B^2 - AC = 0$ 时，函数 $z = f(x,y)$ 在点 $P_0(x_0, y_0)$ 处可能取得极值，也可能不取极值，还需另作讨论.

(证略)

由定理 9.8.1、定理 9.8.2，我们可以将具有二阶连续偏导数的二元函数 $z = f(x,y)$ 的极值求法总结如下：

第一步　解方程组 $\begin{cases} f_x(x,y) = 0, \\ f_y(x,y) = 0, \end{cases}$ 求出所有实数解，即可求得所有驻点.

第二步　求出每一个驻点 (x_0, y_0) 处的二阶偏导数值 A，B，C.

第三步　确定 $B^2 - AC$ 的符号，按定理 9.8.2 的结论判定 $f(x_0, y_0)$ 是否为极值，极大值还是极小值.

例 9.8.2　求函数 $f(x,y) = x^3 - y^3 + 3x^2 + 3y^2 - 9x$ 的极值.

解　解方程组

$$\begin{cases} f_x(x,y) = 3x^2 + 6x - 9 = 0, \\ f_y(x,y) = -3y^2 + 6y = 0, \end{cases}$$

求得驻点为 $(1,0),(1,2),(-3,0),(-3,2)$.

再求出二阶偏导数：

$$f_{xx} = 6x + 6, \qquad f_{xy} = 0, \qquad f_{yy} = -6y + 6.$$

在点 $(1,0)$ 处，$B^2 - AC = -12 \cdot 6 = -72 < 0$，$A = 12 > 0$，所以函数在该点处取得极小值 $f(1,0) = -5$；

在点 $(1,2)$ 处，$B^2 - AC = -12 \cdot (-6) = 72 > 0$，所以该点不是函数的极值点；

在点 $(-3,0)$ 处，$B^2 - AC = -(-12) \cdot 6 = 72 > 0$，所以该点不是函数的极值点；

在点 $(-3,2)$ 处，$B^2 - AC = -(-12) \cdot (-6) = -72 < 0$，$A = -12 < 0$，所以函数在该点处取得极大值 $f(-3,2) = 31$.　　□

与一元函数相类似，我们可以利用函数的极值来求函数的最大值和最小值. 在第一节中我们已知道，有界闭区域上的连续函数必定能取得最大值和最小值，其最大值点或最小值点既可能在闭区域内部，也可能在闭区域的边界上. 假定函数 $f(x,y)$ 在有界闭区域 D 上连续、在 D 内可微且只有有限个驻点，$f(x,y)$ 在 D 内的最大值或最小值(也就是极大值或极小值)就只能在这些驻点处取得. 因此，在上述假定下，求函数最大值和最小值的一般方法是：将函数 $f(x,y)$ 在 D 内所有驻点处的函数值及在 D 边界上的最大值和最小值相互比较，其中最大的就是最大值，最小的就是最小值. 由于求出函数 $f(x,y)$ 在 D 边界上的最大值和最小值有时相当复杂，所以在实际问题中，如果根据问题的性质，知道函数 $f(x,y)$ 的最大值(最小值)一定在 D 的内部取得，而函数在 D 内只有一个驻点，那么可以肯定该驻点处的函数值就是函数 $f(x,y)$ 在 D 上的最大值(最小值).

例 9.8.3 用一张铁皮做成一个体积为 $V\,\mathrm{m}^3$ 的有盖长方体水箱. 问当长、宽、高各取多少时, 才能使用料最省.

解 设水箱的长为 $x\,\mathrm{m}$, 宽为 $y\,\mathrm{m}$, 则其高应为 $\dfrac{V}{xy}\,\mathrm{m}$. 因水箱所用材料的面积

$$S = 2\left(xy + x\cdot\frac{V}{xy} + y\cdot\frac{V}{xy}\right) = 2\left(xy + \frac{V}{y} + \frac{V}{x}\right) \quad (x>0, y>0).$$

下面求使得该函数取得最小值的点 (x,y).

令 $S_x = 2\left(y - \dfrac{V}{x^2}\right) = 0,\ S_y = 2\left(x - \dfrac{V}{y^2}\right) = 0$, 得函数驻点为 $(\sqrt[3]{V}, \sqrt[3]{V})$. 根据题意可知, 水箱所用材料面积的最小值一定存在, 并在开区域 $D = \left\{(x,y)\,\middle|\,x>0, y>0\right\}$ 内取得. 又函数在 D 内只有唯一的驻点 $(\sqrt[3]{V}, \sqrt[3]{V})$, 因此可以断定当 $x = \sqrt[3]{V}, y = \sqrt[3]{V}$ 时, S 取得最小值. 即当水箱的长为 $\sqrt[3]{V}$、宽为 $\sqrt[3]{V}$、高为 $\sqrt[3]{V}$ 时, 水箱所用材料最省. □

例 9.8.4 某工厂生产 A, B 两种型号的产品, A 型产品的售价为 1000 元/件, B 型产品的售价为 900 元/件, 生产 x 件 A 型产品和 y 件 B 型产品的总成本为

$$C(x,y) = 40000 + 200x + 300y + 3x^2 + xy + 3y^2\,(\text{元}).$$

求 A, B 两种产品各生产多少时, 利润最大?

解 设 $L(x,y)$ 为生产 x 件 A 型产品和 y 件 B 型产品时所获得的总利润, 则

$$L(x,y) = 1000x + 900y - (40000 + 200x + 300y + 3x^2 + xy + 3y^2)$$
$$= -3x^2 - xy - 3y^2 + 800x + 600y - 40000$$

令

$$L_x = -6x - y + 800 = 0, \quad L_y = -x - 6y + 600 = 0,$$

解得 $x = 120, y = 80$. 又由

$$L_{xx} = -6 < 0, \quad L_{xy} = -1, \quad L_{yy} = -6,$$

可知

$$B^2 - AC = (-1)^2 - (-6)\cdot(-6) = -35 < 0,$$

故 $L(x,y)$ 在驻点 $(120,80)$ 处取得极大值. 又驻点唯一, 因而可以断定, 当 A, B 两种产品分别生产 120 件和 80 件时, 利润会最大, 且最大利润为 $L(120,80) = 32000$ 元. □

例 9.8.5 (最小二乘法问题) 设通过观测或实验得到一列点 $(x_i, y_i), i = 1, 2, \cdots, n$. 它们大体上在一条直线上, 即大体上可用直线方程来反映变量 x 与 y 之间的对应关系. 现要确定一直线使得与这 n 个点的偏差平方和最小(最小二乘方).

解 设所求直线方程为 $y = ax + b$, 所测得的 n 个点为 $(x_i, y_i)(i = 1, 2, \cdots, n)$. 现要确定 a, b, 使得

$$f(a,b) = \sum_{i=1}^{n} (ax_i + b - y_i)^2$$

为最小. 为此, 令

$$\begin{cases} f_a = 2\sum_{i=1}^{n} x_i(ax_i + b - y_i) = 0, \\ f_b = 2\sum_{i=1}^{n}(ax_i + b - y_i) = 0, \end{cases}$$

把这组关于 a,b 的线性方程组加以整理, 得

$$\begin{cases} a\sum_{i=1}^{n} x_i^2 + b\sum_{i=1}^{n} x_i = \sum_{i=1}^{n} x_i y_i, \\ a\sum_{i=1}^{n} x_i + bn = \sum_{i=1}^{n} y_i. \end{cases}$$

求此方程组的解, 即得 $f(a,b)$ 的驻点

$$\bar{a} = \frac{n\sum_{i=1}^{n} x_i y_i - \left(\sum_{i=1}^{n} x_i\right)\left(\sum_{i=1}^{n} y_i\right)}{n\sum_{i=1}^{n} x_i^2 - \left(\sum_{i=1}^{n} x_i\right)^2}, \qquad \bar{b} = \frac{\left(\sum_{i=1}^{n} x_i^2\right)\left(\sum_{i=1}^{n} y_i\right) - \left(\sum_{i=1}^{n} x_i y_i\right)\left(\sum_{i=1}^{n} x_i\right)}{n\sum_{i=1}^{n} x_i^2 - \left(\sum_{i=1}^{n} x_i\right)^2}.$$

这里可用数学归纳法证明: 当 $x_1,x_2,\cdots,x_n$ 不全相等时, 有 $n\sum_{i=1}^{n} x_i^2 - \left(\sum_{i=1}^{n} x_i\right)^2 > 0$.

为进一步确定该点是极小值点, 我们计算得

$$A = f_{aa} = 2\sum_{i=1}^{n} x_i^2 > 0, \quad B = f_{ab} = 2\sum_{i=1}^{n} x_i, \quad C = f_{bb} = 2n,$$

$$B^2 - AC = 4\left(\sum_{i=1}^{n} x_i\right)^2 - 4n\sum_{i=1}^{n} x_i^2 < 0,$$

从而根据定理 9.8.2 可知, $f(a,b)$ 在点 $(\bar{a},\bar{b})$ 取得极小值. 由实际问题可知, 这个极小值为最小值. □

二、条件极值、拉格朗日乘数法

上面所讨论的极值问题, 除了函数的自变量限制在函数的定义域内以外并无其他条件, 所以有时候称为**无条件极值**. 但在实际问题中, 经常会遇到对函数自变量还有附加条件的极值问题. 例如, 要设计一个容量为 V 的长方体无盖水箱, 试问水箱的长、宽、高各取多少时, 其表面积最小? 为此, 设水箱的长、宽、高分别为 x, y, z, 则表面积为

$$S = 2(xz + yz) + xy.$$

依题意, 上述表面积函数的自变量不仅要符合定义域的要求 $(x > 0, y > 0, z > 0)$, 而且还必须满足条件

$$xyz = V.$$

这类对自变量有附加条件的极值称为**条件极值**. 对于有些实际问题, 可以将条件极值化为无条件极值, 然后利用上面的方法加以解决. 例如上述问题, 可由条件 $xyz = V$, 将

$z = \dfrac{V}{xy}$ 代入表面积函数中, 于是问题就转化为求

$$S = 2V\left(\frac{1}{y} + \frac{1}{x}\right) + xy$$

的无条件极值.

但在很多情形下, 将条件极值化为无条件极值并不这样简单. 我们另有一种直接寻求条件极值的方法, 这就是下面要介绍的**拉格朗日乘数法**.

现在我们来寻求函数

$$z = f(x, y) \tag{9.8.1}$$

在条件

$$\varphi(x, y) = 0 \tag{9.8.2}$$

下取得极值的必要条件.

如果函数(9.8.1)在点 (x_0, y_0) 取得极值, 那么首先有

$$\varphi(x_0, y_0) = 0 . \tag{9.8.3}$$

我们假定在点 (x_0, y_0) 的某邻域内 $f(x, y)$ 及 $\varphi(x, y)$ 都有一阶连续偏导数, 且 $\varphi_y(x_0, y_0) \neq 0$. 由隐函数存在定理可知, 方程(9.8.2)在点 x_0 的某邻域内确定一个具有连续导数的函数 $y = \psi(x)$, 将其代入(9.8.1)式, 结果得到一个变量 x 的函数

$$z = f[x, \psi(x)] . \tag{9.8.4}$$

于是函数(9.8.1)在点 (x_0, y_0) 取得的极值, 也就是相当于函数(9.8.4)在 $x = x_0$ 取得的极值. 由一元函数取得极值的必要条件可知

$$\left.\frac{\mathrm{d}z}{\mathrm{d}x}\right|_{x=x_0} = f_x(x_0, y_0) + f_y(x_0, y_0) \cdot \left.\frac{\mathrm{d}y}{\mathrm{d}x}\right|_{x=x_0} = 0 , \tag{9.8.5}$$

而由(9.8.2)用隐函数求导公式, 有

$$\left.\frac{\mathrm{d}y}{\mathrm{d}x}\right|_{x=x_0} = -\frac{\varphi_x(x_0, y_0)}{\varphi_y(x_0, y_0)} .$$

把上式代入(9.8.5)式, 得

$$f_x(x_0, y_0) + f_y(x_0, y_0) \cdot \left(-\frac{\varphi_x(x_0, y_0)}{\varphi_y(x_0, y_0)}\right) = 0 . \tag{9.8.6}$$

(9.8.3)和(9.8.6)两式就是函数(9.8.1)在条件(9.8.2)之下, 在点 (x_0, y_0) 取得极值的必要条件.

设 $\dfrac{f_y(x_0, y_0)}{\varphi_y(x_0, y_0)} = -\lambda$, 上述必要条件就变为

$$\begin{cases} f_x(x_0, y_0) + \lambda\varphi_x(x_0, y_0) = 0, \\ f_y(x_0, y_0) + \lambda\varphi_y(x_0, y_0) = 0, \\ \varphi(x_0, y_0) = 0. \end{cases} \tag{9.8.7}$$

若引进辅助函数

$$L(x,y,\lambda) = f(x,y) + \lambda\varphi(x,y),\qquad(9.8.8)$$

则由(9.8.7)式可得

$$\begin{cases} L_x(x_0,y_0,\lambda_0) = f_x(x_0,y_0) + \lambda\varphi_x(x_0,y_0) = 0, \\ L_y(x_0,y_0,\lambda_0) = f_y(x_0,y_0) + \lambda\varphi_y(x_0,y_0) = 0, \\ L_\lambda(x_0,y_0,\lambda_0) = \varphi(x_0,y_0) = 0. \end{cases}$$

这样把条件极值问题(9.8.1)和(9.8.2)转化为讨论函数(9.8.8)的无条件极值问题. 这种方法称为**拉格朗日乘数法**, (9.8.8)中的函数 L 称为**拉格朗日函数**, 辅助变量 λ 称为**拉格朗日乘数**.

由以上讨论, 我们得到以下结论.

拉格朗日乘数法　要找函数 $z = f(x,y)$ 在附加条件 $\varphi(x,y) = 0$ 下的可能极值点, 可以先作拉格朗日函数

$$L(x,y,\lambda) = f(x,y) + \lambda\varphi(x,y),$$

求出方程组

$$\begin{cases} L_x = f_x(x,y) + \lambda\varphi_x(x,y) = 0, \\ L_y = f_y(x,y) + \lambda\varphi_y(x,y) = 0, \\ L_\lambda = \varphi(x,y) = 0 \end{cases}$$

的解 x_0, y_0 及 λ_0, 这样得到的点 (x_0,y_0) 就是函数 $z = f(x,y)$ 在附加条件 $\varphi(x,y) = 0$ 下的可能极值点.

此方法可以推广到自变量多于两个且附加条件多于一个的情形. 例如, 讨论函数

$$u = f(x,y,z,t)$$

在附加条件

$$\varphi(x,y,z,t) = 0, \quad \psi(x,y,z,t) = 0 \qquad(9.8.9)$$

下的极值, 可以先作拉格朗日函数

$$L(x,y,z,\lambda,\mu) = f(x,y,z,t) + \lambda\varphi(x,y,z,t) + \mu\psi(x,y,z,t),$$

求出该函数的驻点, 这样得到的 (x_0,y_0,z_0,t_0) 就是函数 $u = f(x,y,z,t)$ 在附加条件(9.8.9)下的可能极值点.

至于如何确定所求出的点是否为极值点, 在实际问题中往往可根据问题本身的性质来判定.

例 9.8.6　求表面积为 a^2 而体积为最大的长方体的体积.

解　设长方体的长、宽、高分别为 x, y, z, 则问题就是在条件

$$\varphi(x,y,z) = 2xy + 2yz + 2xz - a^2 = 0$$

下, 求函数

$$V = xyz \quad (x > 0, y > 0, z > 0)$$

的最大值. 作拉格朗日函数

$$L(x, y, z, \lambda) = xyz + \lambda(2xy + 2yz + 2xz - a^2),$$

求解方程组

$$\begin{cases} L_x = yz + 2\lambda(y+z) = 0, \\ L_y = xz + 2\lambda(x+z) = 0, \\ L_z = xy + 2\lambda(x+y) = 0, \\ L_\lambda = 2xy + 2yz + 2xz - a^2 = 0, \end{cases}$$

得

$$x = y = z = \frac{\sqrt{6}}{6}a,$$

这是唯一可能的极值点. 因为由问题本身可知最大值一定存在, 所以最大值就在这个可能的极值点处取得. 也就是说, 表面积为 a^2 的长方体中, 以棱长为 $\dfrac{\sqrt{6}}{6}a$ 的正方体的体积最大, 最大体积 $V = \dfrac{\sqrt{6}}{36}a^3$. □

例 9.8.7　求函数 $u = xyz$ 在附加条件

$$\frac{1}{x} + \frac{1}{y} + \frac{1}{z} = \frac{1}{a} \quad (x > 0, y > 0, z > 0, a > 0) \tag{9.8.10}$$

下的极值.

解　作拉格朗日函数

$$L(x, y, z, \lambda) = xyz + \lambda\left(\frac{1}{x} + \frac{1}{y} + \frac{1}{z} - \frac{1}{a}\right).$$

求解方程组

$$\begin{cases} L_x = yz - \dfrac{\lambda}{x^2} = 0, \\[2mm] L_y = xz - \dfrac{\lambda}{y^2} = 0, \\[2mm] L_z = xy - \dfrac{\lambda}{z^2} = 0, \\[2mm] L_\lambda = \dfrac{1}{x} + \dfrac{1}{y} + \dfrac{1}{z} - \dfrac{1}{a} = 0. \end{cases}$$

得

$$x = y = z = 3a,$$

由此得到点 $(3a, 3a, 3a)$ 就是函数 $u = xyz$ 在条件(9.8.10)下唯一可能的极值点. 把条件(9.8.10)确定的隐函数记作 $z = z(x, y)$, 函数 $u = xyz(x, y) = F(x, y)$, 再应用二元函数极值的充分条件判断, 可知点 $(3a, 3a, 3a)$ 是函数 $u = xyz$ 在条件(9.8.10)下的极小值点. 因此, 函数 $u = xyz$ 在条件(9.8.10)下在点 $(3a, 3a, 3a)$ 处取得极小值 $27a^3$. □

下面看两个经济学中的模型.

例 9.8.8 经济学中有柯布-道格拉斯(Cobb-Douglas)生产函数模型

$$f(x,y) = Cx^\alpha y^{1-\alpha},$$

其中 x 表示劳动力数量, y 表示资本数量, C 与 α $(0 < \alpha < 1)$ 是常数, 由不同企业的具体情形决定, 函数值表示生产量. 现已知某生产商的柯布-道格拉斯生产函数为

$$f(x,y) = 100x^{\frac{3}{4}}y^{\frac{1}{4}},$$

其中每个劳动力与每单位资本的成本分别为 150 元及 250 元, 该生产商的总预算是 50000 元, 问他该如何分配这笔钱用于雇佣劳动力及投入资本, 以使生产量最高.

解 该问题就是求函数

$$f(x,y) = 100x^{\frac{3}{4}}y^{\frac{1}{4}} \quad (x > 0, y > 0)$$

在附加条件

$$150x + 250y = 50000$$

下的最大值.

作拉格朗日函数

$$L(x,y,\lambda) = 100x^{\frac{3}{4}}y^{\frac{1}{4}} + \lambda(50000 - 150x - 250y).$$

令

$$L_x = 75x^{-\frac{1}{4}}y^{\frac{1}{4}} - 150\lambda = 0, \quad L_y = 25x^{\frac{3}{4}}y^{-\frac{3}{4}} - 250\lambda = 0, \quad L_\lambda = 50000 - 150x - 250y = 0,$$

解得 $x = 250, y = 50$.

这是该条件极值问题的唯一可能极值点, 而由问题本身可知最高生产量一定存在. 故该生产商雇佣 250 个劳动力及投入 50 个单位资本时, 可获得最大产量. □

例 9.8.9 在生产和销售商品过程中, 商品销售量、生产成本与销售价格是相互影响的. 厂家要选择合理的销售价格, 才能获得最大利润. 这个价格称为最优价格. 现设某电视机厂生产一台电视机的成本为 C, 每台电视机的销售价格为 P, 销售量为 Q. 假设该厂的生产处于平衡状态, 即电视机的生产量等于销售量. 根据市场预测, 销售量 Q 与销售价格 P 之间有下面的关系:

$$Q = Me^{-aP} \quad (M > 0, a > 0), \tag{9.8.11}$$

其中 M 为市场最大需求量, a 是价格系数. 同时, 生产部门根据对生产环节的分析, 对每台电视机的生产成本 C 有如下测算:

$$C = C_0 - k\ln Q \quad (k > 0, Q > 1), \tag{9.8.12}$$

其中 C_0 是指生产一台电视机时的成本, k 是规模系数. 根据以上条件, 应如何确定电视机的售价 P, 才能使该厂获得最大利润?

解 设厂家获得的利润为 U, 又每台电视机售价为 P, 每台生产成本为 C, 销售量为 Q, 则

$$U = (P - C) \cdot Q.$$

于是问题化为求利润函数 $U = (P - C) \cdot Q$ 在附加条件(9.8.11)和(9.8.12)下的极值问题.

作拉格朗日函数

$$L(Q,P,C,\lambda,\mu) = (P - C) \cdot Q + \lambda(Q - Me^{-aP}) + \mu(C - C_0 + k\ln Q).$$

令

$$L_Q = P - C + \lambda + k\frac{\mu}{Q} = 0,$$

$$L_P = Q + \lambda aMe^{-aP} = 0,$$

$$L_C = -Q + \mu = 0.$$

将(9.8.11)代入(9.8.12), 得

$$C = C_0 - k(\ln M - aP). \tag{9.8.13}$$

由(9.8.11)及 $L_P = 0$ 得 $\lambda a = -1$, 即

$$\lambda = -\frac{1}{a}. \tag{9.8.14}$$

由 $L_C = 0$ 知 $Q = \mu$, 即

$$\frac{\mu}{Q} = 1. \tag{9.8.15}$$

将(9.8.13)~(9.8.15)代入 $L_Q = 0$, 得

$$P - C_0 + k(\ln M - aP) - \frac{1}{a} + k = 0,$$

由此得

$$P^* = \frac{C_0 - k\ln M + \dfrac{1}{a} - k}{1 - ak}.$$

因为由问题本身可知最优价格必定存在, 所以这个 P^* 就是电视机的最优价格.　　□

习　题　9-8

1. 求下列函数的极值:

　(1) $f(x,y) = 4(x - y) - x^2 - y^2$;　　　　(2) $f(x,y) = (6x - x^2)(4y - y^2)$;

　(3) $f(x,y) = e^{2x}(x + y^2 + 2y)$;　　　　(4) $f(x,y) = 3axy - x^3 - y^3 (a > 0)$.

2. 求函数 $z = x^2 - y^2$ 在闭区域 $x^2 + 4y^2 \leqslant 4$ 上的最大值和最小值.

3. 求函数 $z = xy$ 在附加条件 $x + y = 1$ 下的极大值.

4. 从斜边之长为 a 的一切直角三角形中, 求有最大周长的直角三角形.

5. 在平面 xOy 上求一点, 使它到 $x = 0, y = 0$ 及 $x + 2y - 16 = 0$ 三直线的距离平方之和为最小.

6. 求内接于半径为 a 的球且有最大体积的长方体.

7. 某公司可通过电台及报纸两种方式做销售某商品的广告. 根据统计资料, 销售收入 R (万元)与电台广告费用 x (万元)及报纸广告费用 y (万元)之间的关系有如下的经验公式:

$$R = 15 + 14x + 32y - 8xy - 2x^2 - 10y^2.$$

(1) 在广告费用不限的情况下，求最优广告策略；

(2) 若提供的广告费用为 1.5 万元，求相应的最优广告策略.

8. 设生产某种产品需要投入两种要素，x 和 y 分别为这两种要素的投入量，Q 为产出量；若生产函数为 $Q = 2x^{\alpha}y^{1-\alpha}$，其中 α 为正常数. 假设这两种要素的价格分别为 P_1 及 P_2，试问：当产出量为 12 时，这两种要素各投入多少可以使投入总费用最小.

9. 求抛物线 $y = x^2$ 和直线 $x - y - 2 = 0$ 之间的最短距离.

10. 抛物面 $z = x^2 + y^2$ 被平面 $x + y + z = 1$ 截成一椭圆，求原点到这椭圆的最长与最短距离.

*第九节　二元函数的泰勒公式

在上册第三章，我们已经知道：若函数 $f(x)$ 在含有 x_0 的某个开区间 (a, b) 内具有直到 $n+1$ 阶导数，则当 $x \in (a, b)$ 时，有下面的 n 阶泰勒公式

$$f(x) = f(x_0) + f'(x_0)(x - x_0)$$

$$+ \frac{f''(x_0)}{2!}(x - x_0)^2 + \cdots + \frac{f^{(n)}(x_0)}{n!}(x - x_0)^n$$

$$+ \frac{f^{(n+1)}(x_0 + \theta(x - x_0))}{(n+1)!}(x - x_0)^{n+1} \quad (0 < \theta < 1)$$

成立. 利用一元函数的泰勒公式，我们可用 n 次多项式来近似表达函数 $f(x)$，且误差是当 $x \to x_0$ 时比 $(x - x_0)^n$ 高阶的无穷小. 对于多元函数来说，无论是为了理论的还是实际计算的目的，也都有必要考虑用多个变量的多项式来近似表达一个给定的多元函数，并能具体地估算出误差的大小. 现以二元函数为例，设 $z = f(x, y)$ 在点 (x_0, y_0) 的某邻域内连续且具有直至 $n+1$ 阶的连续偏导数，$(x_0 + h, y_0 + k)$ 为此邻域内任一点，我们的问题就是要把函数 $f(x_0 + h, y_0 + k)$ 近似地表达为 h, k 的 n 次多项式，而由此所产生的误差是当 $\rho = \sqrt{h^2 + k^2} \to 0$ 时比 ρ^n 高阶的无穷小. 为了解决这个问题，就要把一元函数的泰勒中值定理推广到多元函数的情形.

定理 9.9.1　设 $z = f(x, y)$ 在点 (x_0, y_0) 的某邻域内连续且具有直至 $n+1$ 阶的连续偏导数，$(x_0 + h, y_0 + k)$ 为此邻域内任一点，则有

$$f(x_0 + h, y_0 + k) = f(x_0, y_0) + \left(h\frac{\partial}{\partial x} + k\frac{\partial}{\partial y} \right) f(x_0, y_0)$$

$$+ \frac{1}{2!}\left(h\frac{\partial}{\partial x} + k\frac{\partial}{\partial y} \right)^2 f(x_0, y_0) + \cdots + \frac{1}{n!}\left(h\frac{\partial}{\partial x} + k\frac{\partial}{\partial y} \right)^n f(x_0, y_0)$$

$$+ \frac{1}{(n+1)!}\left(h\frac{\partial}{\partial x} + k\frac{\partial}{\partial y} \right)^{n+1} f(x_0 + \theta h, y_0 + \theta k) \quad (0 < \theta < 1),$$

其中记号

$\left(h\dfrac{\partial}{\partial x}+k\dfrac{\partial}{\partial y}\right)f(x_0,y_0)$ 表示 $hf_x(x_0,y_0)+kf_y(x_0,y_0)$；

$\left(h\dfrac{\partial}{\partial x}+k\dfrac{\partial}{\partial y}\right)^2 f(x_0,y_0)$ 表示 $h^2 f_{xx}(x_0,y_0)+2hkf_{xy}(x_0,y_0)+k^2 f_{yy}(x_0,y_0)$，

一般地，记号

$$\left(h\frac{\partial}{\partial x}+k\frac{\partial}{\partial y}\right)^m f(x_0,y_0)\ \text{表示}\ \sum_{i=0}^{m}C_m^i h^{m-i}k^i \frac{\partial^m f}{\partial x^{m-i}\partial y^i}\bigg|_{(x_0,y_0)}.$$

证　　令　　$\Phi(t)=f(x_0+ht,y_0+kt)\ (0\leqslant t\leqslant 1)$．　显　然
$\Phi(0)=f(x_0,y_0),\Phi(1)=f(x_0+h,y_0+k)$．利用多元复合函数求导法则，可得

$$\Phi'(t)=hf_x(x_0+ht,y_0+kt)+kf_y(x_0+ht,y_0+kt)$$

$$=\left(h\frac{\partial}{\partial x}+k\frac{\partial}{\partial y}\right)f(x_0+ht,y_0+kt),$$

$$\Phi''(t)=h^2 f_{xx}(x_0+ht,y_0+kt)+2hkf_{xy}(x_0+ht,y_0+kt)+k^2 f_{yy}(x_0+ht,y_0+kt)$$

$$=\left(h\frac{\partial}{\partial x}+k\frac{\partial}{\partial y}\right)^2 f(x_0+ht,y_0+kt),$$

$$\cdots\cdots$$

$$\Phi^{(m)}(t)=\sum_{i=0}^{m}C_m^i h^{m-i}k^i \frac{\partial^m f}{\partial x^{m-i}\partial y^i}\bigg|_{(x_0+ht,y_0+kt)}$$

$$=\left(h\frac{\partial}{\partial x}+k\frac{\partial}{\partial y}\right)^m f(x_0+ht,y_0+kt),$$

根据一元函数的麦克劳林公式，得

$$\Phi(1)=\Phi(0)+\Phi'(0)+\frac{1}{2!}\Phi''(0)+\cdots+\frac{1}{n!}\Phi^{(n)}(0)+\frac{1}{(n+1)!}\Phi^{(n)}(\theta)\quad(0<\theta<1),$$

将上面求得的 $\Phi(t)$ 的各阶导数代入上式，即得

$$f(x_0+h,y_0+k)=f(x_0,y_0)+\left(h\frac{\partial}{\partial x}+k\frac{\partial}{\partial y}\right)f(x_0,y_0)$$

$$+\frac{1}{2!}\left(h\frac{\partial}{\partial x}+k\frac{\partial}{\partial y}\right)^2 f(x_0,y_0)+\cdots$$

$$+\frac{1}{n!}\left(h\frac{\partial}{\partial x}+k\frac{\partial}{\partial y}\right)^n f(x_0,y_0)+R_n, \tag{9.9.1}$$

其中

$$R_n=\frac{1}{(n+1)!}\left(h\frac{\partial}{\partial x}+k\frac{\partial}{\partial y}\right)^{n+1}f(x_0+\theta h,y_0+\theta k)\quad(0<\theta<1). \tag{9.9.2}$$

□

公式(9.9.1)称为二元函数 $f(x,y)$ 在点 (x_0,y_0) 的 **n 阶泰勒公式**, 而余项 R_n 的表达式 (9.9.2)称为**拉格朗日型余项**.

在定理条件下, 可证余项 $R_n = o(\rho^n)$ ($\rho = \sqrt{h^2 + k^2}$). 由此定理可证明定理 9.8.2(自行证明).

当 $n = 0$ 时, 公式(9.9.1)转化为

$$f(x_0 + h, y_0 + k) = f(x_0, y_0) + hf_x(x_0 + \theta h, y_0 + \theta k) + kf_y(x_0 + \theta h, y_0 + \theta k) \quad (0 < \theta < 1), \quad (9.9.3)$$

公式(9.9.3)称为**二元函数的拉格朗日中值公式**. 由公式(9.9.3)可推得下述结论.

如果函数 $f(x,y)$ 的偏导数 $f_x(x,y), f_y(x,y)$ 在某一区域内都恒等于零, 则函数 $f(x,y)$ 在该区域内为一常数.

例 9.9.1 求函数 $f(x,y) = \ln(1 + x + y)$ 在点 $(0,0)$ 的三阶泰勒公式.

解 因为

$$f_x(x,y) = f_y(x,y) = \frac{1}{1+x+y},$$

$$f_{xx}(x,y) = f_{xy}(x,y) = f_{yy}(x,y) = -\frac{1}{(1+x+y)^2},$$

$$\frac{\partial^3 f}{\partial x^p \partial y^{3-p}} = \frac{2!}{(1+x+y)^3} \quad (p = 0,1,2,3),$$

$$\frac{\partial^4 f}{\partial x^p \partial y^{4-p}} = -\frac{3!}{(1+x+y)^4} \quad (p = 0,1,2,3,4),$$

所以

$$\left(h\frac{\partial}{\partial x} + k\frac{\partial}{\partial y}\right) f(0,0) = hf_x(0,0) + kf_y(0,0) = h + k,$$

$$\left(h\frac{\partial}{\partial x} + k\frac{\partial}{\partial y}\right)^2 f(0,0) = h^2 f_{xx}(0,0) + 2hkf_{xy}(0,0) + k^2 f_{yy}(0,0) = -(h+k)^2,$$

$$\left(h\frac{\partial}{\partial x} + k\frac{\partial}{\partial y}\right)^3 f(0,0) = h^3 f_{xxx}(0,0) + 3h^2 kf_{xxy}(0,0) + 3hk^2 f_{xyy}(0,0)$$

$$+ k^3 f_{yyy}(0,0) = 2(h+k)^3.$$

又 $f(0,0) = 0$, 并 $h = x, k = y$ 代入, 由三阶泰勒公式即得

$$\ln(1+x+y) = x + y - \frac{1}{2}(x+y)^2 + \frac{1}{3}(x+y)^3 + R_3,$$

其中

$$R_3 = \frac{1}{4!}\left(h\frac{\partial}{\partial x} + k\frac{\partial}{\partial y}\right)^4 f(\theta x, \theta y) = -\frac{1}{4!}\frac{(x+y)^4}{(1+\theta x + \theta y)^4} \quad (0 < \theta < 1).$$ □

*习　题　9-9

1. 求下列函数在指定点处的泰勒公式:

(1) $f(x,y) = \sin(x^2 + y^2)$ 在点 $(0,0)$ (到二阶为止);

(2) $f(x,y) = \dfrac{x}{y}$ 在点 $(1,1)$ (到三阶为止);

(3) $f(x,y) = \mathrm{e}^x \ln(1+y)$ 在点 $(0,0)$ (到三阶为止);

(4) $f(x,y) = \mathrm{e}^{x+y}$ 在点 $(0,0)$;

(5) $f(x,y) = \sin x \sin y$ 在点 $\left(\dfrac{\pi}{4}, \dfrac{\pi}{4}\right)$ (到二阶为止);

(6) $f(x,y) = 2x^2 - xy - y^2 - 6x - 3y + 5$ 在点 $(1,-2)$.

2. 求函数 $f(x,y) = x^y$ 在点 $(1,4)$ 的二阶泰勒公式, 并用它计算 $(1.08)^{3.96}$.

第十节　Mathematica 软件应用(8)

一、多元函数的图形

1. 定义多元函数

在 Mathematica 中, 多元函数的定义方式与一元函数相同. 二元函数 $f(x,y)$ 的命令格式为

$$f[x\_, y\_] := \exp r.$$

2. 二元函数的作图

Mathematica 中, 二元函数的图形可以用内建函数 Plot3D 来实现, 其命令格式为

Plot3D [二元函数表达式, {变量, 下限, 上限}, {变量, 下限, 上限}, 可选项].

例 9.10.1　画出函数 $z = x^2 + y^2$ 的图形.

解　如图 9-8 所示. □

例 9.10.2　画出函数 $z = \cos xy$ 的图形.

解　如图 9-9 所示. □

二、偏导数

在 Mathematica 中用内建函数 $D[\ ]$ 来求偏导数, 它的命令格式为

(1) $D[f, x]$ 或 $\partial_x f$, 表示计算函数 f 关于 x 的偏导数.

(2) $D[f, x_1, x_2, \cdots]$, 表示计算函数 f 关于 $x_1, x_2, \cdots$ 的混合偏导数.

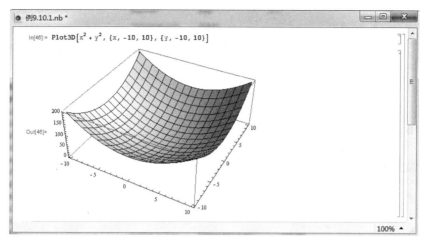

图 9-8

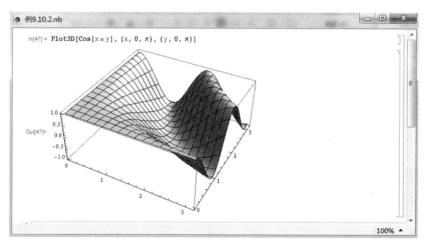

图 9-9

(3) $D[f, \{x, n\}]$，表示计算函数 f 关于 x 的 n 阶偏导数.

例 9.10.3　设 $z = \ln(x + \sqrt{x^2 + y^2})$，求 $\dfrac{\partial z}{\partial x}, \dfrac{\partial z}{\partial y}$.

解　如图 9-10 所示.

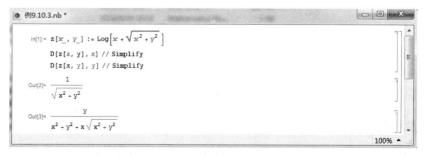

图 9-10

$$\frac{\partial z}{\partial x} = \frac{1}{\sqrt{x^2 + y^2}},$$

$$\frac{\partial z}{\partial x} = \frac{y}{x^2 + y^2 + x\sqrt{x^2 + y^2}}.$$

例 9.10.4　设 $z = \dfrac{x}{\sqrt{x^2 + 2y^2}}$，求二阶混合偏导数 $\dfrac{\partial^2 z}{\partial x \partial y}$.

解　如图 9-11 所示.

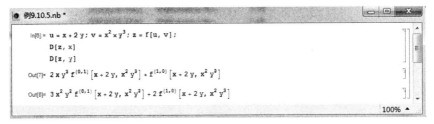

图 9-11

$$\frac{\partial^2 z}{\partial x \partial y} = \frac{4x^2 y - 4y^3}{(x^2 + 2y^2)^{\frac{5}{2}}}.$$

例 9.10.5　设 $z = f(x + 2y, x^2 y^3)$，其中 f 具有连续的偏导数，求 $\dfrac{\partial z}{\partial x}, \dfrac{\partial z}{\partial y}$.

解　如图 9-12 所示.

图 9-12

$$\frac{\partial z}{\partial x} = f_1' + 2xy^3 f_2',$$

$$\frac{\partial z}{\partial y} = \frac{\partial z}{\partial u} \cdot \frac{\partial u}{\partial y} + \frac{\partial z}{\partial v} \cdot \frac{\partial v}{\partial y} = 2f_1' + 3x^2 y^2 f_2'.$$

注　对抽象函数 f，可以进行形式求导. 当自变量不只一个时，系统用上标来表示对各自变量的求导次数，这里 $f^{(1,0)}[u,v]$ 表示 f_u'，$f^{(0,1)}[u,v]$ 表示 f_v'.

三、全导数和全微分

Mathematica 用内建函数 Dt 来求全导数和全微分，它的命令格式为

(1) Dt $[f, x]$，求 f 对于 x 的全导数.

(2) Dt [*f*]，求 *f* 的全微分.

例 9.10.6 设 $z = \arctan(x - y)$，$x = 3t$，$y = 4t^3$，求 $\dfrac{\mathrm{d}z}{\mathrm{d}t}$.

解 如图 9-13 所示.

图 9-13

例 9.10.7 设 $z = \arctan(xy)$，而 $y = \mathrm{e}^x$，求 $\dfrac{\mathrm{d}z}{\mathrm{d}x}$.

解 如图 9-14 所示.

图 9-14

例 9.10.8 设 $z = \dfrac{y}{\sqrt{x^2 + y^2}}$，求 $\mathrm{d}z$.

解 如图 9-15 所示.

图 9-15

例 9.10.9 设 $u = \arctan(x - y)^z$，求 $\mathrm{d}u$.

解 如图 9-16 所示.

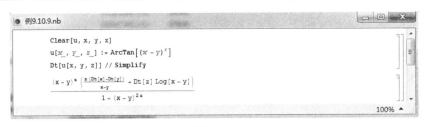

图 9-16

注 (1) 内建函数 D 与 Dt 的区别: 在命令 D [$x^2 + y^3, x$]中, 默认 y 与 x 无关, y 看作常数; 在命令 Dt [$x^2 + y^3, x$]中, 则把 y 看作 x 的函数(图 9 -17).

(2) 在 Mathematica 中要说明 y 与 x 无关, 可以采用"y/:"方式, 如 y/: Dt[y, x]=0, 表示 y 是常数(见图 9-17). 使用过"y/:"规则后, 要特别注意取消对 y 的定义规则, 用命令: Clear[y].

图 9-17

四、隐函数求导

例 9.10.10 设 $\ln\sqrt{x^2 + y^2} = \arctan\dfrac{y}{x}$, 求 $\dfrac{\mathrm{d}y}{\mathrm{d}x}$.

解 如图 9-18 所示.

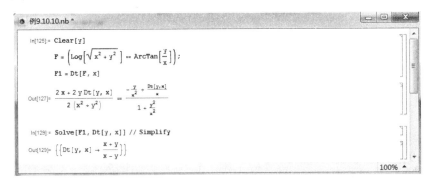

图 9-18

例 9.10.11 设 $z^3 - 3xyz = a^3$, 求 $\dfrac{\partial z}{\partial x}$, $\dfrac{\partial^2 z}{\partial x^2}$.

解 如图 9-19 所示.

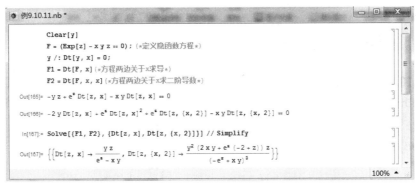

图 9-19 □

五、多元函数的极值

Mathematica 用内建函数 Maximize 和 Minimize 求多元函数的最大值和最小值. 命令格式如下:

(1) Maximize $[\{f, \text{cons}\}, \{x, y\}]$, 表示求函数 f 满足条件 cons 的最大值.

(2) Minimize $[\{f, \text{cons}\}, \{x, y\}]$, 表示求函数 f 满足条件 cons 的最小值.

例 9.10.12 求函数 $z = x^2 y(4 - x - y)$ 在直线 $x + y = 6$, x 轴, y 轴所围的闭区域上的最大值和最小值.

解 直线 $x + y = 6$, x 轴, y 轴所围的闭区域可以表示为

$$x + y = 6, \quad x \geqslant 0, y \geqslant 0.$$

如图 9-20 所示.

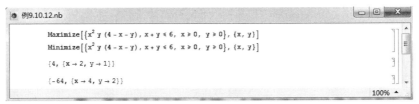

图 9-20

由图 9-20 得, 函数在 $(2, 1)$ 处取到最大值 $z_{\max} = 4$; 在 $(4, 2)$ 处取到最小值 $z_{\min} = -64$. □

例 9.10.13 求函数 $z = xy$ 在圆域 $x^2 + y^2 \leqslant 4$ 上的最大值和最小值.

解 如图 9-21 所示.

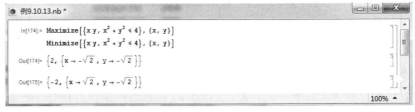

图 9-21

由图 9-21 得，函数在 $(-\sqrt{2}, -\sqrt{2})$ 处取到最大值 $z_{max} = 2$；在 $(\sqrt{2}, -\sqrt{2})$ 处取到最小值 $z_{min} = -2$.

六、条件极值与拉格朗日乘数法

例 9.10.14 形状为椭球 $4x^2 + y^2 + 4z^2 \leqslant 16$ 的空间探测器进入地球大气层，其表面开始受热，1 h 后的探测器的点 (x, y, z) 处温度 $T = 8x + 4yz - 16z + 600$，求探测器表面最热的点.

解 由题意，拉格朗日函数为

$$L(x, y, z) = 8x + 4yz - 16z + 600 + \lambda(4x^2 + y^2 + 4z^2 - 16).$$

如图 9-22 所示.

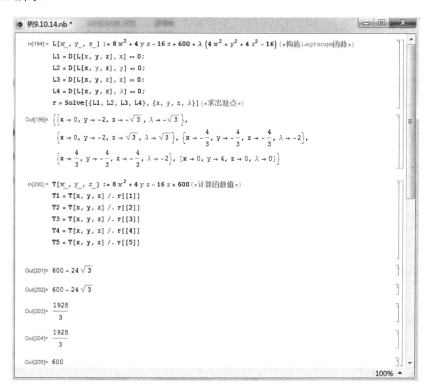

图 9-22

由图 9-22，比较函数值的大小知，表面温度的最大值为 $T|_{r_3} = T|_{r_4} = \dfrac{1928}{9}$，故探测器表面最热的点为 $M\left(\pm\dfrac{4}{3}, -\dfrac{4}{3}, -\dfrac{4}{3}\right)$.

例 9.10.15 求内接于半径为 a 的球且有最大体积的长方体.

解 设球面方程为 $x^2 + y^2 + z^2 = a^2$，点 (x, y, z) 是它的内接长方体在第一卦限内的一个顶点，则此长方体的长、宽、高分别为 $2x, 2y, 2z$，体积为 $V = 8xyz$. 拉格朗日函数为

$$L(x,y,z)=8xyz+\lambda(x^2+y^2+z^2-a^2).$$

如图 9-23 所示.

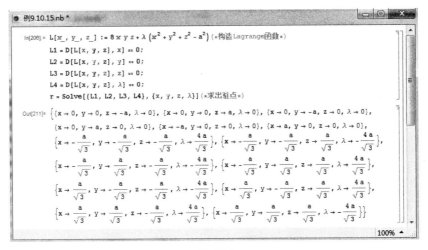

图 9-23

因为 $x>0$, $y>0$, $z>0$, 由图 9-23 得, $\left(\dfrac{a}{\sqrt{3}},\dfrac{a}{\sqrt{3}},\dfrac{a}{\sqrt{3}}\right)$ 为唯一驻点. 由题意可知, 这种长方体必有最大体积, 所以当长、宽、高都为 $\dfrac{a}{\sqrt{3}}$ 时, 其体积最大.　　　　　　□

七、应用实例

在科学实验中, 常常需要根据两个变量的几组实验数值——实验数据——来找出这两个变量的函数关系的近似表达式. 通常把这样得到的函数的近似表达式称为**经验公式**. 我们利用**最小二乘法**可以建立经验公式.

Mathematica 用内建函数 Fit 来实现在最小二乘原则下的线性拟合运算, 它的命令格式为

Fit [数据, 函数组, 变量]: 用函数组中函数的线性组合来拟合给定数据.

例 9.10.16　在数控机床加工零件时, 由于刀具磨损会影响加工精度, 要对刀具的磨损进行补偿. 为了测定刀具的磨损速度, 实验室每隔一小时测量一次刀具的厚度(单位: mm), 得到实验数据如下:

时间 t/h	0	1	2	3	4	5	6	7
刀具厚度 y/mm	27.0	26.8	26.5	26.3	26.1	25.7	25.3	24.8

根据实验数据确定 y 与 t 之间的经验公式.

解　如图 9-24 所示.

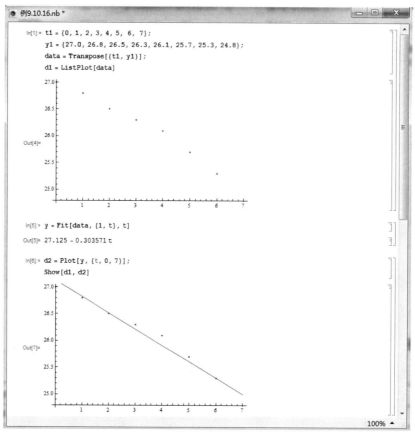

图 9-24

由图 9-24 知, y 与 t 之间的经验公式为 $y = 27.125 - 0.303\,571t$. 我们可以观察经验公式对数据点的拟合情况. □

习　题　9-10

1. 设 $z = \arctan\dfrac{y}{x}$, 求 $\dfrac{\partial^2 z}{\partial x \partial y}$.

2. 设 $z = x\ln(xy)$, 求 $\dfrac{\partial^3 z}{\partial x^2 \partial y}, \dfrac{\partial^3 z}{\partial x \partial y^2}$.

3. 设 $u = x^{yz}$, 求 $\mathrm{d}z$.

4. 设 $z = \mathrm{e}^{x-2y}$, 而 $x = \sin t$, $y = t^3$, 求 $\dfrac{\mathrm{d}z}{\mathrm{d}t}$.

5. 设 $z = f(x^2 - y^2, \mathrm{e}^{xy})$, 其中 f 具有一阶连续偏导数, 求 $\dfrac{\partial z}{\partial x}, \dfrac{\partial z}{\partial y}$.

6. 设 $\dfrac{x}{z} = \ln\dfrac{z}{y}$, 求 $\dfrac{\partial z}{\partial x}$ 及 $\dfrac{\partial z}{\partial y}$.

7. 求函数 $z = x^2 + y^2$ 在条件 $x + y = 1$ 下的极小值.

8. 在研究某单分子化学反应速度时, 得到下列数据:

反应时间 t	3	6	9	12	15	18	21	24
反应物存量 y	57.6	41.9	31.0	22.7	16.6	12.2	8.9	6.5

试根据实验数据确定经验公式 $y = f(t)$.(提示: 首先确定 $\ln y$ 与 t 的经验公式.)

第十章　重　积　分

我们知道, 一元函数的定积分是一种以固定形式的和式的极限, 它解决了一类依赖于某区间的量的计算问题, 当所求的量依赖于一个平面区域或空间区域时, 我们将建立定积分的思想方法推广过来, 就可以得到重积分的概念.

本章以二重积分为重点, 首先介绍二重积分和三重积分的概念与性质, 然后介绍在直角坐标系和极坐标系下二重积分的计算, 最后介绍一些重积分的应用.

第一节　二重积分的概念与性质

一、二重积分的概念

在一元函数中, 我们曾以几何问题——求曲边梯形的面积为实例引入了定积分的概念, 完全类似地, 我们仍以几何问题为引例来引入二重积分的概念.

1. 曲顶柱体的体积

若有一立体, 在直角坐标系下其底是 xOy 面上的有界闭区域 D, 其侧面是以 D 的边界曲线为准线, 母线平行于 z 轴的柱面, 其顶是曲面 $z = f(x,y), (x,y) \in D$, 其中 $f(x,y) \geqslant 0$ 且在 D 上连续, 则称此柱体为**曲顶柱体**(如图 10-1 所示). 下面讨论如何定义并计算曲顶柱体的体积 V. 我们知道:

$$平顶柱体体积 = 底面积 \times 高.$$

对于曲顶柱体, 当点 (x,y) 在 D 上变动时, 其相应的高度 $f(x,y)$ 是个变量, 因此它的体积不能直接用上面的公式计算. 回想定积分的曲边梯形的面积计算那一节, 采用"分割、近似代替、求和、取极限"的步骤去求曲边梯形面积的思想方法来解决曲顶柱体的体积计算问题.

(1) **分割**　用任意曲线网将区域 D 分割成 n 个小闭区域:

$$\Delta D_1, \Delta D_2, \cdots, \Delta D_n,$$

其中第 i 个小闭区域 ΔD_i 的面积记作 $\Delta \sigma_i$ $(i = 1, 2, \cdots, n)$. 分别以这些小区域的边界曲线为准线, 作准线平行于 z 轴的柱面. 这些柱面将原曲顶柱体分割为 n 个细小的曲顶柱体(如图 10-2 所示).

(2) **近似**　设以 ΔD_i 为底的小曲顶柱体的体积为 ΔV_i $(i = 1, 2, \cdots, n)$. 当小闭区域 ΔD_i $(i = 1, 2, \cdots, n)$ 的直径很小时, 由于 $f(x,y)$ 连续, 所以在同一个 ΔD_i 上 $f(x,y)$ 也变化很小, 这时小曲顶柱体可近似看作平顶柱体. 在 ΔD_i 上任取一点 (ξ_i, η_i), 以 $f(\xi_i, \eta_i)$ 为

高的小平顶柱体的体积 $f(\xi_i,\eta_i)\Delta\sigma_i$ 可近似替代小曲顶柱体的体积 ΔV_i，即

$$\Delta V_i \approx f(\xi_i,\eta_i)\Delta\sigma_i \quad (i=1,2,\cdots,n).$$

(3) **求和** 将这 n 个小平顶柱体的体积相加，得到原曲顶柱体体积的近似值，即

$$V=\sum_{i=1}^{n}\Delta V_i \approx \sum_{i=1}^{n} f(\xi_i,\eta_i)\Delta\sigma_i.$$

(4) **取极限** 将区域 D 无限细分，并使每个小区域的直径都趋于零. 令 $\lambda=\max\{\Delta D_i\text{的直径}|i=1,2,\cdots,n\}$，则 λ 趋于零的过程就是将 D 无限细分的过程. 如果当 $\lambda\to0$ 时上式右端和式的极限存在，则定义此极限为所求曲顶柱体的体积 V，即

$$V=\lim_{\lambda\to0}\sum_{i=1}^{n} f(\xi_i,\eta_i)\Delta\sigma_i.$$

2. 平面薄片的质量

设有一质量非均匀分布的薄片，在 xOy 平面上占有区域 D（图 10-3），其面密度 $\rho(x,y)$ 在 D 上连续，且 $\rho(x,y)>0$，求此薄片的质量 M.

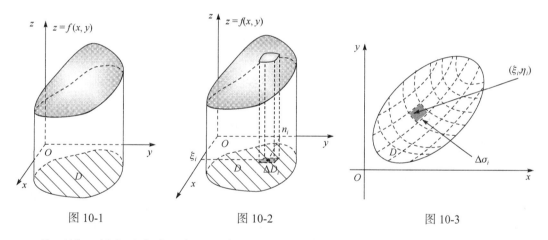

图 10-1   图 10-2   图 10-3

将区域 D 任意地分成 n 个面积为 $\Delta\sigma_i$ 的小区域 $(i=1,\cdots,n)$. 由于 $\rho(x,y)$ 连续，故当每个小区域的直径都很小时，相应于面积 $\Delta\sigma_i$ 的小区域的小薄片的质量 ΔM_i 可近似用均匀薄片的质量 $\rho(\xi_i,\eta_i)\Delta\sigma_i$ 代替，其中 (ξ_i,η_i) 为面积 $\Delta\sigma_i$ 的小区域上的任意点，通过求和、取极限，便得到

$$M=\lim_{\lambda\to0}\sum_{i=1}^{n}\rho(\xi_i,\eta_i)\Delta\sigma_i.$$

上面两个问题的具体意义虽然不同，但都归结为二元函数的同一类型的和式极限，还有许多物理、几何、经济学上的量都可归结为这种形式和的极限，因此有必要在普遍意义下研究这种形式的极限. 首先抛开实际意义，从中抽象出下述二重积分的概念.

3. 二重积分的定义

定义 10.1.1 设 $f(x,y)$ 是有界闭区域 D 上的有界函数, 将闭区域 D 任意划分成 n 个小闭区域 $\Delta D_1, \Delta D_2, \cdots, \Delta D_n$, 记小闭区域 ΔD_i 的面积为 $\Delta\sigma_i$ $(i=1,2,\cdots,n)$. 在 ΔD_i 上任取一点 (ξ_i, η_i), 作乘积

$$f(\xi_i, \eta_i)\Delta\sigma_i \quad (i=1,2,\cdots,n),$$

再求和

$$\sum_{i=1}^{n} f(\xi_i, \eta_i)\Delta\sigma_i.$$

记 $\lambda = \max\{\Delta D_i\text{的直径}|i=1,2,\cdots,n\}$. 如果不论对区域 D 怎样分割, 也不论在小区域 ΔD_i 上怎样选取 (ξ_i, n_i), 只要 $\lambda \to 0$ 时, 和式 $\sum_{i=1}^{n} f(\xi_i, \eta_i)\Delta\sigma_i$ 总趋于确定的常数 J, 则称常数 J 为函数 $f(x,y)$ 在闭区域 D 上的**二重积分**, 记作 $\iint\limits_{D} f(x,y)\mathrm{d}\sigma$, 即

$$\iint\limits_{D} f(x,y)\mathrm{d}\sigma = \lim_{\lambda \to 0} \sum_{i=1}^{n} f(\xi_i, \eta_i)\Delta\sigma_i, \tag{10.1.1}$$

其中 $f(x,y)$ 称为**被积函数**, $f(x,y)\mathrm{d}\sigma$ 称为**积分表达式**, $\mathrm{d}\sigma$ 称为**面积元素**, x, y 称为**积分变量**, D 称为**积分区域**, $\sum_{i=1}^{n} f(\xi_i, n_i)\Delta\sigma_i$ 称为**积分和**.

注 (1) 二重积分的存在性: 若(10.1.1)式右端的极限存在, 则称函数 $f(x,y)$ 在闭区域 D 上的二重积分存在, 或称 $f(x,y)$ **在 D 上可积**. 对一般的函数 $f(x,y)$ 和区域 D, (10.1.1)式右端的极限未必存在.

(2) 可以证明只要函数 $f(x,y)$ 满足下面条件之一, 二重积分 $\iint\limits_{D} f(x,y)\mathrm{d}\sigma$ 就必定存在: ① 若 $f(x,y)$ 在有界闭区域 D 上连续; ② 若用一些分段光滑的曲线将 D 分成有限多个小区域后, $f(x,y)$ 在每个小区域上连续. 一般地, 我们总假定函数 $f(x,y)$ 在有界闭区域 D 上连续.

(3) 二重积分记号中的面积元素 $\mathrm{d}\sigma$ 象征和式中的 $\Delta\sigma_i$. 因为二重积分定义中对区域的划分是任意的, 如果在直角坐标系中用平行于坐标轴的直线网来划分区域 D 时, 除含有 D 的边界点的一些小区域外, 绝大多数小区域都是矩形, 设面积为 $\Delta\sigma_i$ 的矩形小区域的边长分别为 Δx_i 和 Δy_i, 则 $\Delta\sigma_i = \Delta x_i \Delta y_i$, 因此也把在直角坐标系中的面积元素 $\mathrm{d}\sigma$ 记作 $\mathrm{d}x\mathrm{d}y$, 即直角坐标系中的二重积分可以记为 $\iint\limits_{D} f(x,y)\mathrm{d}x\mathrm{d}y$.

(4) 几何解释: 由二重积分定义知, 曲顶柱体的体积 V 就是其高度函数 $f(x,y)$ 在底 D 上($f(x,y)$ 在 D 上非负)的二重积分, 即 $V = \iint\limits_{D} f(x,y)\mathrm{d}\sigma$; 若 $f(x,y)$ 为负时, 柱体在 xOy 面的下方, 二重积分等于柱体体积的负值.

二、二重积分的性质

由于二重积分的定义与定积分定义是同一类型和式的极限, 因此它们有类似的性质. 叙述如下.

设 D 是 xOy 平面上的有界闭区域, σ 为 D 的面积.

性质 10.1.1 (线性性)　如果函数 $f(x,y)$, $g(x,y)$ 都在 D 上可积, 则对任意的常数 α,β, 函数 $\alpha f(x,y)+\beta g(x,y)$ 也在 D 上可积, 且

$$\iint\limits_{D}[\alpha f(x,y)+\beta g(x,y)]\mathrm{d}\sigma=\alpha\iint\limits_{D}f(x,y)\mathrm{d}\sigma+\beta\iint\limits_{D}g(x,y)\mathrm{d}\sigma.$$

性质 10.1.2 (区域可加性)　如果函数 $f(x,y)$ 在 D 上可积, 用曲线将 D 分割成两个闭区域 D_1 与 D_2, 则在 D_1, D_2 上 $f(x,y)$ 也可积, 且

$$\iint\limits_{D}f(x,y)\mathrm{d}\sigma=\iint\limits_{D_1}f(x,y)\mathrm{d}\sigma+\iint\limits_{D_2}f(x,y)\mathrm{d}\sigma.$$

性质 10.1.3 (常数 1 的积分)　如果在 D 上, $f(x,y)\equiv 1$, 则

$$\iint\limits_{D}1\mathrm{d}\sigma=\iint\limits_{D}\mathrm{d}\sigma=\sigma.$$

性质 10.1.4 (保号性)　如果函数 $f(x,y)$ 在 D 上可积, 且在 D 上 $f(x,y)\geqslant 0$, 则

$$\iint\limits_{D}f(x,y)\mathrm{d}\sigma\geqslant 0.$$

推论 10.1.1 (保序性)　如果函数 $f(x,y)$, $g(x,y)$ 都在 D 上可积, 且在 D 上 $f(x,y)\leqslant g(x,y)$, 则

$$\iint\limits_{D}f(x,y)\mathrm{d}\sigma\leqslant\iint\limits_{D}g(x,y)\mathrm{d}\sigma.$$

推论 10.1.2 (绝对值性质)　如果函数 $f(x,y)$ 在 D 上可积, 则函数 $|f(x,y)|$ 也在 D 上可积, 且

$$\left|\iint\limits_{D}f(x,y)\mathrm{d}\sigma\right|\leqslant\iint\limits_{D}|f(x,y)|\mathrm{d}\sigma.$$

性质 10.1.5 (估值不等式)　如果函数 $f(x,y)$ 在 D 上可积, 且在 D 上取得最大值 M 和最小值 m, 则

$$m\sigma\leqslant\iint\limits_{D}f(x,y)\mathrm{d}\sigma\leqslant M\sigma.$$

性质 10.1.6 (二重积分中值定理)　如果函数 $f(x,y)$ 在 D 上连续, 则在 D 上至少存在一点 (ξ,η), 使得

$$\iint\limits_{D} f(x,y)\,\mathrm{d}x\mathrm{d}y = f(\xi,\eta)\sigma .$$

注 积分中值定理的几何意义: 任意曲顶柱体的体积必等于某同底、高为 $f(\xi,\eta)$ 的平顶柱体的体积.

习 题 10-1

1. 设有一平面薄板(不计其厚度), 占有 xOy 面上的闭区域 D, 薄板上分布有密度为 $\mu(x,y)$ 的电荷, 且 $\mu(x,y)$ 在 D 上连续, 试用二重积分表达该板上全部电荷 Q.

2. 试用二重积分表达下列曲顶柱体的体积, 并用不等式组表示曲顶柱体在 xOy 坐标面上的底:

(1) 由椭圆抛物面 $z = 1 - x^2 - y^2$ 及平面 $z = 0$ 所围成的立体;

(2) 由上半球面 $z = \sqrt{2 - x^2 - y^2}$, 圆柱面 $x^2 + y^2 = 1$ 及平面 $z = 0$ 所围成的立体.

3. 根据二重积分的性质, 比较下列积分大小:

(1) $\iint\limits_{D} \ln(x+y)\,\mathrm{d}\sigma$ 与 $\iint\limits_{D} [\ln(x+y)]^2\,\mathrm{d}\sigma$, 其中区域 D 是三角形闭区域, 三顶点各为 $(1,0)$, $(1,1)$, $(2,0)$;

(2) $\iint\limits_{D} (x+y)^2\,\mathrm{d}\sigma$ 与 $\iint\limits_{D} (x+y)^3\,\mathrm{d}\sigma$, 其中积分区域 D 由圆周 $(x-2)^2 + (y-1)^2 = 2$ 所围成.

4. 利用二重积分的性质估计下列积分的值:

(1) $I = \iint\limits_{D} \mathrm{e}^{(x^2+y^2)}\,\mathrm{d}\sigma$, 其中 $D = \left\{(x,y)\,\middle|\,\dfrac{x^2}{a^2} + \dfrac{y^2}{b^2} \leqslant 1\right\}$ $(0 < b < a)$;

(2) $I = \iint\limits_{D} (x^2 + 4y^2 + 9)\,\mathrm{d}\sigma$, 其中 $D = \left\{(x,y)\,\middle|\,x^2 + y^2 \leqslant 4\right\}$.

第二节 二重积分的计算

类似于定积分, 由于二重积分是一种和式的极限, 由按照定义来计算二重积分是不切实际的. 本节介绍将二重积分转化为两次定积分——二次积分进行计算的方法.

一、利用直角坐标计算二重积分

就像任一平面多边形都是由三角形和矩形构成的一样, 任一平面曲边图形都是由两种基本图形——上下曲边两侧直边(图 10-4)或左右曲边、上下直边(图 10-5)——构成的.

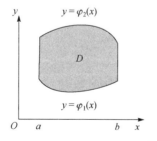 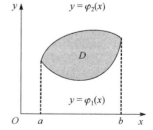

图 10-4

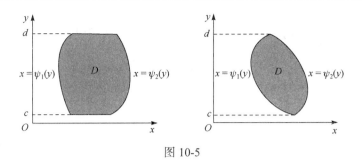

图 10-5

下面按积分区域的两种不同类型, 借助几何直观来说明将二重积分 $\iint_D f(x,y)\mathrm{d}\sigma$ 转化为二次积分进行计算的方法.

(1) 首先假定 $f(x,y) \geqslant 0$. 设积分区域 D 可用不等式组

$$\begin{cases} \varphi_1(x) \leqslant y \leqslant \varphi_2(x), \\ a \leqslant x \leqslant b \end{cases}$$

来表示(图 10-4), 这种区域称为 X 型区域, 其中函数 $\varphi_1(x)$, $\varphi_2(x)$ 在区间 $[c,d]$ 上连续. 由二重积分几何意义知, $\iint_D f(x,y)\mathrm{d}\sigma$ 的值等于以 D 为底, 以 $z = f(x,y)$ 为顶的曲顶柱体(图 10-6) 的体积. 我们学过两种计算立体体积的方法——已知平行截面面积函数的立体体积和旋转体的体积. 我们应用计算"已知平行截面面积函数的立体体积"的方法来计算这个曲顶柱体的体积.

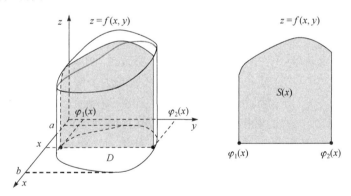

图 10-6

为此先计算截面面积:任取 $x \in [a,b]$, 过点 x 作垂直于 x 轴的平面与曲顶柱体相交, 得到一个以 y 轴上区间 $[\varphi_1(x), \varphi_2(x)]$ 为底, 以 $z = f(x,y)$ (x 固定)为曲边的曲边梯形(图 10-6 中阴影部分), 故截面面积为

$$S(x) = \int_{\varphi_1(x)}^{\varphi_2(x)} f(x,y)\mathrm{d}y .$$

于是曲顶柱体的体积为

$$V = \iint_D f(x,y)\mathrm{d}\sigma = \int_a^b S(x)\ \mathrm{d}x = \int_a^b \left[\int_{\varphi_1(x)}^{\varphi_2(x)} f(x,y)\mathrm{d}y \right]\mathrm{d}x .$$

上式右端的积分称为先对 y、后对 x 的**二次积分**或**累次积分**, 即先将 x 看作常数, 对 y 计算定积分, 再将所得结果对 x 计算定积分, 这个二次积分也可记作

$$\int_a^b \mathrm{d}x \int_{\varphi_1(x)}^{\varphi_2(x)} f(x,y)\mathrm{d}y ,$$

即

$$\iint_D f(x,y)\mathrm{d}\sigma = \int_a^b \mathrm{d}x \int_{\varphi_1(x)}^{\varphi_2(x)} f(x,y)\mathrm{d}y . \tag{10.2.1}$$

注　虽然在上面讨论中假定 $f(x,y) \geqslant 0$, 但实际上式(10.2.1)的成立并不受此限制.

(2) 类似地, 如果积分区域 D 可以用不等式组

$$\begin{cases} \psi_1(y) \leqslant x \leqslant \psi_2(y), \\ c \leqslant y \leqslant d \end{cases}$$

来表示 (图 10-4), 这种区域称为 Y **型区域**, 其中 $\psi_1(y)$, $\psi_2(y)$ 在 $[c,d]$ 上连续, 则二重积分 $\iint_D f(x,y)\mathrm{d}\sigma$ 可以化成先对 x、后对 y 的二次积分

$$\iint_D f(x,y)\mathrm{d}\sigma = \int_c^d \left[\int_{\psi_1(y)}^{\psi_2(y)} f(x,y)\mathrm{d}x \right]\mathrm{d}y .$$

这个二次积分也可记作:

$$\iint_D f(x,y)\mathrm{d}\sigma = \int_c^d \mathrm{d}y \int_{\psi_1(y)}^{\psi_2(y)} f(x,y)\mathrm{d}x . \tag{10.2.2}$$

(3) 若积分区域 D 既不是 X 型区域也不是 Y 型区域, 则我们总可以把 D 分成几个部分, 使每个部分为 X 型区域或为 Y 型区域(图 10-7). 利用二重积分对积分区域的可加性, 计算每个部分上的二重积分, 再把所得的结果相加, 即为该函数在区域 D 上的二重积分.

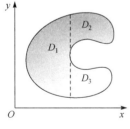

图 10-7

不难看出, 把二重积分化为二次积分计算时, 关键是确定二次积分的次序和两次定积分的积分限.

总之, 将二重积分 $I = \iint_D f(x,y)\mathrm{d}\sigma$ 转化为直角坐标系下二次积分的一般步骤如下:

第一步　画出积分区域 D 的平面图形, 识别 D 的类型. 若穿过 D 内部且平行于 y 轴的直线与 D 的边界相交不多于两点, 则是 X 型区域; 若穿过 D 内部且平行于 X 轴的直线与 D 的边界相交不多于两点, 则是 Y 型区域.

第二步　根据 D 的类型, 确定二次积分的次序.

(1) 若积分区域 D 是 X 型区域, 则选择先对 y 后对 x 的二次积分;

(2) 若积分区域 D 是 Y 型区域, 则选择先对 x 后对 y 的二次积分;

(3) 既不是 X 型区域也不是 Y 型区域, 可对区域进行剖分, 化归为若干个 X 型区域或 Y 型区域的并集.

第三步 确定累次积分的积分限.

(1) 若积分区域 D 是 X 型区域(图 10-8), 则先把 D 投影到 x 轴上, 得到投影区间 $[a,b]$, 得 $a \leqslant x \leqslant b$. 然后任取 $x \in [a,b]$, 过点 x 作平行于 y 轴的直线与区域 D 相交, 设交线段端点的纵坐标分别为 $\varphi_1(x)$ 和 $\varphi_2(x)$, 得 $\varphi_1(x) \leqslant y \leqslant \varphi_2(x)$. 即有

$$\begin{cases} \varphi_1(x) \leqslant y \leqslant \varphi_2(x) \\ a \leqslant x \leqslant b. \end{cases}$$

因此

$$I = \int_a^b \mathrm{d}x \int_{\varphi_1(x)}^{\varphi_2(x)} f(x,y)\,\mathrm{d}y.$$

(2) 若积分区域 D 是 Y 型区域(图 10-9), 则先把 D 投影到 y 轴上, 得到投影区间 $[c,d]$, 得 $c \leqslant y \leqslant d$. 然后任取 $y \in [c,d]$, 过点 y 作平行于 x 轴的直线与区域 D 相交, 设交线段端点的横坐标分别为 $\psi_1(y)$ 和 $\psi_2(y)$, 得 $\psi_1(y) \leqslant x \leqslant \psi_2(y)$. 即有

$$\begin{cases} \psi_1(y) \leqslant x \leqslant \psi_2(y), \\ c \leqslant y \leqslant d. \end{cases}$$

因此

$$I = \int_c^d \mathrm{d}y \int_{\psi_1(y)}^{\psi_2(y)} f(x,y)\,\mathrm{d}x.$$

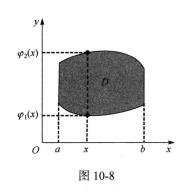

图 10-8

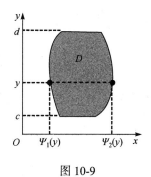

图 10-9

(3) 既不是 X 型区域也不是 Y 型区域, 要针对子区域逐一确定二次积分的积分限.

例 10.2.1 计算二重积分 $I = \iint\limits_D f(xy)\,\mathrm{d}x\mathrm{d}y$, 其中积分区域 D 分别如图 10-10~图 10-12 所示.

(1) 矩形区域: $0 \leqslant x \leqslant 1, 0 \leqslant y \leqslant 1$;

(2) 三角形区域: $x \geqslant 0, y \geqslant 0, x+y \leqslant 1$;

(3) 单位圆在第一象限内围成的区域: $x \geqslant 0, y \geqslant 0, x^2 + y^2 \leqslant 1$.

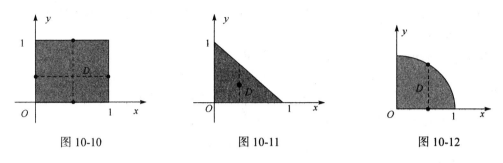

图 10-10   图 10-11   图 10-12

解 (1) $I = \int_0^1 dx \int_0^1 xy\, dy = \int_0^1 \left[\frac{xy^2}{2} \right]_0^1 dx = \frac{1}{2} \int_0^1 x\, dx = \frac{1}{4}$.

(2) $D: 0 \le x \le 1, 0 \le y \le 1-x$，因此

$$I = \int_0^1 dx \int_0^{1-x} xy\, dy = \int_0^1 \left[\frac{xy^2}{2} \right]_0^{1-x} dx = \int_0^1 \frac{x(1-x)^2}{2} dx = \frac{1}{24}.$$

(3) $D: 0 \le x \le 1, 0 \le y \le \sqrt{1-x^2}$，因此

$$I = \int_0^1 dx \int_0^{\sqrt{1-x}} xy\, dy = \int_0^1 \left[\frac{xy^2}{2} \right]_0^{\sqrt{1-x}} dx = \int_0^1 \frac{x(1-x)}{2} dx = \frac{1}{12}. \qquad \square$$

例 10.2.2 计算二重积分 $\iint\limits_D xy\, d\sigma$，其中 D 是由抛物线 $y^2 = x$ 及直线 $y = x - 2$ 所围成的闭区域.

解 如图 10-13 所示，根据公式(10.2.2)，有

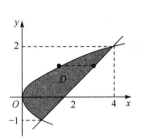

$$\iint\limits_D xy\, d\sigma = \int_{-1}^2 dy \int_{y^2}^{y+2} xy\, dx = \int_{-1}^2 \left[y \cdot \frac{x^2}{2} \right]_{y^2}^{y+2} dy$$

$$= \frac{1}{2} \int_{-1}^2 \left[y(y+2)^2 - y^5 \right] dy$$

$$= \frac{1}{2} \int_{-1}^2 \left(4y + 4y^2 + y^3 - y^5 \right) dy = \frac{45}{8}.$$

图 10-13

注 如果用公式 (10.2.1)，由于在 $[0, 4]$ 上 $y^2 = x$ 是一个分段函数，所以要用过分段点的直线 $x = 1$ 将区域 D 分为 $D_1: -\sqrt{x} \le y \le \sqrt{x}, 0 \le x \le 1$ 和 $D_2: x-2 \le y \le \sqrt{x}, 1 \le x \le 4$ 两部分，所以

$$\iint\limits_D xy\, dxdy = \iint\limits_{D_1} xy\, dxdy + \iint\limits_{D_2} xy\, dxdy = \int_0^1 dx \int_{-\sqrt{x}}^{\sqrt{x}} xy\, dy + \int_1^4 dx \int_{x-2}^{\sqrt{x}} xy\, dy. \qquad \square$$

例 10.2.3 计算二重积分 $I = \iint\limits_D \frac{x\sin y}{y} dxdy$，其中 D 是由曲线 $y = \sqrt{x}$ 及直线 $y = x$ 所围成的区域.

解 如图 10-14 所示，积分区域 D 可表示为：$y^2 \le x \le y$，$0 \le y \le 1$，根据公式

(10.2.2), 我们有

$$I = \int_0^1 dy \int_{y^2}^y x \frac{\sin y}{y} dx = \frac{1}{2} \int_0^1 (y \sin y - y^3 \sin y) dy = 2 \sin 1 - 3 \cos 1.$$

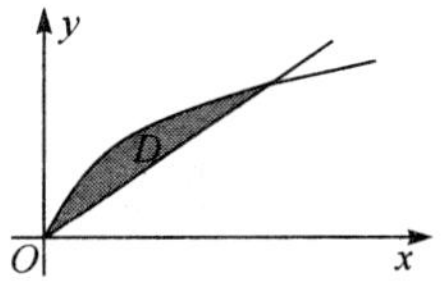

注 若根据公式(10.2.2)计算, 由于 $\frac{\sin y}{y}$ 不是基本初等函数,

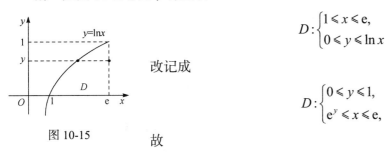

图 10-14

因而无法计算. 因此根据积分区域和被积函数的特点适当地选取积分顺序是十分重要的, 选取时应兼顾以下两个方面:

(1) 使第一次积分容易计算, 并且不会给第二次积分造成麻烦;

(2) 尽量不分或少分块进行积分.

例 10.2.4 改变二次积分 $\int_1^e dx \int_0^{\ln x} f(x,y) dy$ 的积分次序.

分析: 该二次积分为先 y 后 x, 可以作出 Y 型区域图形, 再改为 X 型即可.

解 如图 10-15 所示, 将区域

$$D:\begin{cases} 1 \leqslant x \leqslant e, \\ 0 \leqslant y \leqslant \ln x \end{cases}$$

改记成

$$D:\begin{cases} 0 \leqslant y \leqslant 1, \\ e^y \leqslant x \leqslant e, \end{cases}$$

图 10-15

故

$$\int_1^e dx \int_0^{\ln x} f(x,y) dy = \iint_D f(x,y) dx dy = \int_0^1 dy \int_{e^y}^e f(x,y) \, dx.$$

注 一般地, 改变积分顺序的题都可按以下步骤进行:

(1) 根据已知二次积分的积分限画出积分区域 D;

(2) 按新顺序的要求将 D 表示为 x, y 的不等式;

(3) 根据以上不等式, 写出新顺序下的二次积分.

二、利用极坐标计算二重积分

当有界闭区域 D 的边界曲线用极坐标方程表示比较简单, 且被积函数 $f(x,y)$ 用极坐标变量表示也比较简单时, 可以考虑用极坐标来计算二重积分 $\iint_D f(x,y) d\sigma$.

以直角坐标原点 O 为极点, 以 x 轴正向为极轴, 建立极坐标系, 则得直角坐标 (x,y) 与极坐标 (r,θ) 的关系:

$$\begin{cases} x = r \cos\theta, \\ y = r \sin\theta, \end{cases}$$

这里规定 r 和 θ 的范围为 $0 \leqslant r < +\infty, 0 \leqslant \theta \leqslant 2\pi.$

利用这个公式, 可将函数 $f(x,y)$ 化为极坐标形式

$$f(x, y) = f(r\cos\theta, r\sin\theta).$$

现在关键是找被积表达式中面积元素 $\mathrm{d}\sigma$ 的表达式.

假如从极点 O 出发且穿过闭区域 D 内部的射线与 D 的边界曲线相交不多于两点.我们用两族曲线 $r =$ 常数与 $\theta =$ 常数将 D 分成 n 个小的闭区域 (图 10-16), 这些小区域除了含有边界曲线的小区域外, 绝大多数是两个扇形区域的差, 当分割很细时, 那些不规则小区域的面积之和趋向于零, 所以不必考虑.

于是, 图 10-16 中阴影部分所示的小区域的面积近似等于以 $r\,\mathrm{d}\theta$ 为长, 以 $\mathrm{d}r$ 为宽的矩形的面积, 即面积元素

$$\mathrm{d}\sigma = r\,\mathrm{d}r\,\mathrm{d}\theta,$$

从而可有极坐标系下二重积分的表达式

$$\iint\limits_{D} f(x, y)\mathrm{d}\sigma = \iint\limits_{D} f(r\cos\theta, r\sin\theta)\, r\,\mathrm{d}r\,\mathrm{d}\theta. \tag{10.2.3}$$

由二重积分极坐标表达式(10.2.2)可看出, 用极坐标计算二重积分时, 只需将积分变量 x, y 分别换成 $r\cos\theta, r\sin\theta$, 将面积元素 $\mathrm{d}x\mathrm{d}y$ 换成 $r\mathrm{d}r\mathrm{d}\theta$ 即可.

由于可以将极坐标系下的二重积分视为一个普通的二重积分

$$\iint\limits_{D} f(r\cos\theta, r\sin\theta)r\mathrm{d}r\mathrm{d}\theta = \iint\limits_{D} F(r, \theta)\mathrm{d}r\mathrm{d}\theta,$$

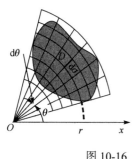

所以极坐标下的二重积分同样要化为二次积分来计算. 类似直角坐标系下二重积分计算的讨论, 我们仍按积分区域 D 的特点讨论极坐标系下二重积分的计算公式:

(1) 如果积分区域 D 由

$$D: \begin{cases} \varphi_1(\theta) \leqslant r \leqslant \varphi_2(\theta) \\ \alpha \leqslant \theta \leqslant \beta \end{cases}$$

图 10-16

来表示 (图 10-17), 其中函数 $\varphi_1(\theta)$, $\varphi_2(\theta)$ 在区间 $[\alpha, \beta]$ 上连续, 则

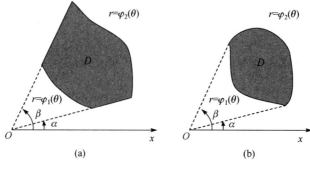

(a)　　　　　　　　(b)

图 10-17

$$\iint_D f(r\cos\theta, r\sin\theta)r\,\mathrm{d}r\,\mathrm{d}\theta = \int_\alpha^\beta \mathrm{d}\theta \int_{\varphi_1(\theta)}^{\varphi_2(\theta)} f(r\cos\theta, r\sin\theta)r\,\mathrm{d}r. \tag{10.2.4}$$

(2) 特别地, 如果公式 (10.2.4) 中 $r_1(\theta)=0, r_2(\theta)=\varphi(\theta)$, 即积分区域 D 是一极点在边界上的曲边扇形 (图 10-18), 这时 D 可用不等式 $0\le r\le\varphi(\theta), \alpha\le\theta\le\beta$ 来表示, 则极坐标系中的二重积分可化为如下的二次积分:

$$\iint_D f(r\cos\theta, r\sin\theta)r\mathrm{d}r\mathrm{d}\theta = \int_\alpha^\beta \mathrm{d}\theta \int_0^{\varphi(\theta)} f(r\cos\theta, r\sin\theta)r\mathrm{d}r. \tag{10.2.5}$$

(3) 如果积分区域 D 由曲线 $r=r(\theta)$ 围成, 即极点在 D 的内部(图 10-19), 则 D 可用不等式表示为: $0\le r\le\varphi(\theta), 0\le\theta\le 2\pi$, 则极坐标系中的二重积分可化为如下的二次积分:

$$\iint_D f(r\cos\theta, r\sin\theta)r\mathrm{d}r\mathrm{d}\theta = \int_0^{2\pi} \mathrm{d}\theta \int_0^{\varphi(\theta)} f(r\cos\theta, r\sin\theta)r\mathrm{d}r. \tag{10.2.6}$$

例 10.2.5 计算二重积分 $\iint_D (x+y)\mathrm{d}x\mathrm{d}y$, 其中 D 为圆域: $x^2+(y+1)^2\le 1$.

解 积分区域 D 如图 10-20 所示, 作极坐标变换, 圆的极坐标方程为 $r=2\sin\theta$, D 可表示为: $0\le r\le 2\sin\theta, \quad -\pi\le\theta\le 0$, 则有

$$\iint_D (x+y)\mathrm{d}x\mathrm{d}y = \int_{-\pi}^0 \mathrm{d}\theta \int_0^{2\sin\theta} r(\cos\theta+\sin\theta)r\mathrm{d}r$$

$$= \int_{-\pi}^0 (\cos\theta+\sin\theta)\left[\frac{1}{3}r^3\right]_0^{2\sin\theta} \mathrm{d}\theta$$

$$= \int_{-\pi}^0 \frac{8}{3}(\cos\theta+\sin\theta)\sin^3\theta\mathrm{d}\theta$$

$$= \frac{8}{3}\int_{-\pi}^0 \sin^4\theta\mathrm{d}\theta = 2\pi.$$

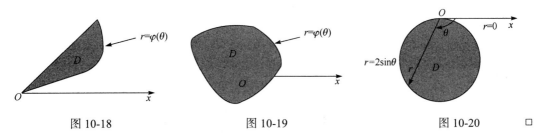

图 10-18   图 10-19   图 10-20   □

例 10.2.6 计算二重积分 $I = \iint_D \mathrm{e}^{-x^2-y^2}\mathrm{d}\sigma$, 其中 D 为圆域:

$x^2+y^2\le R^2(R>0)$.

解 积分区域 D 如图 10-21 所示, 采用极坐标, D 可表示为

$$\begin{cases} 0\le r\le R, \\ 0\le\theta\le 2\pi. \end{cases} \text{于是,}$$

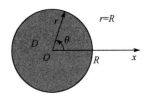

图 10-21

$$I = \iint\limits_{D} e^{-x^2-y^2}\, d\sigma = \iint\limits_{D} e^{-r^2} r\, dr\, d\theta$$

$$= \int_0^{2\pi} d\theta \int_0^R e^{-r^2} r\, dr = \int_0^{2\pi} \left[-\frac{1}{2} e^{-r^2} \right]_0^R d\theta$$

$$= \frac{1}{2}(1 - e^{-R^2}) \int_0^{2\pi} d\theta = \pi (1 - e^{-R^2}). \qquad \square$$

注 (1) 如采用直角坐标来计算, 则会遇到积分不能用初等函数来表示, 因而无法计算.

(2) 一般地, 当要计算的二重积分的被积函数含有 $x^2 + y^2$, 积分区域为圆域或其一部分时, 利用极坐标计算往往比较简单.

(3) 利用例 10.2.6 的结果可以计算一个在概率论中有重要应用的广义积分: **概率积分** $\int_0^{+\infty} e^{-x^2} dx$:

设

$$D_1 = \left\{ (x,y) \big| x^2 + y^2 \leqslant R^2 \right\}, \quad D_2 = \left\{ (x,y) \big| x^2 + y^2 \leqslant 2R^2 \right\},$$

$$S = \left\{ (x,y) \big| |x| \leqslant R, |y| \leqslant R \right\},$$

则 $D_1 \subset S \subset D_2$ (见图 10-22). 因为 $e^{-x^2-y^2} > 0$, 所以

$$\iint\limits_{D_1} e^{-x^2-y^2} dx dy < \iint\limits_{S} e^{-x^2-y^2} dx dy < \iint\limits_{D_2} e^{-x^2-y^2} dx dy.$$

从而

$$\iint\limits_{S} e^{-x^2-y^2} dx dy = \int_{-R}^{R} e^{-x^2} dx \cdot \int_{-R}^{R} e^{-y^2} dy = 4 \left(\int_0^R e^{-x^2} dx \right)^2.$$

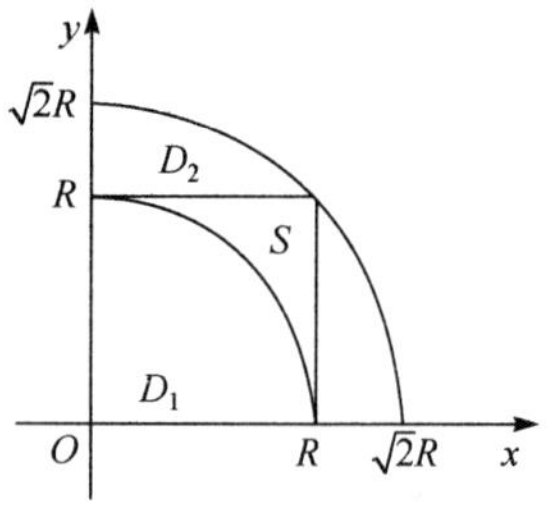

又由例 10.2.6 知

$$\iint\limits_{D_1} e^{-x^2-y^2} dx dy = (1 - e^{-R^2})\pi, \quad \iint\limits_{D_2} e^{-x^2-y^2} dx dy = (1 - e^{-2R^2})\pi.$$

图 10-22

所以有

$$\frac{1}{4}(1 - e^{-R^2})\pi < \left(\int_0^R e^{-x^2} dx \right)^2 < \frac{1}{4}(1 - e^{-2R^2})\pi.$$

令 $R \to +\infty$, 由极限夹逼准则知

$$\int_0^{+\infty} e^{-x^2} dx = \frac{\sqrt{\pi}}{2}.$$

习 题 10-2

1. 画出积分区域, 并将二重积分 $\iint\limits_{D} f(x,y)\, d\sigma$ 化成二次积分, 其中积分区域 D 是:

    (1) 由直线 $2x+3y=6$, x 轴和 y 轴所围成区域;

    (2) 以点 $O(0,0)$, $A(2,1)$, $B(1,2)$ 为顶点的三角形区域;

    (3) 由曲线 $xy=1$ 和直线 $y=x$ 及 $x=2$ 所围成的区域;

    (4) 由抛物线 $y^2=4x$ 及直线 $y=x$ 所围成的区域.

2. 画出积分区域, 并计算下列二重积分:

    (1) $\iint\limits_{D} xy\mathrm{d}\sigma$, 其中 D 是由直线 $y=1,x=2$ 及 $y=x$ 所围成的闭区域;

    (2) $\iint\limits_{D} (3x+2y)\mathrm{d}\sigma$, 其中 D 是由两坐标轴及直线 $x+y=2$ 所围成的闭区域;

    (3) $\iint\limits_{D} y\sqrt{1+x^2-y^2}\mathrm{d}\sigma$, 其中 D 是由直线 $y=x$, $x=-1$ 和 $y=1$ 所围成的闭区域:

    (4) $\iint\limits_{D} \mathrm{e}^{y^2}\mathrm{d}x\mathrm{d}y$, 其中 D 是由直线 $y=x$, $y=1$ 和 y 轴所围成的闭区域;

    (5) $\iint\limits_{D} |y-x^2|\mathrm{d}x\mathrm{d}y$, 其中 D 为 $-1\leqslant x\leqslant 1,0\leqslant y\leqslant 1$ 的闭区域;

    (6) $\iint\limits_{D} \mathrm{e}^{x+y}\mathrm{d}x\mathrm{d}y$, 其中 D 是由直线 $x=0,x=1,y=0$ 和 $y=1$ 所围成的闭区域;

    (7) $\iint\limits_{D} \dfrac{\sin x}{x}\mathrm{d}\sigma$, 其中 D 是由直线 $y=x$, $y=\dfrac{x}{2}$ 及 $x=2$ 围成的闭区域;

    (8) $\iint\limits_{D} \dfrac{x}{y+1}\mathrm{d}\sigma$, 其中 D 是由曲线 $y=x^2+1$ 和直线 $y=2x$ 及 $x=0$ 围成的闭区域.

3. 改变下列二次积分的积分次序:

    (1) $\displaystyle\int_0^1\mathrm{d}x\int_0^{1-x} f(x,y)\mathrm{d}y$;

    (2) $\displaystyle\int_0^1\mathrm{d}x\int_{x^2}^x f(x,y)\mathrm{d}y$;

    (3) $\displaystyle\int_0^2\mathrm{d}y\int_{y^2}^{2y} f(x,y)\mathrm{d}x$;

    (4) $\displaystyle\int_{-2}^1\mathrm{d}y\int_{y^2}^4 f(x,y)\mathrm{d}x$;

    (5) $\displaystyle\int_0^1\mathrm{d}x\int_0^{\sqrt{2x-x^2}} f(x,y)\mathrm{d}y+\int_1^2\mathrm{d}x\int_0^{2-x} f(x,y)\mathrm{d}y$;

    (6) $\displaystyle\int_0^\pi\mathrm{d}x\int_{-\sin\frac{x}{2}}^{\sin x} f(x,y)\mathrm{d}y$.

4. 设 $f(x,y)$ 在 D 上连续, 其中 D 是由直线 $y=x, y=a$ 及 $x=b\,(b>a)$ 围成的闭区域, 证明:

$$\int_a^b\mathrm{d}x\int_a^x f(x,y)\mathrm{d}y=\int_a^b\mathrm{d}y\int_y^b f(x,y)\mathrm{d}x .$$

5. 画出积分区域, 把积分 $\iint\limits_{D} f(x,y)\mathrm{d}x\mathrm{d}y$ 表示为极坐标形式的二次积分, 其中积分区域 D 是:

    (1) $\left\{(x,y)\big|x^2+y^2\leqslant a^2\right\}$ $(a>0)$;

    (2) $\left\{(x,y)\big|x^2+y^2\leqslant 2x\right\}$;

    (3) $\left\{(x,y)\big|a^2\leqslant x^2+y^2\leqslant b^2\right\}$, 其中 $0<a<b$;

    (4) $\left\{(x,y)\big|0\leqslant y\leqslant 1-x,0\leqslant x\leqslant 1\right\}$.

6. 把下列积分化为极坐标形式, 并计算积分值:

(1) $\iint\limits_{D} e^{-(x^2+y^2)}d\sigma$, 其中 D 是由圆 $x^2 + y^2 = R^2$ 所围成的区域;

(2) $\iint\limits_{D} \arctan\dfrac{y}{x}d\sigma$, 其中 D 是由圆周 $x^2 + y^2 = 4$, $x^2 + y^2 = 1$ 及直线 $y = 0$, $y = x$ 所围成的第一象限内的闭区域;

(3) $\iint\limits_{D} \dfrac{dxdy}{1 + x^2 + y^2}$, 其中 D 是由 $x^2 + y^2 \leqslant 1$ 所确定的圆域;

(4) $\iint\limits_{D} \dfrac{\sin(\pi\sqrt{x^2+y^2})}{\sqrt{x^2+y^2}}dxdy$, 其中积分区域 D 是由 $1 \leqslant x^2 + y^2 \leqslant 4$ 所确定的圆环域;

(5) $\iint\limits_{D} \dfrac{y^2}{x^2}dxdy$, 其中 D 是由曲线 $x^2 + y^2 = 2x$ 所围成的平面区域;

(6) $\iint\limits_{D} (x^2 + y^2)dxdy$, 其中 D 为由圆 $x^2 + y^2 = 2y$, $x^2 + y^2 = 4y$ 及直线 $x - \sqrt{3}y = 0$, $y - \sqrt{3}x = 0$ 所围成的平面闭区域.

第三节　三　重　积　分

一、三重积分的概念

在一个平面有界闭区域 D 上赋值的二重积分 $\iint\limits_{D} f(x, y)d\sigma$ 可以看作以平面区域 D 为底、曲面 $f(x, y)$ 为顶的曲顶柱体的体积. 二重积分的定义自然可以推广到在空间有界闭区域 Ω 上的三重积分 $\iiint\limits_{\Omega} f(x, y, z)dv$, 它可以看作是形状为 Ω 的物体的质量, 被积函数 $f(x, y, z)$ 为这个空间物体的密度函数.

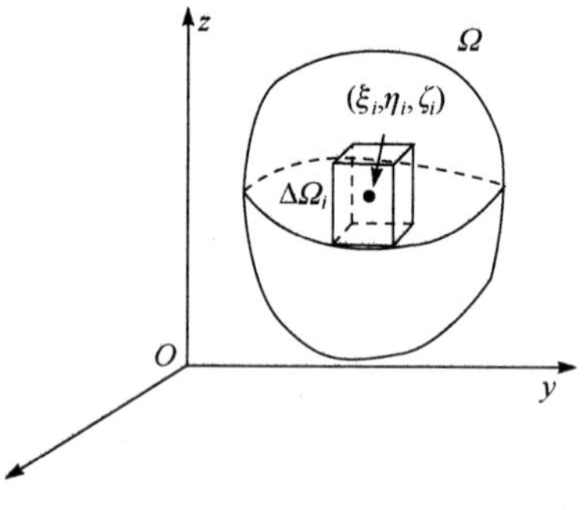

图 10-23

定义 10.3.1 设 $f(x, y, z)$ 是空间有界闭区域 Ω 上的有界函数. 将 Ω 任意分成 n 个小闭区域(见图 10-23)

$$\Delta\Omega_1, \Delta\Omega_2, \cdots, \Delta\Omega_n,$$

其中 $\Delta\Omega_i$ 表示第 i 个小闭区域, 它的体积表示为 Δv_i. 在每个 $\Delta\Omega_i$ 上任取一点 (ξ_i, η_i, ζ_i), 作乘积 $f(\xi_i, \eta_i, \zeta_i)$ $\Delta v_i (i = 1, 2, \cdots, n)$ 并求和 $\sum\limits_{i=1}^{n} f(\xi_i, \eta_i, \zeta_i)\Delta v_i$. 如果当各小闭区域的直径中的最大值 λ 趋于零时, 这个和的极限总存在, 则称此极限为函数 $f(x, y, z)$ 在闭区域 Ω 上的三重积分, 记作 $\iiint\limits_{\Omega} f(x, y, z)dv$, 即

$$\iiint\limits_{\Omega} f(x,y,z)\mathrm{d}v = \lim_{\lambda\to 0}\sum_{i=1}^{n} f(\xi_i,\eta_i,\zeta_i)\Delta v_i,$$

其中 $\iiint\limits_{\Omega}$ 为积分号，$f(x,y,z)$ 为**被积函数**，$f(x,y,z)\mathrm{d}v$ 为**被积表达式**，$\mathrm{d}v$ 为**体积元素**，

x,y,z 为积分变量，Ω 为积分区域.

在直角坐标系中，如果用平行于坐标面的平面来划分 Ω，则 $\Delta v_i = \Delta x_i \Delta y_i \Delta z_i$，因此也把体积元素记为 $\mathrm{d}v = \mathrm{d}x\,\mathrm{d}y\,\mathrm{d}z$，三重积分记作

$$\iiint\limits_{\Omega} f(x,y,z)\,\mathrm{d}v = \iiint\limits_{\Omega} f(x,y,z)\mathrm{d}x\,\mathrm{d}y\,\mathrm{d}z.$$

当函数 $f(x,y,z)$ 在闭区域 Ω 上连续时，极限 $\lim\limits_{\lambda\to 0}\sum\limits_{i=1}^{n} f(\xi_i,\eta_i,\zeta_i)\Delta v_i$ 是存在的，因此 $f(x,y,z)$ 在 Ω 上的三重积分是存在的，以后也总假定 $f(x,y,z)$ 在闭区域 Ω 上是连续的.

设 $f(x,y,z)$ 为某物体在点 (x,y,z) 处的密度，Ω 是该物体所占有的空间有界闭区域，$f(x,y,z)$ 在 Ω 上连续，则 $\sum\limits_{i=1}^{n} f(\xi_i,\eta_i,\zeta_i)\Delta v_i$ 是该物体的质量 M 的近似值，这个和当 $\lambda\to 0$ 时的极限就是该物体的质量 M，即

$$M = \lim_{\lambda\to 0}\sum_{i=1}^{n} f(\xi_i,\eta_i,\zeta_i)\Delta v_i.$$

三重积分的性质与二重积分类似，如常用的有

(1) $\iiint\limits_{\Omega}[c_1 f(x,y,z)\pm c_2 g(x,y,z)]\mathrm{d}v = c_1\iiint\limits_{\Omega} f(x,y,z)\,\mathrm{d}v \pm c_2\iiint\limits_{\Omega} g(x,y,z)\,\mathrm{d}v$；

(2) $\iiint\limits_{\Omega_1\cup\Omega_2} f(x,y,z)\mathrm{d}v = \iiint\limits_{\Omega_1} f(x,y,z)\mathrm{d}v + \iiint\limits_{\Omega_2} f(x,y,z)\mathrm{d}v$，其中 Ω_1 和 Ω_2 为两个空间不相交的区域；

(3) $\iiint\limits_{\Omega}\mathrm{d}v = V$，其中 V 为空间区域 Ω 的体积；

(4) 三重积分中值定理：设 $f(x,y,z)$ 在空间有界闭区域 Ω 上连续，V 为 Ω 的体积，则存在一点 $(\xi_i,\eta_i,\zeta_i)\in\Omega$，使得

$$\iiint\limits_{\Omega} f(x,y,z)\mathrm{d}v = f(\xi_i,\eta_i,\zeta_i)V.$$

二、三重积分的计算

1. 利用直角坐标计算三重积分

(1) **投影法** 假设平行于 z 轴且穿过闭区域 Ω 内部的直线与闭区域 Ω 的边界曲面 S 相交不多于两点. 把 Ω 投影到 xOy 面上，得到一个平面闭区域 D_{xy}（图 10-24）. 三重积分

也可化为三次积分来计算. 设空间闭区域 Ω 可表示为以 D_{xy} 的边界为准线、母线平行于 z 轴的柱面. 这个柱面与曲面 S 的交线分出 S 的上下两部分, 它们的方程分别为

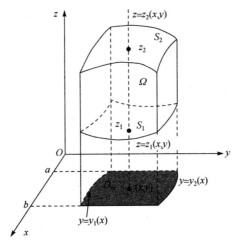

图 10-24

$$\begin{cases} S_1 : z = z_1(x,y), \\ S_2 : z = z_2(x,y), \end{cases}$$

其中 $z = z_1(x,y)$ 与 $z = z_2(x,y)$ 都是 D_{xy} 上的连续函数, 且都在 D_{xy} 上满足 $z_1(x,y) \leqslant z_2(x,y)$. 过 D_{xy} 内任一点 (x,y) 作平行于 z 轴的直线, 该直线通过 S_1 上的点 $(x,y,z_1(x,y))$, 穿过 Ω, 再从 S_2 上的点 $(x,y,z_2(x,y))$ 穿出. 因此, 积分区域 Ω 可表示为

$$\Omega = \left\{ (x,y,z) \,\middle|\, z_1(x,y) \leqslant z \leqslant z_2(x,y), (x,y) \in D_{xy} \right\}.$$

先将 x, y 看作定值, 再将 $f(x,y,z)$ 仅看作 z 的函数, 在区间 $[z_1(x,y), z_2(x,y)]$ 上对 z 积分. 得到一个二元函数

$$F(x,y) = \int_{z_1(x,y)}^{z_2(x,y)} f(x,y,z) \mathrm{d}z .$$

然后计算 $F(x,y)$ 在 D_{xy} 上的二重积分

$$\iint\limits_{D_{xy}} F(x,y) \mathrm{d}\sigma = \iint\limits_{D_{xy}} \left[\int_{z_1(x,y)}^{z_2(x,y)} f(x,y,z) \mathrm{d}z \right] \mathrm{d}\sigma .$$

如果有界闭区域 Ω 在 xOy 面上的投影区域

$$D_{xy} = \left\{ (x,y) \,\middle|\, y_1(x) \leqslant y \leqslant y_2(x), a \leqslant x \leqslant b \right\},$$

那么二重积分 $\iint\limits_{D_{xy}} F(x,y) \mathrm{d}\sigma$ 可化为二次积分,

$$\iiint\limits_{\Omega} f(x,y,z)\mathrm{d}v = \iint\limits_{D_{xy}} \left[\int_{z_1(x,y)}^{z_2(x,y)} f(x,y,z)\mathrm{d}z \right] \mathrm{d}\sigma$$

$$= \int_a^b \mathrm{d}x \int_{y_1(x)}^{y_2(x)} \left[\int_{z_1(x,y)}^{z_2(x,y)} f(x,y,z)\mathrm{d}z \right] \mathrm{d}y$$

$$= \int_a^b \mathrm{d}x \int_{y_1(x)}^{y_2(x)} \mathrm{d}y \int_{z_1(x,y)}^{z_2(x,y)} f(x,y,z)\mathrm{d}z ,$$

从而得到把三重积分化为**三次积分**的计算公式:

$$\iiint\limits_{\Omega} f(x,y,z)\mathrm{d}v = \int_a^b \mathrm{d}x \int_{y_1(x)}^{y_2(x)} \mathrm{d}y \int_{z_1(x,y)}^{z_2(x,y)} f(x,y,z)\mathrm{d}z ,$$

其中 $\Omega = \left\{ (x,y,z) \big| z_1(x,y) \leqslant z \leqslant z_2(x,y), y_1(x) \leqslant y \leqslant y_2(x), a \leqslant x \leqslant b \right\}$.

如果平行于 x 轴或 y 轴且穿过闭区域 Ω 内部的直线与 Ω 的边界曲面 S 相交不多于两点, 则可以把 Ω 投影到 yOz 面上或 xOz 面上, 这样就可以把三重积分化为按其他顺序的三次积分. 如果平行于坐标轴且穿过 Ω 内部的直线与边界曲面 S 相交多于两点, 则可用类似于处理二重积分的方法, 把 Ω 分成若干部分, 使得 Ω 上的三重积分化为各部分闭区域上的三重积分之和.

例 10.3.1 计算三重积分 $\iiint\limits_{\Omega} x\mathrm{d}x\mathrm{d}y\mathrm{d}z$, 其中 Ω 为三个坐标面及平面 $x+y+z=1$ 所围成的闭区域.

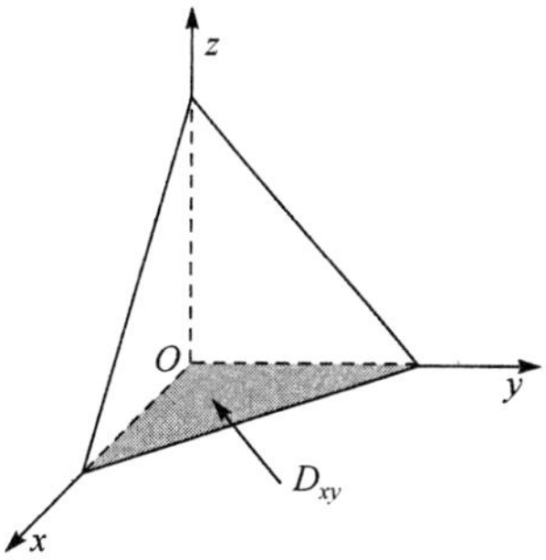

解 如图 10-25 所示, 将区域 Ω 向 xOy 面投影得投影区域 D_{xy} 为三角形闭区域 $\begin{cases} 0 \leqslant y \leqslant 1-x, \\ 0 \leqslant x \leqslant 1. \end{cases}$

在 D_{xy} 内任取一点 (x,y), 过此点作平行于 z 轴的直线, 该直线由平面 $z=0$ 穿入, 由平面 $z=1-x-y$ 穿出, 即有 $0 \leqslant z \leqslant 1-x-y$. 所以

图 10-25

$$\iiint\limits_{\Omega} x\mathrm{d}x\mathrm{d}y\mathrm{d}z = \iint\limits_{D} \mathrm{d}x\mathrm{d}y \int_0^{1-x-y} x\mathrm{d}z = \int_0^1 \mathrm{d}x \int_0^{1-x} \mathrm{d}y \int_0^{1-x-y} x\mathrm{d}z = \int_0^1 x\mathrm{d}x \int_0^{1-x} (1-x-y)\,\mathrm{d}y$$

$$= \frac{1}{2} \int_0^1 x(1-x)^2 \mathrm{d}x = \frac{1}{2} \int_0^1 (x - 2x^2 + x^3)\mathrm{d}x = \frac{1}{24}. \qquad \square$$

(2) **截面法** 有时, 我们计算一个三重积分也可以化为先计算一个二重积分、再计算一个定积分. 设空间闭区域

$$\Omega = \left\{ (x,y,z) \big| (x,y) \in D_z, c \leqslant z \leqslant d \right\},$$

其中 D_z 是竖坐标为 z 的平面截空间闭区域 Ω 所得到的一个平面闭区域(图 10-26), 则有

$$\iiint\limits_{\Omega} f(x,y,z)\mathrm{d}v = \int_c^d \mathrm{d}z \iint\limits_{D_z} f(x,y,z)\mathrm{d}x\mathrm{d}y .$$

例 10.3.2 求 $\iiint\limits_{\Omega} z^2 \,\mathrm{d}x\,\mathrm{d}y\,\mathrm{d}z$，其中 Ω 是由椭球面 $\dfrac{x^2}{a^2} + \dfrac{y^2}{b^2} + \dfrac{z^2}{c^2} = 1$ 所成的空间闭区域.

解 易见(图 10-27)，区域 Ω 在 z 轴上的投影为 $[-c, c]$，在此区间内任取 z，作垂直于 z 轴的平面，截 Ω 得一椭圆截面 $D_z : \dfrac{x^2}{a^2} + \dfrac{y^2}{b^2} \leqslant 1 - \dfrac{z^2}{c^2}, -c \leqslant z \leqslant c$，所以

$$原式 = \int_{-c}^{c} z^2 \mathrm{d}z \iint\limits_{D_z} \mathrm{d}x\mathrm{d}y = \int_{-c}^{c} z^2 \cdot \pi \sqrt{a^2\left(1 - \frac{z^2}{c^2}\right)} \cdot \sqrt{b^2\left(1 - \frac{z^2}{c^2}\right)} \mathrm{d}z$$

$$= \int_{-c}^{c} \pi ab \left(1 - \frac{z^2}{c^2}\right) z^2 \mathrm{d}z$$

$$= \frac{4}{15} \pi abc^3 .$$ □

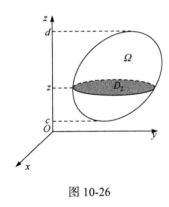

图 10-26

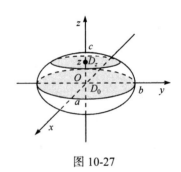

图 10-27

2. 利用柱面坐标计算三重积分

设 $M(x, y, z)$ 为空间内一点，并设点 M 在 xOy 面上的投影 P 的极坐标为 $P(r, \theta)$，则 (r, θ, z) 就称为点 M 的柱面坐标，这里规定 r, θ, z 的变化范围为

$$0 \leqslant r < +\infty, \quad 0 \leqslant \theta \leqslant 2\pi, \quad -\infty < z < +\infty.$$

坐标面 $r = r_0$，$\theta = \theta_0$，$z = z_0$ (见图 10-28)的意义为

$r = r_0$ 表示以 z 轴为轴,常数 r_0 为半径的圆柱面;

$\theta = \theta_0$ 表示过 z 轴,和 x 轴正向夹角为 θ_0 的半平面;

$z = z_0$ 表示与 xOy 面平行,在 z 轴的截距为 z_0 的平面.

则点 M 的直角坐标 (x, y, z) 与柱面坐标 (r, θ, z) 的关系为

$$\begin{cases} x = r\cos\theta, \\ y = r\sin\theta, \\ z = z. \end{cases}$$

现在要把三重积分 $\iiint\limits_{\Omega} f(x,y,z)\mathrm{d}v$ 中的变量变换为柱面坐标, 就要用柱面坐标来表示体积元素. 简单来说就是, $\mathrm{d}x\mathrm{d}y = r\mathrm{d}r\mathrm{d}\theta$, $\mathrm{d}x\mathrm{d}y\mathrm{d}z = r\mathrm{d}r\mathrm{d}\theta\mathrm{d}z$. 柱面坐标系中的体积元素(图 10-29):

$$\mathrm{d}v = r\mathrm{d}r\mathrm{d}\theta\mathrm{d}z.$$

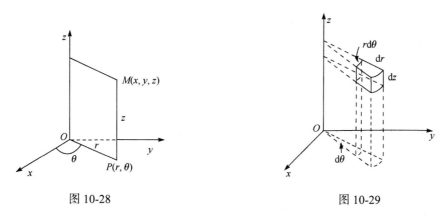

图 10-28　　　　　　　　　　图 10-29

因此, 柱面坐标系中的三重积分:

$$\iiint\limits_{\Omega} f(x,y,z)\mathrm{d}x\mathrm{d}y\mathrm{d}z = \iiint\limits_{\Omega} f(r\cos\theta, r\sin\theta, z)r\mathrm{d}r\mathrm{d}\theta\mathrm{d}z.$$

为了把上式右端的三重积分化为累次积分, 平行于 z 轴的直线与区域 Ω 的边界最多只有两个交点. 设 Ω 在 xOy 面上的投影为 D, 区域 D 用 r, θ 表示. 区域 Ω 关于 xOy 面的投影柱面将 Ω 的边界曲面分为上、下两部分, 设下曲面方程为 $z = z_1(r,\theta)$, 上曲面方程为 $z = z_2(r,\theta)$, $z_1(r,\theta) \leqslant z \leqslant z_2(r,\theta), (r,\theta)\in D$, 于是

$$\iiint\limits_{\Omega} f(r\cos\theta, r\sin\theta, z)r\mathrm{d}r\mathrm{d}\theta\mathrm{d}z = \iint\limits_{D} r\mathrm{d}r\mathrm{d}\theta \int_{z_1(r,\theta)}^{z_2(r,\theta)} f(r\cos\theta, r\sin\theta, z)\mathrm{d}z.$$

例 10.3.3 计算 $\iiint\limits_{\Omega}\mathrm{d}x\mathrm{d}y\mathrm{d}z$, 其中 Ω 是由球面 $r^2 + z^2 = 4$ 与旋转抛物面 $r^2 + z^2 = 4$ 所围成(在抛物面内的那一部分)的立体区域.

解 利用柱面坐标, 题设两曲面方程分别为 $r^2 + z^2 = 4, r^2 = 3z$. 从中解得两曲面的交线为 $z = 1, r = \sqrt{3}$. 于是 Ω 在 xOy 面上的投影区域为 $D: 0 \leqslant r \leqslant \sqrt{3}, 0 \leqslant \theta \leqslant 2\pi$. 对投影区域 D 内任一点 (r,θ), 有 $\dfrac{r^2}{3} \leqslant z \leqslant \sqrt{4-r^2}$. 所以

$$I = \iint\limits_{D} r\mathrm{d}r\mathrm{d}\theta\int_{\frac{r^2}{3}}^{\sqrt{4-r^2}} z\mathrm{d}z = \int_0^{2\pi}\mathrm{d}\theta\int_0^{\sqrt{3}}\mathrm{d}r\int_{\frac{r^2}{3}}^{\sqrt{4-r^2}} r\cdot z\mathrm{d}z = \frac{13}{4}\pi.$$　□

*3. 利用球面坐标计算三重积分

设 $M(x, y, z)$ 为空间内一点, 则点 M 也可用这样三个有次序的数 r, φ, θ 来确定, 其中 r 为原点 O 与点 M 间的距离, φ 为向量 $\overrightarrow{OM}$ 与 z 轴正向所夹的角, θ 为从正 z 轴来看自 x 轴按逆时针方向转到有向线段 $\overrightarrow{OP}$ 的角, 这里 P 为点 M 在 xOy 面上的投影, 这样的三个数 r, φ, θ 叫做点 M 的球面坐标, 这里 r, φ, θ 的变化范围为

$$0 \leqslant r < +\infty, \quad 0 \leqslant \varphi \leqslant \pi, \quad 0 \leqslant \theta \leqslant 2\pi.$$

球面坐标系中的三族坐标面分别为

$r = r_0$: 一族以原点为球心, 半径为 r_0 的球面;

$\varphi = \varphi_0$: 一族以原点为顶点, z 轴为对称轴的圆锥面;

$\theta = \theta_0$: 一族过 z 轴的半平面.

点 M 的直角坐标(x, y, z)与球面坐标(x, φ, θ)之间的关系为(图 10-30)

$$\begin{cases} x = OP\cos\theta = r\sin\varphi\cos\theta, \\ y = OP\sin\theta = r\sin\varphi\sin\theta, \\ z = r\cos\varphi, \end{cases}$$

球面坐标系中的体积元素: $\mathrm{d}v = r^2\sin\varphi\mathrm{d}r\mathrm{d}\varphi\mathrm{d}\theta$ (图 10-31).

球面坐标系中的三重积分:

$$\iiint\limits_{\Omega} f(x, y, z)\mathrm{d}v = \iiint\limits_{\Omega} f(r\sin\varphi\cos\theta, r\sin\varphi\sin\theta, r\cos\varphi)r^2\sin\varphi\, \mathrm{d}r\mathrm{d}\varphi\, \mathrm{d}\theta.$$

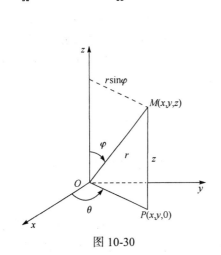

图 10-30

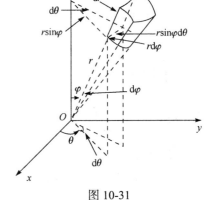

图 10-31

例 10.3.4 计算球体 $x^2 + y^2 + z^2 \leqslant 2a^2$ 在锥面 $z = \sqrt{x^2 + y^2}$ 上方部分 Ω 的体积.

解 在球面坐标系中, $x^2 + y^2 + z^2 = 2a^2$, 得 $r = \sqrt{2}a$ ($a > 0$). 由锥面方程 $z = \sqrt{x^2 + y^2}$ 得 $\varphi = \dfrac{\pi}{4}$, 故积分区域可表示为

$$\Omega: 0 \leqslant r \leqslant \sqrt{2}a, \quad 0 \leqslant \varphi \leqslant \frac{\pi}{4}, \quad 0 \leqslant \theta \leqslant 2\pi.$$

于是所求立体的体积为

$$V = \iiint\limits_{\Omega} \mathrm{d}x\mathrm{d}y\mathrm{d}z = \int_0^{2\pi}\mathrm{d}\theta\int_0^{\frac{\pi}{4}}\mathrm{d}\varphi\int_0^{\sqrt{2}a}r^2\sin\varphi\mathrm{d}r = 2\pi\int_0^{\frac{\pi}{4}}\sin\varphi\cdot\frac{(\sqrt{2}a)^3}{3}\mathrm{d}\varphi$$

$$= \frac{4}{3}\pi(\sqrt{2}-1)a^3.$$ □

习 题 10-3

1. 化三重积分 $I = \iiint\limits_{\Omega} f(x,y,z)\mathrm{d}x\mathrm{d}y\mathrm{d}z$ 为三次积分, 其中积分区域 Ω 分别是:

   (1) 由双曲抛物面 $xy = z$ 及平面 $x+y-1=0$, $z=0$ 所围成的闭区域;

   (2) 由曲面 $z = x^2 + y^2$ 及平面 $z=1$ 所围成的闭区域;

   (3) 由曲面 $z = x^2 + 2y^2$ 及 $z = 2-x^2$ 所围成的闭区域;

   (4) 由曲面 $cz = xy$ $(c>0)$, $\dfrac{x^2}{a^2}+\dfrac{y^2}{b^2}=1$, $z=0$ 所围成的在第一卦限内的闭区域.

2. 利用直角坐标计算如下三重积分:

   (1) $\iiint\limits_{\Omega} y\sqrt{1-x^2}\mathrm{d}x\mathrm{d}y\mathrm{d}z$, 其中 Ω 由曲面 $y = -\sqrt{1-x^2-z^2}$, $x^2+z^2=1$, $y=1$ 所围成;

   (2) $\iiint\limits_{\Omega} xy\mathrm{d}x\mathrm{d}y\mathrm{d}z$, 其中 Ω 为 3 个坐标面及平面 $x+y+z=1$ 所围成;

   (3) $\iiint\limits_{\Omega} z\mathrm{d}x\mathrm{d}y\mathrm{d}z$, 其中 Ω 为 $z = x^2+y^2$ 与 $z = \sqrt{2-x^2-y^2}$ 所围成的闭区域;

   (4) $\iiint\limits_{\Omega} \dfrac{\mathrm{d}x\mathrm{d}y\mathrm{d}z}{(1+x+y+z)^3}$, 其中 Ω 为平面 $x=0, y=0, z=0, x+y+z=1$ 所围成的四面体;

   (5) $\iiint\limits_{\Omega} xyz\mathrm{d}x\mathrm{d}y\mathrm{d}z$, 其中 Ω 为球面 $x^2+y^2+z^2=1$ 及三个坐标面所围成的在第一卦限内的闭区域;

   (6) $\iiint\limits_{\Omega} z\mathrm{d}x\mathrm{d}y\mathrm{d}z$, 其中 Ω 是由锥面 $z = \dfrac{h}{R}\sqrt{x^2+y^2}$ 与平面 $z=h$ $(R>0,h>0)$ 所围成的闭区域.

3. 利用柱面坐标计算下列三重积分:

   (1) $\iiint\limits_{\Omega} z\mathrm{d}v$, 其中 Ω 是由曲面 $z = \sqrt{2-x^2-y^2}$ 及 $z = x^2+y^2$ 所围成的闭区域;

   (2) $\iiint\limits_{\Omega} (x^2+y^2)\mathrm{d}v$, 其中 Ω 是由曲面 $z = \dfrac{1}{2}(x^2+y^2)$ 及平面 $z=2$ 所围成的闭区域;

   (3) $\iiint\limits_{\Omega} (x^2+y^2)\mathrm{d}x\mathrm{d}y\mathrm{d}z$, 其中 Ω 是曲线 $y^2 = 2z, x=0$ 绕 z 轴旋转一周而成的曲面与平面 $z=2, z=8$ 所围的立体.

4. 利用球面坐标计算下列三重积分:

   (1) $\iiint\limits_{\Omega} (x^2+y^2)\mathrm{d}x\mathrm{d}y\mathrm{d}z$, 其中 Ω 是锥面 $x^2+y^2=z^2$ 与平面 $z=a$ $(a>0)$ 所围的立体;

   (2) $\iiint\limits_{\Omega} (x+y+z)^2\mathrm{d}x\mathrm{d}y\mathrm{d}z$, 其中 Ω 是由抛物面 $z = x^2+y^2$ 和球面 $x^2+y^2+z^2=2$ 所围成的空间闭区域;

(3) $\iiint\limits_{\Omega} \sqrt{x^2 + y^2 + z^2}\,\mathrm{d}v$, 其中 Ω 为球面 $x^2 + y^2 + z^2 = z$ 所围闭区域.

第四节　重积分的应用

利用定积分的元素法可以解决许多求总量的问题, 将这种思想方法推广到重积分的情形, 也可以计算一些几何、物理以及其他的量值.

一、几何应用

1. 空间立体的体积

由二重积分的几何解释可知, 利用二重积分可以计算空间立体的体积 V:

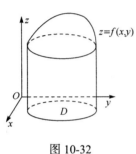

图 10-32

若空间立体为一曲顶柱体(图 10-32), 设曲顶曲面的方程为 $z = f(x, y)$, 且曲顶柱体的底在 xOy 平面上的投影为有界闭区域 D , 则

$$V = \iint\limits_{D} |f(x, y)|\,\mathrm{d}\sigma.$$

若空间立体为一上、下顶均是曲面的立体, 如何计算这个立体的体积 V ? 设立体上、下曲顶的曲面方程分别为 $z = f(x, y)$ 和 $z = g(x, y)$, 且曲顶柱体在 xOy 平面上的投影为有界闭区域 D, 则

$$V = \iint\limits_{D} |f(x, y) - g(x, y)|\,\mathrm{d}\sigma.$$

例 10.4.1　求两个底圆半径都等于 R 的垂直相交圆柱面所围成的立体的体积.

解　设两个圆柱面的方程为 $x^2 + y^2 = R^2, x^2 + z^2 = R^2$, 图 10-33 所绘是它在第一卦限内的部分. 由对称性可知, 要求出图 10-33 中的体积 V_1 , 再乘以 8 即可, 这部分立体在 xOy 面上的投影区域 D 可表示为

$$D:\ 0 \leqslant y \leqslant \sqrt{R^2 - x^2},\ \ 0 \leqslant x \leqslant R.$$

而曲面方程为 $z = \sqrt{R^2 - x^2}$, 于是

$$V_1 = \iint\limits_{D} \sqrt{R^2 - x^2}\,\mathrm{d}x\mathrm{d}y = \int_0^R \sqrt{R^2 - x^2}\,\mathrm{d}x \int_0^{\sqrt{R^2 - x^2}} \mathrm{d}y$$

$$= \int_0^R (R^2 - x^2)\,\mathrm{d}x = \frac{2}{3}R^3.$$

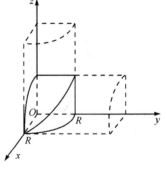

图 10-33

故所求体积为 $V = 8V_1 = \dfrac{16}{3}R^3$.　　　□

注 有时我们也利用三重积分来求空间立体的体积, 体积公式为 $V = \iiint\limits_{\Omega} \mathrm{d}v$, 其中 Ω 为立体所占的空间闭区域, 见上一节例 10.3.4.

2. 平面区域的面积

利用二重积分的性质 10.1.3, 可求平面区域 D 的面积. 设平面区域 D 位于 xOy 面上, 则 D 的面积

$$\sigma = \iint\limits_{D} \mathrm{d}x\mathrm{d}y \,.$$

我们知道, 利用定积分也可求平面区域的面积. 用定积分求平面区域 D 的面积与用二重积分求 D 的面积有什么关联?

设平面区域 D 如图 10-34 所示, 则在定积分中, 阴影部分面积

$$\sigma_D = \int_a^b |y_1(x) - y_2(x)| \mathrm{d}x \,.$$

在二重积分中,

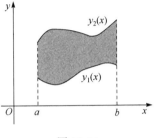

图 10-34

$$\sigma_D = \iint\limits_{D} \mathrm{d}\sigma = \int_a^b \mathrm{d}x \int_{y_1(x)}^{y_2(x)} \mathrm{d}y = \int_a^b |y_1(x) - y_2(x)| \mathrm{d}x \,.$$

——异曲同工.

例 10.4.2 求双纽线

$$\left(x^2 + y^2\right)^2 = a^2\left(x^2 - y^2\right) \quad (a > 0)$$

所围成区域的面积.

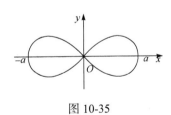

图 10-35

解 画出双纽线, 所围成的区域如图 10-35 所示. 设所求面积为 S, 由于对称性, S 应为第一象限区域 D_1 面积的 4 倍.

选用极坐标计算, 则 D_1 可以表示为

$$0 \leqslant r \leqslant a\sqrt{\cos 2\theta}, \quad 0 \leqslant \theta \leqslant \frac{\pi}{4},$$

所以

$$S = \iint\limits_{D} \mathrm{d}\sigma = 4\iint\limits_{D_1} \mathrm{d}\sigma = 4\iint\limits_{D_1} r\mathrm{d}r\mathrm{d}\theta = 4\int_0^{\frac{\pi}{4}} \mathrm{d}\theta \int_0^{a\sqrt{\cos 2\theta}} r\mathrm{d}r$$

$$= 2\int_0^{\frac{\pi}{4}} a^2 \cos 2\theta \mathrm{d}\theta = a^2 \sin 2\theta \Big|_0^{\frac{\pi}{4}} = a^2 \,. \qquad \square$$

3. 曲面的面积

在第六章定积分的应用中, 我们已经知道旋转曲面面积的计算公式, 下面利用二重

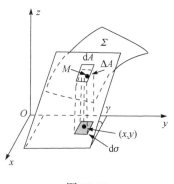

图 10-36

积分来推导出一般曲面面积的计算公式.

如图 10-36 所示, 设空间曲面 Σ 的方程为 $z = f(x, y)$, Σ 在 xOy 面上的投影区域为 D_{xy}, 函数 $f(x, y)$ 在 D_{xy} 上具有一阶连续偏导数 $f_x(x, y), f_y(x, y)$, 求曲面 Σ 的面积. 下面利用微元法来推导面积 A 的计算公式.

曲面 Σ 上任意一点 $M(x, y, f(x, y))$ 在区域 D_{xy} 上有一个投影点 $P(x, y)$, 在该点处取面积微元 $\mathrm{d}\sigma = \mathrm{d}x\mathrm{d}y$, 以 $\mathrm{d}\sigma$ 的边界线为准线, 作母线平行于 z 轴的柱面, 它在 Σ 上截取的**曲面面积微元**为 $\mathrm{d}A$. 由于 $f(x, y)$ 具有连续的偏导数, 所以 Σ 上任意一点 M 处的面积改变量 ΔA 可用其相应的切平面的面积微元 $\mathrm{d}A$ 来代替, 则

$$\mathrm{d}A = \frac{\mathrm{d}\sigma}{\cos\gamma},$$

其中 γ 是由曲面 Σ 在点 $M(x, y, f(x, y))$ 处切平面的法向量 $\boldsymbol{n} = \{-f_x(x, y), -f_y(x, y), 1\}$ 与 z 轴正向的夹角. 因为

$$\cos\gamma = \frac{1}{\sqrt{1 + f_x^2(x, y) + f_y^2(x, y)}},$$

所以

$$\mathrm{d}A = \sqrt{1 + f_x^2(x, y) + f_y^2(x, y)}\,\mathrm{d}x\mathrm{d}y.$$

于是将 $\mathrm{d}A$ 在 Σ 上无限累积, 便得曲面 Σ 的面积公式为

$$A = \iint\limits_{D_{xy}} \sqrt{1 + f_x^2(x, y) + f_y^2(x, y)}\,\mathrm{d}x\mathrm{d}y.$$

上式也可写成

$$A = \iint\limits_{D_{xy}} \sqrt{1 + \left(\frac{\partial z}{\partial x}\right)^2 + \left(\frac{\partial z}{\partial y}\right)^2}\,\mathrm{d}x\mathrm{d}y \quad \text{或} \quad A = \iint\limits_{D_{xy}} \sqrt{1 + z_x^2 + z_y^2}\,\mathrm{d}x\mathrm{d}y.$$

同理, 若曲面的方程为 $x = g(y, z)$ 或 $y = h(z, x)$, 则可分别把曲面投影到 yOz 面上 (投影区域记作 D_{yz})或 zOx 面上(投影区域记作 D_{zx}), 可得

$$A = \iint\limits_{D_{yz}} \sqrt{1 + g_y^2(y, z) + g_z^2(y, z)}\,\mathrm{d}y\mathrm{d}z$$

或

$$A = \iint\limits_{D_{zx}} \sqrt{1 + h_x^2(x, z) + h_z^2(x, z)}\,\mathrm{d}x\mathrm{d}z.$$

上面两式也可写成

$$A = \iint\limits_{D_{yz}} \sqrt{1 + \left(\frac{\partial x}{\partial y}\right)^2 + \left(\frac{\partial x}{\partial z}\right)^2}\, \mathrm{d}y\,\mathrm{d}z \quad \text{或} \quad A = \iint\limits_{D_{zx}} \sqrt{1 + \left(\frac{\partial y}{\partial z}\right)^2 + \left(\frac{\partial y}{\partial x}\right)^2}\, \mathrm{d}y\,\mathrm{d}z.$$

上面两式也可写成

$$A = \iint\limits_{D_{yz}} \sqrt{1 + x_y^2 + x_z^2}\, \mathrm{d}y\,\mathrm{d}z \quad \text{或} \quad A = \iint\limits_{D_{zx}} \sqrt{1 + y_z^2 + y_x^2}\, \mathrm{d}z\,\mathrm{d}x.$$

例 10.4.3　计算球面 $x^2 + y^2 + z^2 = R^2$ 的表面积.

解　由对称性知: 整个球的表面积为上半球面面积的 2 倍. 上半球面的方程为 $z = \sqrt{R^2 - x^2 - y^2}$, 它在 xOy 面上的投影区域为 $D_{xy} = \{(x,y)\,|\,x^2 + y^2 \leqslant R^2\}$. 因为

$$\frac{\partial z}{\partial x} = \frac{-x}{\sqrt{R^2 - x^2 - y^2}}, \quad \frac{\partial z}{\partial y} = \frac{-y}{\sqrt{R^2 - x^2 - y^2}},$$

所以

$$\sqrt{1 + \left(\frac{\partial z}{\partial x}\right)^2 + \left(\frac{\partial z}{\partial y}\right)^2} = \frac{R}{\sqrt{R^2 - x^2 - y^2}}.$$

于是利用极坐标变换有

$$A = 2\iint\limits_{D_{xy}} \frac{R}{\sqrt{R^2 - x^2 - y^2}}\, \mathrm{d}x\,\mathrm{d}y = 2R \int_0^{2\pi} \mathrm{d}\theta \int_0^R \frac{1}{\sqrt{R^2 - r^2}}\, r\,\mathrm{d}r$$

$$= -2R \int_0^{2\pi} \left(\sqrt{R^2 - r^2}\,\Big|_0^R\right) \mathrm{d}\theta = 2R^2 \int_0^{2\pi} \mathrm{d}\theta = 4\pi R^2.$$

□

例 10.4.4　求两个直圆柱面 $x^2 + y^2 = R^2$ 和 $x^2 + z^2 = R^2$ 所围立体的表面积.

解　由对称性知, 求出第一卦限所围立体(图 10-33)的表面积, 然后乘以 8, 即得所求面积. 在第一卦限中, 曲面的面积 $A = A_1 + A_2$, 其中 A_1 为在区域

$$D_1 = \left\{(x,y)\,\big|\,x^2 + y^2 \leqslant R^2, x \geqslant 0, y \geqslant 0\right\}$$

上曲面 $2 = \sqrt{R^2 - x^2}$ 的面积, 即

$$A_1 = \iint\limits_{D_1} \sqrt{1 + z_x^2 + z_y^2}\, \mathrm{d}x\,\mathrm{d}y = \iint\limits_{D_1} \frac{R}{\sqrt{R^2 - x^2}}\, \mathrm{d}x\,\mathrm{d}y$$

$$= \int_0^R \mathrm{d}x \int_0^{\sqrt{R^2 - x^2}} \frac{R}{\sqrt{R^2 - x^2}}\, \mathrm{d}y = R^2.$$

同理, A_2 为在区域 $D_2 = \{(x,y)\,|\,x^2 + z^2 \leqslant R^2, x \geqslant 0, z \geqslant 0\}$ 上曲面 $y = \sqrt{R^2 - x^2}$ 的面积, 即

$$A_2 = \iint\limits_{D_2} \sqrt{1 + y_x^2 + y_z^2}\, \mathrm{d}x\,\mathrm{d}z = \int_0^R \mathrm{d}x \int_0^{\sqrt{R^2 - x^2}} \frac{R}{\sqrt{R^2 - x^2}}\, \mathrm{d}z = R^2,$$

于是所求曲面面积为 $8A = 8(A_1 + A_2) = 16R^2.$

□

二、重积分在物理学中的应用

1. 平面薄片的质量

设一平面薄片, 在 xOy 面上占据平面闭区域 D, 已知薄片在 D 内每一点 (x,y) 的面密度为 $\rho = \rho(x,y)$, 且 $\rho(x,y)$ 在 D 上连续. 求此平面薄片的质量 M. 在闭区域 D 上任取一直径很小的闭区域 $d\sigma$, 则薄片中对应于 $d\sigma$($d\sigma$ 也表示其面积)部分的质量可近似地表示为 $\rho(x,y)d\sigma$, 这就是质量元素, 以其为被积表达式, 在区域 D 上二重积分, 得

$$M = \iint\limits_{D} \rho(x,y)d\sigma.$$

特别地, 如果平面薄片为均匀的, 即 ρ 为常数时, 上式可简化为

$$M = \rho\iint\limits_{D}d\sigma = \rho\sigma \quad (\sigma \text{ 为 } D \text{ 的面积}).$$

类似地, 我们可以得到空间物体的质量

$$M = \iiint\limits_{\Omega} \rho(x,y,z)dv,$$

其中 Ω 为立体所占的空间闭区域, $\rho(x,y,z)$ 为体密度.

例 10.4.5 设一薄片的占有区域为中心在原点、半径为 R 的圆域, 面密度为 $\rho(x,y) = x^2 + y^2$, 求薄片的质量.

解 薄片的质量 $M = \iint\limits_{D} P(x,y)d\sigma = \int_0^{2\pi}d\theta\int_0^R r^2 \cdot r dr = \dfrac{R^4}{4}\int_0^{2\pi}d\theta = \dfrac{\pi R^4}{2}.$ □

2. 平面薄片的质心(重心)坐标

设 xOy 面上有 n 个质点, 分别位于 $(x_1,y_1),(x_2,y_2),\cdots,(x_n,y_n)$ 处, 质量分别为 $m_1,m_2,\cdots,m_n$. 由力学知, 该质点系的**质心(重心)**坐标 $(\bar{x},\bar{y})$ 计算公式为

$$\bar{x} = \frac{M_y}{M} = \frac{\sum\limits_{i=1}^{n}m_i x_i}{\sum\limits_{i=1}^{n}m_i} \quad \text{和} \quad \bar{y} = \frac{M_x}{M} = \frac{\sum\limits_{i=1}^{n}m_i y_i}{\sum\limits_{i=1}^{n}m_i},$$

其中 $M = \sum\limits_{i=1}^{n}m_i$ 为该质点系的总质量, $M_y = \sum\limits_{i=1}^{n}m_i x_i$ 和 $M_x = \sum\limits_{i=1}^{n}m_i y_i$ 分别为该质点系关于 y 轴和 x 轴的静力矩.

设一平面薄片在 xOy 面上占据有界闭区域 D, 已知薄片在 D 内每一点 (x,y) 的面密度为 $\rho = \rho(x,y)$, 且 $\rho(x,y)$ 在 D 上连续. 由前面平面薄片质量的讨论可知, 对于闭区域 D 上任一直径很小的闭区域 $d\sigma$, 薄片中对应于 $d\sigma$($d\sigma$ 也表示其面积)部分的质量可近似地表示为 $dM = \rho(x,y)d\sigma$, 这部分质量又可近似地看成是集中在点 (x,y) 处, 由此可得对应于 $d\sigma$ 的小薄片关于 x 轴和 y 轴的静力矩元素 M_y 及 M_x,

$$dM_y = x dM = x\rho(x,y)d\sigma, \quad dM_x = y dM = y\rho(x,y)d\sigma,$$

以它们为被积表达式在区域 D 上进行二重积分, 可得平面薄片关于 x 轴和 y 轴的静力矩

$$M_y = \iint\limits_{D} x\rho(x,y)d\sigma$$

和

$$M_x = \iint\limits_{D} y\rho(x,y)d\sigma,$$

所以平面薄片的质心(重心)坐标为

$$\bar{x} = \frac{M_y}{M} = \frac{\iint\limits_{D} x\rho(x,y)d\sigma}{\iint\limits_{D} \rho(x,y)d\sigma} \quad 和 \quad \bar{y} = \frac{M_x}{M} = \frac{\iint\limits_{D} y\rho(x,y)d\sigma}{\iint\limits_{D} \rho(x,y)d\sigma}.$$

特别地, 如果平面薄片为均匀的, 即 ρ 为常数, 上式可简化为

$$\bar{x} = \frac{1}{A}\iint\limits_{D} x d\sigma \quad 和 \quad \bar{y} = \frac{1}{A}\iint\limits_{D} y d\sigma,$$

其中 $A = \iint\limits_{D_{xy}} d\sigma$ 为平面区域 D_{xy} 的薄片的面积.

同理可得到空间非均匀物体 Ω 的质心(重心)坐标 $(\bar{x}, \bar{y}, \bar{z})$ 的计算公式为

$$\bar{x} = \frac{\iiint\limits_{\Omega} x\mu(x,y,z)dv}{\iiint\limits_{\Omega} \mu(x,y,z)dv}, \quad \bar{y} = \frac{\iiint\limits_{\Omega} y\mu(x,y,z)dv}{\iiint\limits_{\Omega} \mu(x,y,z)dv}, \quad \bar{z} = \frac{\iiint\limits_{\Omega} z\mu(x,y,z)dv}{\iiint\limits_{\Omega} \mu(x,y,z)dv},$$

其中 $\mu(x,y,z)$ 为物体 Ω 在点 (x,y,z) 处的体密度, 且 $\mu(x,y,z)$ 在 Ω 上连续, $\iiint\limits_{\Omega} \mu(x,y,z)dv$ 为空间物体 Ω 的质量.

例 10.4.6 求位于两圆 $\rho = 2\sin\theta$ 和 $\rho = 4\sin\theta$ 之间的月牙形均匀薄片的质心 G 的坐标(图 10-37).

解 因月牙形均匀薄片关于 y 轴对称, 所以重心的横坐标 $\bar{x} = 0$. 又因为闭区域 D 位于半径为 1 与半径为 2 的两圆之间, 所以它的面积等于这两个圆的面积之差, 即 $A = 3\pi$.

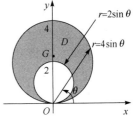

图 10-37

$$\bar{y} = \frac{1}{A}\iint\limits_{D} y d\sigma = \frac{1}{3\pi}\iint\limits_{D} r^2\sin\theta dr d\theta$$

$$= \frac{1}{3\pi}\int_0^\pi \sin\theta d\theta \int_{2\sin\theta}^{4\sin\theta} r^2 dr = \frac{7}{3}.$$

故所求质心是 $G\left(0, \dfrac{7}{3}\right)$.

*3. 引力

设有一质量为 m 的质点位于空间点 $P(x,y,z)$ 处, 另有一单位质量的质点位于点 $P_0(x_0,y_0,z_0)$ 处, 则由力学中的引力定律知, 该质点对单位质量质点的引力为

$$F = \frac{km}{r^3}(x-x_0,y-y_0,z-z_0),$$

其中 k 为引力常数, r 为两质点间的距离, 即

$$r = \left| \overrightarrow{P_0P} \right| = \sqrt{(x-x_0)^2+(y-y_0)^2+(z-z_0)^2}.$$

设一物体由空间有界闭区域 Ω 围成, 它在点 (x,y,z) 处的密度为 $\mu(x,y,z)$, 且设 $\mu(x,y,z)$ 在 Ω 上连续, 在 Ω 外一点 $P_0(x_0,y_0,z_0)$ 处有一单位质量的质点. 下面利用微元法导出 Ω 对于位于 $P_0(x_0,y_0,z_0)$ 处的单位质量的质点的引力.

在 Ω 内任取一直径很小的闭区域 $\mathrm{d}v$(其体积也记作 $\mathrm{d}v$), (x,y,z) 为这一小区域 $\mathrm{d}v$ 中的任一点, 把这一小块物体的质量 $\mu(x,y,z)\mathrm{d}v$ 近似地看作集中在点 (x,y,z) 处, 于是由两质点间的引力公式可得这一小块物体对位于 $P_0(x_0,y_0,z_0)$ 处的单位质量的质点引力近似为

$$\begin{aligned} \mathrm{d}F &= \left(\mathrm{d}F_x, \mathrm{d}F_y, \mathrm{d}F_z \right) \\ &= \left(k\frac{\mu(x,y,z)(x-x_0)}{r^3}\mathrm{d}v, k\frac{\mu(x,y,z)(y-y_0)}{r^3}\mathrm{d}v, k\frac{\mu(x,y,z)(z-z_0)}{r^3}\mathrm{d}v \right) \end{aligned}$$

其中 $\mathrm{d}F_x$, $\mathrm{d}F_y$, $\mathrm{d}F_z$ 分别为引力微元 $\mathrm{d}F$ 在三个坐标轴上的分量, k 为引力常数,

$$r = \sqrt{(x-x_0)^2+(y-y_0)^2+(z-z_0)^2}.$$

对 $\mathrm{d}F_x, \mathrm{d}F_y, \mathrm{d}F_z$ 在 Ω 上分别积分得

$$\begin{aligned} F &= \left(F_x, F_y, F_z \right) \\ &= \left(\iiint\limits_{\Omega} \frac{k\mu(x,y,z)(x-x_0)}{r^3}\mathrm{d}v, \iiint\limits_{\Omega} \frac{k\mu(x,y,z)(y-y_0)}{r^3}\mathrm{d}v, \iiint\limits_{\Omega} \frac{k\mu(x,y,z)(z-z_0)}{r^3}\mathrm{d}v \right). \end{aligned}$$

如果将上述空间立体 Ω 换成位于 xOy 面上的平面薄片 D, 且假定其上任一点 (x,y) 处的面密度为 $\mu(x,y)$, 则求 D 对于 $P_0(x_0,y_0,z_0)$ 处单位质量的质点的引力的方法与上面类似, 结果只要将上面公式中 Ω 上的三重积分换成区域 D 上的二重积分, 并将被积函数中的密度函数换成 $\mu(x,y)$ 即可.

值得指出的是, 在具体计算引力时, 常常不是三个分量都必须通过积分求出, 利用物体形状的对称性, 可直接得到某个方向上的分量为零.

例 10.4.7 面密度为常数 μ, 半径为 R 的圆盘, 在过圆心且垂直于圆盘的所在直线上距圆心 a 处有一单位质量的质点, 求圆盘对此质点的引力大小.

解 设圆盘占 xOy 面上的区域为 $D = \left\{ (x,y) \,\middle|\, x^2+y^2 \leqslant R^2 \right\}$, 单位质量的质点的坐标为 $(0,0,-a)$. 由对称性可知

$$F_x = 0, \quad F_y = 0,$$

$$F_z = \iint\limits_{D} k\mu \frac{a}{r^3} d\sigma = k\mu a \iint\limits_{D} \frac{1}{(x^2+y^2+a^2)^{\frac{3}{2}}} dxdy$$

$$= k\mu a \int_0^{2\pi} d\theta \int_0^R \frac{\rho}{(\rho^2+a^2)^{\frac{3}{2}}} d\rho$$

$$= 2k\mu a\pi \left(\frac{1}{a} - \frac{1}{\sqrt{a^2+R^2}} \right),$$

故圆盘对质点的引力为

$$F = \left(0, 0, 2k\mu a\pi \left(\frac{1}{a} - \frac{1}{\sqrt{a^2+R^2}} \right) \right). \qquad \Box$$

例 10.4.8 求高为 H、底半径为 R 且密度均匀的圆柱体对圆柱底面中心一单位质量的质点的引力 F.

解 如图 10-38 所示, 以单位质量的质点所在位置为坐标原点, 圆柱的中心轴为 z 轴建立空间直角坐标系, 该圆柱体所占区域 $\Omega = \left\{ (x,y,z) \middle| 0 \leqslant z \leqslant H, x^2+y^2 \leqslant R^2 \right\}$. 由于圆柱体密度均匀, 则可设 $\mu(x,y,z) = \mu$, 根据对称性有

$$F_x = 0, \qquad F_y = 0,$$

$$F_z = \iiint\limits_{\Omega} \frac{k\mu z}{(x^2+y^2+z^2)^{\frac{3}{2}}} dv$$

$$= \int_0^{2\pi} d\theta \int_0^R \rho d\rho \int_0^H \frac{k\mu z}{(\rho^2+z^2)^{\frac{3}{2}}} dz$$

$$= -2\pi k\mu \int_0^R \rho (\rho^2+z^2)^{-\frac{1}{2}} \Big|_0^H d\rho$$

$$= 2\pi k\mu \int_0^R \left(1 - \frac{\rho}{\sqrt{\rho^2+H^2}} \right) d\rho$$

$$= 2\pi k\mu (R + H - \sqrt{R^2+H^2}),$$

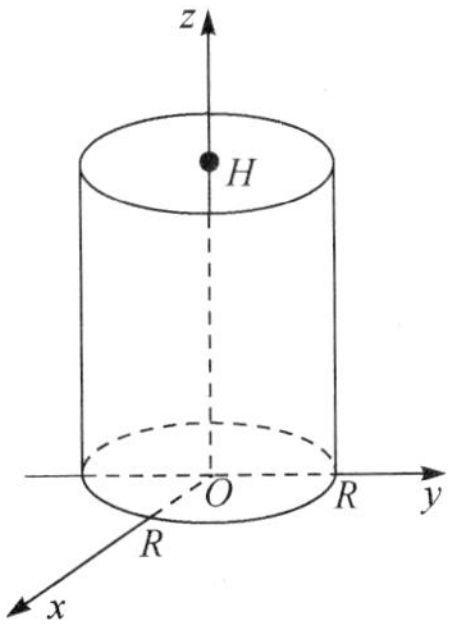

图 10-38

因此, 所求引力为

$$F = \left(0, 0, 2\pi k\mu (R + H - \sqrt{R^2+H^2}) \right). \qquad \Box$$

*4. 物体的转动惯量

设 xOy 面上有 n 个质量分别为 m_i $(i=1,2,\cdots,n)$, 位置分别为 (x_i,y_i) $(i=1,2,\cdots,n)$ 的质点, 由物理学可知, 该质点系关于 x 轴、y 轴以及原点的转动惯量依次为

$$I_x = \sum_{i=1}^{n} m_i y_i^2, \quad I_y = \sum_{i=1}^{n} m_i x_i^2, \quad I_o = \sum_{i=1}^{n} m_i \left(x_i^2 + y_i^2 \right).$$

下面将这组公式推广到平面薄板上.

设有一平面薄板在 xOy 面上占有闭区域 D, 点 (x,y) 处的面密度 $\mu(x,y)$ 是 D 上的连续函数, 求此平面薄板关于 x 轴、y 轴以及原点的转动惯量. 与推导平面薄板关于坐标轴的静力矩类似, 应用微元法易得此平面薄板关于 x 轴、y 轴以及坐标原点的转动惯量分别为

$$I_x = \iint_D y^2 \mu(x,y)\mathrm{d}\sigma, \quad I_y = \iint_D x^2 \mu(x,y)\mathrm{d}\sigma, \quad I_o = \iint_D \left(x^2 + y^2\right)\mu(x,y)\mathrm{d}\sigma.$$

类似地可将上述公式推广到空间物体上. 设空间物体占有空间区域 Ω, 在点 (x,y,z) 处的密度为 $\mu(x,y,z)$, 且设 $\mu(x,y,z)$ 在 Ω 上连续, 则该物体关于 x,y,z 坐标轴及坐标原点的转动惯量分别为

$$I_x = \iiint_\Omega (y^2 + z^2)\mu(x,y,z)\mathrm{d}v, \quad I_y = \iiint_\Omega (x^2 + z^2)\mu(x,y,z)\mathrm{d}v,$$

$$I_z = \iiint_\Omega (x^2 + y^2)\mu(x,y,z)\mathrm{d}v, \quad I_o = \iiint_\Omega (x^2 + y^2 + z^2)\mu(x,y,z)\mathrm{d}v.$$

例 10.4.9　求密度为 1 的均匀球体 $\Omega = \left\{ (x,y,z) \middle| x^2 + y^2 + z^2 \leqslant 1 \right\}$ 对 x,y,z 坐标轴及坐标原点的转动惯量.

解　由公式有

$$I_x = \iiint_\Omega (x^2 + z^2)\mathrm{d}v, \quad I_y = \iiint_\Omega (x^2 + z^2)\mathrm{d}v, \quad I_z = \iiint_\Omega (x^2 + y^2)\mathrm{d}v.$$

由对称性有

$$I_x = I_y = I_z,$$

记 $I = I_x$, 将上面三式相加得

$$3I = \iiint_\Omega 2(x^2 + y^2 + z^2)\mathrm{d}v.$$

于是在球面坐标系下有

$$I = \frac{2}{3}\iiint_\Omega (x^2 + y^2 + z^2)\mathrm{d}v = \frac{2}{3}\iiint_\Omega r^2 \cdot r^2 \sin\varphi \mathrm{d}r\mathrm{d}\varphi\mathrm{d}\theta$$

$$= \frac{2}{3}\int_0^{2\pi} \mathrm{d}\theta \int_0^{\pi} \mathrm{d}\varphi \int_0^1 r^4 \sin\varphi \mathrm{d}r = \frac{8}{15}\pi.$$

于是对 x,y,z 坐标轴的转动惯量为

$$I_x = I_y = I_z = \frac{8}{15}\pi.$$

此外, 从上面的计算过程易得

$$I_o = \frac{3}{2}I = \frac{3}{2} \times \frac{8}{15}\pi = \frac{4}{5}\pi. \qquad \square$$

习 题 10-4

1. 求由锥面 $z = \sqrt{x^2 + y^2}$ 与曲面 $z = 6 - x^2 - y^2$ 所围成的立体体积.

2. 求球体 $x^2 + y^2 + z^2 \leqslant 4a^2$ 被圆柱面 $x^2 + y^2 = 2ax \ (a > 0)$ 所截得的(含在圆柱面内的部分)立体的体积.

3. 求曲线 $(x^2 + y^2)^2 = 2a^2(x^2 - y^2)$ 和 $x^2 + y^2 \geqslant a \ (a > 0)$ 所围成区域 D 的面积.

4. 求球面 $x^2 + y^2 + z^2 = a^2$ 含在圆柱面 $x^2 + y^2 = ax \ (a > 0)$ 内部的那部分面积.

5. 求锥面 $z = \sqrt{x^2 + y^2}$ 被柱面 $z^2 = 2x$ 所割下的部分的曲面的面积.

6. 设薄片所占的闭区域 D 如下, 求均匀薄片的质心:

   (1) D 由 $y = \sqrt{2px}$, $x = x_0, y = 0$ 所围成;

   (2) D 是半椭圆形闭区域 $\left\{ (x,y) \left| \dfrac{x^2}{a^2} + \dfrac{y^2}{b^2} \leqslant 1, y \geqslant 0 \right. \right\}$.

7. 设平面薄片所占的闭区域 D 由抛物线 $y = x^2$ 及直线 $y = x$ 所围成, 它在点 (x, y) 处的面密度 $\mu(x, y) = x^2 y$, 求该薄片的质心.

8. 设有一等腰直角三角形薄片, 腰长为 a, 各点处的面密度等于该点到直角顶点的距离的平方, 求该薄片的质心.

9. 利用三重积分计算下列由曲面所围成立体的质心(设密度 $\rho = 1$):

   (1) $z^2 = x^2 + y^2, z = 1$;

   (2) $z = \sqrt{A^2 - x^2 - y^2}$, $z = \sqrt{a^2 - x^2 - y^2} \ (A > a > 0), z = 0$.

10. 设球体占有闭区域 $\Omega = \{(x, y, z) \mid x^2 + y^2 + z^2 \leqslant 2Rz\}$, 它在内部各点的密度的大小等于该点到坐标原点的距离的平方, 试求该球体的质心.

11. 设面密度为常量 μ 的匀质半圆环形薄片占有闭区域 $D = \{(x, y, 0) \mid R_1 \leqslant \sqrt{x^2 + y^2} \leqslant R_2, x > 0\}$, 求它对位于 z 轴上点 $M_0(0, 0, a)(a > 0)$ 处单位质量的质点的引力 $F = (F_x, F_y, F_z)$.

12. 设均匀柱体密度为 ρ, 占有闭区域 $\Omega = \{(x, y, z) \mid x^2 + y^2 \leqslant R^2, 0 \leqslant z \leqslant h\}$, 求它对位于点 $M_0(0, 0, a)(a > h)$ 处单位质量的质点的引力.

13. 设一均匀的直角三角形薄板(面密度为常量 ρ), 两直角边长分别为 a, b, 求该三角形对其中任一直角边的转动惯量.

14. 已知均匀矩形板(面密度为常数 ρ)的长和宽分别为 b 和 h, 计算此矩形板对于通过其形心且分别与一边平行的两轴的转动惯量.

第五节　Mathematica 软件应用(9)

一、二重积分

Mathematica 用内建函数 Integrate 来求二重积分, 它的命令格式为

$$\text{Integrate} \left[f[x, y], \{x, x_{\min}, x_{\max}\}, \{y, y_{\min}, y_{\max}\} \right],$$

用于计算二次积分 $\int_{x_{\min}}^{x_{\max}} \mathrm{d}x \int_{y_{\min}}^{y_{\max}} f(x, y)\mathrm{d}y$.

输入:

$$\text{Integrate}\left[\,f[x, y]\,, \{x, x_{\min}, x_{\max}\}, \{y, y_{\min}, y_{\max}\}\,\right],$$

然后按 Shift+Enter 键输出结果.

例 10.5.1　计算二次积分 $\int_0^1 \mathrm{d}x \int_{x^2}^{\sqrt{x}} x\sqrt{y}\,\mathrm{d}y$.

解　运算过程见图 10-39.

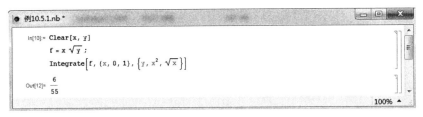

图 10-39

于是

$$\int_0^1 \mathrm{d}x \int_{x^2}^{\sqrt{x}} x\sqrt{y}\,\mathrm{d}y = \frac{6}{55}.$$　　　□

例 10.5.2　计算二次积分 $\int_{\frac{\pi}{6}}^{\frac{\pi}{2}} \mathrm{d}\theta \int_1^{2\sin\theta} r^3 \sin\theta\cos\theta\,\mathrm{d}r$.

解　运算过程见图 10-40.

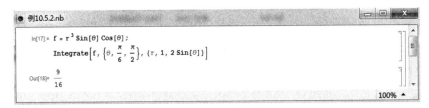

图 10-40

于是

$$\int_{\frac{\pi}{6}}^{\frac{\pi}{2}} \mathrm{d}\theta \int_1^{2\sin\theta} r^3 \sin\theta\cos\theta\,\mathrm{d}r = \frac{9}{16}.$$　　　□

例 10.5.3　计算二重积分 $\iint\limits_{D}(3x + 2y)\,\mathrm{d}\sigma$, D 是由两坐标轴及直线 $x + y = 2$ 所围成的区域.

解　运算过程见图 10-41.

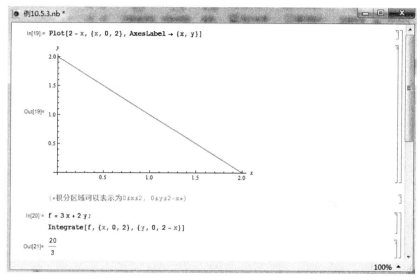

图 10-41

于是

$$\iint\limits_{D}(3x+2y)\mathrm{d}\sigma=\frac{20}{3}.$$ □

例 10.5.4 计算二重积分 $\iint\limits_{D}(x^2+y^2-x)\mathrm{d}\sigma$，其中 D 是由直线 $y=2$，$y=x$ 及 $y=2x$ 所围成的闭区域.

解 由图 10-42 知, 积分区域 D 可以表示为

$$0\leqslant y\leqslant 2,\quad \frac{y}{2}\leqslant x\leqslant y.$$

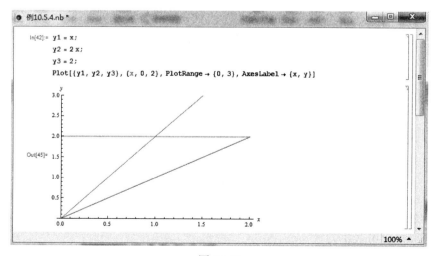

图 10-42

由图 10-43 知,

$$\iint\limits_{D}(x^2 + y^2 - x)\mathrm{d}\sigma = \frac{13}{6}.$$

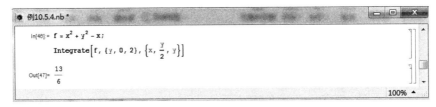

图 10-43

二、三重积分

Mathematica 用内建函数 Integrate 来求三重积分, 它的命令格式为

$$\text{Integrate}\left[\,f[x,y,z]\,,\{x,x_{\min},x_{\max}\},\{y,y_{\min},y_{\max}\},\{z,z_{\min},z_{\max}\}\,\right],$$

用于计算二次积分 $\displaystyle\int_{x_{\min}}^{x_{\max}}\mathrm{d}x\int_{y_{\min}}^{y_{\max}}\mathrm{d}y\int_{z_{\min}}^{z_{\max}}f(x,y,z)\mathrm{d}z$.

例 10.5.5 计算三次积分 $\displaystyle\int_0^1\mathrm{d}x\int_0^x\mathrm{d}y\int_0^{xy}\mathrm{d}z$.

解 运算过程见图 10-44.

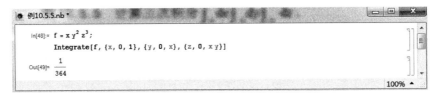

图 10-44

于是

$$\int_0^1\mathrm{d}x\int_0^x\mathrm{d}y\int_0^{xy}\mathrm{d}z = \frac{1}{364}.$$

例 10.5.6 求 $\displaystyle\int_0^2\mathrm{d}x\int_0^{\sqrt{2x-x^2}}\mathrm{d}y\int_0^a z\sqrt{x^2+y^2}\mathrm{d}z$.

解 由题意, 积分区域 Ω 为

$$\begin{cases} 0 \leqslant x \leqslant 2, \\ 0 \leqslant y \leqslant \sqrt{2x-x^2}, \\ 0 \leqslant z \leqslant a, \end{cases}$$

在柱面坐标下 Ω 可表示为

$$\begin{cases} 0 \leqslant \theta \leqslant \dfrac{\pi}{2}, \\[2mm] 0 \leqslant r \leqslant 2\cos\theta, \\[2mm] 0 \leqslant z \leqslant a, \end{cases}$$

于是

$$\int_0^2 \mathrm{d}x \int_0^{\sqrt{2x-x^2}} \mathrm{d}y \int_0^a z\sqrt{x^2+y^2}\,\mathrm{d}z = \int_0^{\frac{\pi}{2}} \mathrm{d}\theta \int_0^{2\cos\theta} \mathrm{d}r \int_0^a zr^2\,\mathrm{d}z .$$

如图 10-45 所示.

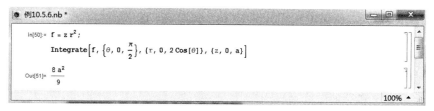

图 10-45

因此,

$$\int_0^2 \mathrm{d}x \int_0^{\sqrt{2x-x^2}} \mathrm{d}y \int_0^a z\sqrt{x^2+y^2}\,\mathrm{d}z = \frac{8}{9}a^2 . \qquad \square$$

习 题 10-5

1. 计算二次积分 $\displaystyle\int_0^1 \mathrm{d}x \int_0^{\frac{\pi}{2}} \sqrt{x}\cos y\,\mathrm{d}y$.

2. 计算二重积分 $\displaystyle\iint\limits_D \ln(1+x^2+y^2)\mathrm{d}\sigma$,其中 D 是由圆周 $x^2+y^2=1$ 及坐标轴所围成的在第一象限内的闭区域.

3. 计算三次积分 $\displaystyle\int_0^{2\pi} \mathrm{d}\theta \int_0^{\frac{\pi}{2}} \mathrm{d}\varphi \int_a^A r^4 \sin^3\varphi\,\mathrm{d}r$.

第十一章　曲线积分与曲面积分

上一章我们已经把积分概念从闭区间上的定积分推广到平面或空间闭区域上的重积分,本章将继续把积分概念推广到积分点集为曲线弧或曲面片的情形,建立曲线积分和曲面积分的概念,给出其计算方法.并通过格林公式、高斯公式等建立与重积分之间的联系,同时指出这些定理在数学、物理等方面的理论意义和具体应用.

第一节　对弧长的曲线积分

一、对弧长的曲线积分的概念与性质

在上册第六章关于曲线的弧长讨论过程中,我们引入了光滑曲线弧的概念,并在不同坐标下给出光滑曲线弧的表示形式,这里我们再次指出**光滑曲线弧是可求长**的.

引例　平面曲线形构件的质量

设 xOy 坐标平面上有一条光滑曲线弧 L,它的两个端点为 A,B (图 11-1). L 上任一点 $M(x,y)$ 处的线密度为 $\rho(x,y)$,求此曲线弧的质量 m.

我们知道,当线密度为常数 ρ 时曲线形构件质量 m 易于求得,即为

$$M = \rho \cdot s_L,$$

其中 s_L 是光滑曲线弧的长度,可以由弧长公式进行计算.而当线密度不是常数时,考虑到质量关于弧长具有累加性,我们采用分割、近似求和、取极限的积分方法进行处理.

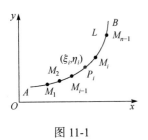

图 11-1

分割:用分点 $M_0(A),M_1,\cdots,M_{i-1},M_i,\cdots,M_n(B)$ 将曲线 L 任意分为 n 小段 $M_{i-1}M_i$,其长度分别为 Δs_i $(i=1,2,\cdots,n)$.

近似求和:在弧段 $M_{i-1}M_i$ 上任取一点 $P_i(\xi_i,\eta_i)$,当 Δs_i 很小时,若线密度函数连续,近似可以用点 P_i 处的线密度 $\rho(\xi_i,\eta_i)$ 代替这小弧段上其他各点处的线密度.从而得到该小弧段质量的近似值为

$$\Delta m_i \approx \rho(\xi_i,\eta_i)\Delta s_i \ \ (i=1,2,\cdots,n).$$

因此整个曲线弧质量近似为

$$m = \sum_{i=1}^{n} \Delta m_i \approx \sum_{i=1}^{n} \rho(\xi_i,\eta_i)\Delta s_i.$$

取极限:记 $\lambda = \max\{\Delta s_1,\Delta s_2,\cdots,\Delta s_n\}$,即所有小弧段长度的最大值,仍可称为分割细度.当 $\lambda \to 0$ 时,上述和式若极限存在,该极限值即可认为是曲线弧的质量 m,也即

$$m = \lim_{\lambda \to 0} \sum_{i=1}^{n} \rho(\xi_i,\eta_i)\Delta s_i.$$

隐去上述和式极限的物理意义, 据此抽象出对弧长的曲线积分的概念.

定义 11.1.1　设 L 为 xOy 平面上的一条光滑曲线 AB, 函数 $f(x,y)$ 在 L 上有界. 在 L 上任取分点

$$A = M_0, M_1, \cdots, M_{i-1}, M_i, \cdots, M_n = B,$$

将曲线 L 分成 n 小弧段, 每小弧段及其长度记为 Δs_i $(i = 1, 2, \cdots, n)$, 在每小弧段上任取一点 $P_i(\xi_i, \eta_i)$, 作和式 $\sum_{i=1}^{n} f(\xi_i, \eta_i) \Delta s_i$. 若当细度(各小弧段长度的最大值) $\lambda \to 0$ 时, 上述和式的极限存在, 且不依赖于曲线 L 上分点和点 P_i 的取法, 则称函数 $f(x,y)$ 在曲线 L 上可积, 且称此极限值为**函数 $f(x,y)$ 在曲线 L 上对弧长的曲线积分**或**第一类曲线积分**, 记作 $\int_L f(x,y)\mathrm{d}s$, 其中 $f(x,y)$ 称为**被积函数**, L 称为**积分弧段**, $\mathrm{d}s$ 称为**弧长微元**(即**弧微分**).

下面我们不加证明地给出对弧长的曲线积分存在的充分条件.

定理 11.1.1　当 $f(x,y)$ 在光滑曲线或分段光滑曲线弧 L 上连续时, 对弧长的曲线积分 $\int_L f(x,y)\mathrm{d}s$ 一定存在(即 $f(x,y)$ 在曲线 L 上可积).

本章若不作特别说明, 总假定 L 是光滑的或分段光滑的, 函数 $f(x,y)$ 在 L 上是连续的. 从而 $\int_L f(x,y)\mathrm{d}s$ 必定存在.

根据定理 11.1.1, 当线密度 $\rho(x,y)$ 在 L 上连续时, 上面所说的曲线形构件质量 m 就等于 $\rho(x,y)$ 对弧长的曲线积分, 即

$$m = \int_L \rho(x,y)\mathrm{d}s.$$

若 L 是闭曲线, 通常把函数 $f(x,y)$ 在闭曲线上对弧长的曲线积分记作 $\oint_L f(x,y)\mathrm{d}s$.

类似于前面各种类型积分概念, 由对弧长的曲线积分的定义可以推出以下性质.

性质 11.1.1 (线性运算性质)　设 k 为常数, 则

$$\int_L kf(x,y)\mathrm{d}s = k\int_L f(x,y)\mathrm{d}s,$$

$$\int_L [f(x,y) \pm g(x,y)]\mathrm{d}s = \int_L f(x,y)\mathrm{d}s \pm \int_L g(x,y)\mathrm{d}s.$$

性质 11.1.2 (可加性)　将 L 由其上某一点分成 L_1 和 L_2, 则

$$\int_L f(x,y)\mathrm{d}s = \int_{L_1} f(x,y)\mathrm{d}s + \int_{L_2} f(x,y)\mathrm{d}s.$$

性质 11.1.3 (不等式性)　若 $f(x,y) \leqslant g(x,y)$, 则

$$\int_L f(x,y)\mathrm{d}s \leqslant \int_L g(x,y)\mathrm{d}s.$$

特别地, 若 $f(x,y) \geqslant 0$, 则有 $\int_L f(x,y)\mathrm{d}s \geqslant 0$.

性质 11.1.4 (绝对可积性)　$\left| \int_L f(x,y)\mathrm{d}s \right| \leqslant \int_L |f(x,y)|\mathrm{d}s$.

性质 11.1.5 (积分界估计)　在 L 上, 若 $m \leqslant f(x,y) \leqslant M$, 则

$$ms_L \leqslant \int_L f(x,y)\mathrm{d}s \leqslant Ms_L,$$

其中 s_L 表示 L 的长度.

性质 11.1.6 (中值定理)　当 $f(x,y)$ 在光滑曲线弧 L 上连续时, 则至少存在一点 (ξ,η), 使得

$$\int_L f(x,y)\mathrm{d}s = f(\xi,\eta) \cdot s_L.$$

二、对弧长的曲线积分的计算

定理 11.1.2　设 $f(x,y)$ 在曲线弧 L 上有定义且连续, L 的参数方程为

$$\begin{cases} x = \varphi(t), \\ y = \psi(t) \end{cases} (\alpha \leqslant t \leqslant \beta),$$

其中 $\varphi(t)$, $\psi(t)$ 在 $[\alpha,\beta]$ 上具有一阶连续导数, 且 $\varphi'^2(t) + \psi'^2(t) \neq 0$, 则曲线积分 $\int_L f(x,y)\mathrm{d}s$ 存在, 且

$$\int_L f(x,y)\mathrm{d}s = \int_\alpha^\beta f[\varphi(t),\psi(t)]\sqrt{\varphi'^2(t) + \psi'^2(t)}\mathrm{d}t \quad (\alpha < \beta). \tag{11.1.1}$$

证　由定理 11.1.1 知 $\int_L f(x,y)\mathrm{d}s$ 存在, 下证(11.1.1)式成立。

在 L 上任取分点 $A = M_0, M_1, \cdots, M_{i-1}, M_i, \cdots, M_n = B$, 它们对应于一列单调增加的参数值 $\alpha = t_0 < t_1 < \cdots < t_{i-1} < t_i < \cdots < t_n = \beta$. 根据对弧长的曲线积分的定义,

$$\int_L f(x,y)\mathrm{d}s = \lim_{\lambda \to 0} \sum_{i=1}^n f(\xi_i,\eta_i)\Delta s_i,$$

设点 (ξ_i,η_i) 对应于参数值 τ_i', 即 $\xi_i = \varphi(\tau_i')$, $\eta_i = \psi(\tau_i')$, 这里 $t_{i-1} < \tau_i' < t_i$. 因为

$$\Delta s_i = \int_{t_{i-1}}^{t_i} \sqrt{\varphi'^2(t) + \psi'^2(t)}\mathrm{d}t,$$

由积分中值定理, 有

$$\Delta s_i = \sqrt{\varphi'^2(\tau_i) + \psi'^2(\tau_i)}\Delta t_i,$$

其中 $\Delta t_i = t_i - t_{i-1}$, $t_{i-1} \leqslant \tau_i \leqslant t_i$. 于是

$$\int_L f(x,y)\mathrm{d}s = \lim_{\lambda \to 0} \sum_{i=1}^n f[\varphi(\tau_i'),\psi(\tau_i')]\sqrt{\varphi'^2(\tau_i) + \psi'^2(\tau_i)}\Delta t_i.$$

由于极限 $\lim\limits_{\lambda \to 0} \sum\limits_{i=1}^n f(\xi_i,\eta_i)\Delta s_i$ 存在且不依赖于 (ξ_i,η_i) 的选择, 故可以把上式中的 τ_i' 换成 τ_i, 从而

$$\int_L f(x,y)\mathrm{d}s = \lim_{\lambda \to 0} \sum_{i=1}^n f[\varphi(\tau_i),\psi(\tau_i)]\sqrt{\varphi'^2(\tau_i) + \psi'^2(\tau_i)}\Delta t_i.$$

因为函数 $f[\varphi(t),\psi(t)]\sqrt{\varphi'^{2}(t)+\psi'^{2}(t)}$ 在区间 $[\alpha,\beta]$ 上连续, 从而有

$$\int_{L}f(x,y)\mathrm{d}s=\int_{\alpha}^{\beta}f[\varphi(t),\psi(t)]\sqrt{\varphi'^{2}(t)+\psi'^{2}(t)}\mathrm{d}t\quad(\alpha<\beta).$$ □

注　式(11.1.1)右端定积分的下限 α 一定要小于上限 β. 这是因为在定义 11.1.1 中小弧段的长度 Δs_{i} 总是正的, 从而 $\Delta t_{i}>0$, 所以定积分的下限 α 一定小于上限 β.

上册第六章定积分应用中关于弧长公式的讨论中, 在学习弧微分时, 对不同的曲线表达形式给出了各种不同的弧微分公式, 对应地, 这里对弧长的曲线积分也有不同形式的计算公式.

设下面的函数和曲线都满足定理 11.1.1 的条件, 则还有如下公式.

当 L 由方程 $y=y(x),a\leqslant x\leqslant b$ 给出时, 有

$$\int_{L}f(x,y)\mathrm{d}s=\int_{a}^{b}f[x,y(x)]\sqrt{1+y'^{2}(x)}\mathrm{d}x.$$

当 L 由方程 $x=x(y),c\leqslant y\leqslant d$ 给出时, 有

$$\int_{L}f(x,y)\mathrm{d}s=\int_{c}^{d}f(x(y),y)\sqrt{1+x'^{2}(y)}\mathrm{d}y.$$

当 L 由极坐标方程 $r=r(\theta),\alpha\leqslant\theta\leqslant\beta$ 给出时, 有

$$\int_{L}f(x,y)\mathrm{d}s=\int_{\alpha}^{\beta}f[r(\theta)\cos\theta,r(\theta)\sin\theta]\sqrt{r^{2}(\theta)+r'^{2}(\theta)}\mathrm{d}\theta.$$

平面曲线 L 上对弧长的曲线积分的定义、性质及有关定理可推广到空间曲线 L 上. 设 L 的参数方程为

$$x=\varphi(t),\quad y=\psi(t),\quad z=\omega(t)\quad(\alpha\leqslant t\leqslant\beta),$$

在类似定理 11.1.1 的条件下有

$$\int_{L}f(x,y,z)\mathrm{d}s=\int_{\alpha}^{\beta}f[\varphi(t),\psi(t),\omega(t)]\sqrt{\varphi'^{2}(t)+\psi'^{2}(t)+\omega'^{2}(t)}\mathrm{d}t.$$

例 11.1.1　计算曲线积分 $\int_{L}\sqrt{y}\mathrm{d}s$, 其中 L 是抛物线 $y=x^{2}$ 上的点 $A(0,0)$ 与点 $B(1,1)$ 之间的一段弧(图 11-2).

解　积分曲线由方程

$$y=x^{2},\quad x\in[0,1]$$

给出, 所以

$$\begin{aligned}\int_{L}\sqrt{y}\mathrm{d}s&=\int_{0}^{1}\sqrt{x^{2}}\sqrt{1+\left(\left(x^{2}\right)'\right)^{2}}\mathrm{d}x\\&=\int_{0}^{1}x\sqrt{1+4x^{2}}\mathrm{d}x\\&=\left[\frac{1}{12}\left(1+4x^{2}\right)^{\frac{3}{2}}\right]_{0}^{1}\\&=\frac{1}{12}\left(5\sqrt{5}-1\right).\end{aligned}$$
□

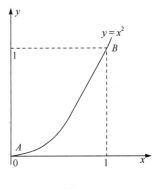

图 11-2

例 11.1.2　　计算 $\oint_L e^{\sqrt{x^2+y^2}}ds$，其中 L 为圆周 $x^2+y^2=a^2$，直线 $y=x$ 及 x 轴在第一象限内所围成的扇形的整个边界.

解　由于曲线 L 分段光滑，如图 11-3 所示，先将 L 分为若干光滑曲线段之和，再利用曲线积分的可加性计算曲线积分. L_1 的方程为

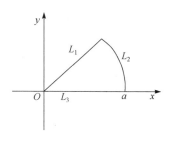

图 11-3

$$y=x,\quad 0\leqslant x\leqslant \frac{\sqrt{2}}{2}a,$$

$$ds=\sqrt{1+y'^2(x)}dx=\sqrt{2}dx,$$

$$\int_{L_1}e^{\sqrt{x^2+y^2}}ds=\int_0^{\frac{\sqrt{2}}{2}a}\sqrt{2}e^{\sqrt{2}x}dx$$

$$=\int_0^{\frac{\sqrt{2}}{2}a}e^{\sqrt{2}x}d(\sqrt{2}x)=e^a-1;$$

L_2 的方程为

$$x=a\cos t,\quad y=a\sin t\quad \left(0\leqslant t\leqslant \frac{\pi}{4}\right),$$

$$ds=\sqrt{x'^2(t)+y'^2(t)}dt=\sqrt{(-a\sin t)^2+(a\cos t)^2}dt=adt,$$

$$\int_{L_2}e^{\sqrt{x^2+y^2}}ds=\int_0^{\frac{\pi}{4}}ae^adt=\frac{\pi a}{4}e^a;$$

L_3 的方程为 $y=0(0\leqslant x\leqslant a)$，$ds=\sqrt{1+y'^2(x)}dx=dx$，

$$\int_{L_3}e^{\sqrt{x^2+y^2}}ds=\int_0^a e^x dx=e^a-1.$$

所以

$$\oint_L e^{\sqrt{x^2+y^2}}ds=\int_{L_1}e^{\sqrt{x^2+y^2}}ds+\int_{L_2}e^{\sqrt{x^2+y^2}}ds+\int_{L_3}e^{\sqrt{x^2+y^2}}ds$$

$$=e^a-1+\frac{\pi a}{4}e^a+e^a-1=\left(\frac{\pi a}{4}+2\right)e^a-2.\qquad\qquad\square$$

例 11.1.3　计算 $\int_L \frac{1}{x^2+y^2+z^2}ds$，其中 L 为空间曲线 $x=e^t\cos t$，$y=e^t\sin t$，$z=e^t$ 上相应于 t 从 0 变到 2 的这段弧.

解
$$x^2+y^2+z^2=\left(e^t\cos t\right)^2+\left(e^t\sin t\right)^2+\left(e^t\right)^2=2e^{2t},$$

$$ds=\sqrt{x'^2+y'^2+z'^2}dt$$

$$=\sqrt{\left(e^t\cos t-e^t\sin t\right)^2+\left(e^t\sin t+e^t\cos t\right)^2+\left(e^t\right)^2}dt$$

$$=\sqrt{3e^{2t}}dt=\sqrt{3}e^t dt,$$

所以

$$\int_L \frac{1}{\sqrt{x^2+y^2+z^2}}\,\mathrm{d}s = \int_0^2 \frac{1}{2\mathrm{e}^{2t}}\sqrt{3}\mathrm{e}^t\mathrm{d}t$$

$$= \frac{\sqrt{3}}{2}\int_0^2 \mathrm{e}^{-t}\mathrm{d}t = -\frac{\sqrt{3}}{2}\mathrm{e}^{-t}\Big|_0^2 = \frac{\sqrt{3}}{2}\big(1-\mathrm{e}^{-2}\big). \qquad \square$$

例 11.1.4 已知曲线 L 是平面 $x+y+z=0$ 与球面 $x^2+y^2+z^2=R^2$ 的交线，计算曲线积分 $\oint_L(x^2+y^2+z)\mathrm{d}s$.

解 由于曲线 L 的方程中的变量 x,y,z 具有轮换对称性，所以有

$$\oint_L x^2\mathrm{d}s = \oint_L y^2\mathrm{d}s = \oint_L z^2\mathrm{d}s ,$$

$$\oint_L x\mathrm{d}s = \oint_L y\mathrm{d}s = \oint_L z\mathrm{d}s .$$

因此

$$\oint_L (x^2+y^2)\mathrm{d}s = \frac{2}{3}\oint_L(x^2+y^2+z^2)\mathrm{d}s = \frac{2}{3}R^2\oint_L \mathrm{d}s = \frac{4}{3}\pi R^3 ,$$

$$\oint_L z\mathrm{d}s = \frac{1}{3}\oint_L(x+y+z)\mathrm{d}s = \frac{1}{3}\oint_L 0\mathrm{d}s = 0 .$$

从而

$$\oint_L (x^2+y^2+z)\mathrm{d}s = \oint_L(x^2+y^2)\mathrm{d}s + \oint_L z\mathrm{d}s = \frac{4}{3}\pi R^3 . \qquad \square$$

习 题 11-1

1. 计算下列对弧长的曲线积分：

(1) $\displaystyle\int_L(x+y)\mathrm{d}s$ ，其中 L 为连接 $(1,0)$ 及 $(0,1)$ 两点的直线段；

(2) $\displaystyle\int_L xy\mathrm{d}s$ ，其中 L 为抛物线 $y^2=x$ 上从点 $A(1,-1)$ 到点 $B(1,1)$ 的一段弧；

(3) $\displaystyle\int_L(x+y)\mathrm{d}s$ ，其中 L 为 $O(0,0)$ ，$A(1,0)$ ，$B(0,1)$ 为顶点的三角形的边界；

(4) $\displaystyle\oint_L x\mathrm{d}s$ ，其中 L 为由直线 $y=x$ 及抛物线 $y=x^2$ 所围成区域的整个边界；

(5) $\displaystyle\int_L\big(x^2+y^2\big)^n\mathrm{d}s$ ，其中 L 为圆周：$x=a\cos t$ ，$y=a\sin t$ ，$0\leqslant t\leqslant 2\pi$ ；

(6) $\displaystyle\int_L\left(x^{\frac{4}{3}}+y^{\frac{4}{3}}\right)\mathrm{d}s$ ，其中 L 为内摆线 $x=a\cos^3 t$ ，$y=a\sin^3 t$ $\left(0\leqslant t\leqslant \dfrac{\pi}{2}\right)$ 在第一象限内的一段弧；

(7) $\displaystyle\int_\Gamma(x^2+y^2+z^2)\mathrm{d}s$ ，其中 Γ 为螺旋线 $x=a\cos t$ ，$y=a\sin t$ ，$z=kt$ 上相应于 t 从 0 到 2π 的一段弧；

(8) $\displaystyle\int_\Gamma x^2yz\mathrm{d}s$ ，其中 Γ 为折线 $ABCD$ ，A ，B ，C ，D 依次为点 $(0,0,0)$ ，$(0,0,2)$ ，$(1,0,2)$ ，

$(1,3,2)$.

2. 有一铁丝成半圆形 $x = a\cos t$，$y = a\sin t$，$0 \leqslant t \leqslant \pi$，其上每一点处的密度等于该点的纵坐标，求铁丝的质量.

第二节 对坐标的曲线积分

一、对坐标的曲线积分的概念与性质

引例 变力沿曲线做的功

设一个质点在 xOy 面内从点 A 沿光滑曲线弧 L 移动到点 B (图 11-4)，移动时质点受变力 $\boldsymbol{F}(x,y) = P(x,y)\boldsymbol{i} + Q(x,y)\boldsymbol{j}$ 的作用，其中函数 $P(x,y)$，$Q(x,y)$ 在 L 上连续，求此过程中变力 $\boldsymbol{F}(x,y)$ 所做的功 W.

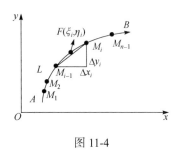

图 11-4

如果质点受恒力 $\boldsymbol{F}$ 作用由 A 沿直线移动到 B，则恒力 $\boldsymbol{F}$ 所做的功 W 易于计算，即为 $W = \boldsymbol{F} \cdot \overrightarrow{AB}$.而现在曲线弧 L 上每一点所受力 $\boldsymbol{F}(x,y)$ 大小和方向均不同，并且质点移动路径是曲线 L，不能用上式计算. 下面仍采用积分的思想处理.

首先用分点 $A = M_0, M_1, \cdots, M_{i-1}, M_i, \cdots, M_n = B$ 将曲线 L 任意分为 n 个小弧段 $M_{i-1}M_i$ $(i = 1, 2, \cdots, n)$. 由于有向弧段 $M_{i-1}M_i$ 很小，所以可将它近似地看作向量 $\overrightarrow{M_{i-1}M_i} = (\Delta x_i)\boldsymbol{i}$ $+ (\Delta y_i)\boldsymbol{j}$，其中 $\Delta x_i = x_i - x_{i-1}$，$\Delta y_i = y_i - y_{i-1}$. 又因为 $P(x,y)$，$Q(x,y)$ 在 L 上连续，可以用 $M_{i-1}M_i$ 上任一点 (ξ_i, η_i) 处的力

$$\boldsymbol{F}(\xi_i, \eta_i) = P(\xi_i, \eta_i)\boldsymbol{i} + Q(\xi_i, \eta_i)\boldsymbol{j}$$

来近似这个小弧段上各点的受力. 设变力 $\boldsymbol{F}(x,y)$ 沿有向小弧段 $M_{i-1}M_i$ 所做的功为 ΔW_i，则

$$\begin{aligned}\Delta W_i &\approx \boldsymbol{F}(\xi_i, \eta_i) \cdot \overrightarrow{M_{i-1}M_i} = [P(\xi_i, \eta_i)\boldsymbol{i} + Q(\xi_i, \eta_i)\boldsymbol{j}] \cdot [(\Delta x_i)\boldsymbol{i} + (\Delta y_i)\boldsymbol{j}] \\ &= P(\xi_i, \eta_i)\Delta x_i + Q(\xi_i, \eta_i)\Delta y_i,\end{aligned}$$

这样变力 $\boldsymbol{F}(x,y)$ 所做的功 W 近似为

$$W = \sum_{i=1}^{n} \Delta W_i \approx \sum_{i=1}^{n} P(\xi_i, \eta_i)\Delta x_i + Q(\xi_i, \eta_i)\Delta y_i.$$

令 λ 为各小段弧长度的最大值，则当 $\lambda \to 0$ 时上述和式的极限值即为变力 $\boldsymbol{F}$ 沿着有向曲线弧所做的功，即

$$W = \lim_{\lambda \to 0} \sum_{i=1}^{n} [P(\xi_i, \eta_i)\Delta x_i + Q(\xi_i, \eta_i)\Delta y_i].$$

结合中学物理中关于力的分解的知识可以知道，上述和式中的两部分可以理解为分别沿着 x, y 轴正向变分力 $P(x,y)$，$Q(x,y)$ 所做的功，而总功即为两部分的和.

下面我们引入对坐标的曲线积分的定义.

定义 11.2.1　设 L 为 xOy 面内从点 A 到点 B 的有向光滑曲线弧，函数 $P(x, y)$，$Q(x, y)$ 在 L 上有界，用分点 $A = M_0, M_1, \cdots, M_{i-1}, M_i, \cdots, M_n = B$ 将曲线 L 任意分成 n 段有向小曲线弧 $M_{i-1}M_i$ $(i = 1, 2, \cdots, n)$。记 $\Delta x_i = x_i - x_{i-1}$，$\Delta y_i = y_i - y_{i-1}$，在 $M_{i-1}M_i$ 上任取一点 $P_i(\xi_i, \eta_i)$，如果当分割细度(各小弧段长度的最大值) $\lambda \to 0$ 时，$\sum_{i=1}^{n} P(\xi_i, \eta_i)\Delta x_i$ 的极限总存在，且不依赖于 L 上分点和点 P_i 的取法，则称此极限为 $P(x, y)$ **在有向曲线弧 L 上对坐标 x 的曲线积分**，记作 $\int_L P(x, y)\mathrm{d}x$，即

$$\int_L P(x, y)\mathrm{d}x = \lim_{\lambda \to 0}\sum_{i=1}^{n} P(\xi_i, \eta_i)\Delta x_i.$$

类似地，可定义**函数 $Q(x, y)$ 在有向曲线弧 L 上对坐标 y 的曲线积分**，记作 $\int_L Q(x, y)\mathrm{d}y$，即

$$\int_L Q(x, y)\mathrm{d}y = \lim_{\lambda \to 0}\sum_{i=1}^{n} Q(\xi_i, \eta_i)\Delta y_i,$$

其中 $P(x, y)$，$Q(x, y)$ 称为**被积函数**，L 称为**积分弧段**。上面这两个积分也称为第二类曲线积分。

可以证明，当 $P(x, y)$，$Q(x, y)$ 在有向光滑曲线弧 L 上连续时，对坐标的曲线积分 $\int_L P(x, y)\mathrm{d}x$ 及 $\int_L Q(x, y)\mathrm{d}y$ 都存在。以后我们总假定 $P(x, y)$，$Q(x, y)$ 在 L 上连续。

上述定义可以类似推广到积分弧段为空间有向曲线弧 Γ 的情形：

$$\int_\Gamma P(x, y, z)\mathrm{d}x = \lim_{\lambda \to 0}\sum_{i=1}^{n} P(\xi_i, \eta_i, \varsigma_i)\Delta x_i,$$

$$\int_\Gamma Q(x, y, z)\mathrm{d}y = \lim_{\lambda \to 0}\sum_{i=1}^{n} Q(\xi_i, \eta_i, \varsigma_i)\Delta y_i,$$

$$\int_\Gamma R(x, y, z)\mathrm{d}z = \lim_{\lambda \to 0}\sum_{i=1}^{n} R(\xi_i, \eta_i, \varsigma_i)\Delta z_i.$$

应用上经常采用合并起来的形式，把上式写成

$$\int_L P(x, y)\mathrm{d}x + Q(x, y)\mathrm{d}y \text{ 和 } \int_L P(x, y, z)\mathrm{d}x + Q(x, y, z)\mathrm{d}y + R(x, y, z)\mathrm{d}z,$$

也可写成以下向量形式

$$\int_L \boldsymbol{F} \cdot \mathrm{d}\boldsymbol{r},$$

其中 $\boldsymbol{F}(x, y) = P(x, y)\boldsymbol{i} + Q(x, y)\boldsymbol{j}$ 为向量值函数，$\mathrm{d}\boldsymbol{r} = \mathrm{d}x\boldsymbol{i} + \mathrm{d}y\boldsymbol{j}$。上式也称向量值函数 $\boldsymbol{F}(x, y)$ 在有向曲线弧段 L 上的第二类曲线积分。一方面可以统一平面或空间曲线积分的积分形式，另一方面也与对弧长的曲线积分相一致。

例如，本节开始时讨论过的功可以表达成

$$W = \int_L P(x,y)\mathrm{d}x + Q(x,y)\mathrm{d}y,$$

或 $W = \int_L \boldsymbol{F} \cdot \mathrm{d}\boldsymbol{r}$.

由上述曲线积分的定义, 可以推出对坐标的曲线积分的一些性质, 为方便起见, 我们用向量形式表达, 并假定其中的向量值函数在光滑曲线 L 上连续.

性质 11.2.1 (线性性质)　设 α, β 为常数, 则

$$\int_L [\alpha \boldsymbol{F}_1(x,y) + \beta \boldsymbol{F}_2(x,y)] \cdot \mathrm{d}\boldsymbol{r} = \alpha \int_L \boldsymbol{F}_1(x,y) \cdot \mathrm{d}\boldsymbol{r} + \beta \int_L \boldsymbol{F}_2(x,y) \cdot \mathrm{d}\boldsymbol{r}.$$

性质 11.2.2 (可加性)　若有向曲线弧 L 可分成两段光滑的有向曲线弧 L_1 和 L_2, 则

$$\int_L \boldsymbol{F}(x,y) \cdot \mathrm{d}\boldsymbol{r} = \int_{L_1} \boldsymbol{F}(x,y) \cdot \mathrm{d}\boldsymbol{r} + \int_{L_2} \boldsymbol{F}(x,y) \cdot \mathrm{d}\boldsymbol{r}.$$

性质 11.2.3 (积分路径的有向性)　设 L 是有向光滑曲线弧, L^- 为与 L 同路径而反向的曲线弧, 则

$$\int_{L^-} \boldsymbol{F}(x,y) \cdot \mathrm{d}\boldsymbol{r} = -\int_L \boldsymbol{F}(x,y) \cdot \mathrm{d}\boldsymbol{r}.$$

性质 11.2.3 表明, 当积分弧段方向改变时, 对坐标的曲线积分要改变符号. 因此关于对坐标的曲线积分, 我们必须注意积分弧段的方向.

二、对坐标的曲线积分的计算

定理 11.2.1　设 $P(x,y)$, $Q(x,y)$ 在有向曲线弧 L 上有定义且连续, L 的参数方程为

$$\begin{cases} x = \varphi(t), \\ y = \psi(t), \end{cases}$$

当参数 t 单调地由 α 变到 β 时, L 上的点 $M(x,y)$ 从起点 A 沿 L 运动到终点 B, $\varphi(t)$, $\psi(t)$ 在以 α 及 β 为端点的闭区间上具有一阶连续导数, 且 $\varphi'^2(t) + \psi'^2(t) \neq 0$, 则曲线积分 $\int_L P(x,y)\mathrm{d}x + Q(x,y)\mathrm{d}y$ 存在, 且

$$\int_L P(x,y)\mathrm{d}x + Q(x,y)\mathrm{d}y = \int_\alpha^\beta \{P[\varphi(t),\psi(t)]\varphi'(t) + Q[\varphi(t),\psi(t)]\psi'(t)\}\mathrm{d}t. \tag{11.2.1}$$

证　曲线积分的存在性由前述不加以证明。

在 L 上取一列点 $A = M_0, M_1, \cdots, M_{i-1}, M_i, \cdots, M_n = B$, 不妨假定它们对应于一列单调增加的参数 $\alpha = t_0 < t_1 < \cdots < t_{i-1} < t_i < \cdots < t_n = \beta$.

根据对坐标的曲线积分的定义, 有

$$\int_L P(x,y)\mathrm{d}x = \lim_{\lambda \to 0} \sum_{i=1}^n P(\xi_i, \eta_i) \Delta x_i,$$

设点 (ξ_i, η_i) 对应于参数值 τ_i', 即 $\xi_i = \varphi(\tau_i'), \eta_i = \psi(\tau_i')$, 这里 $t_{i-1} < \tau_i' < t_i$. 由于

$$\Delta x_i = x_i - x_{i-1} = \varphi(t_i) - \varphi(t_{i-1}),$$

应用微分中值定理, 有

$$\Delta x_i = \varphi'(\tau_i)\Delta t_i,$$

其中 $\Delta t_i = t_i - t_{i-1}$, $t_{i-1} < \tau_i < t_i$, 于是

$$\int_L P(x,y)\mathrm{d}x = \lim_{\lambda \to 0}\sum_{i=1}^n P[\varphi(\tau_i'),\psi(\tau_i')]\varphi'(\tau_i)\Delta t_i.$$

因为极限 $\displaystyle\lim_{\lambda \to 0}\sum_{i=1}^n P(\xi_i,\eta_i)\Delta x_i$ 存在且不依赖于 (ξ_i,η_i) 的选择, 故可以把上式中的 τ_i' 换成 τ_i, 从而

$$\int_L P(x,y)\mathrm{d}x = \lim_{\lambda \to 0}\sum_{i=1}^n P[\varphi(\tau_i),\psi(\tau_i)]\varphi'(\tau_i)\Delta t_i.$$

上式右端的和的极限就是定积分 $\displaystyle\int_\alpha^\beta P[\varphi(t),\psi(t)]\varphi'(t)\,\mathrm{d}t$, 由于函数 $P[\varphi(t),\psi(t)]\varphi'(t)$ 连续, 这个定积分是存在的, 并且有

$$\int_L P(x,y)\mathrm{d}x = \int_\alpha^\beta P[\varphi(t),\psi(t)]\varphi'(t)\,\mathrm{d}t.$$

同理可证

$$\int_L Q(x,y)\mathrm{d}y = \int_\alpha^\beta Q[\varphi(t),\psi(t)]\psi'(t)\,\mathrm{d}t.$$

把以上两式相加, 得

$$\int_L P(x,y)\mathrm{d}x + Q(x,y)\mathrm{d}y = \int_\alpha^\beta \left\{P[\varphi(t),\psi(t)]\varphi'(t) + Q[\varphi(t),\psi(t)]\psi'(t)\right\}\mathrm{d}t,$$

这里下限 α 对应于 L 的起点, 上限 β 对应于 L 的终点. 　　　　　□

公式 (11.2.1) 表明, 计算对坐标的曲线积分 $\displaystyle\int_L P(x,y)\mathrm{d}x + Q(x,y)\mathrm{d}y$ 时, 只要把 $x,y,\mathrm{d}x,\mathrm{d}y$ 依次换成 $\varphi(t),\psi(t),\varphi'(t)\mathrm{d}t,\psi'(t)\mathrm{d}t$; 积分下限 α 对应于曲线 L 的起点的参数值, 积分上限 β 对应于曲线 L 的终点的参数值, 这里必须注意的是 α 不一定小于 β.

设下面的函数和曲线都满足定理 11.2.1 的条件, 则还有如下公式.

如果平面上有向光滑曲线 L 由直角坐标方程 $y = \varphi(x)$ 给出, L 起点对应的 $x = a$, 终点对应的 $x = b$, 则

$$\int_L P(x,y)\mathrm{d}x + Q(x,y)\mathrm{d}y = \int_a^b \left\{P[x,\varphi(x)] + Q[x,\varphi(x)]\varphi'(x)\right\}\mathrm{d}x.$$

如果平面上有向光滑曲线 L 由直角坐标方程 $x = \psi(y)$ 给出, L 起点对应的 $y = c$, 终点对应的 $y = d$, 则

$$\int_L P(x,y)\mathrm{d}x + Q(x,y)\mathrm{d}y = \int_c^d \left\{P[\psi(y),y]\psi'(y) + Q[\psi(y),y]\right\}\mathrm{d}y.$$

如果空间中有向光滑曲线 Γ 由参数方程 $x = \varphi(t),y = \psi(t),z = \omega(t)$ 给出, Γ 起点对应的 $t = \alpha$, 终点对应的 $t = \beta$, 则

$$\int_{\Gamma} P(x,y,z)\mathrm{d}x + Q(x,y,z)\mathrm{d}y + R(x,y,z)\mathrm{d}z$$
$$= \int_{\alpha}^{\beta}\left\{ P[\varphi(t),\psi(t),\omega(t)]\varphi'(t) + Q[\varphi(t),\psi(t),\omega(t)]\psi'(t) + R[\varphi(t),\psi(t),\omega(t)]\omega'(t)\right\}\mathrm{d}t.$$

例 11.2.1　计算 $\displaystyle\oint_L \frac{(x+y)\mathrm{d}x - (x-y)\mathrm{d}y}{x^2+y^2}$，其中 L 为圆周 $x^2+y^2=a^2$ (按逆时针方向).

解　圆周的参数方程为 $x=a\cos t$，$y=a\sin t$ $(0 \le t \le 2\pi)$，从而

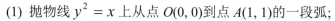

$$\oint_L \frac{(x+y)\mathrm{d}x - (x-y)\mathrm{d}y}{x^2+y^2}$$
$$= \frac{1}{a^2}\int_0^{2\pi}\left[(a\cos t + a\sin t)(-a\sin t) - (a\cos t - a\sin t)(a\cos t)\right]\mathrm{d}t$$
$$= \frac{1}{a^2}\int_0^{2\pi}(-a^2)\mathrm{d}t = -2\pi. \qquad\qquad \square$$

例 11.2.2　计算曲线积分 $\displaystyle\int_L x\mathrm{d}y + y\mathrm{d}x$，其中 L 分别是下面的曲线段(图 11-5).

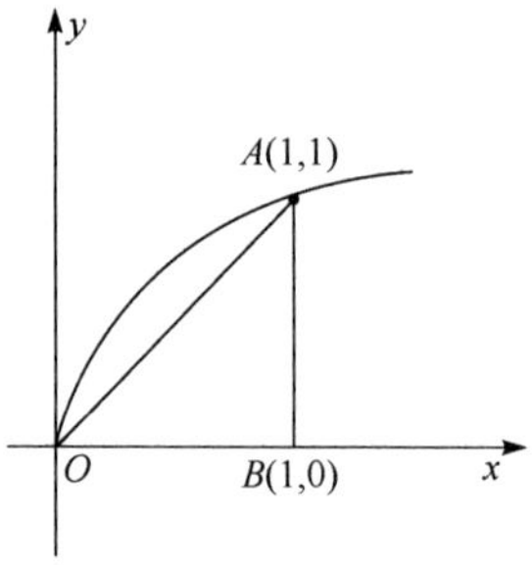

(1) 抛物线 $y^2 = x$ 上从点 $O(0,0)$ 到点 $A(1,1)$ 的一段弧；

(2) 直线 $y = x$ 上从点 $O(0,0)$ 到点 $A(1,1)$ 的直线段；

(3) 从点 $O(0,0)$ 沿 x 轴至点 $B(1,0)$，再由点 $B(1,0)$ 竖直向上至点 $A(1,1)$.

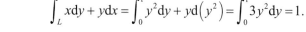

解　(1) 将积分化为对 y 的定积分，起点和终点对应的 y 的值分别是 0 和 1，x 用 y^2 代替，得到

图 11-5

$$\int_L x\mathrm{d}y + y\mathrm{d}x = \int_0^1 y^2\mathrm{d}y + y\mathrm{d}(y^2) = \int_0^1 3y^2\mathrm{d}y = 1.$$

(2) 将积分化为对 x 的定积分，起点和终点对应的 y 的值分别是 0 和 1，y 用 x 代替，得到

$$\int_L x\mathrm{d}y + y\mathrm{d}x = \int_0^1 x\mathrm{d}x + x\mathrm{d}(x) = \int_0^1 2x\mathrm{d}x = 1.$$

(3) 曲线可以分为两段，其中一段的曲线方程为 $y=0$，另一段的曲线方程为 $x=1$，所以

$$\int_L x\mathrm{d}y + y\mathrm{d}x = \int_{OB} x\mathrm{d}y + y\mathrm{d}x + \int_{OA} x\mathrm{d}y + y\mathrm{d}x$$
$$= \int_0^1 x\mathrm{d}(0) + 0\mathrm{d}x + \int_0^1 1\mathrm{d}y + y\mathrm{d}(1) = 1. \qquad \square$$

从上面的例子可以看出，尽管积分的路径不同，但是积分的值仍然有可能相同.

例 11.2.3　计算 $\displaystyle\int_L y^2\mathrm{d}x$，其中 L 为(1)半径为 a、圆心为原点、按逆时针方向绕行的上半圆周；(2)从点 $A(a,0)$ 沿 x 轴到点 $B(-a,0)$ 的直线段(图 11-6).

解　(1) 因为

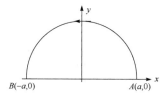

图 11-6

$$L:\begin{cases} x = a\cos\theta, \\ y = a\sin\theta, \end{cases} \quad 0 \leqslant \theta \leqslant \pi,$$

所以

$$\int_L y^2 \mathrm{d}x = \int_0^\pi a^2 \sin^2\theta(-a\sin\theta)\mathrm{d}\theta$$

$$= a^3 \int_0^\pi (1-\cos^2\theta)\mathrm{d}(\cos\theta) = -\frac{4}{3}a^3.$$

(2) 积分路径为 $L: y = 0$，x 从 a 变到 $-a$，因此

$$\int_L y^2 \mathrm{d}x = \int_a^{-a} 0\mathrm{d}x = 0. \qquad\qquad \square$$

从这个例子可以看出：被积函数相同，起点和终点也相同，但路径不同积分结果不同.

例 11.2.4　计算 $\int_\Gamma x\mathrm{d}x + y\mathrm{d}y + (x+y-1)\mathrm{d}z$，其中 Γ 是从点 $(1,1,1)$ 到点 $(2,3,4)$ 的一段直线.

解　直线的参数方程为 $x = 1+t$，$y = 1+2t$，$z = 1+3t$（$0 \leqslant t \leqslant 1$），从而

$$\int_\Gamma x\mathrm{d}x + y\mathrm{d}y + (x+y-1)\mathrm{d}z$$

$$= \int_0^1 \left[(1+t) + 2(1+2t) + 3(1+t+1+2t-1)\right]\mathrm{d}t$$

$$= \int_0^1 (6+14t)\mathrm{d}t = 13. \qquad\qquad \square$$

例 11.2.5　设质点 $M(x,y)$ 受力 $\boldsymbol{F}(x,y)$ 作用，沿椭圆 $\dfrac{x^2}{a^2} + \dfrac{y^2}{b^2} = 1$ 按逆时针方向，从 $A(a,0)$ 到 $B(0,b)$，求力 $\boldsymbol{F}$ 对质点所做的功，其中 $\boldsymbol{F}$ 的大小与点 M 到原点的距离成正比，$\boldsymbol{F}$ 的方向恒指向原点.

解　$\overrightarrow{OM} = x\boldsymbol{i} + y\boldsymbol{j}$，$\left|\overrightarrow{OM}\right| = \sqrt{x^2 + y^2}$，由已知有

$$\boldsymbol{F} = -k(x\boldsymbol{i} + y\boldsymbol{j}),$$

其中 $k > 0$ 是比例常数，于是所做的功为

$$W = \int_{AB} (-kx\mathrm{d}x - ky\mathrm{d}y) = -k\int_{AB} (x\mathrm{d}x + y\mathrm{d}y).$$

椭圆的参数方程为 $x = a\cos t, y = b\sin t$，

由于起点 A 对应 $t = 0$，终点 B 对应 $t = \dfrac{\pi}{2}$，于是

$$W = -k\int_0^{\frac{\pi}{2}} (-a^2\cos t\sin t + b^2\sin t\cos t)\mathrm{d}t$$

$$= k(a^2 - b^2)\int_0^{\frac{\pi}{2}} \sin t\cos t\mathrm{d}t = \frac{k}{2}(a^2 - b^2). \qquad\qquad \square$$

三、两类曲线积分之间的联系

由对弧长的曲线积分及对坐标的曲线积分的定义, 可以看出对弧长的曲线积分与积分路径的方向无关, 而对坐标的曲线积分与积分路径的方向是相关的; 但它们的计算都是化为定积分来完成的, 因而两类线积分之间也是有联系的. 下面我们以定积分作为桥梁, 来寻求两者之间的联系.

设有向光滑曲线段 L 的参数方程为 $x = \varphi(t), y = \psi(t)$, $t \in [\alpha, \beta]$, 起点和终点所对应的参数分别是 a 和 b, 且 $\varphi'^2(t) + \psi'^2(t) \neq 0$, 函数 $P(x,y), Q(x,y)$ 在曲线段 L 上连续, 则对坐标的曲线积分

$$\int_L P(x,y)\mathrm{d}x + Q(x,y)\mathrm{d}y = \int_a^b P(\varphi(t), \psi(t))\mathrm{d}(\varphi(t)) + Q(\varphi(t), \psi(t))\,\mathrm{d}(\psi(t))$$

$$= \int_a^b (P(\varphi(t), \psi(t))\varphi'(t) + Q(\varphi(t), \psi(t))\psi'(t))\mathrm{d}t,$$

又有向曲线的切向量为 $\boldsymbol{T} = \{\varphi'(t), \psi'(t)\}$, 它的方向余弦为

$$\cos\alpha = \frac{\varphi'(t)}{\sqrt{\varphi'^2(t) + \psi'^2(t)}}, \quad \cos\beta = \frac{\psi'(t)}{\sqrt{\varphi'^2(t) + \psi'^2(t)}},$$

注意到 $\mathrm{d}s = \sqrt{\varphi'^2(t) + \psi'^2(t)}\mathrm{d}t$, 所以由对弧长的曲线积分公式, 得到

$$\int_L \left[P(x,y)\cos\alpha + Q(x,y)\cos\beta \right]\mathrm{d}s$$

$$= \int_a^b \left[P(\varphi(t), \psi(t))\varphi'(t) + Q(\varphi(t), \psi(t))\psi'(t) \right]\mathrm{d}t.$$

由此得到两类曲线积分之间的联系:

$$\int_L P(x,y)\mathrm{d}x + Q(x,y)\mathrm{d}y = \int_L \left[P(x,y)\cos\alpha + Q(x,y)\cos\beta \right]\mathrm{d}s.$$

类似地, 可以得到两类空间曲线积分之间的联系:

$$\int_L P(x,y,z)\mathrm{d}x + Q(x,y,z)\mathrm{d}y + R(x,y,z)\mathrm{d}z$$

$$= \int_L \left[P(x,y,z)\cos\alpha + Q(x,y,z)\cos\beta + R(x,y,z)\cos\gamma \right]\mathrm{d}s,$$

这种联系还可以用向量表示:

$$\int_L \boldsymbol{F} \cdot \mathrm{d}\boldsymbol{r} = \int \boldsymbol{F} \cdot \boldsymbol{n}_0 \mathrm{d}s.$$

其中 $\boldsymbol{F} = \{P, Q, R\}$, $\boldsymbol{n}_0 = \{\cos\alpha, \cos\beta, \cos\gamma\}$ 为曲线上点 (x, y, z) 处的单位切向量, $\mathrm{d}\boldsymbol{r} = \{\mathrm{d}x, \mathrm{d}y, \mathrm{d}z\}$ 称为**有向曲线元**. 上式表明, 向量值函数 $\boldsymbol{F}$ 的第二类曲线积分等于数量值函数 $\boldsymbol{F} \cdot \boldsymbol{n}_0$ 的第一类曲线积分.

例 11.2.6　设 L 为曲线 $x-t, y = t^2, z = t^3$ 上从点 $(2,4,8)$ 到点 $(0,0,0)$ 一段弧, 将

$$I = \int_L (y^2 - z^2)\mathrm{d}x + 2yz\mathrm{d}y - x^2\mathrm{d}z$$

化成第一类曲线积分.

解　曲线的切向量为 $(1, 2t, 3t^2)$，沿 L 方向的单位切向量为

$$\boldsymbol{n}_0 = \frac{\{-1, -2t, -3t^2\}}{\sqrt{1 + 4t^2 + 9t^4}} = \frac{\{-1, -2x, -3y\}}{\sqrt{1 + 4y + 9y^2}},$$

故

$$\cos\alpha = \frac{-1}{\sqrt{1 + 4y + 9y^2}}, \qquad \cos\beta = \frac{-2x}{\sqrt{1 + 4y + 9y^2}}, \qquad \cos\gamma = \frac{-3y}{\sqrt{1 + 4y + 9y^2}},$$

$$I = \int_L \frac{(y^2 - z^2)(-1) + 2yz(-2x) - x^2(-3y)}{\sqrt{1 + 4y + 9y^2}}\,\mathrm{d}s$$

$$= \int_L \frac{-y^2 + z^2 - 4xyz + 3x^2 y}{\sqrt{1 + 4y + 9y^2}}\,\mathrm{d}s.$$

□

习　题　11-2

1. 计算下列对坐标的曲线积分：

(1) $\oint_L x\mathrm{d}y - y\mathrm{d}x$，其中 L 为椭圆 $\dfrac{x^2}{a^2} + \dfrac{y^2}{b^2} = 1$ 沿逆时针方向；

(2) $\int_L (x^2 + y)\,\mathrm{d}x + (x - y^2)\mathrm{d}y$，其中 L 为从 $O(0,0)$ 沿抛物线 $x = y^2$ 到 $B(1,1)$ 的一段弧；

(3) $\int_L (2a - y)\,\mathrm{d}x - (a - y)\mathrm{d}y$，其中 L 为摆线 $x = a(t - \sin t)$，$y = a(1 - \cos t)$ 的一拱对应于由 t 从 0 变到 2π 的一段弧；

(4) $\int_L (x + y)\mathrm{d}x + (y - x)\mathrm{d}y$，其中 L 是曲线 $x = 2t^2 + t + 1, y = t^2 + 1$ 上从点 $(1,1)$ 到点 $(4,2)$ 的一段；

(5) $\int_L (x^2 + 2xy)\,\mathrm{d}y$，其中 L 是由 $A(a, 0)$ 沿 $\dfrac{x^2}{a^2} + \dfrac{y^2}{b^2} = 1(y \geqslant 0)$ 到 $B(-a, 0)$ 的曲线段；

(6) $\int_\Gamma y\mathrm{d}x - x\mathrm{d}y + (x + y + z)\mathrm{d}z$，其中 Γ 是由点 $A(3,2,1)$ 到 $B(0,0,0)$ 的直线段；

(7) $\int_\Gamma \mathrm{d}x - \mathrm{d}y + y\mathrm{d}z$，其中 Γ 为如图 11-7 所示有向闭折线 $ABCA$，这里 A, B, C 依次为点 $(1, 0, 0)$, $(0, 1, 0)$, $(0, 0, 1)$.

2. 在过点 $O(0,0)$ 和 $A(\pi, 0)$ 的曲线族 $y = a\sin x(a > 0)$ 中，求一条曲线 L，使该曲线从 O 到 A 积分 $\int_L (1 + y^3)\mathrm{d}x + (2x + y)\mathrm{d}y$ 的值最小.

3. 一力场中的力的大小与作用点到 z 轴的距离成反比(比例系数为 k)，方向垂直向着该轴. 试求当质量为 1 的质点沿圆周 $x = \cos t, y = 1, z = \sin t$ 由点 $M(1,1,0)$ 依 t 增加方向移动到点 $N(0,1,1)$ 时，力场所做的功.

4. 把 $\int_\Gamma xyz\mathrm{d}x + yz\mathrm{d}y + xz\mathrm{d}z$ 化成对弧长的曲线积分，其中 Γ 为曲线 $x = t, y = t^2, z = t^3 \ (0 \leqslant t \leqslant 1)$ 一段弧.

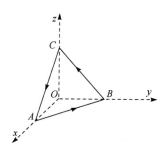

图 11-7

第三节　格林公式及其应用

本节所介绍的格林公式, 揭示了平面区域上的二重积分与沿该区域边界上的第二类曲线积分之间的关系. 在此基础上, 讨论平面曲线积分与路径无关的充要条件, 进而讨论全微分的原函数概念和求法.

一、格林公式

设 D 是一平面区域, 如果对于区域 D 内任意两点, 都可以用一条全部位于 D 内的曲线将它们连接起来, 则称 D 为**连通区域**. 若 D 不是连通区域, 则称其为**非连通区域**.

设 D 是一平面连通区域, 如果 D 内任一条闭曲线所围成的有界区域都属于 D, 则称 D 是**单连通区域**. 通俗地讲, 单连通区域就是没有"洞"的连通区域. 若 D 是连通区域但不是单连通区域, 则称其为**复连通区域**. 图 11-8 和图 11-9 的例子可以看出单连通区域和复连通区域的区别.

例如, 平面上的圆形区域 $\{(x,y)\,|\,x^2+y^2<1\}$、上半平面 $\{(x,y)\,|\,y>0\}$ 都是单连通区域, 圆环形区域 $\{(x,y)\,|\,1<x^2+y^2<4\}$, $\{(x,y)\,|\,0<x^2+y^2<2\}$ 都是复连通区域.

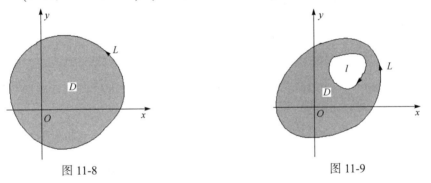

图 11-8　　　　　　　　　　　　　　　图 11-9

对平面区域 D 的边界线 L, 我们规定 L 的正向如下:

当观察者沿 L 的这个方向行走时, 在他近处的 D 内那一部分总出现在他的左侧. 例如图 11-9 所示, D 是边界曲线 L 及 l 所围成的复连通区域, 作为 D 的正向边界, L 的正向是逆时针方向, 而 l 的正向是顺时针方向.

定理 11.3.1 (格林公式)　设平面闭区域 D 是由分段光滑的曲线 L 围成, 函数 $P(x,y)$ 及 $Q(x,y)$ 在 D 上具有一阶连续偏导数, 则有

$$\iint\limits_{D}\left(\frac{\partial Q}{\partial x}-\frac{\partial P}{\partial y}\right)\mathrm{d}x\mathrm{d}y=\oint_{L}P\mathrm{d}x+Q\mathrm{d}y, \tag{11.3.1}$$

其中 L 是 D 的取正向的边界曲线.

证　(1)　设区域 D 是有界单连通的闭区域, 平行于坐标轴的直线与 D 的边界的交点不多于两个, 即 D 既是 X 型, 又是 Y 型的区域, 如图 11-10 所示. 不妨设 $D=\{(x,y)\,|\,a\leqslant x\leqslant b,\psi_1(x)\leqslant y\leqslant\psi_2(x)\}$ 或 $D=\{(x,y)\,|\,\varphi_1(y)\leqslant x\leqslant\varphi_2(y),c\leqslant y\leqslant d\}$ 则

$$\iint\limits_{D}\frac{\partial Q}{\partial x}\mathrm{d}x\mathrm{d}y=\int_{c}^{d}\mathrm{d}y\int_{\varphi_{1}(y)}^{\varphi_{2}(y)}\frac{\partial Q}{\partial x}\mathrm{d}x$$

$$=\int_{c}^{d}\big(Q(\psi_{2}(y),y)-Q(\psi_{1}(y),y)\big)\mathrm{d}y$$

$$=\int_{CBE}Q(x,y)\mathrm{d}y-\int_{CAE}Q(x,y)\mathrm{d}y$$

$$=\int_{CBE}Q(x,y)\mathrm{d}y+\int_{EAC}Q(x,y)\mathrm{d}y$$

$$=\oint_{L}Q(x,y)\mathrm{d}y.$$

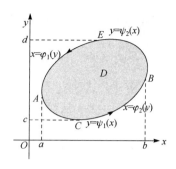

图 11-10

同理可证

$$\iint\limits_{D}\frac{\partial P}{\partial y}\mathrm{d}\sigma=-\oint_{L}P(x,y)\mathrm{d}x.$$

于是有

$$\iint\limits_{D}\left(\frac{\partial Q}{\partial x}-\frac{\partial P}{\partial y}\right)\mathrm{d}x\mathrm{d}y=\oint_{L}P\mathrm{d}x+Q\mathrm{d}y.$$

(2) 若平行于坐标轴的直线与 D 的边界的交点多于两个, 可以引入辅助曲线将区域划分为有限个区域使得每个部分符合(1)中所讨论的形式. 如图 11-11 所示.将 D 分成三个, 既是 X 型区域又是 Y 型区域 D_{1}, D_{2}, D_{3}. 于是

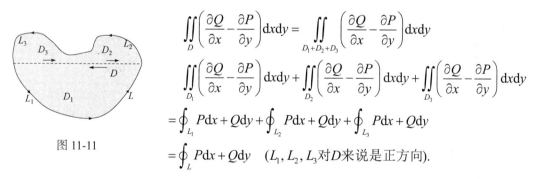

图 11-11

$$\iint\limits_{D}\left(\frac{\partial Q}{\partial x}-\frac{\partial P}{\partial y}\right)\mathrm{d}x\mathrm{d}y=\iint\limits_{D_{1}+D_{2}+D_{3}}\left(\frac{\partial Q}{\partial x}-\frac{\partial P}{\partial y}\right)\mathrm{d}x\mathrm{d}y$$

$$\iint\limits_{D_{1}}\left(\frac{\partial Q}{\partial x}-\frac{\partial P}{\partial y}\right)\mathrm{d}x\mathrm{d}y+\iint\limits_{D_{2}}\left(\frac{\partial Q}{\partial x}-\frac{\partial P}{\partial y}\right)\mathrm{d}x\mathrm{d}y+\iint\limits_{D_{3}}\left(\frac{\partial Q}{\partial x}-\frac{\partial P}{\partial y}\right)\mathrm{d}x\mathrm{d}y$$

$$=\oint_{L_{1}}P\mathrm{d}x+Q\mathrm{d}y+\oint_{L_{2}}P\mathrm{d}x+Q\mathrm{d}y+\oint_{L_{3}}P\mathrm{d}x+Q\mathrm{d}y$$

$$=\oint_{L}P\mathrm{d}x+Q\mathrm{d}y\quad(L_{1},L_{2},L_{3}\text{对}D\text{来说是正方向}).$$

(3) 若区域 D 不止有一条闭曲线所围成, 如图 11-12所示. 这时可适当添加直线段 AB,CE, 则 D 的边界曲线由 AB, L_{2}, BA, AFC, CE, L_{3}, EC 及 CGA 构成. 这样就把区域转化为(2)的情形来处理. 由(2)可知

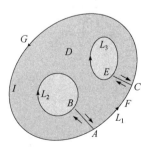

图 11-12

$$\iint\limits_{D}\left(\frac{\partial Q}{\partial x}-\frac{\partial P}{\partial y}\right)\mathrm{d}x\mathrm{d}y$$

$$=\left\{\int_{AB}+\int_{L_{2}}+\int_{BA}+\int_{AFC}+\int_{CE}+\int_{L_{3}}+\int_{EC}+\int_{CGA}\right\}\cdot(P\mathrm{d}x+Q\mathrm{d}y)$$

$$= \left(\oint_{L_2} + \oint_{L_3} + \oint_{L_1} \right)(P\mathrm{d}x + Q\mathrm{d}y)$$

$$= \oint_{L} P\mathrm{d}x + Q\mathrm{d}y \quad (L_1, L_2, L_3 对 D 来说为正方向). \qquad \square$$

格林公式建立了平面区域 D 上的二重积分与 D 的整个边界曲线上的对坐标曲线积分之间的关系, 从而利用格林公式我们可以将平面闭曲线 L 上的曲线积分化为由 L 围成的闭区域 D 上的二重积分来计算, 但有时我们也可将二重积分化为其边界曲线上的曲线积分来计算. 例如, 若令

$$P(x,y) = -y, \quad Q(x,y) = x,$$

则有

$$\frac{\partial Q}{\partial x} = 1, \quad \frac{\partial P}{\partial y} = -1,$$

容易得到用曲线积分计算平面区域面积的公式

$$A = \iint_D \mathrm{d}x\mathrm{d}y = \frac{1}{2} \oint_L x\mathrm{d}y - y\mathrm{d}x,$$

其中 L 为区域 D 的整个边界, 取正向.

例 11.3.1 计算 $\int_L (3x+y)\mathrm{d}y - (x-y)\mathrm{d}x$, 其中 L 是曲线 $(x-1)^2 + (y-4)^2 = 9$, 方向是逆时针方向.

解 L 是区域 $D = \{(x,y) \mid (x-1)^2 + (y-4)^2 \leqslant 9\}$ 的边界, 所以由格林公式有

$$\int_{L^+} (3x+y)\mathrm{d}y - (x-y)\mathrm{d}x = \iint_D \left(\frac{\partial}{\partial x}(3x+y) - \frac{\partial}{\partial y}(-x+y) \right)\mathrm{d}\sigma$$

$$= \iint_D 2\mathrm{d}\sigma = 2 \cdot (3)^2 \pi = 18\pi. \qquad \square$$

例 11.3.2 计算 $I = \int_L (\mathrm{e}^x \sin y - my)\mathrm{d}x + (\mathrm{e}^x \cos y - m)\mathrm{d}y$, 其中 L 为由点 $(a,0)$ 到点 $(0,0)$ 的上半圆周 $x^2 + y^2 = ax, y \geqslant 0$. (图 11-13)

解 $\dfrac{\partial P}{\partial y} = \dfrac{\partial}{\partial y}(\mathrm{e}^x \sin y - my) = \mathrm{e}^x \cos y - m$, $\dfrac{\partial Q}{\partial x} = \dfrac{\partial}{\partial x}(\mathrm{e}^x \cos y - m) = \mathrm{e}^x \cos y$, 又

$$I = \int_{L+\overline{OA}} - \int_{\overline{OA}} = \oint_{AMOA} - \int_{\overline{OA}}$$

$$\oint_{AMOA} = \iint_D \left(\frac{\partial Q}{\partial x} - \frac{\partial P}{\partial y} \right)\mathrm{d}x\mathrm{d}y$$

$$= m \iint_D \mathrm{d}x\mathrm{d}y = \frac{m}{8}\pi a^2,$$

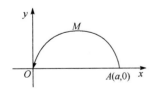

图 11-13

$$\int_{\overline{OA}} = \int_0^a 0 \cdot \mathrm{d}x + (\mathrm{e}^x - m) \cdot 0 = 0.$$

因而可得 $I = \dfrac{m}{8}\pi a^2$. □

注　本例中, 我们添加一段简单的辅助曲线, 使它与所给曲线构成一封闭曲线, 然后利用格林公式把所求曲线积分化为二重积分来计算. 在利用格林公式计算曲线积分时, 这是常用的一种方法.

例 11.3.3　计算曲线积分 $\displaystyle\oint_L \dfrac{y\mathrm{d}x - x\mathrm{d}y}{x^2 + y^2}$, 其中 L 是一条不经过原点的光滑闭曲线, 方向为逆时针方向.

解　令 $P(x,y) = \dfrac{y}{x^2 + y^2}$, $\quad Q(x,y) = -\dfrac{x}{x^2 + y^2}$, 注意到

$$\frac{\partial P}{\partial y} = \frac{x^2 - y^2}{\left(x^2 + y^2\right)^2} = \frac{\partial Q}{\partial x}.$$

设 L 所围的区域为 D, 若 $(0,0) \notin D$, 则

$$\oint_L \frac{y\mathrm{d}x - x\mathrm{d}y}{x^2 + y^2} = \iint_D \left(\frac{\partial Q}{\partial x} - \frac{\partial P}{\partial y}\right)\mathrm{d}\sigma = 0.$$

若 $(0,0) \in D$, 则函数 $P(x,y), Q(x,y)$ 在点 $(0,0)$ 不可微, 所以不能直接用格林公式, 取 $(0,0)$ 的一个充分小的邻域 D_ε (其边界为 l, l: $x^2+y^2=r^2$, 顺时针方向), 使得 $D_\varepsilon \subset D$ (图 11-14). 则 $P(x,y), Q(x,y)$ 在区域 $D\backslash D_\varepsilon$ 中是可微的, 所以

$$\oint_{L+l} \frac{y\mathrm{d}x - x\mathrm{d}y}{x^2 + y^2} = \iint_{D\backslash D_\varepsilon} \left(\frac{\partial Q}{\partial x} - \frac{\partial P}{\partial y}\right)\mathrm{d}\sigma = 0.$$

$$\oint_{L+l} \frac{y\mathrm{d}x - x\mathrm{d}y}{x^2 + y^2} = \oint_L \frac{y\mathrm{d}x - x\mathrm{d}y}{x^2 + y^2} - \int_l \frac{y\mathrm{d}x - x\mathrm{d}y}{x^2 + y^2},$$

所以

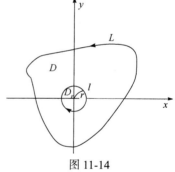

图 11-14

$$\int_L \frac{y\mathrm{d}x - x\mathrm{d}y}{x^2 + y^2} = \int_l \frac{y\mathrm{d}x - x\mathrm{d}y}{x^2 + y^2} = \int_0^{2\pi} \frac{r\sin t\,\mathrm{d}(r\cos t) - r\cot t\,\mathrm{d}(r\sin t)}{r^2} = 2\pi.$$ □

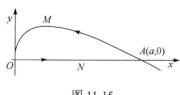

图 11-15

例 11.3.4　计算抛物线 $(x+y)^2 = ax(a>0)$ 与 x 轴所围成的图形的面积.

解　直线 ONA 为 $y=0$, 曲线 AMO 由函数 $y = \sqrt{ax} - x$, $x \in [0,a]$ 表示, 如图 11-15 所示. 因此

$$A = \frac{1}{2}\oint_L x\mathrm{d}y - y\mathrm{d}x$$

$$= \frac{1}{2}\int_{ONA} x\mathrm{d}y - y\mathrm{d}x + \frac{1}{2}\int_{AMO} x\mathrm{d}y - y\mathrm{d}x$$

$$= \frac{1}{2} \int_{AMO} x\mathrm{d}y - y\mathrm{d}x$$

$$= \frac{1}{2} \int_a^0 x\left(\frac{a}{2\sqrt{ax}} - 1\right)\mathrm{d}x - \left(\sqrt{ax} - x\right)\mathrm{d}x$$

$$= \frac{\sqrt{a}}{4} \int_0^a \sqrt{x}\mathrm{d}x = \frac{1}{6}a^2.$$

□

二、平面上曲线积分与路径无关的条件

在物理学中要研究所谓势场以及场力所做的功与路径无关的问题：在什么条件下场力所做的功与路径无关？这个问题在数学上就是要研究曲线积分与路径无关的条件. 为了研究这个问题，先要明确什么叫作曲线积分 $\int_L P\mathrm{d}x + Q\mathrm{d}y$ 与路径无关.

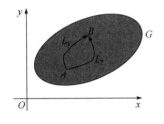

图 11-16

设 D 是一个区域，$P(x,y), Q(x,y)$ 在区域 D 内具有一阶连续偏导数. 如果对于 D 内任意指定的两个点 A，B 以及 D 内从 A 到 B 的任意两条曲线 L_1, L_2 (见图 11-16)，等式

$$\int_{L_1} P\mathrm{d}x + Q\mathrm{d}y = \int_{L_2} P\mathrm{d}x + Q\mathrm{d}y$$

恒成立，就称**曲线积分** $\int_L P\mathrm{d}x + Q\mathrm{d}y$ **在 D 内与路径无关**.

定理 11.3.2 (平面上曲线积分与路径无关的条件) 设函数 $P(x,y), Q(x,y)$ 在单连通区域上有连续的偏导数，则下面的四个条件是等价的：

(1) 在区域 D 的任意逐段光滑的封闭曲线 L 上，有

$$\oint_L P\mathrm{d}x + Q\mathrm{d}y = 0.$$

(2) 在区域 D 中连接 A, B 的曲线段 L 上的曲线积分 $\oint_L P\mathrm{d}x + Q\mathrm{d}y = 0$ 与从 A 到 B 的路径无关，仅与起点和终点有关.

(3) $P(x,y)\mathrm{d}x + Q(x,y)\mathrm{d}y$ 是某个函数的全微分.

(4) 在区域 D 中有 $\dfrac{\partial P}{\partial y} = \dfrac{\partial Q}{\partial y}$ 成立.

证 $(1) \Rightarrow (2)$ 设 A, B 为 D 内任意两点，L_1, L_2 是 D 中从 A 到 B 的任意两条路径，则 $C = L_1 + (-L_2)$ 就是 D 内的一条闭曲线. 如图 11-17 所示. 因此

$$0 = \int_C P\mathrm{d}x + Q\mathrm{d}y = \left(\int_{L_1} + \int_{-L_2}\right)P\mathrm{d}x + Q\mathrm{d}y$$

$$= \int_{L_1} P\mathrm{d}x + Q\mathrm{d}y - \int_{L_2} P\mathrm{d}x + Q\mathrm{d}y,$$

于是

$$\int_{L_1} P\mathrm{d}x + Q\mathrm{d}y = \int_{L_2} P\mathrm{d}x + Q\mathrm{d}y.$$

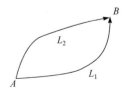

图 11-17

因此曲线积分与路径无关.

(2)$\Rightarrow$(3)　设 $A(x_0, y_0) \in D$ 为一定点，$B(x, y)$ 为 D 内任意一点. 由(2)可知，曲线积分 $\int_{AB} P\mathrm{d}x + Q\mathrm{d}y$ 与路径选择无关，所以当 $B(x, y)$ 在 D 内变动时，其积分值是点 $B(x, y)$ 的函数(图 11-18)，记

$$U(x, y) = \int_{(x_0, y_0)}^{(x, y)} P\mathrm{d}x + Q\mathrm{d}y,$$

取 Δx 充分性，使 $(x + \Delta x, y) \in D$，则函数 U 对于 x 的偏增量

$$U(x + \Delta x, y) - U(x, y) = \int_{AC} P\mathrm{d}x + Q\mathrm{d}y - \int_{AB} P\mathrm{d}x + Q\mathrm{d}y.$$

因为在 D 内对于曲线积分与路径无关，所以

$$\int_{AC} P\mathrm{d}x + Q\mathrm{d}y = \int_{AB} P\mathrm{d}x + Q\mathrm{d}y + \int_{BC} P\mathrm{d}x + Q\mathrm{d}x,$$

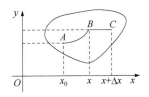

图 11-18

由于直线段 BC 平行于 x 轴，所以 $BC : x = t, t \in [x, x + \Delta x]$，$y = y$ (常数)，因而 $\mathrm{d}y = 0$，且

$$\Delta U = U(x + \Delta x, y) - U(x, y) = \int_{BC} P\mathrm{d}x + Q\mathrm{d}y$$

$$= \int_x^{x + \Delta x} P(t, y)\mathrm{d}t.$$

对上式右端应用积分中值定理，得

$$\Delta U = P(x + \theta x, y), \quad 0 < \theta < 1.$$

再由 P 在 D 上的连续性，推得

$$\frac{\partial u}{\partial x} = \lim_{\Delta x \to 0} \frac{\Delta U}{\Delta x} = \lim_{\Delta x \to 0} P(x + \theta \Delta x, y) = P(x, y).$$

同理可证 $\dfrac{\partial U}{\partial y} = Q(x, y)$. 于是有

$$\mathrm{d}u = P\mathrm{d}x + Q\mathrm{d}y.$$

(3)$\Rightarrow$(4)　设存在函数 U 使得

$$\mathrm{d}U = U_x(x, y)\mathrm{d}x + U_y(x, y)\mathrm{d}y = P\mathrm{d}x + Q\mathrm{d}y,$$

故 $P(x, y) = U_x(x, y)$，$Q(x, y) = U_y(x, y)$. 因此

$$\frac{\partial P}{\partial y} = \frac{\partial^2 U}{\partial x \partial y}, \quad \frac{\partial Q}{\partial x} = \frac{\partial^2 U}{\partial y \partial x}.$$

因为 P, Q 在区域 D 内具有一阶连续偏导数，所以

$$\frac{\partial^2 U}{\partial x \partial y} = \frac{\partial^2 U}{\partial y \partial x}.$$

从而在 D 内每一点处都有

$$\frac{\partial P}{\partial y} = \frac{\partial Q}{\partial x}.$$

(4)$\Rightarrow$(1)　设 L 为 D 中任一按段光滑闭曲线,记 L 所围成的区域为 σ. 由于 D 为单连通区域,所以区域 σ 含在 D 内. 应用格林公式及在 D 内恒有 $\dfrac{\partial P}{\partial y} = \dfrac{\partial Q}{\partial x}$,就得到

$$\oint_L P\mathrm{d}x + Q\mathrm{d}y = \iint_\sigma \left(\frac{\partial Q}{\partial x} - \frac{\partial P}{\partial y} \right) \mathrm{d}x\mathrm{d}y = 0. \qquad \square$$

上面的证明还给出了当曲线积分与路径无关时, $P\mathrm{d}x + Q\mathrm{d}y$ 在 D 的原函数的构造方法. 设 $P\mathrm{d}x + Q\mathrm{d}y$ 是某个区域 D 的函数的全微分,即 $\dfrac{\partial P}{\partial y} = \dfrac{\partial Q}{\partial x}$. 如何求出此函数呢?

设 L 是区域 D 中的从点 $A(x_0, y_0)$ 到点 $B(x, y)$ 的光滑曲线段. 由于 $\dfrac{\partial P}{\partial y} = \dfrac{\partial Q}{\partial x}$,由前面的定理可知,曲线积分 $\displaystyle\int_L P(x, y)\mathrm{d}x + Q(x, y)\mathrm{d}y$ 与路径无关,所以可以取点 $C(x, y_0)$,则

$$\int_L P(x, y)\mathrm{d}x + Q(x, y)\mathrm{d}y = \int_{AC} P(x, y)\mathrm{d}x + Q(x, y)\mathrm{d}y + \int_{\overline{CB}} P(x, y)\mathrm{d}x + Q(x, y)\mathrm{d}y$$

$$= \int_{x_0}^{x} P(x, y_0)\mathrm{d}x + \int_{y_0}^{y} Q(x, y)\mathrm{d}y.$$

令 $u(x, y) = \displaystyle\int_{x_0}^{x} P(x, y_0)\mathrm{d}x + \int_{y_0}^{y} Q(x, y)\mathrm{d}y$,则有

$$\frac{\partial u}{\partial x} = P(x, y_0) + \int_{y_0}^{y} \frac{\partial Q}{\partial x}\mathrm{d}y$$

$$= P(x, y_0) + \int_{y_0}^{y} \frac{\partial P}{\partial y}\mathrm{d}y$$

$$= P(x, y_0) + P(x, y) - P(x, y_0) = P(x, y).$$

类似有 $\dfrac{\partial u}{\partial y} = Q(x, y)$. 所以 $u(x, y)$ 就是所求的函数.

若取点 $C^*(x_0, y)$,则类似上面的作法,可以得到

$$u^*(x, y) = \int_{x_0}^{x} P(x, y)\mathrm{d}x + \int_{y_0}^{y} Q(x_0, y)\mathrm{d}y.$$

同样可以证明 $u^*(x, y)$ 的全微分是 $P(x, y)\mathrm{d}x + Q(x, y)\mathrm{d}y$.

例 11.3.5　证明:$\displaystyle\int_L \frac{x\mathrm{d}x + y\mathrm{d}y}{\sqrt{x^2 + y^2}} \ (x > 0)$ 与积分路径无关,并计算 $\displaystyle\int_{(1,0)}^{(6,8)} \frac{x\mathrm{d}x + y\mathrm{d}y}{\sqrt{x^2 + y^2}}$.

解　令 $P(x, y) = \dfrac{x}{\sqrt{x^2 + y^2}}$, $Q(x, y) = \dfrac{y}{\sqrt{x^2 + y^2}}$.

由 $\dfrac{\partial P}{\partial y} = \dfrac{-xy}{(x^2 + y^2)^{\frac{3}{2}}}$, $\dfrac{\partial Q}{\partial x} = \dfrac{-xy}{(x^2 + y^2)^{\frac{3}{2}}}$,得 $\dfrac{\partial P}{\partial y} = \dfrac{\partial Q}{\partial x}$,从而积分与路径无关. 取如

图 11-19 所示路径，则有

$$\int_{(1,0)}^{(6,8)}\frac{x\mathrm{d}x+y\mathrm{d}y}{\sqrt{x^2+y^2}}=\int_1^6\frac{x\mathrm{d}x}{\sqrt{x^2}}+\int_0^8\frac{y\mathrm{d}y}{\sqrt{6^2+y^2}}=9.$$ □

图 11-19

例 11.3.6　证明曲线积分 $\int_{(1,2)}^{(3,4)}(6xy^2-y^3)\mathrm{d}x+(6x^2y-3xy^2)\mathrm{d}y$ 在整个坐标面 xOy 上与路径无关，并计算积分值.

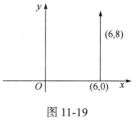

解　$P=6xy^2-y^3, Q=6x^2y-3xy^2$，因为

$$\frac{\partial P}{\partial y}=12xy-3y^2=\frac{\partial Q}{\partial x},$$

且 P,Q 在坐标面 xOy 上有一阶连续偏导数，故曲线积分与路径无关. 如图 11-20 所示.

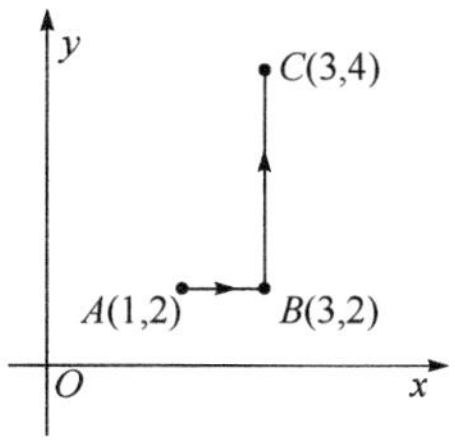

图 11-20

$$\begin{aligned}&\int_{(1,2)}^{(3,4)}(6xy^2-y^3)\mathrm{d}x+(6x^2y-3xy^2)\mathrm{d}y\\&=\int_{\overline{AB}}(6xy^2-y^3)\mathrm{d}x+(6x^2y-3xy^2)\mathrm{d}y\\&\quad+\int_{\overline{BC}}(6xy^2-y^3)\mathrm{d}x+(6x^2y-3xy^2)\mathrm{d}y\\&=80+156=236.\end{aligned}$$ □

例 11.3.7　设 $\mathrm{d}u=(3x^2y+8xy^2)\mathrm{d}x+(x^3+8x^2y+12y\mathrm{e}^y)\mathrm{d}y$，求 $u(x,y)$.

解　设 $P=3x^2y+8xy^2, Q=x^3+8x^2y+12y\mathrm{e}^y$，由 $\frac{\partial P}{\partial y}=3x^2+16xy=\frac{\partial Q}{\partial x}$，得

$$\begin{aligned}u(x,y)&=\int_{(0,0)}^{(x,y)}(3x^2y+8xy^2)\,\mathrm{d}x+(x^3+8x^2y+12y\mathrm{e}^y)\mathrm{d}y+C_1\\&=\int_0^x 0\,\mathrm{d}x+\int_0^y(x^3+8x^2y+12y\mathrm{e}^y)\mathrm{d}y+C_1\\&=x^3y+4x^2y^2+12\mathrm{e}^y(y-1)+C(C=12+C_1).\end{aligned}$$ □

注　利用上述方法求函数 $u(x,y)$ 时，选择的起点不同求出的 $u(x,y)$ 可能相差一个常数.

习　题　11-3

1. 利用格林公式计算下列积分：

(1) $\oint_L xy^2\mathrm{d}y-x^2y\mathrm{d}x$，其中 L 为正向圆周 $x^2+y^2=9$；

(2) $\oint_L(\mathrm{e}^y+y)\mathrm{d}x+(x\mathrm{e}^y-2y)\mathrm{d}y$，其中 L 是以 $O(0,0), A(1,2)$ 及 $B(1,0)$ 为顶点的三角形负向边界；

(3) $\int_L -x^2y\mathrm{d}x+xy^2\mathrm{d}y$，其中 L 为 $x^2+y^2=6x$ 的上半圆周从点 $A(6,0)$ 到点 $O(0,0)$ 及 $x^2+y^2=3x$ 的上半圆周从点 $O(0,0)$ 到点 $B(3,0)$ 连成的弧 AOB；

(4) 求 $\oint_L \dfrac{(x-1)\mathrm{d}y - y\mathrm{d}x}{(x-1)^2 + y^2}$. 其中 L 为含有点 $(1,0)$ 的区域 D 的边界曲线, 沿逆时针方向;

(5) $\displaystyle\int_L \mathrm{e}^x(1-2\cos y)\mathrm{d}x + 2\mathrm{e}^x \sin y\mathrm{d}y$, 其中 L 为曲线 $y = \sin x$ 上由点 $A(\pi,0)$ 到点 $O(0,0)$ 的一段弧.

2. 利用曲线积分, 计算星形线 $x = a\cos^3 t, y = a\sin^3 t$ 所围图形的面积.

3. 证明下列曲线积分在整个 xOy 平面内与路径无关, 并计算积分值:

(1) $\displaystyle\int_{(0,-1)}^{(3,0)} (x^4 + 4xy^3)\mathrm{d}x + (6x^2 y^2 - 5y^4)\mathrm{d}y$;

(2) $\displaystyle\int_{(0,0)}^{(2,2)} (1 + x\mathrm{e}^{2y})\mathrm{d}x + (x^2\mathrm{e}^{2y} - y)\mathrm{d}y$.

4. 验证下列 $P(x,y)\mathrm{d}x + Q(x,y)\mathrm{d}y$ 在整个 xOy 平面内是某一函数 $u(x,y)$ 的全微分, 并求一个这样的 $u(x,y)$.

(1) $(2x + \sin y)\mathrm{d}x + (x\cos y)\mathrm{d}y$;

(2) $(\mathrm{e}^{xy} + xy\mathrm{e}^{xy})\mathrm{d}x + (x^2\mathrm{e}^{xy})\mathrm{d}y$.

5. 设曲线积分 $\displaystyle\int_L xy^2\mathrm{d}x + y\phi(x)\mathrm{d}y$ 与路径无关, 其中 ϕ 具有连续的导数, 且 $\phi(0) = 0$, 计算 $\displaystyle\int_{(0,0)}^{(1,1)} xy^2\mathrm{d}x + y\phi(x)\mathrm{d}y$.

6. 具有连续偏导数的函数 $f(x,y)$ 应满足怎样的条件才能使曲线积分 $\displaystyle\int_L f(x,y)(y\mathrm{d}x + x\mathrm{d}y)$ 与积分路径无关.

第四节　对面积的曲面积分

一、对面积的曲面积分的概念与性质

我们先从几何直观上给出光滑曲面的概念. 光滑曲面是指具有连续变动的切平面的曲面, 或者说有可以处处连续移动的单位法向量(具有连续性的向量值函数)的曲面. 说曲面是分片光滑的, 是指曲面是由有限个光滑曲面并起来的. 比如球面是光滑曲面, 长方体的边界面则是分片光滑曲面. 在上一章关于二重积分的应用讨论中, 我们已经指出, 光滑或分片光滑的有限曲面其面积必定是存在的.

引例　设有一有限光滑曲面 Σ , 在其上任意点 $M(x,y,z)$ 处的面密度为其位置的函数 $\rho(x,y,z)$, 求该曲面 Σ 的质量 m .

类似于第一节对弧长的曲线积分中关于曲线形构件量的讨论, 我们用曲线把曲面 Σ 任意分割成 n 小块 $\Delta S_i (i = 1, 2, \cdots, n)$, 其面积仍用 ΔS_i 表示. 在小块曲面 ΔS_i 上任取一点 $M_i(\xi_i, \eta_i, \varsigma_i)$ (图 11-21), 在点 M_i 处的密度为 $\rho_i(\xi_i, \eta_i, \varsigma_i)$, 当 ΔS_i 很小时, 我们可以把它近似地看作是质量均匀分布密度等于 $\rho_i(\xi_i, \eta_i, \varsigma_i)$ 的小块曲面. 于是它的质量可以近似地用 $\rho_i(\xi_i, \eta_i, \varsigma_i)\Delta S_i$ 来代替, 即

$$\Delta m_i \approx \rho_i(\xi_i, \eta_i, \varsigma_i)\Delta S_i \quad (i = 1, 2, \cdots, n)\cdot$$

因此曲面 Σ 的质量近似为

$$m \approx \sum_{i=1}^{n} \rho_i(\xi_i, \eta_i, \varsigma_i) \Delta S_i .$$

当分割得越细, 近似值就越接近于曲面 Σ 的质量. 用 λ 表示 n 块小曲面 ΔS_i 的直径(曲面上任意两点间距离的最大者) 的最大值, 当上述和式存在极限时, 则可以认为该极限为曲面 Σ 的质量 m, 即

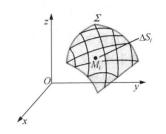

图 11-21

$$m = \lim_{\lambda \to 0} \sum_{i=1}^{n} \rho_i(\xi_i, \eta_i, \varsigma_i) \Delta S_i .$$

同样地, 隐去问题中的物理含义, 就可以给出对面积的曲面积分的概念.

　　定义 11.4.1　设曲面 Σ 是光滑的, 函数 $f(x,y,z)$ 在 Σ 上有界, 把 Σ 任意分成 n 小块 ΔS_i (ΔS_i 也表示第 i 小块曲面的面积), 设 $M_i(\xi_i, \eta_i, \varsigma_i)$ 是 ΔS_i 上任意取定的一点, 作和式 $\sum_{i=1}^{n} f(\xi_i, \eta_i, \varsigma_i) \Delta S_i$, 如果当各小块曲面的直径的最大值 $\lambda \to 0$ 时, 上述和式的极限存在, 且不依赖于曲面 Σ 的分法和点 M_i 的取法, 则称此极限为**函数 $f(x,y,z)$ 在曲面 Σ 上对面积的曲面积分**或**第一类曲面积分**, 记作 $\iint\limits_{\Sigma} f(x,y,z)\mathrm{d}S$, 即

$$\iint\limits_{\Sigma} f(x,y,z)\mathrm{d}S = \lim_{\lambda \to 0} \sum_{i=1}^{n} f(\xi_i, \eta_i, \varsigma_i) \Delta S_i ,$$

其中 $f(x,y,z)$ 称为**被积函数**, Σ 称为**积分曲面**, $\mathrm{d}S$ 称为**曲面面积微元**.

　　我们不加证明地指出, 当 $f(x,y,z)$ 在光滑曲面 Σ 上连续时, 对面积的曲面积分总是存在的. 今后总假定 $f(x,y,z)$ 在光滑曲面 Σ 上连续.

　　引例中, 当面密度函数 $\rho(x,y,z)$ 在光滑曲面 Σ 上连续时, 曲面 Σ 的质量 m 为

$$m = \iint\limits_{\Sigma} \rho(x,y,z)\mathrm{d}S .$$

　　当 Σ 是封闭曲面时, 常将函数 $f(x,y,z)$ 在曲面 Σ 上的第一类曲面积分记作 $\oiint\limits_{\Sigma} f(x,y,z)\mathrm{d}S$.

　　类似于对弧长的曲线积分, 可以给出对面积曲面积分的类似性质, 这里不再详述.

二、对面积的曲面积分的计算

　　设光滑曲面 Σ 由方程

$$z = z(x,y), \quad (x,y) \in D_{xy}$$

给出, 其中 D_{xy} 是曲面 Σ 在 xOy 面上的投影, 函数 $z = z(x,y)$ 在 D_{xy} 上具有连续偏导数, 被积函数 $f(x,y,z)$ 在 Σ 上连续. 将曲面 Σ 任意分成 n 小块 ΔS_i (它的面积也记作 ΔS_i),

ΔS_i 在 xOy 面的投影区域为 ΔD_i，它的面积记作 $\Delta \sigma_i$，由曲面面积的计算公式及重积分中值定理知，存在 $(\xi_i', \eta_i') \in \Delta D_i$，使得

$$\Delta S_i = \iint_{\Delta D_i} \sqrt{1 + z_x^2(x,y) + z_y^2(x,y)} \, \mathrm{d}x\mathrm{d}y = \sqrt{1 + z_x^2(\xi_i', \eta_i') + z_y^2(\xi_i', \eta_i')} \Delta \sigma_i$$

$$\iint_{\Sigma} f(x,y,z) \, \mathrm{d}S = \lim_{\lambda \to 0} \sum_{i=1}^{n} f(\xi_i, \eta_i, \varsigma_i) \Delta S_i$$

$$= \lim_{\lambda \to 0} \sum_{i=1}^{n} f(\xi_i, \eta_i, z(\xi_i, \eta_i)) \sqrt{1 + z_x^2(\xi_i', \eta_i') + z_y^2(\xi_i', \eta_i')} \Delta \sigma_i,$$

因 $f(x,y,z)$ 在 Σ 上连续，故上式右端极限存在且不依赖于 (ξ_i, η_i) 的选择，因此不妨取 $(\xi_i, \eta_i) = (\xi_i', \eta_i')$，于是有

$$\iint_{\Sigma} f(x,y,z) \, \mathrm{d}S = \lim_{\lambda \to 0} \sum_{i=1}^{n} f\left[\xi_i', \eta_i', z(\xi_i', \eta_i')\right] \sqrt{1 + z_x^2(\xi_i', \eta_i') + z_y^2(\xi_i', \eta_i')} \Delta \sigma_i$$

$$= \iint_{D_{xy}} f[x,y,z(x,y)] \sqrt{1 + z_x^2(x,y) + z_y^2(x,y)} \, \mathrm{d}x\mathrm{d}y . \tag{11.4.1}$$

由上式可以看出，计算 $\iint_{\Sigma} f(x,y,z) \, \mathrm{d}S$ 时，如果积分曲面 Σ 由方程 $z = z(x,y)$ 给出，则只要将 $f(x,y,z)$ 中的 z 换成 $z(x,y)$，曲面的面积微元 $\mathrm{d}S$ 换成其表达式 $\sqrt{1 + z_x^2(x,y) + z_y^2(x,y)} \, \mathrm{d}x\mathrm{d}y$，积分曲面 Σ 换成它在 xOy 坐标面上的投影区域 D_{xy}，这样就将对面积的曲面积分化为二重积分.

类似地，如果光滑曲面 Σ 的方程为 $x = x(y,z), (y,z) \in D_{yz}$，则

$$\iint_{\Sigma} f(x,y,z) \, \mathrm{d}S = \iint_{D_{yz}} f\left[x(y,z), y, z\right] \sqrt{1 + x_y^2(y,z) + x_z^2(y,z)} \, \mathrm{d}y\mathrm{d}z ,$$

其中 D_{yz} 表示曲面 Σ 在 yOz 面上的投影.

如果光滑曲面 Σ 的方程为 $y = y(x,z), (x,z) \in D_{xz}$，则

$$\iint_{\Sigma} f(x,y,z) \, \mathrm{d}S = \iint_{D_{xz}} f\left[x, y(x,z), z\right] \sqrt{1 + y_x^2(x,z) + y_z^2(x,z)} \, \mathrm{d}x\mathrm{d}z ,$$

其中 D_{xz} 表示曲面 Σ 在 xOz 面上的投影.

特别地，当 $f(x,y,z) = 1$ 时，则 $\iint_{\Sigma} \mathrm{d}S$ 表示曲面 Σ 的面积.

例 11.4.1 计算 $\iint_{\Sigma} (2x + y + 2z) \mathrm{d}S$，其中 Σ 为平面 $x + y + z = 1$ 在第一卦限的部分.

解 $D_{xy} = \{(x,y) \mid x + y \leqslant 1, x > 0, y > 0\}$，$z = 1 - x - y$，$\mathrm{d}S = \sqrt{3}\mathrm{d}x\mathrm{d}y$，

$$\begin{aligned}&\iint_{\Sigma}(2x+y+2z)\mathrm{d}S\\=&\iint_{D_{xy}}(2x+y+2(1-x-y))\sqrt{3}\mathrm{d}x\mathrm{d}y\\=&\sqrt{3}\int_0^1\mathrm{d}x\int_0^{1-x}(2-y)\mathrm{d}y\\=&\sqrt{3}\int_0^1\left(\frac{3}{2}-x-\frac{1}{2}x^2\right)\mathrm{d}x=\frac{5\sqrt{3}}{6}.\end{aligned}$$ □

例 11.4.2　计算曲面积分 $\iint_{\Sigma}\left(x^2+y^2\right)\mathrm{d}S$，其中 Σ 为抛物面 $z=2-\left(x^2+y^2\right)$ 在 xOy 平面上方的部分(图 11-22).

解　D_{xy}： $x^2+y^2\leqslant 2$，

$\mathrm{d}S=\sqrt{1+z_x^2+z_y^2}\mathrm{d}x\mathrm{d}y=\sqrt{1+4x^2+4y^2}\mathrm{d}x\mathrm{d}y$，

故 $\iint_{\Sigma}\left(x^2+y^2\right)\mathrm{d}S$

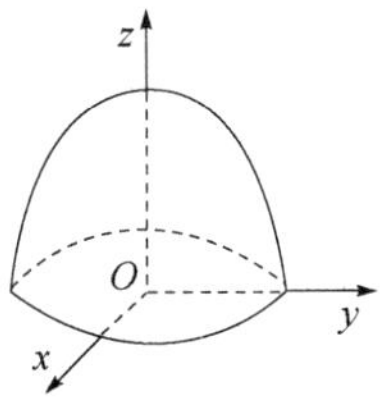

图 11-22

$$\begin{aligned}&=\iint_{D_{xy}}\left(x^2+y^2\right)\sqrt{1+4x^2+4y^2}\mathrm{d}x\mathrm{d}y\\&=\int_0^{2\pi}\mathrm{d}\theta\int_0^{\sqrt{2}}\left[(r\cos\theta)^2+(r\sin\theta)^2\right]\sqrt{1+4(r\cos\theta)^2+4(r\sin\theta)^2}\,r\mathrm{d}r\\&=\int_0^{2\pi}\mathrm{d}\theta\int_0^{\sqrt{2}}r^2\sqrt{1+4r^2}\,r\mathrm{d}r=2\pi\frac{1}{2}\int_0^{\sqrt{2}}r^2\sqrt{1+4r^2}\mathrm{d}\left(r^2\right)\\&\xlongequal{r^2=u}\pi\int_0^{\sqrt{2}}u\sqrt{1+4u}\mathrm{d}u=\frac{149}{30}\pi.\end{aligned}$$ □

例 11.4.3　计算曲面积分 $\iint_{\Sigma}\frac{\mathrm{d}S}{(1+x+y)^2}$，其中 Σ 为 $x+y+z=1,\ x=0,y=0,z=0$ 围成四面体的整个边界(图 11-23).

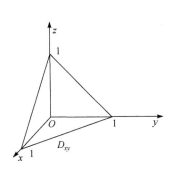

图 11-23

解　$\Sigma=\Sigma_1+\Sigma_2+\Sigma_3+\Sigma_4$，其中

$\Sigma_1: z=1-x-y, D_{xy}: x+y\leqslant 1, \mathrm{d}S=\sqrt{3}\mathrm{d}x\mathrm{d}y$,

$\Sigma_2: x=0, D_{yz}: y+z\leqslant 1, \mathrm{d}S=\mathrm{d}z\mathrm{d}y$,

$\Sigma_3: y=0, D_{zx}: x+z\leqslant 1, \mathrm{d}S=\mathrm{d}x\mathrm{d}z$,

$\Sigma_4: z=0, D_{xy}: x+y\leqslant 1, \mathrm{d}S=\mathrm{d}x\mathrm{d}y$.

$$\iint_{\varSigma} \frac{\mathrm{d}S}{(1+x+y)^2} = \iint_{\varSigma_1} + \iint_{\varSigma_2} + \iint_{\varSigma_3} + \iint_{\varSigma_4} \frac{\mathrm{d}S}{(1+x+y)^2}$$

$$= \iint_{D_{xy}} \frac{\sqrt{3}\,\mathrm{d}x\mathrm{d}y}{(1+x+y)^2} + \iint_{D_{yz}} \frac{\mathrm{d}y\mathrm{d}z}{(1+y)^2} + \iint_{D_{zx}} \frac{\mathrm{d}x\mathrm{d}z}{(1+x)^2} + \iint_{D_{xy}} \frac{\mathrm{d}x\mathrm{d}y}{(1+x+y)^2}$$

$$= (\sqrt{3}+1)\int_0^1 \mathrm{d}x \int_0^{1-x} \frac{\mathrm{d}y}{(1+x+y)^2} + \int_0^1 \frac{\mathrm{d}y}{(1+y)^2}\int_0^{1-y}\mathrm{d}z + \int_0^1 \frac{\mathrm{d}x}{(1+x)^2}\int_0^{1-x}\mathrm{d}z$$

$$= (\sqrt{3}+1)\int_0^1 \left(\frac{1}{1+x}-\frac{1}{2}\right)\mathrm{d}x + 2\int_0^1 \frac{1-y}{(1+y)^2}\,\mathrm{d}y$$

$$= (\sqrt{3}-1)\ln 2 + \frac{3-\sqrt{3}}{2}.$$

□

习　题　11-4

1. 计算题:

(1) 设 $\varSigma$ 为球面 $x^2+y^2+z^2=1$, 求 $\iint_{\varSigma}\mathrm{d}S$;

(2) 求面密度 $\mu(x,y,z)=3$ 的光滑曲面 $\varSigma$ 的质量 M .

2. 计算下列对面积的曲面积分:

(1) 计算 $\oiint_{\varSigma}(x^2+y^2)\mathrm{d}S$, 其中 $\varSigma$ 是锥面 $z=\sqrt{x^2+y^2}$ 及平面 $z=1$ 所围成的区域的整个边界曲面;

(2) $\iint_{\varSigma}\left(z+2x+\frac{4}{3}y\right)\mathrm{d}S$, 其中 $\varSigma$ 是平面 $\frac{x}{2}+\frac{y}{3}+\frac{z}{4}=1$ 在第一卦限中的部分;

(3) $\iint_{\varSigma}(2xy-2x^2-x+z)\mathrm{d}S$, 其中 $\varSigma$ 为平面 $2x+2y+z=6$ 在第一卦限中的部分;

(4) 计算曲面积分 $I=\iint_{\varSigma}z\mathrm{d}S$, 其中 $\varSigma$ 为锥面 $z=\sqrt{x^2+y^2}$ 在柱体 $x^2+y^2\leqslant 2x$ 内的部分;

(5) $\iint_{\varSigma}x^2\mathrm{d}S$, 其中 $\varSigma$ 为圆柱面 $x^2+y^2=1$ 介于 $z=0$ 与 $z=2$ 之间的部分.

3. 设曲面 $\varSigma : |x|+|y|+|z|=1$, 计算 $\oiint_{\varSigma}(x+|y|)\mathrm{d}S$.

4. 求抛物面壳 $z=\frac{1}{2}(x^2+y^2),0\leqslant z\leqslant 1$ 的质量, 其面密度的大小为 $\rho=z$.

第五节　对坐标的曲面积分

一、对坐标的曲面积分的概念与性质

我们知道, 对坐标的曲线积分与积分路径的方向有关, 下面要讨论的对坐标的曲面积分也与方向性有关. 为此我们先介绍有向曲面.

假定一个法向量在某个空间中的光滑曲面上的一条闭曲线移动, 并保持它是曲面的法向量, 如果不管如何选择闭曲线, 当回到出发点时法向量的指向与它原来的指向总是一致的, 则称该曲面是双侧的. 否则称其为单侧曲面. 单侧曲面是存在的, 所谓的默比乌斯(Mobius)带就是这类曲面的一个典型例子, 如果把一长方形纸条 $ABCD$ 先扭一次, 再粘起来, 使 A 点与 C 点相合, B 点 D 点相合, 这样就可得到它的一个模型.

　　以下只讨论双侧光滑曲面. 我们可以根据曲面方程的不同形式来区分它的两个不同侧面. 方程 $z = z(x, y)$ 所表示的曲面有上侧和下侧之分; 方程 $y = y(x, z)$ 所表示的曲面有左侧和右侧之分; 方程 $x = x(y, z)$ 所表示的曲面有前侧和后侧之分; 对于封闭曲面, 有内侧和外侧之分.

　　进一步. 我们可以通过曲面上法向量的指向来定出曲面的侧. 设曲面 Σ 在某点的单位法向量 $\boldsymbol{n}_0 = \{\cos\alpha, \cos\beta, \cos\gamma\}$, 我们取 $\cos\gamma > 0$ ($\cos\gamma < 0$) 的一侧为它的上(下) 侧, $\cos\beta > 0$ ($\cos\beta < 0$) 的一侧为它的右(左) 侧, $\cos\alpha > 0$ ($\cos\alpha < 0$) 的一侧为它的前(后) 侧. 对于闭曲面, 我们取法向量指向朝外(内) 的一侧为它的外(内) 侧. 这种取定了法向量亦即选定了侧的曲面, 就称为有向曲面.

　　设 Σ 是有向曲面. 在 Σ 上取一小块曲面 ΔS, 把 ΔS 投影到 xOy 面上得一投影区域, 这投影区域的面积记为 $(\Delta\sigma)_{xy}$. 假定 ΔS 上各点处的法向量与 z 轴的夹角 γ 的余弦 $\cos\gamma$ 有相同的符号(即 $\cos\gamma$ 都是正的或都是负的). 我们规定 ΔS 在 xOy 面上的投影 $(\Delta S)_{xy}$ 为

$$(\Delta S)_{xy} = \begin{cases} (\Delta\sigma)_{xy}, & \cos\gamma > 0, \\ -(\Delta\sigma)_{xy}, & \cos\gamma < 0, \\ 0, & \cos\gamma = 0, \end{cases}$$

其中 $\cos\gamma \equiv 0$ 也就是 $(\Delta\sigma)_{xy} = 0$ 的情形. ΔS 在 xOy 面上的投影 $(\Delta S)_{xy}$ 实际上就是 ΔS 在 xOy 面上的投影区域的面积赋以一定的正负号.

　　类似可以定义 ΔS 在 yOz 面及 zOx 面上的投影 $(\Delta S)_{yz}$ 及 $(\Delta S)_{zx}$.

　　引例　流向曲面一侧的流量

　　设稳定流动(流速与时间无关)的不可压缩流体(假定密度为 1)的速度场为

$$\boldsymbol{v}(x, y, z) = P(x, y, z)\boldsymbol{i} + Q(x, y, z)\boldsymbol{j} + R(x, y, z)\boldsymbol{k},$$

Σ 是速度场中一片有向曲面, 函数 $P(x, y, z), Q(x, y, z), R(x, y, z)$ 在 Σ 上连续, 求在单位时间内流向 Σ 指定侧的流体的流量 Φ.

　　如果流体的流速是常向量 $\boldsymbol{v}$, 则流体在单位时间内流过平面上面积为 A 的闭区域, 流向向量 $\boldsymbol{n}_0$ 所指一侧的流量为

$$A|\boldsymbol{v}|\cos\theta = A\boldsymbol{v}\cdot\boldsymbol{n}_0,$$

其中 $\boldsymbol{n}_0$ 为该平面的单位法向量, θ 为 $\boldsymbol{v}$ 和 $\boldsymbol{n}_0$ 之间的夹角.

　　现在问题的关键是流速 $\boldsymbol{v}$ 不是常向量, 流过的区域也不是平面区域, 而是一片曲面 Σ. 为此, 把曲面 Σ 任意分成 n 个小块 ΔS_i (ΔS_i 同时也代表第 i 小块曲面的面积). 当 ΔS_i 的直径很小时, 可以用 ΔS_i 上任意一点 $(\xi_i, \eta_i, \varsigma_i)$ 处的流速

$$\boldsymbol{v}_i = P(\xi_i, \eta_i, \varsigma_i)\boldsymbol{i} + Q(\xi_i, \eta_i, \varsigma_i)\boldsymbol{j} + R(\xi_i, \eta_i, \varsigma_i)\boldsymbol{k}$$

近似代替 ΔS_i 上各点处的流速, 以点 $(\xi_i, \eta_i, \varsigma_i)$ 处曲面 Σ 的单位法向量

$$\boldsymbol{n}_0 = \cos \alpha_i \boldsymbol{i} + \cos \beta_i \boldsymbol{j} + \cos \gamma_i \boldsymbol{k}$$

近似代替 ΔS_i 上各点处的单位法向量. 这样, 通过 ΔS_i 流向指定侧的流量近似于 $\boldsymbol{v}_i \cdot \boldsymbol{n}_0 \Delta S_i$, 即 $\Delta \Phi_i \approx \boldsymbol{v}_i \cdot \boldsymbol{n}_0 \Delta S_i \ (i = 1, 2, \cdots, n)$.

于是, 通过 Σ 流向指定侧的流量为

$$\Phi = \sum_{i=1}^{n} \Delta \Phi_i \approx \sum_{i=1}^{n} \boldsymbol{v}_i \cdot \boldsymbol{n}_0 \Delta S_i$$

$$= \sum_{i=1}^{n} [P(\xi_i, \eta_i, \varsigma_i) \cos \alpha_i + Q(\xi_i, \eta_i, \varsigma_i) \cos \beta_i + R(\xi_i, \eta_i, \varsigma_i) \cos \gamma_i] \Delta S_i,$$

因为 $\cos \alpha_i \Delta S_i \approx (\Delta S_i)_{yz}, \cos \beta_i \Delta S_i \approx (\Delta S_i)_{zx}, \cos \gamma_i \Delta S_i \approx (\Delta S_i)_{xy}$, 所以上式可以写为

$$\Phi \approx \sum_{i=1}^{n} [P(\xi_i, \eta_i, \varsigma_i)(\Delta S_i)_{yz} + Q(\xi_i, \eta_i, \varsigma_i)(\Delta S_i)_{zx} + R(\xi_i, \eta_i, \varsigma_i)(\Delta S_i)_{xy}],$$

用 λ 表示 n 个小块曲面直径的最大长度, 则

$$\Phi = \lim_{\lambda \to 0} \sum_{i=1}^{n} [P(\xi_i, \eta_i, \varsigma_i)(\Delta S_i)_{yz} + Q(\xi_i, \eta_i, \varsigma_i)(\Delta S_i)_{zx} + R(\xi_i, \eta_i, \varsigma_i)(\Delta S_i)_{xy}].$$

在解决很多其他实际问题时, 也会遇到这种和式的极限. 现抽去它们的具体意义, 从而引出对坐标的曲面积分的概念.

定义 11.5.1 设 Σ 为光滑的有向曲面, 函数 $R(x, y, z)$ 在 Σ 上有界. 把 Σ 任意分成 n 块小曲面 ΔS_i (ΔS_i 同时表示第 i 块小曲面的面积), ΔS_i 在 xOy 面上的投影为 $(\Delta S_i)_{xy}$, $P_i(\xi_i, \eta_i, \varsigma_i)$ 是 ΔS_i 上任意取定的一点. 如果当各小块曲面的直径的最大值 $\lambda \to 0$ 时,

$$\lim_{\lambda \to 0} \sum_{i=1}^{n} R(\xi_i, \eta_i, \varsigma_i)(\Delta S_i)_{xy}$$

总存在, 且不依赖于曲面 Σ 的分法和点 P_i 的取法, 则称此极限为**函数 $R(x, y, z)$ 在有向曲面 Σ 上对坐标 x, y 的曲面积分**, 记作 $\iint\limits_{\Sigma} R(x, y, z) \mathrm{d}x \mathrm{d}y$, 即

$$\iint\limits_{\Sigma} R(x, y, z) \mathrm{d}x \mathrm{d}y = \lim_{\lambda \to 0} \sum_{i=1}^{n} R(\xi_i, \eta_i, \varsigma_i)(\Delta S_i)_{xy},$$

其中 $R(x, y, z)$ 称为**被积函数**, Σ 称为**积分曲面**.

类似地可以定义**函数 $P(x, y, z)$ 在有向曲面 Σ 上对坐标 y, z 的曲面积分** $\iint\limits_{\Sigma} P(x, y, z) \mathrm{d}y \mathrm{d}z$ 及**函数 $Q(x, y, z)$ 在有向曲面 Σ 上对坐标 z, x 的曲面积分** $\iint\limits_{\Sigma} Q(x, y, z) \mathrm{d}z \mathrm{d}x$, 它们分别为

$$\iint\limits_{\Sigma} P(x, y, z) \mathrm{d}y \mathrm{d}z = \lim_{\lambda \to 0} \sum_{i=1}^{n} P(\xi_i, \eta_i, \varsigma_i)(\Delta S_i)_{yz},$$

$$\iint\limits_{\Sigma} Q(x, y, z) \mathrm{d}z \mathrm{d}x = \lim_{\lambda \to 0} \sum_{i=1}^{n} Q(\xi_i, \eta_i, \varsigma_i)(\Delta S_i)_{zx}.$$

以上三个曲面积分也称为**第二类曲面积分**.

注 (1) 当 $P(x, y, z)$, $Q(x, y, z)$, $R(x, y, z)$ 在有向分片光滑曲面 Σ 上连续时, 上述

三个积分都存在. 今后无特别说明, 都假定 P,Q,R 在 Σ 上连续.

(2) 与第二类曲线积分相似, 在计算三种对坐标的曲面积分时, 常合并起来, 即写成

$$\iint\limits_{\Sigma} P(x,y,z)\mathrm{d}y\mathrm{d}z + Q(x,y,z)\mathrm{d}z\mathrm{d}x + R(x,y,z)\mathrm{d}x\mathrm{d}y.$$

特别地, 若 Σ 为有向闭曲面时, $\iint\limits_{\Sigma}$ 用 $\oiint\limits_{\Sigma}$ 表示.

(3) 物理意义:

$$\iint\limits_{\Sigma} P(x,y,z)\mathrm{d}y\mathrm{d}z + Q(x,y,z)\mathrm{d}z\mathrm{d}x + R(x,y,z)\mathrm{d}x\mathrm{d}y$$

表示在速度场 $\boldsymbol{v}(x,y,z) = \{P(x,y,z),Q(x,y,z),R(x,y,z)\}$ 中流体流过置于该场中曲面 Σ 且流向指定侧的流量.

对坐标的曲面积分的性质与对坐标的曲线积分的性质相似.

二、对坐标的曲面积分的计算

当 $P(x,y,z),Q(x,y,z),R(x,y,z)$ 在有向光滑曲面 Σ 上连续时, 对坐标的曲面积分可化为二重积分来计算. 下面我们只介绍如何将曲面积分 $\iint\limits_{\Sigma} R(x,y,z)\mathrm{d}x\mathrm{d}y$ 化为二重积分的方法.

设曲面 Σ 的方程为 $z = z(x,y)$, 取上侧, Σ 在 xOy 面上的投影区域为 D_{xy}, 被积函数 $R(x,y,z)$ 在 Σ 上连续, 函数 $z = z(x,y)$ 在 D_{xy} 上具有一阶连续偏导数.

由对坐标的曲面积分的定义, 有

$$\iint\limits_{\Sigma} R(x,y,z)\mathrm{d}x\mathrm{d}y = \lim_{\lambda \to 0} \sum_{i=1}^{n} R(\xi_i, \eta_i, \varsigma_i)(\Delta S_i)_{xy}$$

因为取 Σ 的上侧, $\boldsymbol{n}_0$ 与 z 轴正向夹角 γ 为锐角, $\cos\gamma > 0$, 所以

$$(\Delta S_i)_{xy} = (\Delta\sigma_i)_{xy}.$$

又因为 $(\xi_i, \eta_i, \varsigma_i)$ 在 Σ 上, 故 $\varsigma_i = z(\xi_i, \eta_i)$ (见图 11-24), 代入上式得

$$\iint\limits_{\Sigma} R(x,y,z)\mathrm{d}x\mathrm{d}y = \lim_{\lambda \to 0} \sum_{i=1}^{n} R[\xi_i, \eta_i, z(\xi_i, \eta_i)](\Delta\sigma_i)_{xy}.$$

这正好是 $F(x,y) = R[x,y,z(x,y)]$ 在闭区域 D_{xy} 上二重积分的定义, 于是

$$\iint\limits_{\Sigma} R(x,y,z)\,\mathrm{d}x\mathrm{d}y = \iint\limits_{D_{xy}} R[x,y,z(x,y)]\,\mathrm{d}x\mathrm{d}y,$$

从上式看出, 求曲面积分 $\iint\limits_{\Sigma} R(x,y,z)\,\mathrm{d}x\mathrm{d}y$ (Σ 取上侧) 时,

只需把其中变量 z 换成 Σ 对应的函数 $z(x,y)$, $\iint\limits_{\Sigma}$ 换成

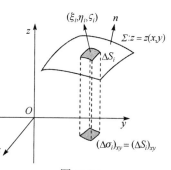

图 11-24

$\iint\limits_{D_{xy}}$ 计算二重积分即可.

当然, 如果取 Σ 的下侧, 由于 $\boldsymbol{n}_0$ 与 z 轴正向夹角 γ 为钝角, $\cos\gamma < 0$, 这时

$$(\Delta S_i)_{xy} = -(\Delta\sigma_i)_{xy}.$$

于是有 $\iint\limits_{\Sigma} R(x,y,z)\,\mathrm{d}x\mathrm{d}y = -\iint\limits_{D_{xy}} R[x,y,z(x,y)]\mathrm{d}x\mathrm{d}y$.

因此若 Σ 由 $z=(x,y)$ 给出, 它在 xOy 面投影区域为 D_{xy}, 则

$$\iint\limits_{\Sigma} R(x,y,z)\,\mathrm{d}x\mathrm{d}y = \pm\iint\limits_{D_{xy}} R[x,y,z(x,y)]\,\mathrm{d}x\mathrm{d}y, \tag{11.5.1}$$

上侧取正号, 下侧取负号.

类似地, 若 Σ 的方程由 $x=x(y,z)$ 给出, 它在 yOz 面投影区域为 D_{yz}, 则

$$\iint\limits_{\Sigma} P(x,y,z)\,\mathrm{d}y\mathrm{d}z = \pm\iint\limits_{D_{yz}} P[x(y,z),y,z(x,y)]\,\mathrm{d}y\mathrm{d}z, \tag{11.5.2}$$

前侧取正号, 后侧取负号.

若 Σ 的方程由 $y=y(z,x)$ 给出, 它在 zOx 面投影区域为 D_{zx}, 则

$$\iint\limits_{\Sigma} Q(x,y,z)\mathrm{d}z\mathrm{d}x = \pm\iint\limits_{D_{zx}} Q[x,y(x,z),z]\,\mathrm{d}z\mathrm{d}x, \tag{11.5.3}$$

右侧取正号, 左侧取负号.

例 11.5.1 计算曲面积分 $\iint\limits_{\Sigma} z\mathrm{d}x\mathrm{d}y + x\mathrm{d}y\mathrm{d}z + y\mathrm{d}z\mathrm{d}x$, 其中 Σ 为柱面 $x^2+y^2=1$ 被平面 $z=0$ 及 $z=3$ 所截的在第一卦限部分的前侧(图 11-25).

解 D_{xy} 是弧 AB, 面积为 0, $\iint\limits_{\Sigma} z\mathrm{d}x\mathrm{d}y = 0$,

$$D_{yz} = \{(0,y,z) \mid x=0, 0\leqslant y\leqslant 1, 0\leqslant z\leqslant 3\},$$

$$D_{zx} = \{(x,0,z) \mid 0\leqslant x\leqslant 1, y=0, 0\leqslant z\leqslant 3\},$$

$$\begin{aligned}
&\iint\limits_{\Sigma} z\mathrm{d}x\mathrm{d}y + x\mathrm{d}y\mathrm{d}z + y\mathrm{d}z\mathrm{d}x \\
&= \iint\limits_{D_{yz}} \sqrt{1-y^2}\,\mathrm{d}y\mathrm{d}z + \iint\limits_{D_{zx}} \sqrt{1-x^2}\,\mathrm{d}z\mathrm{d}x \\
&= \int_0^3 \mathrm{d}z \int_0^1 \sqrt{1-y^2}\,\mathrm{d}y + \int_0^3 \mathrm{d}z \int_0^1 \sqrt{1-x^2}\,\mathrm{d}x \\
&= 2\cdot\left[\frac{y}{2}\sqrt{1-y^2} + \frac{1}{2}\arcsin y\right]_0^1 = \frac{3}{2}\pi.
\end{aligned}$$

□

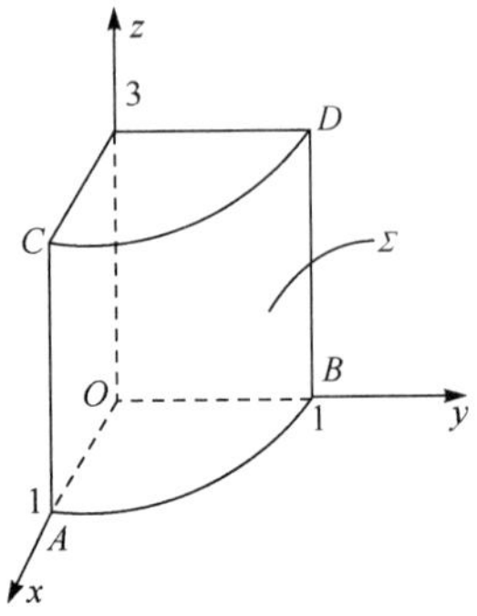

图 11-25

例 11.5.2 $\iint\limits_{\Sigma} xz\mathrm{d}x\mathrm{d}y + xy\mathrm{d}y\mathrm{d}z + yz\mathrm{d}z\mathrm{d}x$，其中 Σ 是平面 $x = 0, y = 0, z = 0, x + y + z = 1$ 围成区域的整个边界曲面的外侧.

解 在 xOy，yOz，zOx 平面上的部分分别为 Σ_1，Σ_2，Σ_3，在 $x + y + z = 1$ 面上的部分为 Σ_4.

$$\iint\limits_{\Sigma_1} xz\mathrm{d}x\mathrm{d}y + xy\mathrm{d}y\mathrm{d}z + yz\mathrm{d}z\mathrm{d}x = \iint\limits_{\Sigma_1} xz\mathrm{d}x\mathrm{d}y = -\iint\limits_{D_{xy}} x \cdot 0 \mathrm{d}x\mathrm{d}y = 0,$$

$$\iint\limits_{\Sigma_2} xz\mathrm{d}x\mathrm{d}y + xy\mathrm{d}y\mathrm{d}z + yz\mathrm{d}z\mathrm{d}x = \iint\limits_{\Sigma_2} xy\mathrm{d}y\mathrm{d}z = -\iint\limits_{D_{yz}} 0 \cdot y\mathrm{d}y\mathrm{d}z = 0,$$

$$\iint\limits_{\Sigma_3} xz\mathrm{d}x\mathrm{d}y + xy\mathrm{d}y\mathrm{d}z + yz\mathrm{d}z\mathrm{d}x = \iint\limits_{\Sigma_2} yz\mathrm{d}z\mathrm{d}x = -\iint\limits_{D_{zx}} 0 \cdot z\mathrm{d}z\mathrm{d}x = 0.$$

故

$$\oiint\limits_{\Sigma} xz\mathrm{d}x\mathrm{d}y + xy\mathrm{d}y\mathrm{d}z + yz\mathrm{d}z\mathrm{d}x = \iint\limits_{\Sigma_4} xz\mathrm{d}x\mathrm{d}y + xy\mathrm{d}y\mathrm{d}z + yz\mathrm{d}z\mathrm{d}x$$

$$= 3\iint\limits_{\Sigma_4} xz\mathrm{d}x\mathrm{d}y = 3\iint\limits_{D_{xy}} x(1 - x - y)\mathrm{d}x\mathrm{d}y = 3\int_0^1 \mathrm{d}x\int_{0x}^{1-x} (1 - x - y)\mathrm{d}y = \frac{1}{8}. \qquad \square$$

三、两类曲面积分之间的联系

设有向曲面 $\Sigma: z = z(x, y)$ 在 xOy 面上的投影区域为 D_{xy}，函数 $z = z(x, y)$ 在 D_{xy} 上具有一阶连续偏导数，且 $R(x, y, z)$ 在 Σ 上连续，如果 Σ 取上侧，则由第二类曲面积分计算公式(11.5.1)，有

$$\iint\limits_{\Sigma} R(x, y, z)\mathrm{d}x\mathrm{d}y = \iint\limits_{D_{xy}} R[x, y, z(x, y)]\mathrm{d}x\mathrm{d}y.$$

而由于上述有向曲面 Σ 的法向量的方向余弦为

$$\cos\alpha = \frac{-z_x}{\sqrt{1 + z_x^2 + z_y^2}}, \quad \cos\beta = \frac{-z_y}{\sqrt{1 + z_x^2 + z_y^2}}, \quad \cos\gamma = \frac{1}{\sqrt{1 + z_x^2 + z_y^2}},$$

于是由第一类曲面积分计算公式有

$$\iint\limits_{\Sigma} R(x, y, z)\cos\gamma\,\mathrm{d}S = \iint\limits_{D_{xy}} R[x, y, z(x, y)]\sqrt{1 + z_x^2 + z_y^2}\frac{1}{\sqrt{1 + z_x^2 + z_y^2}}\mathrm{d}x\mathrm{d}y$$

$$= \iint\limits_{D_{xy}} R[x, y, z(x, y)]\mathrm{d}x\mathrm{d}y.$$

由此可见，

$$\iint\limits_{\Sigma} R(x, y, z)\mathrm{d}x\mathrm{d}y = \iint\limits_{\Sigma} R(x, y, z)\cos\gamma\,\mathrm{d}S. \tag{11.5.4}$$

如果 Σ 取下侧, 则有

$$\iint_{\Sigma} R(x,y,z)\mathrm{d}x\mathrm{d}y = -\iint_{D_{xy}} R(x,y,z(x,y))\,\mathrm{d}x\mathrm{d}y ,$$

而此时 $\cos\gamma = \dfrac{-1}{\sqrt{1+z_x^2+z_y^2}}$, 式(11.5.4)仍成立.

同理

$$\iint_{\Sigma} P(x,y,z)\mathrm{d}y\mathrm{d}z = \iint_{\Sigma} P(x,y,z)\cos\alpha\mathrm{d}S , \qquad \iint_{\Sigma} Q(x,y,z)\mathrm{d}z\mathrm{d}x = \iint_{\Sigma} Q(x,y,z)\cos\beta\mathrm{d}S .$$

将三式合并, 得到两类曲面积分之间的关系式

$$\iint_{\Sigma} P\mathrm{d}y\mathrm{d}z + Q\mathrm{d}z\mathrm{d}x + R\mathrm{d}x\mathrm{d}y = \iint_{\Sigma} (P\cos\alpha + Q\cos\beta + R\cos\gamma)\mathrm{d}S , \qquad (11.5.5)$$

其中 $\cos\alpha$, $\cos\beta$, $\cos\gamma$ 是有向曲面 Σ 在点 (x,y,z) 处的法向量的方向余弦.

用向量形式表示两类曲面积分之间的关系为

$$\iint_{\Sigma} \boldsymbol{A}\cdot\mathrm{d}\boldsymbol{S} = \iint_{\Sigma} \boldsymbol{A}\cdot\boldsymbol{n}_0\mathrm{d}S ,$$

其中 $\boldsymbol{A}=\{P,Q,R\}$, $\boldsymbol{n}_0=\{\cos\alpha,\cos\beta,\cos\gamma\}$ 为有向曲面 Σ 在点 (x,y,z) 处的单位法向量,

$$\mathrm{d}\boldsymbol{S}=\boldsymbol{n}_0\mathrm{d}S=\{\mathrm{d}y\mathrm{d}z,\mathrm{d}z\mathrm{d}x,\mathrm{d}x\mathrm{d}y\} .$$

上式表明, 向量值函数 $\boldsymbol{A}$ 的第二类曲面积分等于数量值函数 $\boldsymbol{A}\cdot\boldsymbol{n}_0$ 的第一类曲面积分.

习　题　11-5

1. 计算下列对坐标的曲面积分:

(1) $\oiint_{\Sigma}(x+1)\mathrm{d}y\mathrm{d}z + y\mathrm{d}z\mathrm{d}x + \mathrm{d}x\mathrm{d}y$, 其中 Σ 是平面 $x+y+z=1$ 被三坐标面截得的第一卦限部分, 取上侧;

(2) $\iint_{\Sigma} x^2y^2z\mathrm{d}x\mathrm{d}y$, 其中 Σ 是球面 $x^2+y^2+z^2=R^2$ 的下半部分的下侧;

(3) $\iint_{\Sigma}(x^2-yz)\mathrm{d}y\mathrm{d}z + (y^2-zx)\mathrm{d}z\mathrm{d}x + 2z\mathrm{d}x\mathrm{d}y$, 其中 Σ 为锥面 $z=1-\sqrt{x^2+y^2}\ (z\geqslant 0)$ 的上侧.

2. 把第二类曲面积分 $\iint_{\Sigma} P(x,y,z)\mathrm{d}y\mathrm{d}z + Q(x,y,z)\mathrm{d}z\mathrm{d}x + R(x,y,z)\mathrm{d}x\mathrm{d}y$ 化为第一类曲面积分, 其中

(1) Σ 为平面 $3x+2y+z=1$ 位于第一卦限的部分, 并取上侧;

(2) Σ 为抛物面 $z=8-(x^2+y^2)$ 在 xOy 面上方的部分的上侧.

3. 已知流速场 $\boldsymbol{v}(x,y,z)=x^2\boldsymbol{i}+y^2\boldsymbol{j}+z^2\boldsymbol{k}$, 封闭曲面 Σ 为平面 $x+y+z=1$ 与三个坐标平面所围成的四面体的表面, 试求流速场由曲面 Σ 的内部流向其外部的流量 Φ.

第六节　高斯公式与斯托克斯公式

一、高斯公式

在本章第三节中我们介绍了格林公式, 它反映了平面区域 D 上的二重积分与其边界曲线 L 上的曲线积分之间的联系. 本节中即将介绍的高斯公式, 它反映的是空间区域 Ω 上的三重积分与其边界曲面 Σ 上的曲面积分之间的关系, 可以将其作为格林公式在空间的推广.

定理 11.6.1 设空间闭区域 Ω 由分片光滑的闭曲面 Σ 围成, 三元函数 $P(x,y,z)$, $Q(x,y,z)$, $R(x,y,z)$ 在 Ω 上具有一阶连续的偏导数, 则有

$$\oiint_{\Sigma} P\mathrm{d}y\mathrm{d}z + Q\mathrm{d}z\mathrm{d}x + R\mathrm{d}x\mathrm{d}y = \iiint_{\Omega} \left(\frac{\partial P}{\partial x} + \frac{\partial Q}{\partial y} + \frac{\partial R}{\partial z} \right) \mathrm{d}v , \tag{11.6.1}$$

其中 Σ 是 Ω 的整个边界曲面, 取外侧. 式(11.6.1)称为高斯公式.

证 观察高斯公式的等式两端, 容易发现关于函数 P,Q,R 的部分可以分离处理.

下面仅证

$$\iiint_{\Omega} \frac{\partial R}{\partial z} \mathrm{d}v = \oiint_{\Sigma} R(x,y,z)\mathrm{d}x\mathrm{d}y .$$

读者可类似证明

$$\iiint_{\Omega} \frac{\partial P}{\partial x} \mathrm{d}v = \oiint_{\Sigma} P(x,y,z)\mathrm{d}y\mathrm{d}z ,$$

$$\iiint_{\Omega} \frac{\partial Q}{\partial y} \mathrm{d}v = \oiint_{\Sigma} Q(x,y,z)\mathrm{d}z\mathrm{d}x,$$

这些结果相加便可得到高斯公式.

如图 11-26 所示, 先对闭区域 Ω 作以下限制. 设闭区域 Ω 在 xOy 面上的投影区域为 D_{xy}, 假定穿过 Ω 内部且平行 z 轴的直线与 Ω 的边界曲面 Σ 的交点恰好是两个. Σ 由 Σ_1, Σ_2 和 Σ_3 三部分组成, 其中 Σ_1 和 Σ_2 分别由方程 $z = z_1(x,y)$ 和 $z = z_2(x,y)$ 给定, 这里 $z_1(x,y) \leqslant z_2(x,y)$, Σ_1 取下侧, Σ_2 取上侧; Σ_3 是以 Σ_1 的边界曲线为准线而母线平行于 z 轴的柱面上的一部分, 取外侧.

根据三重积分的计算法, 有

$$\iiint_{\Omega} \frac{\partial R}{\partial z} \mathrm{d}v = \iint_{D_{xy}} \left\{ \int_{z_1(x,y)}^{z_2(x,y)} \frac{\partial R}{\partial z} \mathrm{d}z \right\} \mathrm{d}x\mathrm{d}y$$

$$= \iint_{D_{xy}} \left\{ R[x,y,z_2(x,y)] - R[x,y,z_1(x,y)] \right\} \mathrm{d}x\mathrm{d}y,$$

另一方面, 由对坐标的曲面积分计算可得

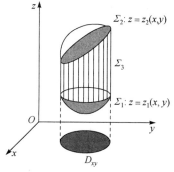

图 11-26

$$\iint_{\Sigma_1} R(x,y,z)\mathrm{d}x\mathrm{d}y = -\iint_{D_{xy}} R[x,y,z_1(x,y)]\mathrm{d}x\mathrm{d}y,$$

$$\iint_{\Sigma_2} R(x,y,z)\mathrm{d}x\mathrm{d}y = \iint_{D_{xy}} R[x,y,z_2(x,y)]\mathrm{d}x\mathrm{d}y.$$

因为 Σ_3 上任意一块曲面在 xOy 面上的投影为零, 所以直接根据对坐标的曲面积分的定义可知

$$\iint_{\Sigma_3} R(x,y,z)\mathrm{d}x\mathrm{d}y = 0.$$

把以上三式相加, 得

$$\iint_{\Sigma} R(x,y,z)\mathrm{d}x\mathrm{d}y = \iint_{D_{xy}} \{R[x,y,z_2(x,y)] - R[x,y,z_1(x,y)]\}\mathrm{d}x\mathrm{d}y,$$

从而有 $\iiint_{\Omega} \dfrac{\partial R}{\partial z}\mathrm{d}v = \oiint_{\Sigma} R(x,y,z)\mathrm{d}x\mathrm{d}y$ 成立. □

对于不是上述区域的情形, 则用有限个光滑曲面将它分割成若干个这样的区域来讨论. 详细的推导与格林公式相似, 这里不再赘述.

高斯公式建立了空间区域 Ω 上的三重积分与其边界曲面 Σ 上的曲面积分之间的关系. 由于曲面积分的计算较为复杂, 我们往往利用高斯公式将其转化为三重积分计算. 但是, 在利用高斯公式时, 一定要满足高斯公式对被积函数和积分区域的所有条件.

利用两类曲面积分之间的关系, 我们可以得到下面形式的高斯公式

$$\iiint_{\Omega} \left(\frac{\partial P}{\partial x} + \frac{\partial Q}{\partial y} + \frac{\partial R}{\partial z} \right) \mathrm{d}v = \oiint_{\Sigma} (P\cos\alpha + Q\cos\beta + R\cos\gamma)\mathrm{d}S, \tag{11.6.2}$$

其中 $\cos\alpha$, $\cos\beta$, $\cos\gamma$ 是 Σ 上点 (x,y,z) 处的法向量(指向外侧)的方向余弦.

特别地, 当高斯公式中 $P=x, Q=y, R=z$ 时, 则有

$$\oiint_{\Sigma} x\mathrm{d}y\mathrm{d}z + y\mathrm{d}z\mathrm{d}x + z\mathrm{d}x\mathrm{d}y = \iiint_{\Omega} (1+1+1)\,\mathrm{d}v = 3\iiint_{\Omega}\mathrm{d}v = 3V.$$

于是得到利用对坐标的曲面积分计算空间区域 Ω 的体积 V 的公式:

$$V = \frac{1}{3}\oiint_{\Sigma} x\mathrm{d}y\mathrm{d}z + y\mathrm{d}z\mathrm{d}x + z\mathrm{d}x\mathrm{d}y. \tag{11.6.3}$$

例 11.6.1 利用高斯公式计算曲面积分

$$\iint_{\Sigma} (y-z)x\,\mathrm{d}y\mathrm{d}z + (x-y)\mathrm{d}x\mathrm{d}y,$$

其中 Σ 为柱面 $x^2+y^2=1$ 及 $z=0$, $z=3$ 所围成的空间区域 Ω 的整个边界曲面的外侧 (图 11-27).

解 这里 $P=(y-z)x$, $Q=0$, $R=x-y$,

$$\frac{\partial P}{\partial x}=y-z, \quad \frac{\partial Q}{\partial y}=0, \quad \frac{\partial R}{\partial z}=0,$$

利用高斯公式把所给曲面积化为三重积分, 再利用柱面坐标计算三重积分:

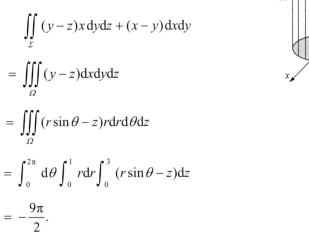

图 11-27

$$\iint\limits_{\Sigma}(y-z)x\,\mathrm{d}y\mathrm{d}z+(x-y)\mathrm{d}x\mathrm{d}y$$

$$=\iiint\limits_{\Omega}(y-z)\mathrm{d}x\mathrm{d}y\mathrm{d}z$$

$$=\iiint\limits_{\Omega}(r\sin\theta-z)r\mathrm{d}r\mathrm{d}\theta\mathrm{d}z$$

$$=\int_0^{2\pi}\mathrm{d}\theta\int_0^1 r\mathrm{d}r\int_0^3(r\sin\theta-z)\mathrm{d}z$$

$$=-\frac{9\pi}{2}. \qquad\qquad\qquad\qquad\qquad □$$

我们需要特别注意的是, 在利用高斯公式计算曲面积分时应满足的条件:

(1) 如果 Σ 取闭区域 Ω 内侧, 则

$$\oiint\limits_{\Sigma}P\mathrm{d}y\mathrm{d}z+Q\mathrm{d}z\mathrm{d}x+R\mathrm{d}x\mathrm{d}y=-\iiint\limits_{\Omega}\left(\frac{\partial P}{\partial x}+\frac{\partial Q}{\partial y}+\frac{\partial R}{\partial z}\right)\mathrm{d}v;$$

(2) 如果曲面 Σ 不是封闭的或在 Σ 所围的空间闭区域 Ω 内, $P(x,y,z)$, $Q(x,y,z)$, $R(x,y,z)$ 不满足连续性条件, 那么不能直接用高斯公式.

例 11.6.2　计算 $\iint\limits_{\Sigma}4xz\mathrm{d}y\mathrm{d}z-y^2\mathrm{d}z\mathrm{d}x+2yz\mathrm{d}x\mathrm{d}y$, 其中 Σ 是球面 $x^2+y^2+z^2=a^2$ 外侧的上半部分 $(a>0)$.

解　补充平面 $\Sigma_1: z=0(x^2+y^2\leqslant a^2)$ 取下侧,

$$\iint\limits_{\Sigma}4xz\mathrm{d}y\mathrm{d}z-y^2\mathrm{d}z\mathrm{d}x+2yz\mathrm{d}x\mathrm{d}y$$

$$=(\oiint\limits_{\Sigma+\Sigma_1}-\iint\limits_{\Sigma_1})4xz\mathrm{d}y\mathrm{d}z-y^2\mathrm{d}z\mathrm{d}x+2yz\mathrm{d}x\mathrm{d}y$$

$$=\iiint\limits_{\Omega}(4z-2y+2y)\mathrm{d}v-0$$

$$=4\iiint\limits_{\Omega}z\mathrm{d}v=4\int_0^{2\pi}\mathrm{d}\theta\int_0^a\rho\mathrm{d}\rho\int_0^{\sqrt{a^2-\rho^2}}z\mathrm{d}z=8\pi\int_0^a\rho\cdot\frac{a^2-\rho^2}{2}\mathrm{d}\rho=\pi a^4. □$$

例 11.6.3　设函数 $u(x,y,z)$ 和 $v(x,y,z)$ 在闭区域 Ω 上具有一阶和二阶连续偏导数, 试证明

$$\iiint\limits_{\Omega} u\left(\frac{\partial^2 v}{\partial x^2}+\frac{\partial^2 v}{\partial y^2}+\frac{\partial^2 v}{\partial z^2}\right)\mathrm{d}x\mathrm{d}y\mathrm{d}z$$

$$=\oiint\limits_{\Sigma} u\frac{\partial v}{\partial n}\mathrm{d}S-\iiint\limits_{\Omega}\left(\frac{\partial u}{\partial x}\cdot\frac{\partial v}{\partial x}+\frac{\partial u}{\partial y}\cdot\frac{\partial v}{\partial y}+\frac{\partial u}{\partial z}\cdot\frac{\partial v}{\partial z}\right)\mathrm{d}x\mathrm{d}y\mathrm{d}z,$$

其中 Σ 是闭区间 Ω 的整个边界曲面，$\dfrac{\partial v}{\partial n}$ 为函数 $v(x,y,z)$ 沿 Σ 的外法线方向的方向导数，这个公式叫作格林第一公式.

证 在高斯公式

$$\iiint\limits_{\Omega}\left(\frac{\partial P}{\partial x}+\frac{\partial Q}{\partial y}+\frac{\partial R}{\partial z}\right)\mathrm{d}x\mathrm{d}y\mathrm{d}z=\oiint\limits_{\Sigma}\left(P\cos\alpha+Q\cos\beta+R\cos\gamma\right)\mathrm{d}S$$

中，令 $P=u\dfrac{\partial v}{\partial x}$，$Q=u\dfrac{\partial v}{\partial y}$，$R=u\dfrac{\partial v}{\partial z}$，并分别代入上式的左右两边，便得到

$$\iiint\limits_{\Omega}\left(\frac{\partial P}{\partial x}+\frac{\partial Q}{\partial y}+\frac{\partial R}{\partial z}\right)\mathrm{d}x\mathrm{d}y\mathrm{d}z$$

$$=\iiint\limits_{\Omega}\left[\frac{\partial}{\partial x}\left(u\frac{\partial v}{\partial x}\right)+\frac{\partial}{\partial y}\left(u\frac{\partial v}{\partial y}\right)+\frac{\partial}{\partial z}\left(u\frac{\partial v}{\partial z}\right)\right]\mathrm{d}x\mathrm{d}y\mathrm{d}z$$

$$=\iiint\limits_{\Omega}\left[\frac{\partial u}{\partial x}\frac{\partial v}{\partial x}+\frac{\partial u}{\partial y}\frac{\partial v}{\partial y}+\frac{\partial u}{\partial z}\frac{\partial v}{\partial z}+u\left(\frac{\partial^2 v}{\partial x^2}+\frac{\partial^2 v}{\partial y^2}+\frac{\partial^2 v}{\partial z^2}\right)\right]\mathrm{d}x\mathrm{d}y\mathrm{d}z,$$

$$\oiint\limits_{\Sigma}\left(P\cos\alpha+Q\cos\beta+R\cos\gamma\right)\mathrm{d}S$$

$$=\oiint\limits_{\Sigma} u\left(\frac{\partial v}{\partial x}\cos\alpha+\frac{\partial v}{\partial y}\cos\beta+\frac{\partial v}{\partial z}\cos\gamma\right)\mathrm{d}S$$

$$=\oiint\limits_{\Sigma} u\frac{\partial v}{\partial n}\mathrm{d}S\quad\left(\text{记}\ \frac{\partial v}{\partial x}\cos\alpha+\frac{\partial v}{\partial y}\cos\beta+\frac{\partial v}{\partial z}\cos\gamma=\frac{\partial v}{\partial n}\right).$$

上述两式结合便是所要证明的格林第一公式. □

最后，我们给出高斯公式在物理上的解释. 稳定流动的不可压缩液体(假定密度为 1)的速度场由

$$\boldsymbol{n}(x,y,z)=P(x,y,z)\cdot\boldsymbol{i}+Q(x,y,z)\cdot\boldsymbol{j}+R(x,y,z)\cdot\boldsymbol{k}$$

给出，其中 P，Q，R 假定具有一阶连续偏导数，Σ 是速度场中一片有向曲面，又 $\boldsymbol{n}=\cos\alpha\boldsymbol{i}+\cos\beta\cdot\boldsymbol{j}+\cos\gamma\cdot\boldsymbol{k}$ 是 Σ 在点 (x,y,z) 处的单位法向量，由第五节的讨论知道，单位时间内流体经过 Σ 流向指定侧的流体总质量 Φ 可用曲面积分来表示：

$$\Phi=\iint\limits_{\Sigma} P\mathrm{d}x\mathrm{d}z+Q\mathrm{d}z\mathrm{d}x+R\mathrm{d}x\mathrm{d}y$$

$$= \iint\limits_{\Sigma} (P\cos\alpha + Q\cos\beta + R\cos\gamma)\mathrm{d}S$$

$$= \iint\limits_{\Sigma} \boldsymbol{v}\cdot\boldsymbol{n}\mathrm{d}S.$$

如果 Σ 是高斯公式中闭区域 Ω 的边界曲面的外侧, 那么上式的右端可解释为单位时间内离开闭区域 Ω 的流体的总质量.

由于我们假定流体是不可压缩的, 且流体是稳定的, 故当流体离开 Ω 时, Ω 内部必须由产生流体的"源头"产生出同样多的流体来进行补充. 因此, 高斯公式左端可解释为分布在 Ω 内的源头在单位时间内产生的流体的总质量.

为了简便起见, 把高斯公式(11.6.1)改写成

$$\iiint\limits_{\Omega}\left(\frac{\partial P}{\partial x} + \frac{\partial Q}{\partial y} + \frac{\partial R}{\partial z}\right)\mathrm{d}v = \oiint\limits_{\Sigma} v_n \mathrm{d}S,$$

以闭区域 Ω 的体积 V 除上式两端, 得

$$\frac{1}{V}\iiint\limits_{\Omega}\left(\frac{\partial P}{\partial x} + \frac{\partial Q}{\partial y} + \frac{\partial R}{\partial z}\right)\mathrm{d}v = \frac{1}{V}\oiint\limits_{\Sigma} v_n \mathrm{d}S.$$

上式左端表示 Ω 内的源头在单位时间单位体积内所产生的流体质量的平均值. 应用积分中值定理于上式左端, 得

$$\left.\left(\frac{\partial P}{\partial x} + \frac{\partial Q}{\partial y} + \frac{\partial R}{\partial z}\right)\right|_{(\xi,\eta,\varsigma)} = \frac{1}{V}\oiint\limits_{\Sigma} v_n \mathrm{d}S.$$

这里 (ξ,η,ς) 是 Ω 内的某个点.

令 Ω 缩向一点 $M(x,y,z)$, 对上式取极限, 得

$$\frac{\partial P}{\partial x} + \frac{\partial Q}{\partial y} + \frac{\partial R}{\partial z} = \lim_{\Omega\to M}\frac{1}{V}\oiint\limits_{\Sigma} v_n \mathrm{d}S,$$

上式左端称为 v 在点 M 的散度, 记作 $\operatorname{div} v$, 即

$$\operatorname{div} v = \frac{\partial P}{\partial x} + \frac{\partial Q}{\partial y} + \frac{\partial R}{\partial z}.$$

$\operatorname{div} v$ 在这里可看作稳定流动的不可压缩流体在点 M 的源头强度——单位时间单位体积内所产生的流体质量. 如果 $\operatorname{div} v$ 为负, 表示点 M 处流体在消失.

*二、斯托克斯公式

斯托克斯公式是格林公式的推广. 格林公式表达了平面闭区域上的二重积分与其边界曲线上的曲线积分之间的关系, 而斯托克斯公式则把曲面 Σ 上的曲面积分与沿着 Σ 的边界曲线 Γ 的曲线积分联系起来.

我们首先介绍有向曲面 Σ 的边界曲线 Γ 的正向的规定: 如图 11-28 所示, 当右手除拇指外的四指依 Γ 的正向绕行时, 大拇指所指的方向与 Σ 上的法向量的指向相同.

下面我们给出斯托克斯公式.

定理 11.6.2 设 Γ 为分段光滑的空间有向闭曲线, Σ 是以 Γ 为边界的分片光滑的有向曲面, Γ 的正向与 Σ 的侧符合右手规则, 函数 $P(x,y,z)$, $Q(x,y,z)$, $R(x,y,z)$ 在包含曲面 Σ 在内的一个空间区域具有一阶连续偏导数, 则有

$$\iint_{\Sigma}\left(\frac{\partial R}{\partial y}-\frac{\partial Q}{\partial z}\right)\mathrm{d}y\mathrm{d}z+\left(\frac{\partial P}{\partial z}-\frac{\partial R}{\partial x}\right)\mathrm{d}z\mathrm{d}x+\left(\frac{\partial Q}{\partial x}-\frac{\partial P}{\partial y}\right)\mathrm{d}x\mathrm{d}y=\oint_{\Gamma}P\mathrm{d}x+Q\mathrm{d}y+R\mathrm{d}z, \quad (11.6.4)$$

公式(11.6.4)叫作斯托克斯公式.

证 如图 11-29 所示, 先假定 Σ 与平行于 z 轴的直线相交不多于一点, 并设 Σ 为曲面 $z=f(x,y)$ 的上侧, Σ 的正向边界曲线 Γ 在 xOy 面上的投影为平面有向曲线 C, C 所围成的闭区域为 D_{xy}.

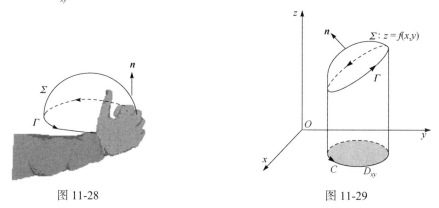

图 11-28　　　　　　　　　　　图 11-29

我们设法把曲面积分 $\iint_{\Sigma}\frac{\partial P}{\partial z}\mathrm{d}z\mathrm{d}x-\frac{\partial P}{\partial y}\mathrm{d}x\mathrm{d}y$ 化为闭区域 D_{xy} 上的二重积分, 然后通过格林公式使它与曲线积分联系.

根据对面积的和对坐标的曲面积分间的关系, 有

$$\iint_{\Sigma}\frac{\partial P}{\partial z}\mathrm{d}z\mathrm{d}x-\frac{\partial P}{\partial y}\mathrm{d}x\mathrm{d}y=\iint_{\Sigma}\left(\frac{\partial P}{\partial z}\cos\beta-\frac{\partial P}{\partial y}\cos\gamma\right)\mathrm{d}S. \quad (11.6.5)$$

有向曲面 Σ 的法向量的方向余弦为

$$\cos\alpha=\frac{-f_x}{\sqrt{1+f_x^2+f_y^2}}, \quad \cos\beta=\frac{-f_y}{\sqrt{1+f_x^2+f_y^2}}, \quad \cos\gamma=\frac{1}{\sqrt{1+f_x^2+f_y^2}},$$

因此 $\cos\beta=-f_y\cos\gamma$, 把它代入式(11.6.5)得

$$\iint_{\Sigma}\frac{\partial P}{\partial z}\mathrm{d}z\mathrm{d}x-\frac{\partial P}{\partial y}\mathrm{d}x\mathrm{d}y=\iint_{\Sigma}\left(-\frac{\partial P}{\partial z}\cdot f_y-\frac{\partial P}{\partial y}\right)\cos\gamma\,\mathrm{d}S,$$

即

$$\iint\limits_{\Sigma} \frac{\partial P}{\partial z} \mathrm{d}z\mathrm{d}x - \frac{\partial P}{\partial y} \mathrm{d}x\mathrm{d}y = -\iint\limits_{\Sigma} \left(\frac{\partial P}{\partial z} f_y + \frac{\partial P}{\partial y} \right) \cos\gamma \, \mathrm{d}S. \tag{11.6.6}$$

上式右端的曲面积分化为二重积分时, 应把 $P(x, y, z)$ 中的 z 用 $f(x, y)$ 来代替, 因为由复合函数的微分法, 有

$$\frac{\partial}{\partial y} P[x, y, f(x, y)] = \frac{\partial P}{\partial y} + \frac{\partial P}{\partial z} \cdot f_y.$$

所以, 式(11.6.6)可写成

$$\iint\limits_{\Sigma} \frac{\partial P}{\partial z} \mathrm{d}z\mathrm{d}x - \frac{\partial P}{\partial y} \mathrm{d}x\mathrm{d}y = -\iint\limits_{D_{xy}} \frac{\partial}{\partial y} P[x, y, f(x, y)]\mathrm{d}x\mathrm{d}y.$$

根据格林公式, 上式右端的二重积分可化为沿闭区域 D_{xy} 的边界 C 的曲线积分

$$-\iint\limits_{D_{xy}} \frac{\partial}{\partial y} P[x, y, f(x, y)]\mathrm{d}x\mathrm{d}y = \oint_C P[x, y, f(x, y)]\mathrm{d}x,$$

于是

$$\iint\limits_{\Sigma} \frac{\partial P}{\partial z} \mathrm{d}z\mathrm{d}x - \frac{\partial P}{\partial y} \mathrm{d}x\mathrm{d}y = \oint_C P[x, y, f(x, y)]\mathrm{d}x.$$

因为函数 $P[x, y, f(x, y)]$ 在曲线 C 上点 (x, y) 处的值与函数 $P(x, y, z)$ 在曲线 Γ 上对应点 (x, y, z) 处的值是一样的, 并且两曲线上的对应小弧段在 x 轴上的投影也是一样, 根据曲线积分的定义, 上式右端的曲线积分等于曲线 Γ 上的曲线积分 $\int_{\Gamma} P(x, y, z)\mathrm{d}x$. 因此, 我们证得

$$\iint\limits_{\Sigma} \frac{\partial P}{\partial z} \mathrm{d}z\mathrm{d}x - \frac{\partial P}{\partial y} \mathrm{d}x\mathrm{d}y = \oint_{\Gamma} P(x, y, z)\mathrm{d}x. \tag{11.6.7}$$

如果 Σ 取下侧, Γ 也相应地改成相反的方向, 那么式(11.6.7)两端同时改变符号, 因此式(11.6.7)仍成立.

其次, 如果曲面与平行于 z 轴的直线的交点多于一个, 则可作辅助曲线把曲面分成几部分, 然后应用公式(11.6.7)并相加. 因为沿辅助曲线而方向相反的两个曲线积分相加时正好抵消, 所以对于这一类曲面公式(11.6.7)也成立.

同样可证

$$\iint\limits_{\Sigma} \frac{\partial Q}{\partial x} \mathrm{d}x\mathrm{d}y - \frac{\partial Q}{\partial z} \mathrm{d}y\mathrm{d}z = \oint_{\Gamma} Q(x, y, z)\mathrm{d}y,$$

$$\iint\limits_{\Sigma} \frac{\partial R}{\partial y} \mathrm{d}y\mathrm{d}z - \frac{\partial R}{\partial x} \mathrm{d}z\mathrm{d}x = \oint_{\Gamma} R(x, y, z)\mathrm{d}z.$$

把它们与公式(11.6.7)相加即得公式(11.6.4). □

为了便于记忆, 利用行列式记号把斯托克斯公式(11.6.4)写成

$$\iint\limits_{\Sigma}\begin{vmatrix} \mathrm{d}y\mathrm{d}z & \mathrm{d}z\mathrm{d}x & \mathrm{d}x\mathrm{d}y \\ \dfrac{\partial}{\partial x} & \dfrac{\partial}{\partial y} & \dfrac{\partial}{\partial z} \\ P & Q & R \end{vmatrix} = \oint_{\Gamma} P\mathrm{d}x + Q\mathrm{d}y + R\mathrm{d}z$$

把其中的行列式按第一行展开, 把 $\dfrac{\partial}{\partial y}$ 与 R 的"积"理解为 $\dfrac{\partial R}{\partial y}$, $\dfrac{\partial}{\partial z}$ 与 Q 的"积"理解为 $\dfrac{\partial Q}{\partial z}$ 等等, 于是这个行列式就"等于"

$$\left(\frac{\partial R}{\partial y} - \frac{\partial Q}{\partial z}\right)\mathrm{d}y\mathrm{d}z + \left(\frac{\partial P}{\partial z} - \frac{\partial R}{\partial x}\right)\mathrm{d}z\mathrm{d}x + \left(\frac{\partial Q}{\partial x} - \frac{\partial P}{\partial y}\right)\mathrm{d}x\mathrm{d}y,$$

这恰好是公式(11.6.4)左端的被积表达式.

如果 Σ 是 xOy 面上的一块平面闭区域, 斯托克斯公式就变成格林公式. 因此, 格林公式是斯托克斯公式的一个特殊情形.

例 11.6.4　利用斯托克斯公式计算曲线积分

$$I = \oint_{\Gamma} (y^2 - z^2)\mathrm{d}x + (z^2 - x^2)\mathrm{d}y + (x^2 - y^2)\mathrm{d}z,$$

其中 Γ 是用平面 $x + y + z = \dfrac{3}{2}$ 截立方体: $0 \leqslant x \leqslant 1$, $0 \leqslant y \leqslant 1$, $0 \leqslant z \leqslant 1$ 的表面所得截痕, 若从 Ox 轴的正向看去, 取逆时针方向(见图 11-30).

解　取 Σ 为平面 $x + y + z = \dfrac{3}{2}$ 的上侧被 Γ 所围成的部分, Σ 的单位法向量

$$\boldsymbol{n} = \frac{1}{\sqrt{3}} \ \{1,1,1\},$$

即 $\cos\alpha = \cos\beta = \cos\gamma = \dfrac{1}{\sqrt{3}}$, 按斯托克斯公式, 有

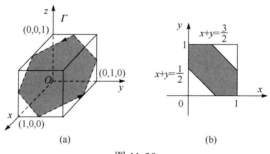

图 11-30

$$I = \iint\limits_{\Sigma}\begin{vmatrix} \dfrac{1}{\sqrt{3}} & \dfrac{1}{\sqrt{3}} & \dfrac{1}{\sqrt{3}} \\ \dfrac{\partial}{\partial x} & \dfrac{\partial}{\partial y} & \dfrac{\partial}{\partial z} \\ y^2 - z^2 & z^2 - x^2 & x^2 - y^2 \end{vmatrix} \mathrm{d}S = -\frac{4}{\sqrt{3}} \iint\limits_{\Sigma} (x + y + z)\mathrm{d}S.$$

因为在 Σ 上, $x+y+z=\dfrac{3}{2}$, 故

$$I = -\frac{4}{\sqrt{3}} \cdot \frac{3}{2} \iint_{\Sigma} \mathrm{d}S = -2\sqrt{3} \iint_{D_{xy}} \mathrm{d}x\mathrm{d}y = -6\sigma_{xy},$$

其中 D_{xy} 为 Σ 在 xOy 平面上的投影区域, σ_{xy} 为 D_{xy} 的面积, 因此

$$\sigma_{xy} = 1 - 2 \times \frac{1}{8} = \frac{3}{4},$$

故

$$I = -\frac{9}{2}. \qquad\qquad\qquad \square$$

*三、空间曲线积分与路径无关的条件

第三节, 利用格林公式推得了平面曲线积分与路径无关的条件. 完全类似地, 利用斯托克斯公式, 可推得空间曲线积分与路径无关的条件.

首先我们指出, 空间曲线积分与路径无关相当于沿任意闭曲线的曲线积分为零. 关于空间曲线积分在什么条件下与路径无关的问题, 我们不加证明地给出以下结论.

定理11.6.3　设空间开区域 G 是单连通域, 函数 P, Q, R 在 G 内具有一阶连续偏导数, 则空间曲线积分 $\displaystyle\int_{\Gamma} P\mathrm{d}x + Q\mathrm{d}y + R\mathrm{d}z$ 在 G 内与路径无关(或沿 G 任意闭曲线的曲线积分为零)的充分条件是等式

$$\frac{\partial P}{\partial y} = \frac{\partial Q}{\partial x}, \qquad \frac{\partial Q}{\partial z} = \frac{\partial R}{\partial y}, \qquad \frac{\partial R}{\partial x} = \frac{\partial P}{\partial z} \tag{11.6.8}$$

在 G 内恒成立.

利用上述定理可以得到以下定理.

定理 11.6.4　设空间开区域 G 是单连通域, P, Q, R 在 G 内具有一阶连续偏导数, 则表达式 $P\mathrm{d}x + Q\mathrm{d}y + R\mathrm{d}z$ 在 G 内成为某一函数 $u(x,y,z)$ 的全微分的充分必要条件是等式(11.6.8)在 G 内恒成立; 当条件(11.6.8)满足时, 这函数(不计一常数之差)可用下式求出:

$$u(x,y,z) = \int_{(x_0,y_0,z_0)}^{(x,y,z)} P\mathrm{d}x + Q\mathrm{d}y + R\mathrm{d}z$$

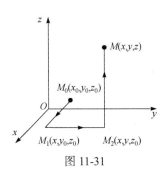

图 11-31

或用定积分表示为(依图 11-31 所取积分路径)

$$u(x,y,z) = \int_{x_0}^{x} P(x,y_0,z_0)\mathrm{d}x + \int_{y_0}^{y} Q(x,y,z_0)\mathrm{d}y + \int_{z_0}^{z} R(x,y,z)\mathrm{d}z,$$

其中 $M_0(x_0,y_0,z_0)$ 为 G 内某一定点, 点 $M(x,y,z) \in G$.

*四、环流量与旋度

设斯托克斯公式中的有向曲面 Σ 上点 (x,y,z) 处的单位法向量为

$$\boldsymbol{n} = \cos\alpha\cdot\boldsymbol{i} + \cos\beta\cdot\boldsymbol{j} + \cos\gamma\cdot\boldsymbol{k},$$

而 Σ 的正向边界曲线 Γ 上点 (x,y,z) 处的单位切向量为

$$\boldsymbol{t} = \cos\lambda\,\boldsymbol{i} + \cos\mu\,\boldsymbol{j} + \cos\nu\,\boldsymbol{k},$$

则斯托克斯公式可用对面积的曲面积分及对弧长的曲线积分表示为

$$\iint\limits_{\Sigma}\left[\left(\frac{\partial R}{\partial y} - \frac{\partial Q}{\partial z}\right)\cos\alpha + \left(\frac{\partial P}{\partial z} - \frac{\partial R}{\partial x}\right)\cos\beta + \left(\frac{\partial Q}{\partial x} - \frac{\partial P}{\partial y}\right)\cos\gamma\right]\mathrm{d}S$$
$$= \oint_{\Gamma}(P\cos\lambda + Q\cos\mu + R\cos\nu)\mathrm{d}s.$$

设有向量场

$$\boldsymbol{A}(x,y,z) = \boldsymbol{P}(x,y,z)\boldsymbol{i} + Q(x,y,z)\boldsymbol{j} + R(x,y,z)\boldsymbol{k},$$

在坐标轴上的投影为

$$\frac{\partial R}{\partial y} - \frac{\partial Q}{\partial z}, \qquad \frac{\partial P}{\partial z} - \frac{\partial R}{\partial x}, \qquad \frac{\partial Q}{\partial x} - \frac{\partial P}{\partial y}$$

的向量叫作向量场 $\boldsymbol{A}$ 的旋度，记作 $\operatorname{rot}\boldsymbol{A}$，即

$$\operatorname{rot}\boldsymbol{A} = \left(\frac{\partial R}{\partial y} - \frac{\partial Q}{\partial z}\right)\cdot\boldsymbol{i} + \left(\frac{\partial P}{\partial z} - \frac{\partial R}{\partial x}\right)\cdot\boldsymbol{j} + \left(\frac{\partial Q}{\partial x} - \frac{\partial P}{\partial y}\right)\cdot\boldsymbol{k},$$

现在，斯托克斯公式可写成向量的形式

$$\iint\limits_{\Sigma}\operatorname{rot}\boldsymbol{A}\cdot\boldsymbol{n}\,\mathrm{d}S = \int_{\Gamma}\boldsymbol{A}\cdot\boldsymbol{t}\,\mathrm{d}s.$$

其中

$$(\operatorname{rot}\boldsymbol{A})_n = \operatorname{rot}\boldsymbol{A}\cdot\boldsymbol{n} = \left(\frac{\partial R}{\partial y} - \frac{\partial Q}{\partial z}\right)\cos\alpha + \left(\frac{\partial P}{\partial z} - \frac{\partial R}{\partial x}\right)\cos\beta + \left(\frac{\partial Q}{\partial x} - \frac{\partial P}{\partial y}\right)\cos\gamma$$

为 $\operatorname{rot}\boldsymbol{A}$ 在 Σ 的法向量上的投影，而

$$A_t = \boldsymbol{A}\cdot\boldsymbol{t} = P\cos\lambda + Q\cos\mu + R\cos\nu$$

为向量 $\boldsymbol{A}$ 在 Γ 的切向量上的投影.

沿有向闭曲线 Γ 的曲线积分

$$\int_{\Gamma}P\mathrm{d}x + Q\mathrm{d}y + R\mathrm{d}z = \int_{\Gamma}P\cos\lambda + Q\cos\mu + R\cos\nu\,\mathrm{d}s = \int_{\Gamma}A_t\mathrm{d}s$$

叫作向量场 $\boldsymbol{A}$ 沿有向闭曲线 Γ 的环流量.

斯托克斯公式现在可叙述为：向量场 $\boldsymbol{A}$ 沿有向闭曲线 Γ 的环流量等于向量场 $\boldsymbol{A}$ 的旋度场通过 Γ 所张的曲面 Σ 的通量，这里 Γ 的正向与 Σ 的侧应符合右手规则.

为了便于记忆，$\mathrm{rot}\,A$ 的表达式可利用行列式记号形式地表示为

$$\mathrm{rot}\,A = \begin{vmatrix} \boldsymbol{i} & \boldsymbol{j} & \boldsymbol{k} \\ \dfrac{\partial}{\partial x} & \dfrac{\partial}{\partial y} & \dfrac{\partial}{\partial z} \\ P & Q & R \end{vmatrix}.$$

习　题　11-6

1. 利用高斯公式计算下列曲面积分：

(1) $\oiint\limits_{\Sigma} x\mathrm{d}y\mathrm{d}z + y\mathrm{d}z\mathrm{d}x + z\mathrm{d}x\mathrm{d}y$，其中 Σ 是由 $x=0, x=1, y=0, y=2, z=0, z=3$ 所围立方体表面的外侧；

(2) $\oiint\limits_{\Sigma} x^2\mathrm{d}y\mathrm{d}z + y^2\mathrm{d}z\mathrm{d}x + z^2\mathrm{d}x\mathrm{d}y$，其中 Σ 为平面 $x=0, y=0, z=0, x=a, y=a, z=a$ 所围成的立体表面的外侧；

(3) $\oiint\limits_{\Sigma} x^3\mathrm{d}y\mathrm{d}z + y^3\mathrm{d}z\mathrm{d}x + z^3\mathrm{d}x\mathrm{d}y$，$\Sigma: x^2 + y^2 + z^2 = a^2$ 的外侧.

2. 计算向量 $\boldsymbol{\alpha}$ 穿过曲面 Σ 流向指定侧的通量：

(1) $\boldsymbol{\alpha} = (2x-z)\boldsymbol{i} + x^2 y\,\boldsymbol{j} - xz^2\boldsymbol{k}$，$\Sigma$ 为立体 $0 \leqslant x \leqslant a$，$0 \leqslant y \leqslant a$，$0 \leqslant z \leqslant a$，流向外侧；

(2) $\boldsymbol{\alpha} = (x-y+z)\boldsymbol{i} + (y-z+x)\boldsymbol{j} + (z-x+y)\boldsymbol{k}$，$\Sigma$ 为椭球面 $\dfrac{x^2}{a^2} + \dfrac{y^2}{b^2} + \dfrac{z^2}{c^2} = 1$，流向外侧.

3. 设空间区域 Ω 由曲面 $z = a^2 - x^2 - y^2$ 与平面 $z=0$ 围成，其中 a 为正常数，记 Ω 表面的外侧为 Σ，Ω 的体积为 V，证明：$\oiint\limits_{\Sigma} x^2 yz^2\mathrm{d}y\mathrm{d}z - xy^2 z^2\mathrm{d}z\mathrm{d}x + z(1+xyz)\mathrm{d}x\mathrm{d}y = V$.

4. 利用斯托克斯公式计算下列曲线积分：

(1) $\oint\limits_{\Gamma} x^2 y^3\mathrm{d}x + \mathrm{d}y + z\mathrm{d}z$，$\Gamma$ 为 xOy 面内圆周 $x^2 + y^2 = a^2$ 逆时针方向；

(2) $\oint\limits_{\Gamma} (y^2 - z^2)\mathrm{d}x + (z^2 - x^2)\mathrm{d}y + (x^2 - y^2)\mathrm{d}z$，$\Gamma$ 为平面 $x+y+z=1$ 在第一卦限部分三角形的边界，从 x 轴正向看去是逆时针方向；

(3) $\oint\limits_{\Gamma} y\mathrm{d}x + z\mathrm{d}y + x\mathrm{d}z$，其中 Γ 为 $x^2 + y^2 + z^2 = a^2$ 与平面 $x+y+z=0$ 的交线，若从 x 轴的正向看去，Γ 取逆时针方向.

第十二章 级 数

无穷级数是高等数学的一个重要内容, 是表示函数、研究函数性质以及进行数值计算的数学工具. 本章先讨论常数项级数, 介绍无穷级数的一些概念和性质, 然后讨论函数项级数, 主要研究幂级数的相关知识, 以及讨论如何把函数展成幂级数的问题.

第一节 常数项级数的概念与性质

一、常数项级数的概念

定义 12.1.1 如果给定数列 $u_1, u_2, \cdots, u_n, \cdots$, 则表达式

$$u_1 + u_2 + \cdots + u_n + \cdots$$

称为**(常数项)无穷级数**, 简称**(常数项)级数**, 记作 $\sum\limits_{n=1}^{\infty} u_n$, 即

$$\sum_{n=1}^{\infty} u_n = u_1 + u_2 + \cdots + u_n + \cdots, \tag{12.1.1}$$

称 $u_1, u_2, \cdots$ 为级数的第一项, 第二项, $\cdots$. 第 n 项 u_n 称为级数的**一般项**或**通项**.

例如,

$$\sum_{n=1}^{\infty} \frac{1}{2^n} = \frac{1}{2} + \frac{1}{2^2} + \frac{1}{2^3} + \cdots + \frac{1}{2^n} + \cdots,$$

$$\sum_{n=1}^{\infty} \frac{(-1)^{n-1}}{n} = 1 - \frac{1}{2} + \frac{1}{3} - \frac{1}{4} + \cdots + \frac{(-1)^{n-1}}{n} + \cdots$$

都是无穷级数.

级数(12.1.1)的前 n 项和

$$s_n = u_1 + u_2 + \cdots + u_n = \sum_{i=1}^{n} u_i$$

称为级数的**部分和**. 当 n 依次取 $1, 2, 3, \cdots$ 时, 它们构成一个数列 $\{s_n\}$

$$s_1 = u_1, \quad s_2 = u_1 + u_2, \quad \cdots, \quad s_n = u_1 + u_2 + \cdots + u_n, \quad \cdots,$$

数列 $\{s_n\}$ 称为级数 $\sum\limits_{n=1}^{\infty} u_n$ 的**部分和数列**.

定义 12.1.2 如果级数 $\sum\limits_{n=1}^{\infty} u_n$ 的部分和数列 $\{s_n\}$ 有极限 s, 即 $\lim\limits_{n \to \infty} s_n = s$, 则称级数

$\sum\limits_{n=1}^{\infty} u_n$ **收敛**，并称 s 为该级数的和$\left(\text{或称级数}\sum\limits_{n=1}^{\infty} u_n\text{收敛于}s\right)$，记为 $s = \sum\limits_{n=1}^{\infty} u_n$. 如果极限 $\lim\limits_{n\to\infty} s_n$ 不存在，那么称该级数**发散**，此时级数没有和.

当级数 $\sum\limits_{n=1}^{\infty} u_n$ 收敛于 s 时，则

$$s = u_1 + u_2 + u_3 + \cdots + u_n + u_{n+1} + \cdots$$
$$= s_n + u_{n+1} + \cdots,$$

故部分和 s_n 是级数和 s 的近似值，它们的差

$$r_n = s - s_n = u_{n+1} + u_{n+2} + \cdots$$

称为级数的**余项**. 用 s_n 代替 s 所产生的**误差**是这个余项的绝对值，即误差为 $|r_n|$.

注　级数 $\sum\limits_{n=1}^{\infty} u_n$ 收敛的充分必要条件是 $\lim\limits_{n\to\infty} r_n = 0$.

例 12.1.1　讨论几何级数

$$\sum_{n=1}^{\infty} aq^{n-1} = a + aq + \cdots + aq^{n-1} + \cdots \quad (\text{其中 } a \neq 0)$$

的收敛性.

解　(1) 若 $|q| \neq 1$，则部分和

$$s_n = a + aq + aq^2 + \cdots + aq^{n-1} = \frac{a(1 - q^n)}{1 - q}.$$

当 $|q| < 1$ 时，$\lim\limits_{n\to\infty} q^n = 0$，于是 $\lim\limits_{n\to\infty} s_n = \dfrac{a}{1-q}$，从而级数 $\sum\limits_{n=1}^{\infty} aq^{n-1}$ 收敛，其和为 $\dfrac{a}{1-q}$；

当 $|q| > 1$ 时，$\lim\limits_{n\to\infty} q^n = \infty$，于是 $\lim\limits_{n\to\infty} s_n = \infty$，从而级数 $\sum\limits_{n=1}^{\infty} aq^{n-1}$ 发散；

(2) 当 $q = 1$ 时，由于 $s_n = na \to \infty (n \to \infty)$，因此级数 $\sum\limits_{n=1}^{\infty} aq^{n-1}$ 发散.

当 $q = -1$ 时，$s_n = a - a + a - a + \cdots = \begin{cases} a, & n \text{ 是奇数}, \\ 0, & n \text{ 是偶数}, \end{cases}$　即 $\lim\limits_{n\to\infty} s_n$ 不存在，此时级数 $\sum\limits_{n=1}^{\infty} aq^{n-1}$ 发散.

综上所述：当 $|q| < 1$ 时，几何级数 $\sum\limits_{n=1}^{\infty} aq^{n-1}$ 收敛，其和为 $\dfrac{a}{1-q}$；当 $|q| \geqslant 1$ 时，几何级数 $\sum\limits_{n=1}^{\infty} aq^{n-1}$ 发散. 　□

例 12.1.2　判别下列级数的敛散性.

(1) $\displaystyle\sum_{n=1}^{\infty}\ln\frac{n+1}{n}$;　　　(2) $\displaystyle\sum_{n=1}^{\infty}\frac{1}{n(n+1)}$.

解　(1) 设 $u_n=\ln\dfrac{n+1}{n}$, 则部分和为

$$s_n=u_1+u_2+u_3+\cdots+u_n=\ln\frac{2}{1}+\ln\frac{3}{2}+\ln\frac{4}{3}+\cdots+\ln\frac{n+1}{n}$$

$$=\ln\left(\frac{2}{1}\cdot\frac{3}{2}\cdot\frac{4}{3}\cdot\cdots\cdot\frac{n+1}{n}\right)=\ln(n+1),$$

显然 $\displaystyle\lim_{n\to\infty}s_n=+\infty$, 故该级数是发散的.

(2) 一般项可以化为 $u_n=\dfrac{1}{n(n+1)}=\dfrac{1}{n}-\dfrac{1}{n+1}$, 则部分和为

$$s_n=u_1+u_2+u_3+\cdots+u_n$$

$$=\left(1-\frac{1}{2}\right)+\left(\frac{1}{2}-\frac{1}{3}\right)+\left(\frac{1}{3}-\frac{1}{4}\right)+\cdots+\left(\frac{1}{n}-\frac{1}{n+1}\right)$$

$$=1-\frac{1}{n+1}.$$

因为 $\displaystyle\lim_{n\to\infty}s_n=1$, 故级数(2)收敛, 其和为 1.　　　　□

二、无穷级数的基本性质

性质 12.1.1　如果级数 $\displaystyle\sum_{n=1}^{\infty}u_n$ 收敛, 则级数 $\displaystyle\sum_{n=1}^{\infty}ku_n$ (k 为常数)也收敛, 且和为

$$\sum_{n=1}^{\infty}ku_n=k\sum_{n=1}^{\infty}u_n.$$

由性质 12.1.1 知, 级数的每一项乘同一个不为零的常数后, 它的收敛性不变.

性质 12.1.2　如果级数 $\displaystyle\sum_{n=1}^{\infty}u_n$, $\displaystyle\sum_{n=1}^{\infty}v_n$ 都收敛, 则 $\displaystyle\sum_{n=1}^{\infty}(u_n\pm v_n)$ 也收敛, 且

$$\sum_{n=1}^{\infty}(u_n\pm v_n)=\sum_{n=1}^{\infty}u_n\pm\sum_{n=1}^{\infty}v_n.$$

由性质 12.1.2 知, 两个收敛级数可以逐项相加或逐项相减.

注　(1) 若两个级数 $\displaystyle\sum_{n=1}^{\infty}u_n$, $\displaystyle\sum_{n=1}^{\infty}v_n$ 中一个收敛, 另一个发散, 则 $\displaystyle\sum_{n=1}^{\infty}(u_n\pm v_n)$ 发散.

(2) 两个级数 $\displaystyle\sum_{n=1}^{\infty}u_n$, $\displaystyle\sum_{n=1}^{\infty}v_n$ 都发散, 但 $\displaystyle\sum_{n=1}^{\infty}(u_n\pm v_n)$ 可能收敛. 例如, $\displaystyle\sum_{n=1}^{\infty}\ln\frac{n+1}{n}$ 和

$\displaystyle\sum_{n=1}^{\infty}\left(-\ln\frac{n+1}{n}\right)$ 发散, 但 $\displaystyle\sum_{n=1}^{\infty}\left[\ln\frac{n+1}{n}+\left(-\ln\frac{n+1}{n}\right)\right]$ 收敛.

性质 12.1.3　在级数中去掉或加上有限项, 不会改变级数的收敛性.

注 去掉或增加级数的有限项虽然不改变其收敛性, 但在收敛时级数的和是会改变的.

性质 12.1.4 收敛级数任意加括号后仍收敛, 且其和不变.

注 (1) 若级数加括号后发散, 则原级数必发散.

(2) 收敛级数去括号后所成的级数不一定收敛. 例如, 级数

$$(1-1)+(1-1)+\cdots$$

收敛于零, 但去括号后, 级数

$$1-1+1-1+\cdots = \sum_{n=0}^{\infty}(-1)^n$$

却是发散的.

(3) 在级数的运算中, 在不知道级数的敛散性时, 不可以随意地加括号或去括号, 运算只能从左到右依次运算.

三、级数收敛的必要条件

定理 12.1.1 若级数 $\displaystyle\sum_{n=1}^{\infty}u_n$ 收敛, 则 $\displaystyle\lim_{n\to\infty}u_n = 0$.

证 设 $\displaystyle\sum_{n=1}^{\infty}u_n = s$, 则 $\displaystyle\lim_{n\to\infty}s_n = \lim_{n\to\infty}s_{n-1} = s$. 由于 $s_n = s_{n-1} + u_n$, 即 $u_n = s_n - s_{n-1}$, 故

$$\lim_{n\to\infty}u_n = \lim_{n\to\infty}(s_n - s_{n-1}) = \lim_{n\to\infty}s_n - \lim_{n\to\infty}s_{n-1} = s - s = 0. \qquad \square$$

由定理 12.1.1 知, 如果级数的一般项不趋于零, 则级数 $\displaystyle\sum_{n=1}^{\infty}u_n$ 必定发散. 例如 $\displaystyle\sum_{n=0}^{\infty}(-1)^n$ 是发散的.

注 $\displaystyle\lim_{n\to\infty}u_n = 0$ 是级数收敛的必要条件, 并不是充分条件. 有些级数虽然一般项趋于零, 但仍然是发散的. 例如, 级数 $\displaystyle\sum_{n=1}^{\infty}\ln\frac{n+1}{n}$ 的一般项极限 $\displaystyle\lim_{n\to\infty}u_n = \lim_{n\to\infty}\ln\frac{n+1}{n} = 0$, 但由例 12.1.2 知它是发散的.

例 12.1.3 证明: 级数 $\displaystyle\sum_{n=1}^{\infty}\frac{1}{n} = 1 + \frac{1}{2} + \frac{1}{3} + \cdots + \frac{1}{n} + \cdots$ (该级数称为**调和级数**)是发散的.

证 反证法. 假设调和级数收敛于 s, 则

$$\lim_{n\to\infty}s_n = s, \quad \lim_{n\to\infty}s_{2n} = s,$$

故 $\displaystyle\lim_{n\to\infty}s_{2n} - s_n = 0$.

另一方面,

$$s_{2n} - s_n = u_{n+1} + u_{n+2} + \cdots + u_{2n}$$

$$= \frac{1}{n+1} + \frac{1}{n+2} + \frac{1}{n+3} + \cdots + \frac{1}{2n} > \frac{n}{2n} = \frac{1}{2},$$

这与 $\lim\limits_{n\to\infty}(s_{2n}-s_n)=0$ 矛盾, 所以假设不成立, 因此, 级数 $\sum\limits_{n=1}^{\infty}\dfrac{1}{n}$ 是发散的.　□

例 12.1.4　判断下列级数的敛散性:

(1) $\sum\limits_{n=1}^{\infty}\left(\dfrac{n+1}{n}\right)^n$;　(2) $\sum\limits_{n=1}^{\infty}\dfrac{3^n+2^n}{5^n}$;　(3) $\sum\limits_{n=1}^{\infty}\left(\dfrac{1}{100}+\dfrac{1}{2^n}\right)$.

解　(1) 因为 $\lim\limits_{n\to\infty}u_n=\lim\limits_{n\to\infty}\left(1+\dfrac{1}{n}\right)^n=e\neq 0$, 所以由定理 12.1.1 知, 级数 $\sum\limits_{n=1}^{\infty}\left(\dfrac{n+1}{n}\right)^n$ 发散.

(2) 由几何级数的敛散性知, 级数 $\sum\limits_{n=1}^{\infty}\dfrac{3^n}{5^n}$ 与 $\sum\limits_{n=1}^{\infty}\dfrac{2^n}{5^n}$ 收敛, 再由性质 12.1.2 知, 级数 $\sum\limits_{n=1}^{\infty}\dfrac{3^n+2^n}{5^n}$ 收敛.

(3) 级数 $\sum\limits_{n=1}^{\infty}\dfrac{1}{2^n}$ 收敛, 而 $\sum\limits_{n=1}^{\infty}\dfrac{1}{100}$ 发散, 再由性质 12.1.2 知, 级数 $\sum\limits_{n=1}^{\infty}\left(\dfrac{1}{100}+\dfrac{1}{2^n}\right)$ 发散.　□

习　题　12-1

1. 写出下列级数的前五项:

(1) $\sum\limits_{n=1}^{\infty}\dfrac{(-1)^{n-1}}{3^n}$;

(2) $\sum\limits_{n=2}^{\infty}\dfrac{2+(-1)^n}{n-1}$;

(3) $\sum\limits_{n=1}^{\infty}\dfrac{n!}{n^n}$;

(4) $\sum\limits_{n=1}^{\infty}\dfrac{1}{\sqrt{2n-1}}$;

(5) $\sum\limits_{n=1}^{\infty}(-1)^n\left(\dfrac{1}{3^n}+\dfrac{1}{n^3}\right)$.

2. 写出下列级数的一般项:

(1) $1-\dfrac{1}{3}+\dfrac{1}{5}-\dfrac{1}{7}+\cdots$;

(2) $\dfrac{1}{2\ln 2}+\dfrac{1}{3\ln 3}+\dfrac{1}{4\ln 4}+\dfrac{1}{5\ln 5}+\cdots$;

(3) $\dfrac{2}{3}+\dfrac{1}{2}\left(\dfrac{2}{3}\right)^2+\dfrac{1}{3}\left(\dfrac{2}{3}\right)^3+\cdots$;

(4) $0.9+0.99+0.999+0.9999+\cdots$.

3. 根据定义判定下列级数的收敛性:

(1) $\sum\limits_{n=1}^{\infty}(\sqrt{n+1}-\sqrt{n})$;

(2) $\sum\limits_{n=1}^{\infty}\dfrac{1}{(5n-4)(5n+1)}$;

(3) $\dfrac{1}{2}+\dfrac{1}{4}+\dfrac{1}{8}+\cdots+\dfrac{1}{2^n}+\cdots$;

(4) $\sum\limits_{n=1}^{\infty}\dfrac{4}{\sqrt[4]{n}}$.

4. 判断下列级数的收敛性:

(1) $\displaystyle\sum_{n=1}^{\infty}\frac{n}{3n-1}$; (2) $\displaystyle\sum_{n=1}^{\infty}(\ln 2)^{n-1}$;

(3) $\displaystyle\sum_{n=1}^{\infty}\left(\frac{1}{5^n}-\frac{1}{6^n}\right)$; (4) $\displaystyle\sum_{n=1}^{\infty}\frac{1}{2n}$;

(5) $\dfrac{1}{2}+\dfrac{1}{3}+\dfrac{1}{2^2}+\dfrac{1}{3^2}+\cdots+\dfrac{1}{2^n}+\dfrac{1}{3^n}+\cdots$;

(6) $\dfrac{1}{3}+\dfrac{1}{\sqrt{3}}+\dfrac{1}{\sqrt[3]{3}}+\cdots+\dfrac{1}{\sqrt[n]{3}}+\cdots$.

5. 用性质判别下列级数的敛散性, 若收敛, 求出其和:

(1) $\displaystyle\sum_{n=1}^{\infty}\frac{n}{3+5n}$; (2) $\displaystyle\sum_{n=1}^{\infty}\frac{2^n-1}{6^n}$;

(3) $\displaystyle\sum_{n=1}^{\infty}n\sin\frac{1}{n}$; (4) $\displaystyle\sum_{n=1}^{\infty}\left(\frac{n-1}{n}\right)^n$;

(5) $\displaystyle\sum_{n=1}^{\infty}\frac{3\times 2^n-2\times 3^n}{6^n}$; (6) $\displaystyle\sum_{n=1}^{\infty}\frac{2+(-1)^n}{2^n}$;

(7) $\displaystyle\sum_{n=1}^{\infty}2^n\sin\frac{\pi}{2^n}$; (8) $\displaystyle\sum_{n=1}^{\infty}\frac{1}{n(n+1)}$.

第二节 常数项级数的审敛法

一般的常数项级数, 它的各项可以是正数、负数或者零. 现在我们先讨论各项都是正数或零的级数, 这种级数称为正项级数. 以后将看到许多级数的收敛性问题归结为正项级数的收敛性问题.

一、正项级数及其审敛法

定义 12.2.1 若级数 $\displaystyle\sum_{n=1}^{\infty}u_n$ 中的每一项都是非负的, 即 $u_n\geqslant 0$ $(n=1,2,\cdots)$, 则称该级数为**正项级数**.

设正项级数 $\displaystyle\sum_{n=1}^{\infty}u_n$ 的部分和为 s_n, 由于 $u_n\geqslant 0$, 所以

$$s_n=s_{n-1}+u_n\geqslant s_{n-1},$$

即部分和数列 $\{s_n\}$ 是一个单调递增的数列

$$s_1\leqslant s_2\leqslant\cdots\leqslant s_n\leqslant s_{n+1}\leqslant\cdots.$$

注 正项级数 $\displaystyle\sum_{n=1}^{\infty}u_n$ 的部分和数列 $\{s_n\}$ 是一个单调递增的数列.

由第一章内容可知, 若数列 $\{s_n\}$ 单调有界, 则 $\displaystyle\lim_{n\to\infty}s_n$ 存在, 此时级数 $\displaystyle\sum_{n=1}^{\infty}u_n$ 收敛. 反之, 若正项级数 $\displaystyle\sum_{n=1}^{\infty}u_n$ 收敛, 即 $\displaystyle\lim_{n\to\infty}s_n$ 存在, 则数列 $\{s_n\}$ 是有界的.

定理 12.2.1　正项级数 $\sum\limits_{n=1}^{\infty} u_n$ 收敛的充分必要条件是它的部分和数列 $\{s_n\}$ 有上界.

引理 12.2.1　设正项级数 $\sum\limits_{n=1}^{\infty} u_n$ 和 $\sum\limits_{n=1}^{\infty} v_n$ 满足: $u_n \leqslant v_n$ ($n=1,2,\cdots$). 则

(1) 当 $\sum\limits_{n=1}^{\infty} v_n$ 收敛时, $\sum\limits_{n=1}^{\infty} u_n$ 也收敛;

(2) 当 $\sum\limits_{n=1}^{\infty} u_n$ 发散时, $\sum\limits_{n=1}^{\infty} v_n$ 也发散.

证　(1) 设 $\sum\limits_{n=1}^{\infty} u_n$ 和 $\sum\limits_{n=1}^{\infty} v_n$ 的部分和数列分别为 s_n 和 σ_n, 则由 $u_n \leqslant v_n$, 有

$$0 \leqslant s_n = u_1 + u_2 + \cdots + u_n \leqslant v_1 + v_2 + \cdots + v_n = \sigma_n.$$

因 $\sum\limits_{n=1}^{\infty} v_n$ 收敛, 由定理 12.2.1 知 $\{\sigma_n\}$ 有界, 从而 $\{s_n\}$ 有界, 于是 $\sum\limits_{n=1}^{\infty} u_n$ 也收敛.

(2) 当 $\sum\limits_{n=1}^{\infty} u_n$ 发散时, $\sum\limits_{n=1}^{\infty} v_n$ 也发散是(1)的逆否命题.　　　　□

由性质 12.1.3 知, 在级数中去掉或加上有限项, 不会改变级数的收敛性, 于是根据引理 12.2.1 我们得到如下结论.

正项级数审敛法 1 (比较审敛法)　设正项级数 $\sum\limits_{n=1}^{\infty} u_n$ 和 $\sum\limits_{n=1}^{\infty} v_n$ 满足: 存在正整数 N, 当 $n \geqslant N$ 时, $u_n \leqslant k v_n$, 其中 k 是一个正数. 则

(1) 当 $\sum\limits_{n=1}^{\infty} v_n$ 收敛时, $\sum\limits_{n=1}^{\infty} u_n$ 也收敛;

(2) 当 $\sum\limits_{n=1}^{\infty} u_n$ 发散时, $\sum\limits_{n=1}^{\infty} v_n$ 也发散.

比较审敛法条件中"$n \geqslant N$"表示, 不等式 $u_n \leqslant k v_n$ 不一定要求从级数的第一项开始, 而只需从第 N 项起成立即可.

例 12.2.1　讨论 p-级数

$$\sum_{n=1}^{\infty} \frac{1}{n^p} = 1 + \frac{1}{2^p} + \frac{1}{3^p} + \cdots + \frac{1}{n^p} + \cdots \quad (\text{其中 } p > 0)$$

的收敛性.

解　(1) 当 $p \leqslant 1$ 时, $\frac{1}{n^p} \geqslant \frac{1}{n}$, 而调和级数 $\sum\limits_{n=1}^{\infty} \frac{1}{n}$ 是发散的. 由比较审敛法知, 原级数是发散的.

(2) 当 $p > 1$ 时, 对 p-级数的项加括号得

$$1 + \left(\frac{1}{2^p} + \frac{1}{3^p}\right) + \left(\frac{1}{4^p} + \frac{1}{5^p} + \frac{1}{6^p} + \frac{1}{7^p}\right) + \left(\frac{1}{8^p} + \cdots + \frac{1}{15^p}\right) + \cdots.$$

显然, 上式小于级数

$$1+\left(\frac{1}{2^p}+\frac{1}{2^p}\right)+\left(\frac{1}{4^p}+\frac{1}{4^p}+\frac{1}{4^p}+\frac{1}{4^p}\right)+\left(\frac{1}{8^p}+\cdots+\frac{1}{8^p}\right)+\cdots$$

$$=1+\frac{1}{2^{p-1}}+\left(\frac{1}{2^{p-1}}\right)^2+\left(\frac{1}{2^{p-1}}\right)^3+\cdots=\sum_{n=0}^{\infty}\left(\frac{1}{2^{p-1}}\right)^n,$$

这是一个公比为 $q=\dfrac{1}{2^{p-1}}<1$ 的几何级数, 是收敛的. 由比较审敛法知, 当 $p>1$ 时原级数收敛.

综上所述: 对于 p-级数 $\displaystyle\sum_{n=1}^{\infty}\frac{1}{n^p}$, 当 $p\leqslant 1$ 时发散; 当 $p>1$ 时收敛. □

例 12.2.2 判断下列级数的敛散性:

(1) $\displaystyle\sum_{n=1}^{\infty}\frac{1}{2^n+n^n}$; (2) $\displaystyle\sum_{n=1}^{\infty}\frac{\sqrt{n-1}}{n(n+1)}$.

解 (1) 因为 $\dfrac{1}{2^n+n^n}<\dfrac{1}{2^n}$, 而级数 $\displaystyle\sum_{n=1}^{\infty}\frac{1}{2^n}$ 是公比为 $\dfrac{1}{2}$ 的几何级数, 是收敛的. 由比较判别法知, 正项级数 $\displaystyle\sum_{n=1}^{\infty}\frac{1}{2^n+n^n}$ 收敛.

(2) 因为 $\dfrac{\sqrt{n-1}}{n(n+1)}<\dfrac{1}{(n-1)^{\frac{3}{2}}}$, 而 $\displaystyle\sum_{n=1}^{\infty}\frac{1}{(n-1)^{\frac{3}{2}}}$ 是 $p=\dfrac{3}{2}>1$ 的 p-级数, 是收敛的. 由比较判别法知, 正项级数 $\displaystyle\sum_{n=1}^{\infty}\frac{\sqrt{n-1}}{n(n+1)}$ 收敛. □

由上例可看出, 运用比较审敛法的关键, 是要找出一个已知敛散性的级数, 用它的一般项与要判别的级数的一般项进行比较来判别级数的敛散性. 几何级数与 p-级数是两个最常用的作为比较对象的级数. 但是, 有时找出这不等式关系比较困难, 为了方便地应用比较审敛法, 下面给出其极限形式.

正项级数审敛法 2 (比较审敛法的极限形式)　设 $\displaystyle\sum_{n=1}^{\infty}u_n$ 及 $\displaystyle\sum_{n=1}^{\infty}v_n$ 都是正项级数, 如果 $\displaystyle\lim_{n\to\infty}\frac{u_n}{v_n}=l$, 其中 $v_n\neq 0$, 则

(1) 当 $0<l<+\infty$ 时, 级数 $\displaystyle\sum_{n=1}^{\infty}u_n$ 与 $\displaystyle\sum_{n=1}^{\infty}v_n$ 具有相同的敛散性;

(2) 当 $l=0$ 且级数 $\displaystyle\sum_{n=1}^{\infty}v_n$ 收敛时, 级数 $\displaystyle\sum_{n=1}^{\infty}u_n$ 也收敛;

(3) 当 $l=+\infty$ 且级数 $\displaystyle\sum_{n=1}^{\infty}v_n$ 发散时, 级数 $\displaystyle\sum_{n=1}^{\infty}u_n$ 也发散.

注 (1) 当 $l=0$ 时, $\displaystyle\sum_{n=1}^{\infty}v_n$ 发散不一定有 $\displaystyle\sum_{n=1}^{\infty}u_n$ 发散; 当 $l=\infty$ 时, $\displaystyle\sum_{n=1}^{\infty}v_n$ 收敛也不一定

有 $\sum\limits_{n=1}^{\infty} u_n$ 收敛;

(2) 比较审敛法的极限形式关键是怎么找到 v_n, 可以取 $v_n = \dfrac{A}{n^p}$, 也可以利用等价无穷小替换思想来寻找 v_n.

推论 12.2.1　如果 $u_n \sim v_n\,(n \to \infty)$, 则级数 $\sum\limits_{n=1}^{\infty} u_n$ 和 $\sum\limits_{n=1}^{\infty} v_n$ 有相同的敛散性.

例 12.2.3　判别下列级数的收敛性.

(1) $\sum\limits_{n=1}^{\infty} \sin \dfrac{1}{n}$;　　　　　(2) $\sum\limits_{n=1}^{\infty} \sin \dfrac{1}{n^2}$;

(3) $\sum\limits_{n=1}^{\infty} \ln\left(1 + \dfrac{1}{n^2}\right)$;　　　(4) $\sum\limits_{n=1}^{\infty}\left(\mathrm{e}^{\frac{1}{n}} - 1\right)$.

解　(1) 因为 $\lim\limits_{n\to\infty} \dfrac{\sin \dfrac{1}{n}}{\dfrac{1}{n}} = 1$, 且级数 $\sum\limits_{n=1}^{\infty} \dfrac{1}{n}$ 发散, 所以级数 $\sum\limits_{n=1}^{\infty} \sin \dfrac{1}{n}$ 发散.

(2) 因为 $\lim\limits_{n\to\infty} \dfrac{\sin \dfrac{1}{n^2}}{\dfrac{1}{n^2}} = 1$, 且级数 $\sum\limits_{n=1}^{\infty} \dfrac{1}{n^2}$ 收敛, 所以级数 $\sum\limits_{n=1}^{\infty} \sin \dfrac{1}{n^2}$ 收敛.

(3) 当 $n \to \infty$ 时, $\ln\left(1 + \dfrac{1}{n^2}\right) \sim \dfrac{1}{n^2}$, 级数 $\sum\limits_{n=1}^{\infty} \dfrac{1}{n^2}$ 收敛, 故级数 $\sum\limits_{n=1}^{\infty} \ln\left(1 + \dfrac{1}{n^2}\right)$ 收敛.

(4) 当 $n \to \infty$ 时, $\mathrm{e}^{\frac{1}{n}} - 1 \sim \dfrac{1}{n}$, 且级数 $\sum\limits_{n=1}^{\infty} \dfrac{1}{n}$ 发散, 故级数 $\sum\limits_{n=1}^{\infty}\left(\mathrm{e}^{\frac{1}{n}} - 1\right)$ 发散.　　□

正项级数审敛法 3 (达朗贝尔(d'Alembert)比值审敛法)　设 $\sum\limits_{n=1}^{\infty} u_n$ 为正项级数, 如果 $\lim\limits_{n\to\infty} \dfrac{u_{n+1}}{u_n} = \rho$, 则

(1) 当 $\rho < 1$ 时, 级数 $\sum\limits_{n=1}^{\infty} u_n$ 收敛.

(2) 当 $\rho > 1$ 或为 $+\infty$ 时, 级数 $\sum\limits_{n=1}^{\infty} u_n$ 发散.

注　(1) 比值审敛法是从级数本身判别其敛散性的方法, 而不需要找其他级数进行比较, 这给判别正项级数的敛散性带来了很大的方便.

(2) 一般地, 当正项级数的一般项中含有幂 a^n 或阶乘因式 $n!$ 时, 可以用比值审敛法.

(3) 当 $\rho = 1$ 时, 此法失效. 此时, 必须选择其他判别方法. 例如, 调和级数 $\sum\limits_{n=1}^{\infty} \dfrac{1}{n}$ 和级

数 $\sum\limits_{n=1}^{\infty}\dfrac{1}{n^2}$ 就属这种情形.

(4) 达朗贝尔(d'Alembert, 1717—1783), 法国数学家、物理学家和天文学家, 一生研究了大量课题, 完成了涉及多个科学领域的论文和专著, 其中最著名的有 8 卷巨著《数学手册》、力学专著《动力学》、23 卷的《文集》等. 他是数学分析的主要开拓者和奠基人.

例 12.2.4 判别下列级数的敛散性.

(1) $\sum\limits_{n=1}^{\infty}\dfrac{2^n}{n!}$; (2) $\sum\limits_{n=1}^{\infty}\dfrac{n^n}{n!}$; (3) $\sum\limits_{n=1}^{\infty}n\cdot\left(\dfrac{3}{4}\right)^n$.

解 (1) $\lim\limits_{n\to\infty}\dfrac{u_{n+1}}{u_n}=\lim\limits_{n\to\infty}\dfrac{2^{n+1}}{(n+1)!}\cdot\dfrac{n!}{2^n}=\lim\limits_{n\to\infty}\dfrac{2}{n+1}=0<1$, 由比值审敛法知, 级数 $\sum\limits_{n=1}^{\infty}\dfrac{2^n}{n!}$ 收敛.

(2) $\lim\limits_{n\to\infty}\dfrac{u_{n+1}}{u_n}=\lim\limits_{n\to\infty}\dfrac{(n+1)^{n+1}}{(n+1)!}\cdot\dfrac{n!}{n^n}=\lim\limits_{n\to\infty}\left(1+\dfrac{1}{n}\right)^n=\mathrm{e}>1$, 由比值审敛法知, 级数 $\sum\limits_{n=1}^{\infty}\dfrac{n^n}{n!}$ 发散.

(3) $\lim\limits_{n\to\infty}\dfrac{u_{n+1}}{u_n}=\lim\limits_{n\to\infty}\dfrac{(n+1)\left(\dfrac{3}{4}\right)^{n+1}}{n\left(\dfrac{3}{4}\right)^n}=\dfrac{3}{4}<1$, 由比值审敛法知, 级数 $\sum\limits_{n=1}^{\infty}n\cdot\left(\dfrac{3}{4}\right)^n$ 收敛. □

例 12.2.5 讨论级数 $\sum\limits_{n=1}^{\infty}n x^{n-1}\,(x>0)$ 的敛散性.

解 一般项为 $u_n=n x^{n-1}$, 则

$$\lim\limits_{n\to\infty}\dfrac{u_{n+1}}{u_n}=\lim\limits_{n\to\infty}\dfrac{(n+1)x^n}{n x^{n-1}}=x.$$

由比值审敛法知, 当 $0<x<1$ 时, 级数收敛; 当 $x>1$ 时, 级数发散. 当 $x=1$ 时, 级数 $\sum\limits_{n=1}^{\infty}n$ 发散.

综上所述, 故当 $0<x<1$ 时, 级数收敛; 当 $x\geqslant 1$ 时, 级数发散. □

正项级数审敛法 4 (柯西根值审敛法) 设 $\sum\limits_{n=1}^{\infty}u_n$ 为正项级数, 如果 $\lim\limits_{n\to\infty}\sqrt[n]{u_n}=\rho$, 则

(1) 当 $\rho<1$时, 级数 $\sum\limits_{n=1}^{\infty}u_n$ 收敛;

(2) 当 $\rho>1$或为$+\infty$时, 级数 $\sum\limits_{n=1}^{\infty}u_n$ 发散.

注 (1) 根值审敛法也是从级数本身判别其敛散性的方法, 而不需要找其他级数进行比较, 这给判别正项级数的敛散性带来了很大的方便.

(2) 一般地, 当正项级数的一般项中含有幂 a^n 时, 可以用根值审敛法.

(3) 当 $\rho=1$时, 此法失效.

例 12.2.6 证明级数 $\sum\limits_{n=1}^{\infty}\dfrac{1}{n^n}$ 收敛.

证 一般项 $u_n=\dfrac{1}{n^n}$, 因为

$$\rho=\lim_{n\to\infty}\sqrt[n]{u_n}=\lim_{n\to\infty}\sqrt[n]{\dfrac{1}{n^n}}=\lim_{n\to\infty}\dfrac{1}{n}=0<1,$$

由根值审敛法知, 该级数收敛. □

二、交错级数及其审敛法

定义 12.2.2 若常数项级数中的各项是正负交错的, 则称该级数为**交错级数**.

交错级数的一般形式为

$$\sum_{n=1}^{\infty}(-1)^{n-1}u_n=u_1-u_2+u_3-u_4+\cdots,$$

或

$$\sum_{n=1}^{\infty}(-1)^{n}u_n=-u_1+u_2-u_3+u_4+\cdots.$$

其中 $u_n>0\,(n=1,2,\cdots)$.

注 由级数的性质 12.1.1 可知, 交错级数 $\sum\limits_{n=1}^{\infty}(-1)^{n}u_n$ 与 $\sum\limits_{n=1}^{\infty}(-1)^{n-1}u_n$ 具有相同的收敛性. 故我们以 $\sum\limits_{n=1}^{\infty}(-1)^{n-1}u_n$ 作为研究对象.

关于交错级数有下面的审敛法.

定理 12.2.2 (莱布尼茨判别法) 如果交错级数 $\sum\limits_{n=1}^{\infty}(-1)^{n-1}u_n$ 满足条件:

(1) $u_n\geqslant u_{n+1}\,(n=1,2,\cdots)$;

(2) $\lim\limits_{n\to\infty}u_n=0$.

则级数 $\sum\limits_{n=1}^{\infty}(-1)^{n-1}u_n$ 收敛, 且其和 $s\leqslant u_1$, 其余项 r_n 满足 $|r_n|\leqslant u_{n+1}$.

注 (1) 交错级数不一定收敛, 例如 $\sum\limits_{n=1}^{\infty}(-1)^{n}$. 但满足定理12.2.2条件的交错级数必收敛.

(2) 证明 $u_n\geqslant u_{n+1}$ 有以下充要条件:

$$u_n\geqslant u_{n+1}\Leftrightarrow\dfrac{u_n}{u_{n+1}}\geqslant 1\Leftrightarrow u_n-u_{n-1}\geqslant 0.$$

例 12.2.7 判断交错级数是否收敛:

(1) $1 - \dfrac{1}{2} + \dfrac{1}{3} - \dfrac{1}{4} + \cdots + (-1)^{n-1} \dfrac{1}{n} + \cdots$;

(2) $\dfrac{1}{10} - \dfrac{2}{10^2} + \dfrac{3}{10^3} - \dfrac{4}{10^4} + \cdots + (-1)^{n-1} \dfrac{n}{10^n} + \cdots$.

解 (1) 交错级数为 $\displaystyle\sum_{n=1}^{\infty} (-1)^{n-1} \dfrac{1}{n}$, 显然收敛.

(2) 交错级数为 $\displaystyle\sum_{n=1}^{\infty} (-1)^{n-1} \dfrac{n}{10^n}$, 设 $u_n = \dfrac{n}{10^n}$,

先判断 u_n 的单调性, 因为

$$\frac{u_n}{u_{n+1}} = \frac{\dfrac{n}{10^n}}{\dfrac{n+1}{10^{n+1}}} = 10 \cdot \frac{n}{n+1} > 10 \cdot \frac{n}{2n} = 5 > 1,$$

从而 $u_n > u_{n+1}$.

再者, 因为 $\displaystyle\lim_{x \to +\infty} \frac{x}{10^x} = 0$, 故

$$\lim_{n \to \infty} u_n = \lim_{n \to \infty} \frac{n}{10^n} = 0.$$

由莱布尼茨判别法知, 级数 $\displaystyle\sum_{n=1}^{\infty} (-1)^{n-1} \dfrac{n}{10^n}$ 收敛. □

三、绝对收敛与条件收敛

我们现在讨论的级数 $\displaystyle\sum_{n=1}^{\infty} u_n$, 它的各项为任意实数. 在实际问题中, 可以先考虑其各项的绝对值所组成的正项级数 $\displaystyle\sum_{n=1}^{\infty} |u_n|$ 的敛散情况.

定义 12.2.3 如果级数 $\displaystyle\sum_{n=1}^{\infty} u_n$ 各项的绝对值所组成的正项级数 $\displaystyle\sum_{n=1}^{\infty} |u_n|$ 收敛, 则称级数 $\displaystyle\sum_{n=1}^{\infty} u_n$ **绝对收敛**; 如果级数 $\displaystyle\sum_{n=1}^{\infty} |u_n|$ 发散, 而级数 $\displaystyle\sum_{n=1}^{\infty} u_n$ 是收敛的, 则称级数 $\displaystyle\sum_{n=1}^{\infty} u_n$ **条件收敛**.

例如, 级数 $\displaystyle\sum_{n=1}^{\infty} (-1)^{n-1} \dfrac{1}{n^2}$ 绝对收敛, 而 $\displaystyle\sum_{n=1}^{\infty} (-1)^{n-1} \dfrac{1}{n}$ 条件收敛.

定理 12.2.3 如果级数 $\displaystyle\sum_{n=1}^{\infty} |u_n|$ 收敛, 则级数 $\displaystyle\sum_{n=1}^{\infty} u_n$ 也收敛.

证 令 $v_n = \dfrac{1}{2}(u_n + |u_n|)$ $(n = 1, 2, \cdots)$, 于是 $u_n = 2v_n - |u_n|$, 且

$$v_n \geqslant 0 \text{ 且 } v_n \leqslant |u_n|.$$

因为级数 $\displaystyle\sum_{n=1}^{\infty} |u_n|$ 收敛, 由比较审敛法知, 正项级数 $\displaystyle\sum_{n=1}^{\infty} v_n$ 收敛, 从而 $2\displaystyle\sum_{n=1}^{\infty} v_n$ 也收敛. 于是,

由级数的性质 12.1.2 知, 级数 $\sum\limits_{n=1}^{\infty} u_n$ 收敛. ☐

根据此定理, 可以使许多任意项级数的收敛性判别问题, 转化为正项级数的收敛性判别问题. 请看下例.

例 12.2.8 讨论级数 $\sum\limits_{n=1}^{\infty} \dfrac{\sin n\alpha}{n^4}$ 是否收敛?

解 先证明 $\sum\limits_{n=1}^{\infty} \dfrac{\sin n\alpha}{n^4}$ 绝对收敛. 因为 $\left| \dfrac{\sin n\alpha}{n^4} \right| \leqslant \dfrac{1}{n^4}$, 而 $\sum\limits_{n=1}^{\infty} \dfrac{1}{n^4}$ 收敛, 故 $\sum\limits_{n=1}^{\infty} \left| \dfrac{\sin n\alpha}{n^4} \right|$ 收敛, 从而 $\sum\limits_{n=1}^{\infty} \dfrac{\sin n\alpha}{n^4}$ 绝对收敛.

由定理 12.2.3 知, 级数 $\sum\limits_{n=1}^{\infty} \dfrac{\sin n\alpha}{n^4}$ 收敛. ☐

例 12.2.9 证明级数 $\sum\limits_{n=1}^{\infty} (-1)^n \dfrac{n^2}{e^n}$ 收敛.

解 先证明级数 $\sum\limits_{n=1}^{\infty} (-1)^n \dfrac{n^2}{e^n}$ 绝对收敛. 设 $u_n = \dfrac{n^2}{e^n}$, 因为

$$\rho = \lim_{n\to\infty} \frac{u_{n+1}}{u_n} = \lim_{n\to\infty} \frac{(n+1)^2}{e^{n+1}} \cdot \frac{e^n}{n^2} = \lim_{n\to\infty} \frac{1}{e} \left(\frac{n+1}{n} \right)^2 = \frac{1}{e} < 1.$$

故 $\sum\limits_{n=1}^{\infty} \left| (-1)^n \dfrac{n^2}{e^n} \right|$ 收敛, 即 $\sum\limits_{n=1}^{\infty} (-1)^n \dfrac{n^2}{e^n}$ 绝对收敛, 从而由定理 12.2.3 知, 级数 $\sum\limits_{n=1}^{\infty} (-1)^n \dfrac{n^2}{e^n}$ 收敛. ☐

定理 12.2.4 (任意项级数的比值审敛法) 若任意项级数 $\sum\limits_{n=1}^{\infty} u_n$ 满足 $\lim\limits_{n\to\infty} \left| \dfrac{u_{n+1}}{u_n} \right| = \rho$, 则当 $\rho < 1$ 时, 级数 $\sum\limits_{n=1}^{\infty} u_n$ 绝对收敛; 当 $\rho > 1$ (或 $\rho = +\infty$)时, 级数 $\sum\limits_{n=1}^{\infty} u_n$ 发散.

习 题 12-2

1. 用比较审敛法, 判别下列级数的敛散性:

(1) $\sum\limits_{n=1}^{\infty} \dfrac{1}{2n^2+5}$;

(2) $\sum\limits_{n=1}^{\infty} \dfrac{n^2+2}{n^2(n+1)}$;

(3) $\sum\limits_{n=1}^{\infty} \tan \dfrac{1}{n}$;

(4) $\sum\limits_{n=1}^{\infty} \dfrac{1}{2^n + \sqrt{n}}$;

(5) $\sum\limits_{n=2}^{\infty} \dfrac{n+1}{n^3-1}$;

(6) $\sum\limits_{n=1}^{\infty} \dfrac{1}{(n+1)(n+4)}$;

(7) $\sum\limits_{n=1}^{\infty} \dfrac{1}{n\sqrt{n+1}}$;

(8) $\sum\limits_{n=1}^{\infty} \dfrac{6^n}{7^n-3^n}$;

(9) $\sum\limits_{n=1}^{\infty}\dfrac{\sin n}{2^n}$;

(10) $\sum\limits_{n=1}^{\infty}\dfrac{\sqrt{n}}{\sqrt{1+n^5}}$;

(11) $\sum\limits_{n=1}^{\infty}\dfrac{1}{2n-1}$;

(12) $\sum\limits_{n=1}^{\infty}\sin\dfrac{1}{n}$.

2. 用比较审敛法的极限形式, 判别下列级数的敛散性:

(1) $\sum\limits_{n=1}^{\infty}\ln\left(1+\dfrac{1}{n}\right)$;

(2) $\sum\limits_{n=1}^{\infty}\dfrac{1}{n\sqrt{n+1}}$;

(3) $\sum\limits_{n=1}^{\infty}\sin\dfrac{\pi}{2^n}$;

(4) $\sum\limits_{n=1}^{\infty}\dfrac{1}{\sqrt{n(n+1)}}$.

3. 用比值审敛法判别下列级数的收敛性:

(1) $\sum\limits_{n=1}^{\infty}\dfrac{n!}{10^n}$;

(2) $\sum\limits_{n=1}^{\infty}\dfrac{n^2}{3^n}$;

(3) $\sum\limits_{n=1}^{\infty}n\tan\dfrac{\pi}{2^n}$;

(4) $\sum\limits_{n=1}^{\infty}\dfrac{2^n\cdot n!}{n^n}$;

(5) $\sum\limits_{n=1}^{\infty}\dfrac{n-1}{2^n}$;

(6) $\sum\limits_{n=1}^{\infty}\dfrac{1}{(2n+1)!}$;

(7) $\sum\limits_{n=1}^{\infty}\dfrac{n^4}{4^n}$;

(8) $\sum\limits_{n=1}^{\infty}\dfrac{n!}{n+1}$.

4. 判别下列级数的收敛性:

(1) $\dfrac{3}{4}+2\left(\dfrac{3}{4}\right)^2+3\left(\dfrac{3}{4}\right)^3+4\left(\dfrac{3}{4}\right)^4+\cdots$;

(2) $\dfrac{1^4}{1!}+\dfrac{2^4}{2!}+\dfrac{3^4}{3!}+\dfrac{4^4}{4!}+\cdots$;

(3) $\sum\limits_{n=1}^{\infty}\dfrac{n+1}{n(n+2)}$;

(4) $\sum\limits_{n=1}^{\infty}\sqrt{\dfrac{n+1}{n}}$;

(5) $\sum\limits_{n=1}^{\infty}\left(\dfrac{1}{5^n}+\dfrac{1}{n}\right)$;

(6) $\sum\limits_{n=1}^{\infty}\left(1+\cos\dfrac{1}{n}\right)$;

(7) $\sum\limits_{n=1}^{\infty}\dfrac{\sqrt{n}}{n^2+1}$;

(8) $\sum\limits_{n=1}^{\infty}\dfrac{1}{\sqrt{n(n+1)}}$;

(9) $\sum\limits_{n=1}^{\infty}3^n\tan\dfrac{\pi}{5^n}$;

(10) $\sum\limits_{n=2}^{\infty}\dfrac{1}{n^2\ln n}$;

(11) $\sum\limits_{n=1}^{\infty}\dfrac{n(n+1)}{3^n}$;

(12) $\sum\limits_{n=1}^{\infty}\dfrac{n\cos^2\dfrac{n}{3}\pi}{2^n}$;

(13) $\sum\limits_{n=1}^{\infty}\dfrac{n-1}{n+3}$;

(14) $\sum\limits_{n=1}^{\infty}(-1)^{n+1}\dfrac{1}{\ln(n+1)}$.

5. 判别下列级数是否收敛? 如果收敛, 是绝对收敛还是条件收敛?

(1) $\sum\limits_{n=1}^{\infty}\dfrac{(-1)^n}{\sqrt{n}}$;

(2) $\sum\limits_{n=1}^{\infty}(-1)^{n-1}\dfrac{n}{3^n}$;

(3) $\sum\limits_{n=1}^{\infty}\dfrac{\cos 2n}{(n+1)^2}$;

(4) $\sum\limits_{n=1}^{\infty}(-1)^{n+1}\dfrac{2^n}{n!}$;

(5) $\sum\limits_{n=2}^{\infty}(-1)^n\ln\dfrac{n}{n+1}$;

(6) $\sum\limits_{n=1}^{\infty}(-1)^n\dfrac{n}{2n+1}$;

(7) $\sum\limits_{n=1}^{\infty}\dfrac{(-1)^n}{2n-1}$;

(8) $\sum\limits_{n=1}^{\infty}\dfrac{(-1)^{n-1}}{\ln(n+1)}$;

(9) $\displaystyle\sum_{n=1}^{\infty}\frac{(-1)^{n-1}}{n^2}$;　　　　　　　(10) $\displaystyle\sum_{n=1}^{\infty}(-1)^n\frac{2n}{n+1}$;

(11) $\displaystyle\sum_{n=1}^{\infty}\frac{1}{n^2}\sin n\pi$.

6. 判别级数 $\dfrac{1}{2}-\dfrac{1}{2^2}-\dfrac{1}{2^3}+\dfrac{1}{2^4}+\cdots+(-1)^{\frac{n(n-1)}{2}}\cdot\dfrac{1}{2^n}+\cdots$ 的敛散性.

7. 判别级数 $\displaystyle\sum_{n=1}^{\infty}\frac{n+1}{n(n+2)}$ 的收敛性.

第三节　幂　级　数

一、函数项级数的概念

如果给定一个定义在区间 I 上的函数列

$$u_1(x),\ u_2(x),\ u_3(x),\ \cdots,\ u_n(x),\ \cdots,$$

则由这个函数列构成的表达式

$$u_1(x)+u_2(x)+u_3(x)+\cdots+u_n(x)+\cdots$$

称为定义在区间 I 上的**函数项级数**, 记作 $\displaystyle\sum_{n=1}^{\infty}u_n(x)$. 即

$$\sum_{n=1}^{\infty}u_n(x)=u_1(x)+u_2(x)+u_3(x)+\cdots+u_n(x)+\cdots. \tag{12.3.1}$$

注　对于每一个确定的值 $x_0\in I$, 函数项级数成为常数项级数

$$u_1(x_0)+u_2(x_0)+\cdots+u_n(x_0)+\cdots,$$

级数 $\displaystyle\sum_{n=1}^{\infty}u_n(x_0)$ 可能收敛也可能发散.

定义 12.3.1　若 $\displaystyle\sum_{n=1}^{\infty}u_n(x_0)$ 收敛, 称 x_0 为函数项级数(12.3.1)的**收敛点**, 所有收敛点的全体称为函数项级数(12.3.1)的**收敛域**; 若 $\displaystyle\sum_{n=1}^{\infty}u_n(x_0)$ 发散, 称 x_0 为函数项级数(12.3.1)的**发散点**, 所有发散点的全体称为函数项级数(12.3.1)的**发散域**.

对于收敛域内的任意一个点 x, 函数项级数成为收敛的常数项级数, 因而有确定的和 $s(x)$, $s(x)$ 是定义在收敛域上的函数, 称为函数项级数(12.3.1)的**和函数**, 记作

$$s(x)=u_1(x)+u_2(x)+\cdots+u_n(x)+\cdots.$$

把函数项级数 $\displaystyle\sum_{n=1}^{\infty}u_n(x)$ 的前 n 项之和, 称为**部分和**, 记作 $s_n(x)$, 则在收敛域上有

$$\lim_{n\to\infty}s_n(x)=s(x),$$

且把 $r_n(x)=s(x)-s_n(x)$ 称为函数项级数的**余项**. 于是在收敛域 I 上有

$$\lim_{n\to\infty} r_n(x) = 0, \quad x \in I.$$

例如，函数项级数 $\sum\limits_{n=1}^{\infty} x^{n-1} = 1 + x + x^2 + \cdots + x^n + \cdots$ 是以 x 为公比的几何级数. 当 $|x|<1$ 时，这个级数是收敛的，所以它的收敛域为 $(-1, 1)$，且其和函数 $s(x) = \dfrac{1}{1-x}$；它的发散域为 $(-\infty, -1] \bigcup [1, +\infty)$.

二、幂级数及其收敛性

定义 12.3.2　形如

$$\sum_{n=0}^{\infty} a_n(x-x_0)^n = a_0 + a_1(x-x_0) + a_2(x-x_0)^2 + \cdots + a_n(x-x_0)^n + \cdots \tag{12.3.2}$$

的函数项级数，称为关于 $(x-x_0)$ 的**幂级数**，其中 x 是自变量，x_0 是常数. 常数 $a_0, a_1, \cdots, a_n, \cdots$ 称为幂级数的**系数**.

当 $x_0 = 0$ 时，幂级数(12.3.2)变为

$$\sum_{n=0}^{\infty} a_n x^n = a_0 + a_1 x + a_2 x^2 + \cdots + a_n x^n + \cdots, \tag{12.3.3}$$

称为 x 的**幂级数**. 下面主要研究幂级数(12.3.3)的收敛性问题.

定理 12.3.1 (阿贝尔定理)　如果级数 $\sum\limits_{n=0}^{\infty} a_n x^n$ 在 $x = x_0 \neq 0$ 处收敛，则满足不等式 $|x| < |x_0|$ 的一切 x，该幂级数绝对收敛. 反之，如果级数 $\sum\limits_{n=0}^{\infty} a_n x^n$ 在 $x = x_0$ 处发散，则满足不等式 $|x| > |x_0|$ 的一切 x，该幂级数发散.

设 $R = |x_0|$，阿贝尔定理表明，如果幂级数 $\sum\limits_{n=0}^{\infty} a_n x^n$ 在 $x = x_0$ 处收敛，则对于开区间 $(-R, R)$ 内的任何点 x，该幂级数都收敛；如果幂级数在 $x = x_0$ 处发散，则对于满足在 $x < -R$ 或 $x > R$ 上的任何点 x，该幂级数都发散.

定义 12.3.3　如果当 $|x| < R$ 时，级数 $\sum\limits_{n=0}^{\infty} a_n x^n$ 收敛；当 $|x| > R$ 时，级数 $\sum\limits_{n=0}^{\infty} a_n x^n$ 发散，则称 R 为幂级数(12.3.3)的**收敛半径**. 开区间 $(-R, R)$ 称为幂级数(12.3.3)的**收敛区间**；收敛区间 $(-R, R)$ 与收敛的区间端点就可得到幂级数(12.3.3)的**收敛域**. 因此，收敛域是 $(-R, R)$，$[-R, R)$，$(-R, R]$ 或 $[-R, R]$ 这四个区间之一.

由此可知，求幂级数(12.3.3)的收敛域关键是求收敛半径. 下面给出求收敛半径的方法.

定理 12.3.2　如果幂级数 $\sum\limits_{n=0}^{\infty} a_n x^n$ 的系数满足 $\lim\limits_{n\to\infty} \left| \dfrac{a_{n+1}}{a_n} \right| = \rho$，则

(1) 当 $\rho \neq 0$ 时，收敛半径 $R = \dfrac{1}{\rho}$；

(2) 当 $\rho = 0$ 时, 收敛半径 $R = \infty$;

(3) 当 $\rho = \infty$ 时, 收敛半径 $R = 0$.

注　(1) 收敛半径 $R = \lim\limits_{n \to \infty} \left| \dfrac{a_n}{a_{n+1}} \right|$.

(2) 该定理适用于幂级数(12.3.3). 对于非(12.3.3)型的幂级数, 不能直接用该定理.
例如一般项为复合式的幂级数 $\sum\limits_{n=1}^{\infty} \dfrac{(x-1)^n}{n \cdot 3^n}$, 缺项幂级数 $\sum\limits_{n=0}^{\infty} \dfrac{(2n)!}{(n!)^2} x^{2n}$.

例 12.3.1　求幂级数 $x - \dfrac{x^2}{2} + \dfrac{x^3}{3} - \cdots + (-1)^{n-1} \dfrac{x^n}{n} + \cdots$ 的收敛半径及收敛域.

解　幂级数为 $\sum\limits_{n=1}^{\infty} x^n (-1)^{n-1} \dfrac{1}{n}$, 属于(12.3.3)型幂级数. 设系数 $a_n = (-1)^{n-1} \dfrac{1}{n}$, 则收敛半径

$$R = \lim_{n \to \infty} \left| \frac{a_n}{a_{n+1}} \right| = 1 ,$$

该级数的收敛区间为 $(-1,1)$. 下面讨论端点的敛散性.

当 $x = 1$ 时, 幂级数 $\sum\limits_{n=1}^{\infty} (-1)^{n-1} \dfrac{1}{n} x^n = \sum\limits_{n=1}^{\infty} (-1)^{n-1} \dfrac{1}{n}$ 收敛;

当 $x = -1$ 时, 级数为 $\sum\limits_{n=1}^{\infty} (-1)^{n-1} \dfrac{1}{n} x^n = -\sum\limits_{n=1}^{\infty} \dfrac{1}{n}$ 发散.

综上, 该幂级数收敛域为 $(-1,1]$.　　　　　　　　　　　　　　　　　　□

例 12.3.2　求幂级数 $\sum\limits_{n=1}^{\infty} (-1)^n \dfrac{(x-1)^n}{2^n n}$ 的收敛域.

解　设 $t = x - 1$, 幂级数化为

$$\sum_{n=1}^{\infty} (-1)^n \frac{(x-1)^n}{2^n n} = \sum_{n=1}^{\infty} (-1)^n \frac{1}{2^n n} t^n , \qquad (*)$$

先求(*)的收敛域. 系数 $a_n = (-1)^n \dfrac{1}{2^n n}$, 则收敛半径

$$R = \lim_{n \to \infty} \left| \frac{a_n}{a_{n+1}} \right| = 2 ,$$

于是(*)的收敛区间为 $(-2,2)$. 再讨论区间端点的敛散性.

当 $t = 2$ 时, $\sum\limits_{n=1}^{\infty} (-1)^n \dfrac{1}{2^n n} t^n = \sum\limits_{n=1}^{\infty} (-1)^n \dfrac{1}{n}$, 该级数收敛; 当 $t = -2$ 时, 级数为 $\sum\limits_{n=1}^{\infty} (-1)^n \dfrac{1}{2^n n} t^n = \sum\limits_{n=1}^{\infty} \dfrac{1}{n}$, 此级数发散. 故级数(*)的收敛域为 $(-2,2]$.

最后求原级数的收敛域. 用 $t = x - 1$ 代入得到 $-2 < x - 1 \leqslant 2$, 即 $-1 < x \leqslant 3$. 因此, 原级数的收敛域为 $(-1,3]$.　　　　　　　　　　　　　　　　　　□

例 12.3.3 求幂级数 $\sum\limits_{n=0}^{\infty}(-1)^n\dfrac{x^{2n}}{n+1}$ 的收敛半径和收敛域.

解 所求幂级数缺少 x 的奇次幂项, 是一个缺项的幂级数. 因此不能直接用定理 12.3.2 求收敛半径 R. 可以运用比值法求收敛半径. 设 $u_n(x)=(-1)^n\dfrac{x^{2n}}{n+1}$, 由于

$$\rho=\lim_{n\to\infty}\left|\frac{u_{n+1}(x)}{u_n(x)}\right|=\lim_{n\to\infty}\frac{\dfrac{x^{2(n+1)}}{n+2}}{\dfrac{x^{2n}}{n+1}}=x^2,$$

由定理 12.2.4 知, 当 $\rho=x^2<1$ 即 $|x|<1$ 时, 幂级数 $\sum\limits_{n=0}^{\infty}(-1)^n\dfrac{x^{2n}}{n+1}$ 收敛; 当 $\rho=x^2>1$ 即 $|x|>1$ 时, 幂级数 $\sum\limits_{n=0}^{\infty}(-1)^n\dfrac{x^{2n}}{n+1}$ 发散, 所以收敛半径 $R=1$.

当 $x=\pm1$ 时, 原幂级数为 $\sum\limits_{n=0}^{\infty}\dfrac{(-1)^n}{n+1}$, 是收敛的. 所以幂级数 $\sum\limits_{n=0}^{\infty}(-1)^n\dfrac{x^{2n}}{n+1}$ 的收敛域为 $[-1,1]$. □

三、幂级数的运算

1. 加法、减法及乘法运算

设幂级数 $\sum\limits_{n=0}^{\infty}a_nx^n$ 及 $\sum\limits_{n=0}^{\infty}b_nx^n$ 的收敛半径分别为 R_1 与 R_2 (其中 $R_1,R_2>0$), 设 λ 是常数, 记 $R=\min\{R_1,R_2\}$. 则

(1) 这两个幂级数逐项相加或相减所成的幂级数 $\sum\limits_{n=0}^{\infty}(a_n\pm b_n)x^n$ 在 $(-R,R)$ 内收敛, 收敛半径为 R, 且在 $(-R,R)$ 内有

$$\sum_{n=0}^{\infty}(a_n\pm b_n)x^n=\sum_{n=0}^{\infty}a_nx^n\pm\sum_{n=0}^{\infty}b_nx^n.$$

(2) 数乘幂级数 $\sum\limits_{n=0}^{\infty}\lambda a_nx^n$ 在 $(-R_1,R_1)$ 内收敛, 收敛半径为 R_1, 且

$$\sum_{n=0}^{\infty}\lambda a_nx^n=\lambda\sum_{n=0}^{\infty}a_nx^n.$$

(3) 这两个幂级数的乘积所成的幂级数

$$\left(\sum_{n=0}^{\infty}a_nx^n\right)\cdot\left(\sum_{n=0}^{\infty}b_nx^n\right)=\sum_{n=0}^{\infty}c_nx^n,$$

其中 $c_n = \sum\limits_{i+j=n} a_i b_j$，在 $(-R, R)$ 内收敛，收敛半径为 R．

2. 分析运算

设幂级数 $\sum\limits_{n=0}^{\infty} a_n x^n$ 的收敛半径为 $R \neq 0$，和函数是 $s(x)$，则

(1) 和函数 $s(x)$ 在 $(-R, R)$ 内连续；

(2) 和函数 $s(x)$ 在 $(-R, R)$ 内可导，且有逐项求导公式

$$s'(x) = \left(\sum_{n=0}^{\infty} a_n x^n \right)' = \sum_{n=0}^{\infty} \left(a_n x^n \right)' = \sum_{n=1}^{\infty} n a_n x^{n-1} ;$$

(3) 和函数 $s(x)$ 在 $(-R, R)$ 内可积，且有逐项积分公式

$$\int_0^x s(x) \mathrm{d}x = \int_0^x \left(\sum_{n=0}^{\infty} a_n x^n \right) \mathrm{d}x = \sum_{n=0}^{\infty} \int_0^x a_n x^n \mathrm{d}x = \sum_{n=0}^{\infty} \frac{a_n}{n+1} x^{n+1} .$$

注 （1）在收敛区间上，幂级数求和与求导、求和与求积可以交换次序．

（2）求导和积分后所得的幂级数和原级数有相同的收敛半径，但在收敛区间端点处的收敛性可能改变．

例 12.3.4 求级数 $\sum\limits_{n=0}^{\infty} \dfrac{x^n}{n!}$ 的和函数 $s(x)$．

解 先求收敛域．系数 $a_n = \dfrac{1}{n!}$，则

$$R = \lim_{n \to \infty} \left| \frac{a_n}{a_{n+1}} \right| = \infty ,$$

故级数收敛域为 $(-\infty, +\infty)$．

设 $s(x) = \sum\limits_{n=0}^{\infty} \dfrac{x^n}{n!}, x \in (-\infty, +\infty)$，则 $s(0) = 1$．逐项求导得

$$s'(x) = \left(\sum_{n=0}^{\infty} \frac{x^n}{n!} \right)' = \sum_{n=0}^{\infty} \left(\frac{x^n}{n!} \right)' = \sum_{n=1}^{\infty} \frac{x^{n-1}}{(n-1)!} = \sum_{k=0}^{\infty} \frac{x^k}{k!} = s(x) ,$$

即 $s'(x) = s(x)$．

然后求解微分方程 $s'(x) = s(x)$．即 $\dfrac{\mathrm{d}s}{\mathrm{d}x} = s$，分离变量得

$$\frac{1}{s} \mathrm{d}s = \mathrm{d}x ,$$

两边积分，$\int \dfrac{1}{s} \mathrm{d}s = \int \mathrm{d}x \Rightarrow \ln |s(x)| = x + C_1$，于是 $s(x) = C\mathrm{e}^x$，其中 $C = \pm \mathrm{e}^{C_1}$．

由 $s(0) = 1$，得到 $C = 1$，于是

$$s(x) = \sum_{n=0}^{\infty} \frac{x^n}{n!} = e^x, \quad x \in (-\infty, +\infty).$$

例 12.3.5 求幂级数 $\sum_{n=1}^{\infty} n x^n$ 的和函数.

解 先求出幂级数的收敛域. 系数 $a_n = n$, 则收敛半径 $R = \lim\limits_{n \to \infty} \left| \dfrac{a_n}{a_{n+1}} \right| = 1$, 且 $x = \pm 1$ 时级数发散, 故级数收敛域为 $(-1,1)$.

设 $s(x) = \sum_{n=1}^{\infty} n x^n$, $x \in (-1,1)$. 将幂级数的一般项变形为 $n x^n = x \cdot n x^{n-1}$. 因 $n x^{n-1} = (x^n)'$, 故

$$s(x) = \sum_{n=1}^{\infty} n x^n = x \sum_{n=1}^{\infty} n x^{n-1} = x \sum_{n=1}^{\infty} (x^n)'$$

$$= x \left(\sum_{n=1}^{\infty} x^n \right)' = x \left(\frac{x}{1-x} \right)' = \frac{x}{(1-x)^2}.$$

例 12.3.6 求级数 $\sum_{n=0}^{\infty} \frac{x^n}{n+1}$ 的和函数 $s(x)$.

解 先求出幂级数的收敛域. 系数 $a_n = \dfrac{1}{n+1}$, 则收敛半径 $R = \lim\limits_{n \to \infty} \left| \dfrac{a_n}{a_{n+1}} \right| = 1$, 且 $x = -1$ 时级数收敛, 故收敛域为 $[-1,1)$.

设 $s(x) = \sum_{n=0}^{\infty} \frac{x^n}{n+1}$, $x \in [-1,1)$. 当 $x \neq 0$ 时, 将幂级数的一般项变形为

$$\frac{x^n}{n+1} = \frac{1}{x} \cdot \frac{1}{n+1} x^{n+1}.$$

因为 $\dfrac{x^{n+1}}{n+1} = \displaystyle\int_0^x x^n \, dx$, 故

$$s(x) = \frac{1}{x} \sum_{n=0}^{\infty} \frac{x^{n+1}}{n+1} = \frac{1}{x} \sum_{n=0}^{\infty} \int_0^x x^n \, dx$$

$$= \frac{1}{x} \int_0^x \left(\sum_{n=0}^{\infty} x^n \right) dx = \frac{1}{x} \int_0^x \frac{1}{1-x} \, dx = -\frac{1}{x} \ln(1-x).$$

当 $x = 0$ 时, $s(x) = \sum_{n=0}^{\infty} \frac{x^n}{n+1} = 1 + \frac{x}{2} + \frac{x^2}{3} + \cdots$, 故 $s(0) = 1$. 于是

$$s(x) = \begin{cases} -\dfrac{1}{x} \ln(1-x), & x \in [-1,0) \bigcup (0,1), \\ 1, & x = 0. \end{cases}$$

例 12.3.7 求级数 $\sum_{n=2}^{\infty} \frac{1}{(n^2-1)2^n}$ 的和.

解 级数恒等变形为

$$\sum_{n=2}^{\infty} \frac{1}{(n^2-1)2^n} = \sum_{n=2}^{\infty} \frac{1}{n^2-1} \cdot \left(\frac{1}{2}\right)^n.$$

设 $s(x) = \sum_{n=2}^{\infty} \dfrac{x^n}{n^2-1}$，收敛域为 $[-1,1]$，则 $\sum_{n=2}^{\infty} \dfrac{1}{(n^2-1)2^n} = s\left(\dfrac{1}{2}\right)$.

下面求幂级数的和. 因为 $\dfrac{1}{n^2-1} = \dfrac{1}{2}\left(\dfrac{1}{n-1} - \dfrac{1}{n+1}\right)$，故

$$s(x) = \sum_{n=2}^{\infty} \frac{1}{2}\left(\frac{1}{n-1} - \frac{1}{n+1}\right) x^n = \frac{x}{2}\sum_{n=2}^{\infty} \frac{x^{n-1}}{n-1} - \frac{1}{2x}\sum_{n=2}^{\infty} \frac{x^{n+1}}{n+1} \quad (x \neq 0)$$

$$= \frac{x}{2}\sum_{n=2}^{\infty} \int_0^x x^{n-2}\,\mathrm{d}x - \frac{1}{2x}\sum_{n=2}^{\infty} \int_0^x x^n\,\mathrm{d}x$$

$$= \frac{x}{2}\int_0^x \left(\sum_{n=2}^{\infty} x^{n-2}\right)\mathrm{d}x - \frac{1}{2x}\int_0^x \left(\sum_{n=2}^{\infty} x^n\right)\mathrm{d}x$$

$$= \frac{x}{2}\int_0^x \frac{1}{1-x}\,\mathrm{d}x - \frac{1}{2x}\int_0^x \frac{x^2}{1-x}\,\mathrm{d}x$$

$$= -\frac{x}{2}\int_0^x \frac{1}{x-1}\,\mathrm{d}x + \frac{1}{2x}\int_0^x \frac{x^2-1+1}{x-1}\,\mathrm{d}x$$

$$= \frac{1-x^2}{2x}\ln(1-x) + \frac{2+x}{4} \quad (x \neq 0),$$

从而 $\sum_{n=2}^{\infty} \dfrac{1}{(n^2-1)2^n} = S\left(\dfrac{1}{2}\right) = \dfrac{5}{8} - \dfrac{3}{4}\ln 2$. □

习　题　12-3

1. 求下列幂级数的收敛区间:

(1) $\displaystyle\sum_{n=1}^{\infty} \frac{x^{n+1}}{n(n+1)}$;

(2) $\displaystyle\sum_{n=1}^{\infty} (-1)^n \frac{x^n}{n^n}$;

(3) $\displaystyle\sum_{n=1}^{\infty} n^n x^n$;

(4) $\displaystyle\sum_{n=1}^{\infty} \frac{2^n}{n^2} x^n$;

(5) $\displaystyle\sum_{n=1}^{\infty} (-1)^n \frac{x^{2n-1}}{(2n-1)!}$;

(6) $\displaystyle\sum_{n=1}^{\infty} \frac{(x-1)^n}{n \cdot 2^n}$;

(7) $\displaystyle\sum_{n=0}^{\infty} \frac{(-1)^n x^n}{3^n}\sqrt{a^2+b^2}$;

(8) $\displaystyle\sum_{n=1}^{\infty} \frac{x^n}{(2n)!}$;

(9) $\displaystyle\sum_{n=1}^{\infty} \frac{x^{2n}}{n \cdot 3^n}$;

(10) $\displaystyle\sum_{n=1}^{\infty} \frac{(x-5)^n}{n^2}$.

2. 求下列幂级数的收敛半径、收敛区间和收敛域:

(1) $\displaystyle\sum_{n=1}^{\infty} \frac{x^n}{n}$;

(2) $\displaystyle\sum_{n=1}^{\infty} 4^n x^{2n+1}$;

(3) $\sum_{n=0}^{\infty} \dfrac{x^n}{(n+1)!}$;

(4) $\sum_{n=1}^{\infty} (-1)^n \dfrac{x^n}{n}$;

(5) $\sum_{n=1}^{\infty} \dfrac{1}{n^2}(2x-1)^n$;

(6) $\sum_{n=0}^{\infty} 3^n x^{2n}$;

(7) $\sum_{n=1}^{\infty} n! x^n$;

(8) $\sum_{n=1}^{\infty} \dfrac{1}{4^n} x^{2n}$.

3. 利用逐项求导或逐项积分, 求下列级数在收敛域内的和函数.

(1) $\sum_{n=1}^{\infty} n x^{n-1}$;

(2) $\sum_{n=0}^{\infty} (-1)^n \dfrac{x^{n+1}}{n+1}$;

(3) $\sum_{n=1}^{\infty} \dfrac{x^{2n}}{2n}$;

4. 求幂级数 $\sum_{n=0}^{\infty} (n+1) x^n$ 的和函数 $s(x)$, 并求级数 $\sum_{n=0}^{\infty} \dfrac{n+1}{2^n}$ 的和.

第四节 函数展开成幂级数

在上一节中, 我们讨论了幂级数的收敛性. 在收敛域内, 幂级数收敛于一个和函数. 对于一些简单的幂级数, 可以借助四则运算、逐项求导或求积分的方法求出和函数. 本节将研究另外一个问题: 对于给定的函数 $f(x)$, 能否将其展开成一个以 $f(x)$ 为和函数的幂级数?

一、泰勒级数

若函数 $f(x)$ 在 x_0 某邻域内具有 $n+1$ 阶导数, 则在该邻域内有

$$f(x) = f(x_0) + f'(x_0)(x-x_0) + \dfrac{f''(x_0)}{2!}(x-x_0)^2 + \cdots + \dfrac{f^{(n)}(x_0)}{n!}(x-x_0)^n + R_n(x), \quad (12.4.1)$$

其中 $R_n(x) = \dfrac{f^{(n+1)}(\xi)}{(n+1)!}(x-x_0)^{n+1}$ (ξ 在 x_0 与 x 之间).

公式(12.4.1)称为函数 $f(x)$ 的 n 阶**泰勒(Taylor)公式**. $R_n(x)$ 称为泰勒公式的**拉格朗日型余项**.

令 $x_0 = 0$, 得

$$f(x) = f(0) + f'(0)x + \dfrac{f''(0)}{2!}x^2 + \cdots + \dfrac{f^{(n)}(0)}{n!}x^n + R_n(x). \quad (12.4.2)$$

称(12.4.2)式为**麦克劳林公式**, 其中 $R_n(x) = \dfrac{f^{(n+1)}(\theta x)}{(n+1)!}x^{n+1}$ ($0 < \theta < 1$).

如果 $f(x)$ 在点 x_0 的某邻域内具有任意阶导数, 则幂级数

$$f(x_0) + f'(x_0)(x-x_0) + \dfrac{f''(x_0)}{2!}(x-x_0)^2 + \cdots + \dfrac{f^{(n)}(x_0)}{n!}(x-x_0)^n + \cdots, \quad (12.4.3)$$

称为函数 $f(x)$ 在点 x_0 处的**泰勒级数**, $\dfrac{f^{(n)}(x_0)}{n!}$ ($n = 0,1,2,3,\cdots$) 称为 $f(x)$ 的**泰勒系数**.

当 $x_0 = 0$ 时, 幂级数

$$f(0)+f'(0)x+\frac{f''(0)}{2!}x^2+\cdots+\frac{f^{(n)}(0)}{n!}x^n+\cdots \tag{12.4.4}$$

称为函数 $f(x)$ 的**麦克劳林级数**.

下面我们将研究两个问题:

(1) $f(x)$ 满足什么条件下可以展开泰勒级数(12.4.3)?

(2) 在收敛域上, 泰勒级数(12.4.3)的和函数是否为 $f(x)$?

我们先回答第一个问题.

定理 12.4.1 设函数 $f(x)$ 在 x_0 的某邻域 $U(x_0)$ 内具有任意阶导数, 则函数 $f(x)$ 在 $U(x_0)$ 内可展开成泰勒级数的充分必要条件是泰勒公式(12.4.3)中的余项满足

$$\lim_{n\to\infty}R_n(x)=0, \quad x\in U(x_0).$$

证 $f(x)$ 的 n 阶泰勒公式为

$$f(x)=f(x_0)+f'(x_0)(x-x_0)+\frac{f''(x_0)}{2!}(x-x_0)^2+\cdots+\frac{f^{(n)}(x_0)}{n!}(x-x_0)^n+R_n(x)$$

$$=\sum_{k=0}^{n}\frac{f^{(k)}(x_0)}{k!}(x-x_0)^k+R_n(x).$$

令 $s_n(x)=\sum_{k=0}^{n}\frac{f^{(k)}(x_0)}{k!}(x-x_0)^k$, 则

$$R_n(x)=f(x)-s_n(x).$$

显然, $s_n(x)$ 是级数 $\sum_{n=0}^{\infty}\frac{f^{(n)}(x_0)}{n!}(x-x_0)^n$ 的前 $n+1$ 项部分和. 根据级数收敛的定义, 即有

$$\sum_{n=0}^{\infty}\frac{f^{(n)}(x_0)}{n!}(x-x_0)^n=f(x), \quad x\in U(x_0)$$

$$\Leftrightarrow \lim_{n\to\infty}s_n(x)=f(x), \quad x\in U(x_0)$$

$$\Leftrightarrow \lim_{n\to\infty}R_n(x)=\lim_{n\to\infty}\left[f(x)-s_n(x)\right]=0, \quad x\in U(x_0). \qquad \square$$

注 $f(x)$ 的泰勒公式与 $f(x)$ 可在 $U(x_0)$ 上展开为 x_0 处的泰勒幂级数是两回事. 只要 $f(x)$ 具有任意阶导数, 就能写出 $f(x)$ 泰勒公式(12.4.1); 但要把 $f(x)$ 展开为 x_0 处的泰勒级数, 还需要检验是否满足定理 12.4.1 的条件.

下面我们回答第二个问题.

定理 12.4.2 设函数 $f(x)$ 能展开成 x 的幂级数, 则这种展开式是唯一的, 且与它的麦克劳林级数相同.

证 设 $f(x)$ 所展成的幂级数为

$$f(x)=a_0+a_1x+a_2x^2+\cdots+a_nx^n+\cdots, \quad x\in(-R,R),$$

则

$$f'(x) = a_1 + 2a_2 x + \cdots + n a_n x^{n-1} + \cdots;$$

$$f''(x) = 2! a_2 + \cdots + n(n-1) a_n x^{n-2} + \cdots;$$

$$\cdots\cdots$$

$$f^{(n)}(x) = n! a_n + \cdots;$$

$$\cdots\cdots$$

从而

$$a_0 = f(0), \quad a_1 = f'(0), \quad a_2 = \frac{1}{2!} f''(0), \quad \cdots, \quad a_n = \frac{1}{n!} f^{(n)}(0), \quad \cdots,$$

故有

$$f(x) = f(0) + f'(0)x + \frac{f''(0)}{2!} x^2 + \cdots + \frac{f^{(n)}(0)}{n!} x^n + \cdots,$$

即 $f(x)$ 能展开成 x 的幂级数为麦克劳林级数.　　　　　　　　　　　□

二、函数展开成幂级数

1. 直接展开法

由泰勒级数理论, 函数 $f(x)$ 展开成 x 的幂级数步骤如下:

第一步　求出 $f(x)$ 的各阶导数及其各阶导数在点 $x=0$ 处的值

$$f(0), \quad f'(0), \quad f''(0), \quad \cdots, \quad f^{(n)}(0), \quad \cdots;$$

第二步　写出麦克劳林级数

$$f(0) + f'(0)x + \frac{f''(0)}{2!} x^2 + \cdots + \frac{f^{(n)}(0)}{n!} x^n + \cdots,$$

并求出其收敛半径 R;

第三步　在收敛区间 $(-R, R)$ 内判断余项 $R_n(x)$ 的极限

$$\lim_{n \to \infty} R_n(x) = \lim_{n \to \infty} \frac{f^{(n+1)}(\theta x)}{(n+1)!} x^{n+1} \quad (0 < \theta < 1)$$

是否等于 0. 若 $\lim\limits_{n \to \infty} R_n(x) = 0$, 则 $f(x)$ 可展开成幂级数, 否则不能展开成幂级数.

上述方法称为**直接展开法**.

注　如果 $f(x)$ 在点 $x=0$ 处的某阶导数不存在, 表明 $f(x)$ 不能展开成 x 的幂级数, 就停止进行. 例如, 在 $x=0$ 处, $f(x) = x^{\frac{3}{2}}$ 的二阶导数不存在, 它就不能展开成 x 的幂级数.

例 12.4.1　将函数 $f(x) = \mathrm{e}^x$ 展开成 x 的幂级数.

解　**第一步**　因为 $f^{(n)}(x) = \mathrm{e}^x \ (n = 0, 1, 2, 3, \cdots)$, 故

$$f(0) = f'(0) = f''(0) = \cdots = f^{(n)}(0) = \cdots = 1.$$

第二步 得到麦克劳林级数

$$1 + x + \frac{1}{2!}x + \cdots + \frac{1}{n!}x^n + \cdots,$$

易求得其收敛半径

$$R = \lim_{x \to \infty} \frac{1}{n!} / \frac{1}{(n+1)!} = +\infty.$$

第三步 对于任意取定的 $x \in (-\infty, +\infty)$，其余项满足(n 阶余项的绝对值)

$$|R_n(x)| = \left| \frac{f^{(n+1)}(\xi)}{(n+1)!} \right| \cdot |x|^{n+1} = \frac{\mathrm{e}^{\xi}}{(n+1)!} |x|^{n+1},$$

因为 ξ 在 0 与 x 之间，所以 $\mathrm{e}^{\xi} \leqslant \mathrm{e}^{|x|}$，由于 $\frac{|x|^{n+1}}{(n+1)!}$ 是收敛级数 $\sum\limits_{n=0}^{\infty} \frac{|x|^n}{n!}$ 的一般项，故有

$\lim\limits_{n \to \infty} \frac{|x|^{n+1}}{(n+1)!} = 0$，而 $\mathrm{e}^{|x|}$ 又是与 n 无关的一个有限数，所以

$$\lim_{n \to \infty} |R_n(x)| = \lim_{n \to \infty} \frac{\mathrm{e}^{\xi}}{(n+1)!} |x|^{n+1} \leqslant \lim_{n \to \infty} \frac{\mathrm{e}^{|x|}}{(n+1)!} |x|^{n+1} = 0.$$

因此，e^x 关于 x 的幂级数展开式为

$$\mathrm{e}^x = 1 + x + \frac{1}{2!}x + \cdots + \frac{1}{n!}x^n + \cdots \quad (-\infty < x < +\infty). \qquad \square$$

例 12.4.2 将函数 $f(x) = \sin x$ 展开成 x 的幂级数

解 **第一步** 由 $f^{(n)}(x) = \sin\left(x + \frac{n\pi}{2}\right)(n = 1, 2, 3, \cdots)$，可知

$$f(0) = 0, \quad f'(0) = 1, \quad f''(0) = 0, \quad f'''(0) = -1, \cdots,$$
$$f^{(2n)}(0) = 0, \quad f^{(2n+1)}(0) = (-1)^n, \cdots.$$

第二步 得到 $f(x)$ 的麦克劳林级数

$$x - \frac{1}{3!}x^3 + \frac{1}{5!}x^5 - \cdots + (-1)^n \frac{x^{2n+1}}{(2n+1)!} + \cdots,$$

其收敛半径为 R，区间为 $(-\infty, +\infty)$。

第三步 所给函数的麦克劳林公式中的余项为

$$R_n(x) = \frac{\sin\left[\theta x + \frac{(n+1)}{2}\pi\right]}{(n+1)!} x^{n+1},$$

故

$$\left| R_n(x) \right| = \left| \frac{\sin\left[\theta x + \dfrac{(n+1)}{2}\pi \right]}{(n+1)!} \right| \left| x^{n+1} \right| \leqslant \frac{\left| x^{n+1} \right|}{(n+1)!} \to 0 \quad (n \to \infty).$$

因此, 得到 $f(x) = \sin x$ 的幂级数展开式为

$$\sin x = x - \frac{1}{3!}x^3 + \frac{1}{5!}x^5 - \cdots + (-1)^n \frac{x^{2n+1}}{(2n+1)!} + \cdots \quad (-\infty < x < +\infty). \qquad \Box$$

例 12.4.3 将函数 $f(x) = (1+x)^m$ 展开成 x 的幂级数, 其中 m 为任意常数.

解 第一步 易求出

$$f(0) = 1, \quad f'(0) = m, \quad f''(0) = m(m-1), \cdots,$$

$$f^{(n)}(0) = m(m-1)(m-2)\cdots(m-n+1), \cdots.$$

第二步 得到 $f(x)$ 的麦克劳林级数

$$1 + mx + \frac{m(m-1)}{2!}x^2 + \cdots + \frac{m(m-1)\cdots(m-n+1)}{n!}x^n + \cdots,$$

由于 $R = \lim\limits_{n\to\infty}\left| \dfrac{a_n}{a_{n+1}} \right| = \lim\limits_{n\to\infty}\left| \dfrac{n+1}{m-n} \right| = 1$, 因此对任意常数 m, 级数在开区间 $(-1,1)$ 内收敛.

第三步 为避免研究余项, 设此级数的和函数为 $F(x)$, $-1 < x < 1$. 则

$$F(x) = 1 + mx + \frac{m(m-1)}{2!}x^2 + \cdots + \frac{m(m-1)\cdots(m-n+1)}{n!}x^n + \cdots.$$

于是

$$F'(x) = m\left[1 + \frac{m-1}{1}x + \cdots + \frac{(m-1)\cdots(m-n+1)}{(n-1)!}x^{n-1} + \cdots \right].$$

从而

$$(1+x)F'(x) = mF(x).$$

积分得到

$$\int_0^x \frac{F'(x)}{F(x)}\,\mathrm{d}x = \int_0^x \frac{m}{1+x}\,\mathrm{d}x,$$

即

$$\ln F(x) - \ln F(0) = m\ln(1+x).$$

因为 $F(0) = 1$, 故有

$$F(x) = (1+x)^m.$$

由此得到

$$(1+x)^m = 1 + mx + \frac{m(m-1)}{2!}x^2 + \cdots + \frac{m(m-1)\cdots(m-n+1)}{n!}x^n + \cdots \quad (-1 < x < 1),$$

称为**二项展开式**. $\square$

注 (1) 二项展开式在 $x = \pm 1$ 处的收敛性与 m 有关.

(2) 当 m 为正整数时, 级数为 x 的 m 次多项式, 二项展开式可以看作代数学中的二项式定理.

(3) 对应 $m = \frac{1}{2}, m = -\frac{1}{2}$, 则 -1 的二项展开式分别为

$$\sqrt{1+x} = 1 + \frac{1}{2}x - \frac{1}{2\cdot4}x^2 + \frac{1\cdot3}{2\cdot4\cdot6}x^3 - \frac{1\cdot3\cdot5}{2\cdot4\cdot6\cdot8}x^4 + \cdots \quad (-1 \leqslant x \leqslant 1),$$

$$\frac{1}{\sqrt{1+x}} = 1 - \frac{1}{2}x + \frac{1\cdot3}{2\cdot4}x^2 - \frac{1\cdot3\cdot5}{2\cdot4\cdot6}x^3 + \frac{1\cdot3\cdot5\cdot7}{2\cdot4\cdot6\cdot8}x^4 - \cdots \quad (-1 < x \leqslant 1),$$

$$\frac{1}{1+x} = 1 - x + x^2 - x^3 + \cdots + (-1)^n x^n + \cdots \quad (-1 < x < 1),$$

$$\frac{1}{1-x} = 1 + x + x^2 + \cdots + x^n + \cdots \quad (-1 < x < 1).$$

一般情况下, 直接展开法中求任意阶导数是比较麻烦的, 而研究余项在某区间内当 $n \to \infty$ 是否趋于零时更为困难. 因此在可能的情况下, 通常采用**间接展开法**.

2. 间接展开法

我们通常借助一些已知的函数展开式, 通过幂级数的运算(四则运算、逐项求导、逐项积分)及变量代换等方法, 将所给函数展开成幂级数. 这种方法称为**间接展开法**.

我们先给出一些常见函数的幂级数展开式, 这些展开式需要熟练记忆.

$$e^x = \sum_{n=0}^{\infty} \frac{x^n}{n!} = 1 + x + \frac{1}{2!}x^2 + \cdots + \frac{1}{n!}x^n + \cdots \quad (-\infty < x < +\infty), \tag{12.4.5}$$

$$\sin x = \sum_{n=0}^{\infty} (-1)^n \frac{x^{2n+1}}{(2n+1)!}$$

$$= x - \frac{1}{3!}x^3 + \frac{1}{5!}x^5 - \cdots + (-1)^n \frac{x^{2n+1}}{(2n+1)!} + \cdots \quad (-\infty < x < +\infty), \tag{12.4.6}$$

$$\frac{1}{1+x} = \sum_{n=0}^{\infty} (-1)^n x^n = 1 - x + x^2 - \cdots + (-1)^n x^n + \cdots \quad (-1 < x < 1), \tag{12.4.7}$$

$$(1+x)^m = 1 + mx + \frac{m(m-1)}{2!}x^2 + \cdots + \frac{m(m-1)\cdots(m-n+1)}{n!}x^n + \cdots \quad (-1 < x < 1) \tag{12.4.8}$$

例 12.4.4 将 $f(x) = \frac{1}{1+x^2}$ 展开成 x 的幂级数.

解 在公式(12.4.7)中, 将 x 换成 x^2, 得到

$$\frac{1}{1+x^2} = \sum_{n=0}^{\infty} (-1)^n (x^2)^n = 1 - x^2 + x^4 + \cdots + (-1)^n x^{2n} + \cdots.$$

由 $|x^2| < 1$ 得到其收敛域为 $x \in (-1, 1)$. □

例 12.4.5 将 $f(x) = \dfrac{1}{x^2 + 4x + 3}$ 展开成 x 与 $x-1$ 的幂级数.

解 利用因式分解将 $f(x)$ 变形为

$$f(x) = \frac{1}{x^2 + 4x + 3} = \frac{1}{(x+1)(x+3)} = \frac{1}{2(1+x)} - \frac{1}{2(3+x)}.$$

先展开成 x 的幂级数. 将 $f(x)$ 进一步变形为

$$f(x) = \frac{1}{2} \cdot \frac{1}{1+x} - \frac{1}{6} \cdot \frac{1}{1+\frac{x}{3}}.$$

将 $\dfrac{x}{3}$ 看作整体, 利用公式(12.4.7)得到

$$f(x) = \frac{1}{2} \sum_{n=0}^{\infty} (-1)^n x^n - \frac{1}{6} \sum_{n=0}^{\infty} (-1)^n \left(\frac{x}{3} \right)^n \qquad |x| < 1 \text{ 且 } \left| \frac{x}{3} \right| < 1$$

$$= \frac{1}{2} \sum_{n=0}^{\infty} (-1)^n \left(1 - \frac{1}{3^{n+1}} \right) x^n, \quad x \in (-1, 1).$$

下面展开成 $x-1$ 的幂级数. 将 $f(x)$ 进一步变形为

$$f(x) = \frac{1}{2(2+x-1)} - \frac{1}{2(4+x-1)}$$

$$= \frac{1}{4\left(1 + \frac{x-1}{2} \right)} - \frac{1}{8\left(1 + \frac{x-1}{4} \right)}.$$

将 $\dfrac{x-1}{2}, \dfrac{x-1}{4}$ 看作整体, 再次利用公式(12.4.7)得到

$$f(x) = \frac{1}{4} \sum_{n=0}^{\infty} (-1)^n \left(\frac{x-1}{2} \right)^n - \frac{1}{8} \sum_{n=0}^{\infty} (-1)^n \left(\frac{x-1}{4} \right)^n$$

$$= \sum_{n=0}^{\infty} (-1)^n \left(\frac{1}{2^{n+2}} - \frac{1}{2^{2n+3}} \right) (x-1)^n.$$

由 $\left| \dfrac{x-1}{2} \right| < 1$ 得到其收敛域为 $(-1, 3)$. □

例 12.4.6 将函数 $f(x) = \ln(1+x)$ 展开成 x 的幂级数.

解 对 $f(x)$ 两边求导并结合(12.4.7)式得

$$f'(x) = \frac{1}{1+x} = \sum_{n=0}^{\infty} (-1)^n x^n \quad (-1 < x < 1).$$

利用幂级数可逐项积分的性质, 在上式两端取 $[0, x]$ 的定积分得

$$\ln(1+x) = \sum_{n=0}^{\infty} (-1)^n \int_0^x x^n \mathrm{d}x = \sum_{n=0}^{\infty} \frac{(-1)^n}{n+1} x^{n+1} \quad (-1 < x < 1).$$

因为幂级数逐项积分后收敛半径不变, 故上式右端级数的收敛半径仍为 $R=1$. 下面讨论在端点 $x = \pm 1$ 处的收敛性.

当 $x=1$ 时, 右端的幂级数为 $\sum_{n=0}^{\infty} \frac{(-1)^n}{n+1}$ 交错级数, 显然收敛. 而 $\ln(1+x)$ 在 $x=1$ 处有定义且连续, 所以展开式在 $x=1$ 也是成立的; 当 $x=-1$ 时, 右端的幂级数为 $-\sum_{n=0}^{\infty} \frac{1}{n+1}$ 是发散的. 故收敛域为 $(-1, 1]$. 因此,

$$\ln(1+x) = \sum_{n=0}^{\infty} \frac{(-1)^n}{n+1} x^{n+1} = x - \frac{x^2}{2} + \frac{x^3}{3} + \cdots + (-1)^{n-1} \frac{x^n}{n} + \cdots \quad (-1 < x \leqslant 1). \quad (12.4.9) \square$$

注　由(12.4.9)式知, $\ln 2$ 可展开成

$$\ln 2 = 1 - \frac{1}{2} + \frac{1}{3} - \frac{1}{4} + \cdots + (-1)^n \frac{1}{n+1} + \cdots.$$

例 12.4.7　将函数 $f(x) = \cos x$ 展开成 x 的幂级数.

解　在(12.4.6)式两边关于 x 逐项求导得

$$\cos x = \sum_{n=0}^{\infty} (-1)^n \frac{x^{2n}}{(2n)!}$$

$$= 1 - \frac{1}{2!} x^2 + \frac{1}{4!} x^4 - \cdots + (-1)^n \frac{x^{2n}}{(2n)!} + \cdots \quad (-\infty < x < +\infty). \quad (12.4.10) \square$$

例 12.4.8　将函数 $f(x) = \sin x$ 展开成 $\left(x - \frac{\pi}{4} \right)$ 的幂级数.

解　设 $y = x - \frac{\pi}{4}$, 则 $x = y + \frac{\pi}{4}$. 利用公式(12.4.6)和例 12.4.7 得

$$\sin x = \sin\left(\frac{\pi}{4} + y \right) = \sin\frac{\pi}{4}\cos y + \cos\frac{\pi}{4}\sin y$$

$$= \frac{\sqrt{2}}{2}\left[1 - \frac{1}{2!} y^2 + \frac{1}{4!} y^4 - \cdots + (-1)^n \frac{y^{2n}}{(2n)!} + \cdots \right]$$

$$+ \frac{\sqrt{2}}{2}\left[y - \frac{1}{3!} y^3 + \frac{1}{5!} y^5 - \cdots + (-1)^n \frac{y^{2n+1}}{(2n+1)!} + \cdots \right].$$

将 $y = x - \frac{\pi}{4}$ 回代并整理得

$$\sin x = \frac{\sqrt{2}}{2}\left[1 + \left(x - \frac{\pi}{4} \right) - \frac{1}{2!}\left(x - \frac{\pi}{4} \right)^2 - \frac{1}{3!}\left(x - \frac{\pi}{4} \right)^3 + \cdots \right.$$

$$+(-1)^n \frac{1}{(2n)!}\left(x-\frac{\pi}{4}\right)^{2n}+\cdots+(-1)^n \frac{1}{(2n+1)!}\left(x-\frac{\pi}{4}\right)^{2n+1}+\cdots\right].$$

其收敛域为 $(-\infty,+\infty)$. □

习 题 12-4

1. 将下列函数展开成 x 的幂级数, 并求其收敛区间:

(1) $\sin\dfrac{x}{2}$; (2) $x^2 e^{x^2}$;

(3) 2^x; (4) $\ln(a+x)(a>0)$;

(5) $f(x)=xe^{-2x}$; (6) $f(x)=\dfrac{1}{4+x}$;

(7) $f(x)=\cos^2 x$; (8) $f(x)=\sin 5x$;

(9) $f(x)=\dfrac{1}{1-2x}$; (10) $\sin^2 x$;

(11) $(1+x)\ln(1+x)$; (12) $\dfrac{1}{(1+x)^2}$;

(13) $\dfrac{1}{x^2+3x-4}$; (14) $f(x)=\cos 4x$.

2. 将函数 $f(x)=\dfrac{x}{x+3}$ 展开成 x 的幂级数.

3. 将函数 $f(x)=\dfrac{1}{x}$ 展开成 $x-3$ 的幂级数.

4. 将函数 $f(x)=\cos x$ 展开成 $x+\dfrac{\pi}{3}$ 的幂级数.

5. 将函数 $f(x)=\ln x$ 在 $x=1$ 处展开成幂级数.

6. 将函数 $f(x)=\ln(2+x)$ 展开成 $x-1$ 的幂级数.

7. 将函数 $f(x)=\dfrac{1}{x^2+3x+2}$ 展开成 $x+4$ 的幂级数.

*第五节 函数的幂级数展开式的应用

一、正项级数及其审敛法

函数的幂级数展开式, 可以用它进行近似计算. 在展开式的收敛区间上, 我们可以利用这个级数近似地计算出函数值, 并且保证一定的精度.

例 12.5.1 计算 $\sqrt[9]{522}$ 的近似值, 要求误差不超过 0.00001.

解 因为 $\sqrt[9]{522}=\sqrt[9]{2^9+10}=2\left(1+\dfrac{10}{2^9}\right)^{\frac{1}{9}}$, 所以在二项展开式 (12.4.8) 中取 $m=\dfrac{1}{9}$, $x=\dfrac{10}{2^9}$, 于是得到

$$\sqrt[9]{522}=2\left(1+\frac{1}{9}\cdot\frac{10}{2^9}+\frac{\frac{1}{9}\cdot\left(\frac{1}{9}-1\right)}{2!}\left(\frac{10}{2^9}\right)^2+\cdots+\frac{\frac{1}{9}\cdot\left(\frac{1}{9}-1\right)\cdots\left(\frac{1}{9}-n+1\right)}{n!}\left(\frac{10}{2^9}\right)^n+\cdots\right)$$

$$=2\left(1+\frac{1}{9}\cdot\frac{10}{2^9}-\frac{\frac{1}{9}\cdot\left(1-\frac{1}{9}\right)}{2!}\left(\frac{10}{2^9}\right)^2+\cdots+(-1)^{n-1}\frac{\frac{1}{9}\cdot\left(1-\frac{1}{9}\right)\cdots\left(n-1-\frac{1}{9}\right)}{n!}\left(\frac{10}{2^9}\right)^n+\cdots\right),$$

这是一个交错级数, 令

$$u_0=1,\qquad u_n=\frac{\frac{1}{9}\cdot\left(1-\frac{1}{9}\right)\cdots\left(n-1-\frac{1}{9}\right)}{n!}\left(\frac{10}{2^9}\right)^n\quad(n\geqslant1),$$

其误差(称为截断误差)满足 $|r_n|<u_{n+1}$, $n=0,1,2,\cdots$. 计算得到

$$u_0=1,\qquad u_1=\frac{1}{9}\cdot\frac{10}{2^9}\approx0.002\,170\,;$$

$$u_2=\frac{\frac{1}{9}\cdot\left(1-\frac{1}{9}\right)}{2!}\left(\frac{10}{2^9}\right)^2\approx0.000\,019\,;$$

$$u_3=\frac{\frac{1}{9}\cdot\left(1-\frac{1}{9}\right)\left(2-\frac{1}{9}\right)}{3!}\left(\frac{10}{2^9}\right)^3\approx0.000\,000\,1\,.$$

于是 $|r_2|<u_3\approx0.000\,000\,1$, 故可取近似式

$$\sqrt[9]{522}\approx2\left(1+\frac{1}{9}\cdot\frac{10}{2^9}-\frac{\frac{1}{9}\cdot\left(1-\frac{1}{9}\right)}{2!}\left(\frac{10}{2^9}\right)^2\right).$$

为了使"四舍五入"引起的误差(称为**舍入误差**)与截断误差之和不超过 10^{-5}, 计算时应取六位小数, 然后再四舍五入. 因此最后得到

$$\sqrt[9]{522}\approx2.004\,30\,.\qquad\qquad\qquad\square$$

例 12.5.2　计算 $\cos2°$ 的近似值, 要求其误差不超过 0.0001.

解　首先将角度化成弧度,

$$2°=\frac{\pi}{180}\times2\ (弧度)=\frac{\pi}{90}\ (弧度).$$

在公式(12.4.10)中, 取 $x=\frac{\pi}{90}$, 于是得到

$$\cos\frac{\pi}{90}=1-\frac{1}{2!}\left(\frac{\pi}{90}\right)^2+\frac{1}{4!}\left(\frac{\pi}{90}\right)^4-\cdots+(-1)^n\frac{1}{(2n)!}\left(\frac{\pi}{90}\right)^{2n}+\cdots.$$

这是一个交错级数, 令 $u_n = \dfrac{1}{(2n)!}\left(\dfrac{\pi}{90}\right)^{2n}$. 计算得到

$$u_1 = 1, \quad u_2 = \frac{1}{2!}\left(\frac{\pi}{90}\right)^2 \approx 6.1 \times 10^{-4}, \quad u_3 = \frac{1}{4!}\left(\frac{\pi}{90}\right)^4 \approx 6.186 \times 10^{-8},$$

于是截断误差 $|r_2| < u_3 < 10^{-7}$, 从而近似式为

$$\cos 2° \approx 1 - \frac{1}{2!}\left(\frac{\pi}{90}\right)^2 \approx 1 - 0.000\,61 \approx 0.999\,4. \qquad \square$$

例 12.5.3 计算 $\ln 3$ 的近似值, 要求误差不超过 $0.000\,1$.

解 第一步 选级数. 把公式 (12.4.9)

$$\ln(1+x) = \sum_{n=0}^{\infty} \frac{(-1)^n}{n+1} x^{n+1} = x - \frac{x^2}{2} + \frac{x^3}{3} + \cdots + (-1)^{n-1}\frac{x^n}{n} + \cdots \qquad (-1 < x \leqslant 1)$$

中将 x 换成 $-x$, 得

$$\ln(1-x) = -\sum_{n=0}^{\infty} \frac{1}{n+1} x^{n+1} = -x - \frac{x^2}{2} - \frac{x^3}{3} + \cdots + (-1)^{n-1}\frac{(-x)^n}{n} + \cdots \qquad (-1 < x \leqslant 1)$$

两式相减, 得到不含偶次项的展开式

$$\ln\frac{1+x}{1-x} = \ln(1+x) - \ln(1-x)$$

$$= \sum_{n=0}^{\infty} \frac{1}{2n+1} x^{2n+1} = 2\left(x + \frac{1}{3}x^3 + \frac{1}{5}x^5 + \cdots + \frac{1}{2n+1}x^{2n+1} + \cdots\right). \qquad (12.5.1)$$

令 $\dfrac{1+x}{1-x} = 3$, 解出 $x = \dfrac{1}{2}$, 将 $x = \dfrac{1}{2}$ 代入公式 (12.5.1) 得

$$\ln 3 = 2\sum_{n=0}^{\infty} \frac{1}{(2n+1)2^{2n+1}}$$

$$= 2\left(\frac{1}{2} + \frac{1}{3}\cdot\left(\frac{1}{2}\right)^3 + \frac{1}{5}\cdot\left(\frac{1}{2}\right)^5 + \cdots + \frac{1}{2n+1}\cdot\left(\frac{1}{2}\right)^{2n+1} + \cdots\right).$$

第二步 确定项数.

$$|r_n| = 2\left[\frac{1}{(2n+3)2^{2n+3}} + \frac{1}{(2n+5)2^{2n+5}} + \cdots\right]$$

$$= \frac{1}{(2n+3)2^{2n+2}}\left[1 + \frac{2n+3}{(2n+5)2^2} + \cdots\right]$$

$$< \frac{1}{(2n+3)2^{2n+2}}\left[1 + \frac{1}{2^2} + \frac{1}{2^4} + \cdots\right] < \frac{1}{(2n+3)2^{2n+2}}\cdot\frac{1}{1 - \dfrac{1}{4}} = \frac{1}{3(2n+3)2^{2n}}.$$

因为 $|r_5| < \dfrac{1}{3 \cdot 13 \cdot 2^{10}} \approx 0.000\ 025$，所以取 $n = 5$，可满足 $|r_5| < 10^{-4}$.

第三步 计算近似值.

$$\ln 3 = 2 \sum_{n=0}^{5} \frac{1}{(2n+1)2^{2n+1}}$$

$$= 2\left(\frac{1}{2} + \frac{1}{3} \cdot \left(\frac{1}{2}\right)^3 + \frac{1}{5} \cdot \left(\frac{1}{2}\right)^5 + \frac{1}{7} \cdot \left(\frac{1}{2}\right)^7 + \frac{1}{9} \cdot \left(\frac{1}{2}\right)^9 + \frac{1}{11} \cdot \left(\frac{1}{2}\right)^{11} \right)$$

$$\approx 1.0898\ 58 \approx 1.0898\ 6.$$

第四步 估计误差. 在上述参加计算的六项中，有两项用的是精确值，另外四项由小数点后六位四舍五入，由此产生的舍入误差为

$$\delta < 4 \times 0.4 \times 10^{-5} = 2 \times 10^{-5},$$

求和以后，最后一步的舍入误差为 $\delta' < 5 \times 10^{-5}$. 故总误差为

$$\Delta = |r_5| + \delta + \delta' < 9.5 \times 10^{-5} < 10^{-4},$$

所以 $\ln 3 \approx 1.098\ 6$.　　　　　　　　　　　　　　　　　　　　　　　　　□

利用幂级数不仅可以计算一些函数值的近似值，而且可以计算一些定积分的近似值. 如果被积函数在积分区间上能展开成幂级数，则把这个幂级数逐项积分，用积分后的级数可计算出定积分的近似值.

例 12.5.4 计算定积分

$$\frac{2}{\sqrt{\pi}} \int_0^{\frac{1}{2}} e^{-x^2} dx$$

的近似值，要求误差不超过 $0.000\ 1$，取 $\dfrac{1}{\sqrt{\pi}} \approx 0.564\ 19$.

解 将 e^x 的幂级数展开式(12.4.5)中的 x 换成 $-x^2$，就得到被积函数的幂级数展开式

$$e^{-x^2} = \sum_{n=0}^{\infty} (-1)^n \frac{x^{2n}}{n!} = 1 + (-x^2) + \frac{1}{2!}(-x^2)^2 + \cdots + \frac{1}{n!}(-x^2)^n + \cdots \quad (-\infty < x < +\infty).$$

于是，由幂级数在收敛区间内逐项可积得

$$\frac{2}{\sqrt{\pi}} \int_0^{\frac{1}{2}} e^{-x^2} dx$$

$$= \frac{2}{\sqrt{\pi}} \int_0^{\frac{1}{2}} \left[\sum_{n=0}^{\infty} (-1)^n \frac{x^{2n}}{n!} \right] dx = \frac{2}{\sqrt{\pi}} \sum_{n=0}^{\infty} \frac{(-1)^n}{n!} \int_0^{\frac{1}{2}} x^{2n} dx$$

$$= \frac{1}{\sqrt{\pi}} \left(1 - \frac{1}{2^2 \cdot 3} + \frac{1}{2^4 \cdot 5 \cdot 2!} - \frac{1}{2^6 \cdot 7 \cdot 3!} + \cdots + (-1)^n \frac{1}{2^{2n} \cdot (2n+1) \cdot n!} + \cdots \right).$$

因为 $|r_4| \leqslant \dfrac{1}{\sqrt{\pi}} \dfrac{1}{2^8 \cdot 9 \cdot 4!} < \dfrac{1}{90000} \approx 0.000\,01$, 所以

$$\frac{2}{\sqrt{\pi}} \int_0^{\frac{1}{2}} \mathrm{e}^{-x^2} \mathrm{d}x \approx \frac{1}{\sqrt{\pi}} \left(1 - \frac{1}{2^2 \cdot 3} + \frac{1}{2^4 \cdot 5 \cdot 2!} - \frac{1}{2^6 \cdot 7 \cdot 3!} \right),$$

计算得

$$\frac{2}{\sqrt{\pi}} \int_0^{\frac{1}{2}} \mathrm{e}^{-x^2} \mathrm{d}x \approx 0.520\,5. \qquad \square$$

例 12.5.5 计算积分

$$\int_0^{\frac{1}{2}} \frac{\arctan x}{x} \mathrm{d}x$$

的近似值, 要求误差不超过 0.001.

解 因为 $(\arctan x)' = \dfrac{1}{1+x^2} = 1 - x^2 + x^4 - \cdots$, 所以

$$\arctan x = \int_0^x \frac{1}{1+x^2} \mathrm{d}x = x - \frac{1}{3}x^3 + \frac{1}{5}x^5 - \cdots + (-1)^n \frac{x^{2n+1}}{2n+1} + \cdots, \quad |x| < 1.$$

从而

$$\int_0^{\frac{1}{2}} \frac{\arctan x}{x} \mathrm{d}x = \int_0^{\frac{1}{2}} \left(1 - \frac{1}{3}x^2 + \frac{1}{5}x^4 - \cdots + (-1)^n \frac{x^{2n}}{2n+1} + \cdots \right) \mathrm{d}x$$

$$= \left. \left(x - \frac{x^3}{9} + \frac{x^5}{25} - \frac{x^7}{49} + \cdots + (-1)^n \frac{x^{2n+1}}{(2n+1)^2} + \cdots \right) \right|_0^{\frac{1}{2}}$$

$$= \frac{1}{2} - \frac{1}{9} \cdot \frac{1}{2^3} + \frac{1}{25} \cdot \frac{1}{2^5} - \frac{1}{49} \cdot \frac{1}{2^7} + \cdots + (-1)^n \frac{1}{(2n+1)^2} \cdot \frac{1}{2^{2n+1}} + \cdots,$$

这是一个交错级数, 令 $u_n = \dfrac{1}{(2n+1)^2} \cdot \dfrac{1}{2^{2n+1}}$. 计算得到

$$u_1 = \frac{1}{2}, \quad u_2 = \frac{1}{9} \cdot \frac{1}{2^3} \approx 0.013\,9,$$

$$u_3 = \frac{1}{25} \cdot \frac{1}{2^5} \approx 0.001\,3, \quad u_4 = \frac{1}{49} \cdot \frac{1}{2^7} \approx 0.000\,2,$$

于是截断误差 $|r_3| < u_4 \approx 0.000\,2$, 从而近似式为

$$\int_0^{\frac{1}{2}} \frac{\arctan x}{x} \mathrm{d}x \approx \frac{1}{2} - \frac{1}{9} \cdot \frac{1}{2^3} + \frac{1}{25} \cdot \frac{1}{2^5} = 0.487\,4. \qquad \square$$

二、微分方程的幂级数解法

我们简单介绍一阶微分方程与二阶齐次线性微分方程的幂级数解法.

为了求一阶微分方程

$$\frac{\mathrm{d}y}{\mathrm{d}x} = f(x,y) \tag{12.5.2}$$

满足初值条件 $y|_{x=x_0} = y_0$ 的特解, 如果函数 $f(x,y)$ 是 $x-x_0$, $y-y_0$ 的多项式

$$f(x,y) = a_{00} + a_{10}(x-x_0) + a_{01}(y-y_0) + \cdots + a_{sl}(x-x_0)^s(y-y_0)^l .$$

那么可以设所求特解可展开为 $x-x_0$ 的幂级数

$$y = y_0 + a_1(x-x_0) + a_2(x-x_0)^2 + \cdots + a_n(x-x_0)^n + \cdots , \tag{12.5.3}$$

其中 a_1, a_2, $\cdots$, a_n, $\cdots$ 是待定系数. 把(12.5.3)代入(12.5.2)中, 便得到一恒等式, 比较所得恒等式两端 $x-x_0$ 的同次数幂的系数, 就可以定出常数 a_1, a_2, $\cdots$, 以这些常数为系数的级数(12.5.3)在其收敛区间内就是方程(12.5.2)满足初值条件 $y|_{x=x_0} = y_0$ 的特解.

例 12.5.6　求方程 $y' - xy - x = 1$ 的解.

解　设方程的解为 $y = a_0 + a_1 x + a_2 x^2 + \cdots + a_n x^n + \cdots$, 故

$$y' = a_1 + 2a_2 x + \cdots + (n+1)a_{n+1}x^n + \cdots ,$$

$$xy = a_0 x + a_1 x^2 + a_2 x^3 + \cdots + a_{n-1}x^n + \cdots .$$

代入方程得

$$a_1 + (2a_2 - a_0 - 1)x + (3a_3 - a_1)x^2 + \cdots + [(n+1)a_{n+1} - a_{n-1}]x^n + \cdots = 1 .$$

比较方程两边的系数可得

$$a_1 = 1 , \quad a_2 = \frac{a_0 + 1}{2} ,$$

$$a_3 = \frac{1}{3} , \quad a_4 = \frac{a_2}{4} = \frac{a_0 + 1}{2 \times 4} ,$$

$$a_5 = \frac{a_3}{5} = \frac{1}{3 \times 5} , \quad a_6 = \frac{a_4}{6} = \frac{a_0 + 1}{2 \times 4 \times 6} ,$$

$$\cdots\cdots \qquad\qquad\qquad\qquad \cdots\cdots$$

$$a_{2n-1} = \frac{1}{3 \times 5 \times \cdots \times (2n-1)} = \frac{1}{(2n-1)!!} , \quad a_{2n} = \frac{a_0 + 1}{2 \times 4 \times 6 \times \cdots \times 2n} = \frac{a_0 + 1}{n! \cdot 2^n} .$$

因为 $\sum\limits_{n=1}^{\infty} a_{2n-1}x^{2n-1}$ 与 $\sum\limits_{n=0}^{\infty} a_{2n}x^{2n}$ 的收敛域皆为 $(-\infty, +\infty)$, 所以

$$y = \sum_{n=0}^{\infty} a_n x^n = \sum_{n=1}^{\infty} a_{2n-1}x^{2n-1} + \sum_{n=0}^{\infty} a_{2n}x^{2n}$$

$$= \sum_{n=1}^{\infty} \frac{1}{(2n-1)!}x^{2n-1} + (a_0 + 1)\sum_{n=0}^{\infty} \frac{1}{n! \cdot 2^n}x^{2n} - 1$$

由于 $\sum_{n=0}^{\infty}\dfrac{1}{n!\cdot 2^n}x^{2n}=\sum_{n=0}^{\infty}\dfrac{1}{n!}\left(\dfrac{x^2}{2}\right)^n=\mathrm{e}^{\frac{x^2}{2}}$, 记 $a=a_0+1$, 故

$$y=a\mathrm{e}^{\frac{x^2}{2}}+\sum_{n=1}^{\infty}\dfrac{1}{(2n-1)!}x^{2n-1}-1, \quad x\in(-\infty,+\infty).\qquad\square$$

关于二阶齐次线性方程

$$y''+P(x)y'+Q(x)y=0, \qquad\qquad (12.5.4)$$

用幂级数求解的问题, 我们先给出一个定理.

定理 12.5.1 如果方程(12.5.4)中系数 $P(x)$ 与 $Q(x)$ 在 $(-R,R)$ 内展开为 x 的幂级数, 那么在 $(-R,R)$ 内该方程必有形如

$$y=\sum_{n=0}^{\infty}a_n x^n$$

的解.

定理的证明从略.

例 12.5.7 求微分方程

$$y''-xy=0$$

满足初始条件 $y|_{x=0}=0$, $y'|_{x=0}=1$ 的特解.

解 这里 $P(x)=0$, $Q(x)=-x$ 在 $(-\infty,+\infty)$ 上满足定理 12.5.1 的条件. 因此所求的解在 $(-\infty,+\infty)$ 上展开成 x 的幂级数设为

$$y=\sum_{n=0}^{\infty}a_n x^n=a_0+a_1 x+a_2 x^2+\cdots+a_n x^n+\cdots. \qquad (12.5.5)$$

由条件 $y|_{x=0}=0$, 得 $a_0=0$. 对级数(12.5.5)逐项求导, 有

$$y'=a_1+2a_2 x+\cdots+na_n x^{n-1}+\cdots=\sum_{n=1}^{\infty}na_n x^{n-1}.$$

由条件 $y'|_{x=0}=1$, 得 $a_1=1$. 于是所求特解 y 及 y' 的展开式为

$$y=x+a_2 x^2+\cdots+a_n x^n+\cdots=x+\sum_{n=2}^{\infty}a_n x^n, \qquad (12.5.6)$$

$$y'=1+2a_2 x+\cdots+na_n x^{n-1}+\cdots=1+\sum_{n=2}^{\infty}na_n x^{n-1}, \qquad (12.5.7)$$

对级数(12.5.7)逐项求导得

$$y''=2a_2+3\cdot 2a_3 x\cdots+n(n-1)a_n x^{n-2}+\cdots=\sum_{n=2}^{\infty}n(n-1)a_n x^{n-2}. \qquad (12.5.8)$$

把(12.5.6)和(12.5.8)代入所给方程得

$$2a_2+3\cdot 2a_3 x+(4\cdot 3a_4-1)x^2+(5\cdot 4a_5-a_2)x^3$$

$$+(6\cdot 5a_6 - a_3)x^4 + \cdots + [(n+2)(n+1)a_{n+2} - a_{n-1}]x^n + \cdots = 0.$$

比较两边的系数得

$$a_2 = 0, \quad a_3 = 0, \quad 4\cdot 3a_4 - 1 = 0, \quad 5\cdot 4a_5 - a_2 = 0, \quad 6\cdot 5a_6 - a_3 = 0,$$

$$(n+2)(n+1)a_{n+2} - a_{n-1} = 0, \cdots.$$

于是

$$a_2 = 0, \quad a_3 = 0, \quad a_4 = \frac{1}{4\cdot 3}, \quad a_5 = 0, \quad a_6 = 0,$$

$$a_{n+2} = \frac{a_{n-1}}{(n+2)(n+1)} \quad (n = 3, 4, \cdots).$$

从这个递推公式可以得到

$$a_7 = \frac{a_4}{7\cdot 6} = \frac{1}{7\cdot 6\cdot 4\cdot 3}, \quad a_8 = \frac{a_5}{8\cdot 7} = 0, \quad a_9 = \frac{a_6}{9\cdot 8} = 0,$$

$$a_{10} = \frac{a_7}{10\cdot 9} = \frac{1}{10\cdot 9\cdot 7\cdot 6\cdot 4\cdot 3}, \quad \cdots,$$

一般地,

$$a_{3m-1} = a_{3m} = 0,$$

$$a_{3m+1} = \frac{1}{(3m+1)3m\cdot 7\cdot 6\cdot 4\cdot 3} \quad (m = 1, 2, \cdots).$$

于是所求的特解为

$$y = x + \frac{x^4}{4\cdot 3} + \frac{x^7}{7\cdot 6\cdot 4\cdot 3} + \frac{x^{10}}{10\cdot 9\cdot 7\cdot 6\cdot 4\cdot 3} + \cdots + \frac{x^{3m+1}}{(3m+1)3m\cdot 7\cdot 6\cdot 4\cdot 3} + \cdots. \qquad \square$$

三、欧拉公式

设有复数级数

$$(u_1 + v_1\mathrm{i}) + (u_2 + v_2\mathrm{i}) + \cdots + (u_n + v_n\mathrm{i}) + \cdots, \tag{12.5.9}$$

其中u_n与v_n($n = 1, 2, 3, \cdots$)为实常数或实函数. 如果实部所成的级数

$$u_1 + u_2 + \cdots + u_n + \cdots \tag{12.5.10}$$

收敛于和u, 并且虚部所成的级数

$$v_1 + v_2 + \cdots + v_n + \cdots \tag{12.5.11}$$

收敛于和v, 那么就说级数(12.5.9)**收敛**, 且其**和**为$u + v\mathrm{i}$.

如果级数(12.5.9)各项的模所构成的级数

$$\sqrt{u_1^2 + v_1^2} + \sqrt{u_2^2 + v_2^2} + \cdots + \sqrt{u_n^2 + v_n^2} + \cdots$$

收敛, 那么级数(12.5.9)绝对收敛. 如果级数(12.5.9)绝对收敛, 由于

$$|u_n| \leqslant \sqrt{u_n^2 + v_n^2}, \quad |v_n| \leqslant \sqrt{u_n^2 + v_n^2} \quad (n = 1, 2, 3, \cdots),$$

于是级数(12.5.10)与(12.5.11)绝对收敛，从而级数(12.5.9)收敛.

考察复数项级数

$$1 + z + \frac{1}{2!}z^2 + \cdots + \frac{1}{n!}z^n + \cdots \quad (z = x + y\mathrm{i}). \tag{12.5.12}$$

可以证明级数(12.5.12)在整个复平面上是绝对收敛的. 在 x 轴上 $z = x$ 它表示指数函数 e^z，在整个复平面上我们用它来定义复变量指数函数，记作 e^z. 于是 e^z 定义为

$$\mathrm{e}^z = 1 + z + \frac{1}{2!}z^2 + \cdots + \frac{1}{n!}z^n + \cdots \quad (|z| < \infty). \tag{12.5.13}$$

当 $x = 0$ 时，z 为纯虚数 $y\mathrm{i}$，(12.5.13)式变为

$$\begin{aligned}
\mathrm{e}^{y\mathrm{i}} &= 1 + y\mathrm{i} + \frac{1}{2!}(y\mathrm{i})^2 + \cdots + \frac{1}{n!}(y\mathrm{i})^n + \cdots \\
&= 1 + y\mathrm{i} - \frac{1}{2!}y^2 - \frac{1}{3!}y^3\mathrm{i} + \frac{1}{4!}y^4 + \frac{1}{5!}y^5\mathrm{i} - \cdots \\
&= \left(1 - \frac{1}{2!}y^2 + \frac{1}{4!}y^4 - \cdots\right) + \left(y - \frac{1}{3!}y^3 + \frac{1}{5!}y^5 - \cdots\right)\mathrm{i} \\
&= \cos y + \mathrm{i}\sin y.
\end{aligned}$$

把 y 换成 x，上式变为

$$\mathrm{e}^{x\mathrm{i}} = \cos x + \mathrm{i}\sin x, \tag{12.5.14}$$

这就是**欧拉公式**.

应用欧拉公式，复数 z 可以表示为指数形式：

$$z = \rho(\cos\theta + \mathrm{i}\sin\theta) = \rho\mathrm{e}^{\mathrm{i}\theta}, \tag{15.5.15}$$

其中 $\rho = |z|$ 是 z 的模，$\theta = \arg z$ 是 z 的辐角
(见 图 12-1).

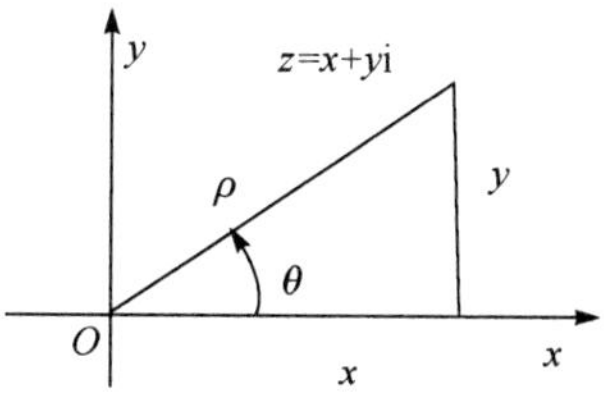

在(12.5.14)式中把 x 换成 $-x$，又有

$$\mathrm{e}^{-x\mathrm{i}} = \cos x - \mathrm{i}\sin x.$$

把上式与(12.5.14)相加与相减，得

$$\begin{cases} \cos x = \dfrac{\mathrm{e}^{x\mathrm{i}} + \mathrm{e}^{-x\mathrm{i}}}{2}, \\ \sin x = \dfrac{\mathrm{e}^{x\mathrm{i}} - \mathrm{e}^{-x\mathrm{i}}}{2\mathrm{i}}. \end{cases} \tag{12.5.16}$$

图 12-1

这两个式子也叫**欧拉公式**. (12.5.14)式或(12.5.16)式揭示了三角函数与复变量指数函数之间的一种联系.

最后，根据定义式(12.5.13)，并利用幂级数的乘法，我们不难验证

$$\mathrm{e}^{z_1 + z_2} = \mathrm{e}^{z_1} \cdot \mathrm{e}^{z_2}.$$

特别地, 取 z_1 为实数 x, z_2 为纯虚数 yi, 则有

$$e^{x+y\mathrm{i}} = e^x \cdot e^{y\mathrm{i}} = e^x(\cos y + \mathrm{i}\sin y).$$

这就是说, 复变量指数函数 e^z 在 $z = x + y\mathrm{i}$ 处的值是模为 e^x、辐角为 y 的复数.

习　题　12-5

1. 利用函数的幂级数展开式求下列各数的近似值:

(1) $\sqrt[5]{240}$　(误差不超过 0.0001);

(2) $\ln 2$　(误差不超过 0.0001);

(3) $\sqrt{e}$　(误差不超过 0.001);

(4) $\sin 9°$　(误差不超过 0.000 01).

2. 利用被积函数的幂级数展开式求下列定积分的近似值:

(1) $\displaystyle\int_0^{\frac{1}{2}} \frac{1}{1+x^4}\mathrm{d}x$　(误差不超过 0.0001);

(2) $\displaystyle\int_0^1 \frac{\sin x}{x}\mathrm{d}x$　(误差不超过 0.0001).

3. 试用幂级数求下列个微分方程的解:

(1) $(1-x)y' = x^2 - y$;

(2) $y'' + xy' + y = 0$.

4. 利用幂级数求下列方程满足初始条件的特解:

(1) $y' = y^2 + x^3$,　$y|_{x=0} = \dfrac{1}{2}$;

(2) $(1-x)y' + y = 1 + x$,　$y|_{x=0} = 0$.

5. 利用欧拉公式将函数 $e^x \cos x$ 展开成 x 的幂级数.

*第六节　傅里叶级数

　　在物理学及电工学等学科中经常会用到另一种函数项级数——三角级数, 它是研究周期运动的重要工具. 本节将讨论如何将一个给定且满足一定条件的函数展开成三角级数.

一、三角级数　三角函数系的正交性

　　在第一章, 我们介绍了周期函数的概念, 周期函数反映了客观世界中的周期运动. 正弦函数是一种常见的周期函数. 单摆的摆动、弹簧的振动和交流电的电流与电压的变化等, 都可用正弦函数 $y = A\sin(\omega t + \varphi)$ 或余弦函数 $y = A\cos(\omega t + \varphi)$ 来表示. 例如描述简谐运动的函数

$$y = A\sin(\omega t + \varphi)$$

就是一个以 $\dfrac{2\pi}{\omega}$ 为周期的正弦函数, 其中 y 表示动点的位置, t 表示时间, A 表示**振幅**,

ω 表示**角频率**, φ 表示**初相**.

在实际问题中, 例如电磁波、机械振动和热传导等复杂的周期现象, 就不能仅用一个正弦函数或余弦函数来表示, 而是需要用很多个甚至无限多个正弦函数和余弦函数的叠加来表示.

例如, 有一个由电阻 R, 自感 L, 电容 C 和电源 E 串联组成的电路(见图 12-2), 其中 R, L 及 C 为常数, 电源电动势 $E = E(t)$.

设电路中的电流为 $i(t)$, 电容器两极板上的电压为 u_c, 根据回路定律, 就得到了一个二阶线性常系数非齐次微分方程

$$\frac{\mathrm{d}^2 u_c}{\mathrm{d}t^2} + 2\beta \frac{\mathrm{d}u_c}{\mathrm{d}t} + \omega_0^2 u_c = f(t),$$

其中 $\beta = \dfrac{R}{2L}$, $\omega_0 = \dfrac{1}{\sqrt{LC}}$, $f(t) = \dfrac{E(t)}{LC}$, 称为**串联电路的振荡方程**.

若电源电动势 $E(t)$ 非正弦变化, 也就是说 $f(t)$ 不是正弦函数, 则求解这个非齐次微分方程就变得十分复杂. 在电学中解决这类问题的方法, 是将自由项近似地表示成许多不同周期的正弦型函数的叠加, 即

$$f(t) = \sum_{n=0}^{n} A_n \sin(n\omega t + \varphi_n).$$

于是, 串联电路的振荡方程的解 $u_c(t)$ 就化成了 $n+1$ 个自由项为正弦型函数的方程解 $u_{c_k}(t)$ 的叠加, 从而求得原方程的解 $u_c(t)$ 的近似解. 当 $n \to \infty$ 时, 就得精确解

$$u_c(t) = \sum_{n=0}^{\infty} u_{c_n}(t).$$

通常称这种方法为**谐波分析法**. 它是将一个非正弦型的信号, 分解成一系列不同频率的正弦信号的叠加, 即

$$f(t) = \sum_{n=0}^{\infty} A_n \sin(n\omega t + \varphi_n)$$

$$= A_0 + \sum_{n=1}^{\infty} A_n \sin(n\omega t + \varphi_n), \quad \varphi_0 = \frac{\pi}{2}. \tag{12.6.1}$$

其中 A_0 称为**直流分量**, $A_1 \sin(\omega t + \varphi_1)$ 称为**一次谐波**, $A_2 \sin(2\omega t + \varphi_2)$, $A_3 \sin(3\omega t + \varphi_3)$ 称为**二次谐波**、**三次谐波**等等.

为了以后讨论方便起见, 我们将正弦函数 $A_n \sin(n\omega t + \varphi_n)$ 按三角公式变形, 得

$$A_n \sin(n\omega t + \varphi_n) = A_n \sin\varphi_n \cos n\omega t + A_n \cos\varphi_n \sin n\omega t,$$

且令 $\dfrac{a_0}{2} = A_0$, $a_n = A_n \sin\varphi_n$, $b_n = A_n \cos\varphi_n$, $\omega = \dfrac{\pi}{l}$ (即 $T = 2l$), 则(12.6.1)式右端的级数就可以改写为

$$\frac{a_0}{2}+\sum_{n=1}^{\infty}\left(a_n\cos\frac{n\pi t}{l}+b_n\sin\frac{n\pi t}{l}\right). \tag{12.6.2}$$

形如(12.6.2)式的级数称为三角级数, 其中 a_0, a_n, b_n ($n=1,2,3,\cdots$)都是常数.

令 $\dfrac{\pi t}{l}=x$, (12.6.2)式成为

$$\frac{a_0}{2}+\sum_{n=1}^{\infty}(a_n\cos nx+b_n\sin nx), \tag{12.6.3}$$

这样就把周期为 $2l$ 的三角级数转换为周期为 2π 的三角级数.

下面我们讨论周期为 2π 的三角级数(12.6.3). 如同讨论幂级数一样, 我们需要讨论三角级数(12.6.3)的收敛性, 以及给定周期为 2π 的函数如何展开成三角级数(12.6.3). 为此, 首先介绍三角函数系的正交性概念.

三角函数列

$$1,\ \cos x,\ \sin x,\ \cos 2x,\ \sin 2x,\ \cdots,\ \cos nx,\ \sin nx,\ \cdots \tag{12.6.4}$$

称为**三角函数系**. 如果从三角函数系中任取两个不同的函数相乘, 其积在区间 $[-\pi,\pi]$ 上的定积分都为零, 则称三角系为**正交三角系**, 即

$$\int_{-\pi}^{\pi}\cos nx\,\mathrm{d}x=\int_{-\pi}^{\pi}\sin nx\,\mathrm{d}x=0,$$

$$\int_{-\pi}^{\pi}\cos mx\cos nx\,\mathrm{d}x=0\quad(m=1,2,3,\cdots,\ n=1,2,3,\cdots,\ m\neq n),$$

$$\int_{-\pi}^{\pi}\sin mx\sin nx\,\mathrm{d}x=0\quad(m=1,2,3,\cdots,\ n=1,2,3,\cdots,\ m\neq n),$$

$$\int_{-\pi}^{\pi}\sin mx\cos nx\,\mathrm{d}x=0\quad(m=1,2,3,\cdots,\ n=1,2,3,\cdots).$$

以上等式都可以通过计算定积分来验证. 现将第三式验证如下.

利用三角函数积化和差的公式

$$\sin mx\sin nx=-\frac{1}{2}[\cos(m+n)x-\cos(m-n)x],$$

当 $m\neq n$ 时, 有

$$\int_{-\pi}^{\pi}\sin mx\sin nx\,\mathrm{d}x=\frac{1}{2}\int_{-\pi}^{\pi}[\cos(m+n)x-\cos(m-n)x]\mathrm{d}x$$

$$=-\frac{1}{2}\left[\frac{\sin(m+n)x}{m+n}-\frac{\sin(m-n)x}{m-n}\right]_{-\pi}^{\pi}$$

$$=0\quad(m,n=1,2,3,\cdots,m\neq n).$$

在三角函数系(12.6.4)中, 两个形同函数的乘积在区间 $[-\pi,\pi]$ 上的积分不等于零, 即

$$\int_{-\pi}^{\pi}1\,\mathrm{d}x=2\pi,\quad \int_{-\pi}^{\pi}\sin^2 nx\,\mathrm{d}x=\pi,\quad \int_{-\pi}^{\pi}\cos^2 nx\,\mathrm{d}x=0\quad(n=1,2,3,\cdots).$$

二、函数展开成傅里叶级数

设 $f(x)$ 是周期为 2π 的周期函数, 我们需要讨论两个问题: (1) 若 $f(x)$ 能展开为三角级数, 则系数 a_0, a_n, b_n 怎样求? (2) 当 $f(x)$ 满足什么条件时, 才能展开为三角级数?

为了求得系数 a_0, a_n, b_n 的计算公式, 我们先假设

$$f(x) = \frac{a_0}{2} + \sum_{n=1}^{\infty}(a_n \cos nx + b_n \sin nx).\tag{12.6.5}$$

且(12.6.5)右端的级数可逐项积分.

首先求 a_0. 对(12.6.5)式从 $-\pi$ 到 π 积分, 于是有

$$\int_{-\pi}^{\pi} f(x)\mathrm{d}x = \int_{-\pi}^{\pi}\frac{a_0}{2}\mathrm{d}x + \sum_{n=1}^{\infty}\left[\int_{-\pi}^{\pi} a_n \cos nx\,\mathrm{d}x + \int_{-\pi}^{\pi} b_n \sin nx\,\mathrm{d}x\right].$$

注意到三角函数系(12.6.4)的正交性, 等式右端除了第一项外, 其余各项均为零, 所以

$$\int_{-\pi}^{\pi} f(x)\mathrm{d}x = \int_{-\pi}^{\pi}\frac{a_0}{2}\mathrm{d}x = \pi a_0.$$

于是得

$$a_0 = \frac{1}{\pi}\int_{-\pi}^{\pi} f(x)\mathrm{d}x.$$

其次求 a_n. 我们用 $\cos kx$ 乘以(12.6.5)式, 然后再逐项积分得

$$\int_{-\pi}^{\pi} f(x)\cos kx\,\mathrm{d}x$$

$$= \int_{-\pi}^{\pi}\frac{a_0}{2}\cos kx\,\mathrm{d}x + \sum_{n=1}^{\infty}\left[\int_{-\pi}^{\pi} a_n \cos kx \cos nx\,\mathrm{d}x + \int_{-\pi}^{\pi} b_n \cos kx \sin nx\,\mathrm{d}x\right].$$

由三角函数系(12.6.4)的正交性可知, 等式右端除了 $k = n$ 这一项外, 其余各项均为零, 所以

$$\int_{-\pi}^{\pi} a_n \cos kx \cos nx\,\mathrm{d}x = \int_{-\pi}^{\pi} a_n \cos^2 nx\,\mathrm{d}x = a_n\int_{-\pi}^{\pi}\frac{1+\cos nx}{2}\,\mathrm{d}x = a_n\pi.\tag{12.6.6}$$

其余各项均为零, 即得

$$a_n = \frac{1}{\pi}\int_{-\pi}^{\pi} f(x)\cos nx\,\mathrm{d}x, \quad n = 1,\,2,\,3,\,\cdots.$$

最后求系数 b_n. 我们用 $\sin kx$ 乘以(12.6.5)式, 然后再逐项积分得

$$b_n = \frac{1}{\pi}\int_{-\pi}^{\pi} f(x)\sin nx\,\mathrm{d}x, \quad n = 1,\,2,\,3,\,\cdots.$$

由于将 $n = 0$ 代入求系数 a_n 的公式正好给出 a_0 的表达式, 因此

$$\begin{cases} a_n = \dfrac{1}{\pi}\displaystyle\int_{-\pi}^{\pi} f(x)\cos nx\,\mathrm{d}x, & n = 0,\,1,\,2,\,3,\,\cdots, \\[3mm] b_n = \dfrac{1}{\pi}\displaystyle\int_{-\pi}^{\pi} f(x)\sin nx\,\mathrm{d}x, & n = 1,\,2,\,3,\,\cdots. \end{cases}\tag{12.6.7}$$

如果公式(12.6.7)中积分都存在, 这时它们定出的系数 a_0, a_1, b_1, $\cdots$ 称为函数 $f(x)$ 的**傅里叶系数**. 将这些系数代入(12.6.5)式右端, 所得的三角函数

$$\frac{a_0}{2} + \sum_{n=1}^{\infty}(a_n\cos nx + b_n\sin nx)$$

称为函数 $f(x)$ 的**傅里叶级数**.

下面我们来回答第二个问题, 即 $f(x)$ 满足什么条件时, 才能展开为傅里叶级数. 我们不加证明地叙述一个收敛定理, 它给出了上述问题的一个重要结论.

定理 12.6.1 (收敛定理, 狄利克雷充分条件)　设函数 $f(x)$ 以 2π 为周期, 如果它在一个周期内连续或只有有限个第一类间断点, 且至多只有有限个极值点, 那么 $f(x)$ 的傅里叶级数收敛, 且

(1) 当 x 是 $f(x)$ 的连续点时, 级数收敛于 $f(x)$;

(2) 当 x 是 $f(x)$ 的间断点时, 级数收敛于 $\dfrac{f(x-0)+f(x+0)}{2}$.

定理 12.6.1 告诉我们, 只要函数在 $[-\pi, \pi]$ 上至多有有限个第一类间断点, 并且不作无限次振动, 函数的傅里叶级数在连续点处就收敛于该点的函数值, 在间断点处收敛于该点左极限与右极限的算数平均值. 记

$$C = \left\{ x \middle| f(x) = \frac{f(x-0)+f(x+0)}{2} \right\},$$

则 $f(x)$ 在 C 上就能展开成傅里叶级数

$$f(x) = \frac{a_0}{2} + \sum_{n=1}^{\infty}(a_n\cos nx + b_n\sin nx), \quad x \in C.$$

例 12.6.1　设函数 $f(x)$ 以 2π 为周期, 它在 $[-\pi, \pi)$ 上的表达式为

$$f(x) = \begin{cases} -1, & -\pi \leqslant x < 0, \\ 1, & 0 \leqslant x < \pi. \end{cases}$$

将函数 $f(x)$ 展开成傅里叶级数.

解　函数 $f(x)$ 的图形如图 12-3 (a) 所示. 它满足收敛定理的条件. 它在点 $x = k\pi$ ($k = 0, \pm 1, \pm 2, \cdots$)处不连续, 在其他点处连续, 从而由收敛定理知 $f(x)$ 的傅里叶级数收敛. 当 $x = k\pi$ 时级数收敛于

$$\frac{f(x-0)+f(x+0)}{2} = 0,$$

当 $x \neq k\pi$ 时级数收敛于 $f(x)$.

和函数的图形如图 12-3 (b) 所示.

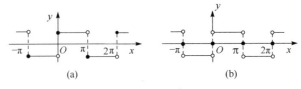

(a)　　　　　　　　　　(b)

图 12-3

由公式(12.6.7)得

$$a_n = \frac{1}{\pi} \int_{-\pi}^{\pi} f(x) \cos nx \, \mathrm{d}x$$

$$= \frac{1}{\pi} \int_{-\pi}^{0} (-1) \cos nx \, \mathrm{d}x + \frac{1}{\pi} \int_{0}^{\pi} \cos nx \, \mathrm{d}x$$

$$= -\frac{1}{\pi} \left[\frac{1}{n} \sin nx \right]_{-\pi}^{0} + \frac{1}{\pi} \left[\frac{1}{n} \sin nx \right]_{0}^{\pi}$$

$$= 0 \ (n = 0, 1, 2, \cdots);$$

$$b_n = \frac{1}{\pi} \int_{-\pi}^{\pi} f(x) \sin nx \, \mathrm{d}x$$

$$= \frac{1}{\pi} \int_{-\pi}^{0} (-1) \sin nx \, \mathrm{d}x + \frac{1}{\pi} \int_{0}^{\pi} \sin nx \, \mathrm{d}x$$

$$= \frac{1}{\pi} \left[\frac{1}{n} \cos nx \right]_{-\pi}^{0} - \frac{1}{\pi} \left[\frac{1}{n} \cos nx \right]_{0}^{\pi}$$

$$= \frac{2}{n\pi} [1 - (-1)^n] = \begin{cases} \dfrac{4}{n\pi}, & n = 1, 3, 5, \cdots, \\ 0, & n = 2, 4, 6, \cdots. \end{cases}$$

$f(x)$ 的傅里叶级数展开式为

$$f(x) = \frac{4}{\pi} \left[\sin x + \frac{1}{3} \sin 3x + \cdots + \frac{1}{2n-1} \sin (2n-1)x + \cdots \right]$$

$$= \frac{4}{\pi} \sum_{n=1}^{\infty} \frac{1}{2n-1} \sin (2n-1)x,$$

其中 $-\infty < x < +\infty$, $x \neq k\pi$ 且 $k \in \mathbf{Z}$.　　　　□

如果将例 12.6.1 中的函数理解为矩阵波的波形函数(周期 $T = 2\pi$, 振幅 $E = 1$, 自变量 x 表示时间), 那么上面所得到的展开式表明: 矩阵波是由一系列不同频率的正弦波叠加而成的, 这些正弦波的频率依次为基波频率的奇数倍.

例 12.6.2 设函数 $f(x)$ 以 2π 为周期, 它在 $[-\pi, \pi)$ 上的表达式为

$$f(x) = \begin{cases} x, & -\pi \leqslant x < 0, \\ 0, & 0 \leqslant x < \pi. \end{cases}$$

将函数 $f(x)$ 展开成傅里叶级数.

解 $f(x)$ 满足收敛定理的条件. 它在点 $x = (2k+1)\pi$ 处不连续, 在其他点处连续, 其中 $k = 0, \pm 1, \pm 2, \cdots$, 于是由收敛定理知 $f(x)$ 的傅里叶级数收敛. 当 $x = (2k+1)\pi$ 时级数收敛于

$$\frac{f(\pi - 0) + f(\pi + 0)}{2} = \frac{0 - \pi}{2} = -\frac{\pi}{2},$$

当 $x \neq (2k+1)\pi$ 时级数收敛于 $f(x)$.

由公式(12.6.7)得

$$a_0 = \frac{1}{\pi}\int_{-\pi}^{\pi} f(x)\mathrm{d}x = \frac{1}{\pi}\int_{-\pi}^{0} x\mathrm{d}x = \frac{1}{\pi}\left[\frac{x^2}{2}\right]_{-\pi}^{0} = -\frac{\pi}{2};$$

$$a_n = \frac{1}{\pi}\int_{-\pi}^{\pi} f(x)\cos nx\,\mathrm{d}x$$

$$= \frac{1}{\pi}\int_{-\pi}^{0} x\cos nx\,\mathrm{d}x$$

$$= \frac{1}{\pi}\left[\frac{x\sin nx}{n} + \frac{\cos nx}{n^2}\right]_{-\pi}^{0}$$

$$= \begin{cases} \dfrac{2}{n^2\pi}, & n=1,\,3,\,5,\cdots, \\ 0, & n=2,\,4,\,6,\cdots; \end{cases}$$

$$b_n = \frac{1}{\pi}\int_{-\pi}^{\pi} f(x)\sin nx\,\mathrm{d}x$$

$$= \frac{1}{\pi}\int_{-\pi}^{0} x\sin nx\,\mathrm{d}x$$

$$= -\frac{1}{n\pi}\left[\pi\cos n\pi - \frac{1}{n}\sin n\pi\right]_{-\pi}^{0}$$

$$= \frac{(-1)^{n+1}}{n} \quad (n=1,\,2,\,3,\,\cdots).$$

将所得的系数代入(12.6.7), 得 $f(x)$ 的傅里叶级数展开式为

$$f(x) = -\frac{\pi}{4} + \left(\frac{2}{\pi}\cos x + \sin x\right) - \frac{1}{2}\sin 2x + \left(\frac{2}{3^2\pi}\cos 3x + \frac{1}{3}\sin 3x\right)$$

$$- \frac{1}{4}\sin 4x + \left(\frac{2}{5^2\pi}\cos 5x + \frac{1}{5}\sin 5x\right) - \cdots$$

$$= -\frac{\pi}{4} + \frac{2}{\pi}\sum_{k=1}^{\infty}\frac{1}{(2k-1)^2}\cos(2k-1)x + \sum_{n=1}^{\infty}\frac{(-1)^{n-1}}{n}\sin nx,$$

其中 $-\infty < x < +\infty$, $x \neq \pm\pi,\ \pm 3\pi,\ \cdots$. 级数的核函数的图形如图 12-4 所示. □

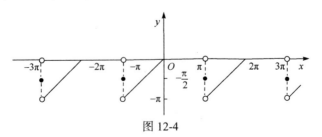

图 12-4

如果函数 $f(x)$ 只在 $[-\pi,\pi]$ 上有定义, 并且满足收敛定理的条件, 那么 $f(x)$ 也可以展

开成傅里叶级数. 我们可以在 $[-\pi,\pi)$ 或 $(-\pi,\pi]$ 外补充函数 $f(x)$ 的定义, 使它拓广为周期为 2π 的周期函数. 按这种方式拓广函数定义域的过程称为**周期延拓**. 再将 $F(x)$ 展开成傅里叶级数, 最后限制 x 在 $(-\pi,\pi)$ 内, 此时 $F(x)=f(x)$, 这样就得到了 $f(x)$ 的傅里叶级数展开式. 根据收敛定理, 级数在区间端点 $x=\pm\pi$ 处收敛于 $\dfrac{f(\pi-0)+f(-\pi+0)}{2}$.

例 12.6.3 将函数

$$f(x)=\begin{cases} \mathrm{e}^x, & -\pi \leqslant x < 0, \\ 1, & 0 \leqslant x \leqslant \pi \end{cases}$$

展开成傅里叶级数.

解 将 $f(x)$ 在区间 $[-\pi,\pi]$ 上作周期为 2π 的延拓, 仍然记为 $f(x)$. 则由公式(12.6.7)得

$$a_0 = \frac{1}{\pi}\int_{-\pi}^{\pi} f(x)\mathrm{d}x = \frac{1}{\pi}\left(\int_{-\pi}^{0} \mathrm{e}^x \mathrm{d}x + \int_0^\pi \mathrm{d}x\right) = \frac{1}{\pi}(1-\mathrm{e}^{-\pi})+1;$$

$$\begin{aligned}
a_n &= \frac{1}{\pi}\int_{-\pi}^{\pi} f(x)\cos nx\,\mathrm{d}x \\
&= \frac{1}{\pi}\left(\int_{-\pi}^{0} \mathrm{e}^x\cos nx\,\mathrm{d}x + \int_0^\pi \cos nx\,\mathrm{d}x\right) \\
&= \frac{\mathrm{e}^x}{\pi(1+n^2)}\Big[n\sin nx + \cos nx\Big]_{-\pi}^0 + \left[\frac{1}{n\pi}\sin nx\right]_0^\pi \\
&= \frac{1-(-1)^n \mathrm{e}^{-\pi}}{\pi(1+n^2)}, \quad n\in\mathbf{N};
\end{aligned}$$

$$\begin{aligned}
b_n &= \frac{1}{\pi}\int_{-\pi}^{\pi} f(x)\sin nx\,\mathrm{d}x \\
&= \frac{1}{\pi}\left(\int_{-\pi}^{0} \mathrm{e}^x\sin nx\,\mathrm{d}x + \int_0^\pi \sin nx\,\mathrm{d}x\right) \\
&= \frac{\mathrm{e}^x}{\pi(1+n^2)}\Big[\sin nx - n\cos nx\Big]_{-\pi}^0 - \left[\frac{1}{n\pi}\cos nx\right]_0^\pi \\
&= \frac{1}{\pi}\left[\frac{-n\mathrm{e}^{-\pi}(1-(-1)^n)}{1+n^2} + \frac{1-(-1)^n}{n}\right], \quad n\in\mathbf{N}.
\end{aligned}$$

将所得的系数代入(12.6.7), 得 $f(x)$ 的傅里叶级数展开式为

$$f(x) = \frac{1+\pi-\mathrm{e}^{-\pi}}{2\pi} + \frac{1}{\pi}\sum_{k=1}^{\infty}\left\{\frac{1-(-1)^n \mathrm{e}^{-\pi}}{1+n^2}\cos nx + [1-(-1)^n]\left(\frac{1}{n}-\frac{n\mathrm{e}^{-\pi}}{1+n^2}\right)\sin nx\right\}, \quad x\in(-\pi,\pi),$$

当 $x=\pm\pi$ 时, 右边的级数收敛于 $\dfrac{1}{2}(\mathrm{e}^{-\pi}+1)$. □

三、正弦级数与余弦级数

一般来说, 一个函数的傅里叶级数既含有正弦项, 又含有余弦项(见例 12.6.2). 但是, 也有一些函数的傅里叶级数只含有正弦项(见例 12.6.1)或者只含有常数和余弦项(见例 12.6.4). 这是为什么呢? 这些情况与所给函数 $f(x)$ 的奇偶性有密切关系. 对于周期为 2π 的函数 $f(x)$, 它的傅里叶系数计算公式

$$a_n = \frac{1}{\pi} \int_{-\pi}^{\pi} f(x)\cos nx \mathrm{d}x, \quad n = 0, 1, 2, 3, \cdots,$$

$$b_n = \frac{1}{\pi} \int_{-\pi}^{\pi} f(x)\sin nx \mathrm{d}x, \quad n = 1, 2, 3, \cdots.$$

当 $f(x)$ 是奇函数时, $f(x)\cos nx$ 是奇函数, $f(x)\sin nx$ 是偶函数, 故

$$\begin{cases} a_n = 0, & n = 0, 1, 2, \cdots, \\ b_n = \dfrac{2}{\pi} \int_0^{\pi} f(x)\sin nx \, \mathrm{d}x, & n = 1, 2, 3, \cdots. \end{cases} \tag{12.6.8}$$

故奇函数的傅里叶级数是只含有正弦项的正弦级数, 即

$$\sum_{n=1}^{\infty} b_n \sin nx. \tag{12.6.9}$$

当 $f(x)$ 是偶函数时, $f(x)\cos nx$ 是偶函数, $f(x)\sin nx$ 是奇函数, 故

$$\begin{cases} a_n = \dfrac{2}{\pi} \int_0^{\pi} f(x)\cos nx \, \mathrm{d}x, & n = 0, 1, 2, \cdots, \\ b_n = 0, & n = 1, 2, 3, \cdots. \end{cases} \tag{12.6.10}$$

故偶函数的傅里叶级数是只含有常数项和余弦项的余弦级数, 即

$$\frac{a_0}{2} + \sum_{n=1}^{\infty} a_n \cos nx. \tag{12.6.11}$$

例 12.6.4 设函数 $f(x)$ 以 2π 为周期, 它在 $[-\pi, \pi)$ 上的表达式为

$$f(x) = \begin{cases} -x, & -\pi \leqslant x < 0, \\ x, & 0 \leqslant x < \pi. \end{cases}$$

将函数 $f(x)$ 展开成傅里叶级数.

解 函数 $f(x)$ 的图形如图 12-5 所示, 满足收敛定理的条件. 它在整个数轴上连续, 因此 $f(x)$ 的傅里叶级数处处收敛于 $f(x)$.

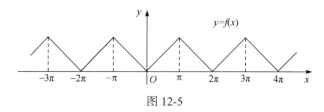

图 12-5

因为 $f(x)$ 是偶函数, 利用公式(12.6.10)计算傅里叶系数.

$$a_0 = \frac{2}{\pi}\int_0^\pi f(x)\mathrm{d}x = \frac{2}{\pi}\int_0^\pi (\pi - x)\mathrm{d}x = \pi;$$

$$a_n = \frac{2}{\pi}\int_{-\pi}^\pi f(x)\cos nx\,\mathrm{d}x = \frac{2}{\pi}\int_0^\pi x\cos nx\,\mathrm{d}x$$

$$= \left[\frac{2}{n\pi}x\sin nx\right]_0^\pi - \frac{2}{n\pi}\int_0^\pi \sin nx\,\mathrm{d}x = \frac{2}{n^2\pi}[(-1)^n - 1]$$

$$= \begin{cases} -\dfrac{4}{n^2\pi}, & n=1,\ 3,\ 5,\ \cdots, \\ 0, & n=2,\ 4,\ 6,\ \cdots; \end{cases}$$

$$b_n = 0, \quad n = 1,\ 2,\ 3,\cdots.$$

将所得的系数代入(12.6.11), 得 $f(x)$ 的傅里叶级数展开式为

$$f(x) = \frac{\pi}{2} + \frac{4}{\pi}\left(\cos x + \frac{1}{3^2}\cos 3x + \frac{1}{5^2}\cos 5x + \cdots\right),$$

其中 $-\infty < x < +\infty$. □

例 12.6.5 设函数 $f(x)$ 以 2π 为周期, 它在 $[-\pi, \pi)$ 上的表达式为

$$f(x) = \begin{cases} -\dfrac{\pi}{2}, & -\pi \leqslant x < -\dfrac{\pi}{2}, \\ x, & -\dfrac{\pi}{2} \leqslant x < \dfrac{\pi}{2}, \\ \dfrac{\pi}{2}, & \dfrac{\pi}{2} \leqslant x < \pi. \end{cases}$$

将函数 $f(x)$ 展开成傅里叶级数.

解 函数 $f(x)$ 满足收敛定理的条件. 因为 $f(x)$ 是奇函数, 利用公式(12.6.8)计算傅里叶系数.

$$a_n = 0, \quad n = 0,\ 1,\ 2,\ 3,\cdots;$$

$$b_n = \frac{2}{\pi}\int_{-\pi}^\pi f(x)\sin nx\,\mathrm{d}x = \frac{2}{\pi}\left(\int_0^{\frac{\pi}{2}} x\sin nx\,\mathrm{d}x + \int_{\frac{\pi}{2}}^\pi \frac{\pi}{2}\sin nx\,\mathrm{d}x\right) = \frac{2}{n^2\pi}\sin\frac{n\pi}{2} - \frac{(-1)^n}{n},$$

将所得的系数代入(12.6.9), 得 $f(x)$ 的傅里叶级数展开式为

$$f(x) = \frac{2}{\pi}\sum_{n=1}^\infty \left[\frac{1}{n^2}\sin\frac{n\pi}{2} + (-1)^{n+1}\frac{\pi}{2n}\right]\sin nx, \quad x \neq (2n+1)\pi, n = 0,\ \pm1,\ \pm2,\ \pm3,\cdots,$$

当 $x = (2n+1)\pi$, $n = 0,\ \pm1,\ \pm2,\ \pm3,\cdots$ 时, 右边的级数收敛于 0. □

在实际问题的应用(如研究某种波动问题, 热的传导、扩散问题)中, 有时还需要把定义在 $[0, \pi]$ 上的函数展开成正弦级数或余弦级数. 根据前面讨论的结果, 这类问题的处理方法如下.

设函数 $f(x)$ 定义在 $[0,\pi]$ 上并且满足收敛定理的条件, 我们在 $(-\pi, 0)$ 内补充函数 $f(x)$ 的定义, 得到定义在 $(-\pi, \pi]$ 上的函数 $F(x)$, 使得 $F(x)$ 在 $(-\pi, \pi)$ 上为奇函数(或偶函数), 按这种方式拓广函数定义域的过程称为**奇延拓**(或偶延拓). 然后将延拓后的函数展开成傅里叶级数, 这个级数必定是正弦级数或余弦级数. 最后限制 x 在 $(0,\pi)$ 上, 此时 $F(x) \equiv f(x)$, 这样便得到 $f(x)$ 的正弦级数(或余弦级数)展开式. 奇延拓时要注意使 $F(0)=0$.

例 12.6.6 设函数 $f(x)=\dfrac{\pi-x}{2}$ $(0 \leqslant x \leqslant \pi)$ 展开成正弦级数.

解 将函数延拓成 $[-\pi, \pi]$ 上奇函数, 则

$$a_n=0, \quad n=0, 1, 2, 3, \cdots;$$

$$b_n=\frac{2}{\pi}\int_{-\pi}^{\pi}f(x)\sin nx\,\mathrm{d}x$$

$$=\frac{2}{\pi}\int_0^\pi\frac{\pi-x}{2}\mathrm{d}x=\frac{2}{\pi}\left[\frac{x-\pi}{2n}\cos nx-\frac{1}{2n^2}\sin nx\right]_0^\pi=\frac{1}{n}, \quad n\in\mathbf{N}.$$

从而, 当 $0<x\leqslant\pi$ 时,

$$f(x)=\sum_{n=1}^{\infty}\frac{\sin nx}{n};$$

当 $x=0$ 时, 右边的级数收敛于

$$\frac{1}{2}[f(0+0)-f(0-0)]=\frac{1}{2}\left[\frac{\pi}{2}+\left(-\frac{\pi}{2}\right)\right]=0.\qquad\square$$

例 12.6.7 将函数 $f(x)=x+1(0\leqslant x\leqslant\pi)$ 分别展开成正弦级数和余弦级数.

解 (1) 先展成正弦级数, 为此对函数 $f(x)$ 作周期奇延拓.

如图 12-6 所示, 按公式(12.6.8)有

$$a_n=0, \quad n=0, 1, 2, \cdots;$$

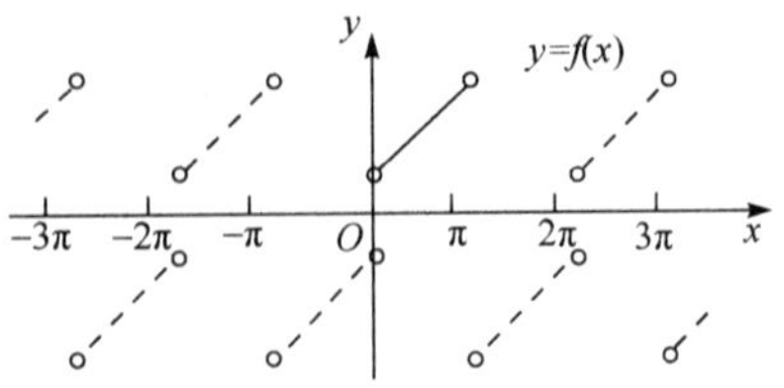

$$b_n=\frac{2}{\pi}\int_0^\pi(x+1)\sin nx\,\mathrm{d}x$$

$$=\frac{2}{n\pi}\left[-(x+1)\cos nx+\frac{\sin nx}{n}\right]_0^\pi$$

$$=\begin{cases}\dfrac{2}{n\pi}(\pi+2), & n=1, 3, 5, \cdots,\\[3mm]-\dfrac{2}{n}, & n=2, 4, 6, \cdots.\end{cases}$$

图 12-6

于是 $f(x)$ 的正弦级数展开式为

$$f(x)=\frac{2}{\pi}\left[(\pi+2)\sin x-\frac{\pi}{2}\sin 2x+\frac{1}{3}(\pi+2)\sin 3x-\frac{\pi}{4}\sin 4x+\cdots\right],$$

其中 $0<x<\pi$, 且在区间端点 $x=0$ 和 $x=\pi$ 处此正弦级数收敛于 0.

(2) 展成余弦级数, 对函数 $f(x)$ 作周期偶延拓.

如图 12-7 所示, 按公式(12.6.10)有

$$a_0 = \frac{2}{\pi}\int_0^\pi (x+1)\mathrm{d}x = \pi+2 ;$$

$$a_n = \frac{2}{\pi}\int_0^\pi (x+1)\cos nx\,\mathrm{d}x$$

$$= \frac{2}{n\pi}\big[(x+1)\sin nx\big]_0^\pi + \frac{2}{n^2\pi}\big[\cos nx\big]_0^\pi$$

$$= \begin{cases} -\dfrac{4}{n^2\pi}, & n=1,\,3,\,5,\cdots, \\ 0, & n=2,\,4,\,6,\cdots; \end{cases}$$

$$b_n = 0, \quad n=1,\,2,\,3,\cdots.$$

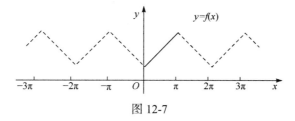

图 12-7

于是 $f(x)$ 的余弦级数展开式为

$$f(x) = \frac{\pi}{2} + 1 - \frac{4}{\pi}\left[\cos x + \frac{1}{3^2}\cos 3x + \frac{1}{5^2}\cos 5x + \cdots\right], \quad 其中\ 0 \leqslant x \leqslant \pi. \qquad \square$$

习 题 12-6

1. 下列函数 $f(x)$ 的周期为 2π, 将 $f(x)$ 展开成傅里叶级数. 如果 $f(x)$ 在 $[-\pi,\,\pi)$ 上的表达式为

(1) $f(x) = 3x^2 + 1, \ -\pi \leqslant x < \pi$;

(2) $f(x) = \mathrm{e}^{2x}, \ -\pi \leqslant x < \pi$.

2. 将 $f(x) = 2\sin\dfrac{x}{3}, \ -\pi \leqslant x \leqslant \pi$ 展开成傅里叶级数.

3. 将 $f(x) = \cos\dfrac{x}{2}, \ -\pi \leqslant x \leqslant \pi$ 展开成傅里叶级数.

4. 将 $f(x) = 2x^2, \ 0 \leqslant x \leqslant \pi$ 分别展开成正弦级数与余弦级数.

第七节 Mathematica 软件应用(10)

Mathematica 用内建函数 Series 将函数展开为泰勒级数. 它的命令格式为

$$\text{Series}\,[\,f[x]\,,\ \{x,x_0,n\}\,],$$

表示将函数 $f[x]$ 在 $x = x_0$ 处展开为 n 阶泰勒级数.

注 由于系统运算的局限性, Mathematica 只能将一个函数在某点处展开成指定阶的泰勒级数.

例 12.7.1 将函数 $f(x) = \dfrac{x}{\sqrt{1+x^2}}$ 展开成 x 和 $x-1$ 的 5 阶麦克劳林级数.

解 如图 12-8 所示.

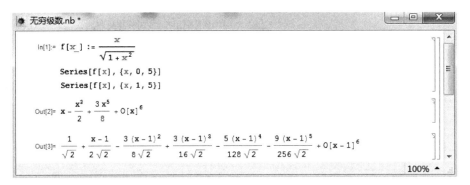

图 12-8

故函数 $f(x) = \dfrac{x}{\sqrt{1+x^2}}$ 关于 x 和 $x-1$ 的 5 阶麦克劳林级数分别为

$$f(x) = x - \frac{1}{2}x^3 + \frac{3}{8}x^5;$$

$$f(x) = \frac{1}{\sqrt{2}} + \frac{1}{2\sqrt{2}}(x-1) - \frac{3}{8\sqrt{2}}(x-1)^2 + \frac{3}{16\sqrt{2}}(x-1)^3$$

$$- \frac{5}{128\sqrt{2}}(x-1)^4 - \frac{9}{256\sqrt{2}}(x-1)^5.$$

例 12.7.2 将函数 $f(x) = \dfrac{1}{x}$ 展开成 $x-3$ 的 6 阶麦克劳林级数.

解 如图 12-9 所示.

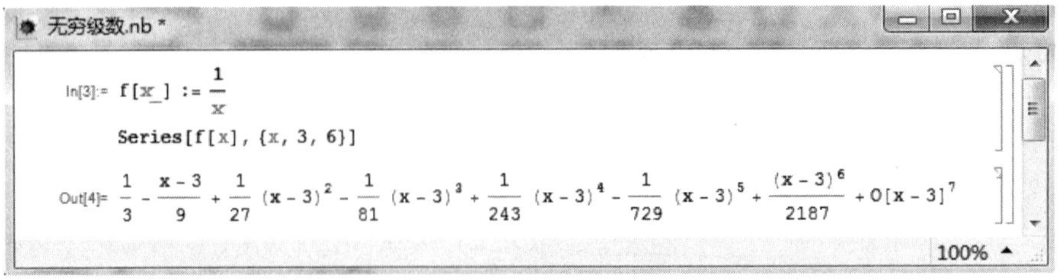

图 12-9

故 $f(x) = \dfrac{1}{x}$ 关于 $x-3$ 的 6 阶麦克劳林级数为

$$f(x) = \frac{1}{3} - \frac{1}{9}(x-3) + \frac{1}{27}(x-3)^2 - \frac{1}{81}(x-3)^3 + \frac{1}{243}(x-1)^4$$
$$- \frac{1}{729}(x-3)^5 + \frac{1}{2187}(x-3)^6.$$

□

例 12.7.3 将函数 $f(x) = \dfrac{1}{x^2 + 3x + 2}$ 展开成 $x+4$ 的 4 阶泰勒级数.

解 如图 12-10 所示.

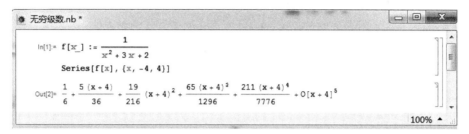

图 12-10

故 $f(x)$ 展开成 $x+4$ 的 4 阶泰勒级数为

$$f(x) = \frac{1}{6} + \frac{5}{36}(x+4) + \frac{19}{216}(x+4)^2 + \frac{65}{1296}(x+4)^3 + \frac{211}{7776}(x+4)^4.$$

□

例 12.7.4 利用泰勒级数展开式的前五项, 计算 $\dfrac{1}{\sqrt{\pi}} \displaystyle\int_0^{\frac{1}{2}} e^{-x^2} \mathrm{d}x$ 的近似值.

解 先求 e^{-x^2} 的泰勒级数, 如图 12-11(a)所示. 再计算近似值(图 12-11(b)). 故

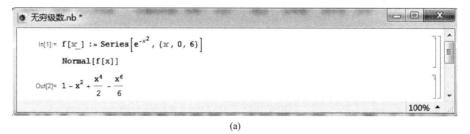

(a)

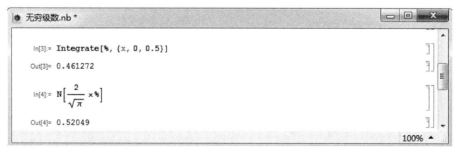

(b)

图 12-11

$$\frac{1}{\sqrt{\pi}} \int_0^{\frac{1}{2}} e^{-x^2} dx \approx 0.520\,49. \qquad \square$$

注 图 12-11(a)中, 命令 Normal[$f(x)$]用于将 $f(x)$ 的泰勒展开式化为多项式.

习 题 12-7

1. 将函数 $f(x) = \sin^2 x$ 展开为 x 的 5 阶麦克劳林级数.

2. 将函数 $f(x) = \ln(1 + x^3)$ 展开为 $x - 1$ 的 4 阶泰勒级数.

3. 利用泰勒级数展开式的前三项, 计算 $\int_0^{0.5} \frac{1}{1 + x^4} dx$ 的近似值.

4. 利用泰勒级数展开式的前四项, 计算 $\int_0^{0.5} \frac{\arctan x}{x} dx$ 的近似值.

习 题 答 案

习 题 8-1

1. $\overrightarrow{OA}=\overrightarrow{EF},\overrightarrow{OB}=\overrightarrow{FA},\overrightarrow{OC}=\overrightarrow{AB},\overrightarrow{OD}=\overrightarow{BC},\overrightarrow{OE}=\overrightarrow{CD},\overrightarrow{OF}=\overrightarrow{DE}.$

2. (1) a,b 同向;　(2) a,b 垂直;　(3) a,b 同向;　(4) a,b 反向, 且 $|a|\geqslant|b|$.

3. $\dfrac{4}{3}i-\dfrac{1}{3}j+\dfrac{1}{3}k$.　4. 证 $\overrightarrow{AB},\overrightarrow{BD}$ 共线.　5. 略.　6. 2.

7. $A(-1,2,-4),B(8,-4,2)$ 或 $B(-1,2,-4),A(8,-4,2)$.

习 题 8-2

1. $3;\ \dfrac{1}{3},\ -\dfrac{2}{3},\ \dfrac{2}{3}$.　2. $-\dfrac{10}{3}i+\dfrac{10}{3}j-\dfrac{5}{3}k$.　3. (1)1;　(2) -14;　(3) $\sqrt{7}$;　(4) 3.　4. $\dfrac{3\pi}{4}$.

5. (1) 21;　(2) 20;　(3) $-\dfrac{1}{2}$.

6. (1) $(3,2,-5)$;　(2) $(-1,-1,-1)$;　(3) $(0,0,0)$;　(4) $(-2,2,6)$.

7. 面积 $\sqrt{14}$; 各边上的高分别为 $\dfrac{\sqrt{42}}{3},\ \dfrac{2\sqrt{6}}{3},\ \dfrac{2\sqrt{70}}{5}$.

8. $(-3,\ 3,\ 3)$.　9. $\dfrac{2\sqrt{5}}{5}$.　10*. $\dfrac{7}{3}$.　11*. 略.

习 题 8-3

1. 略.

2. x 轴、y 轴、z 轴上的截距为
   (1) 　3 , 15 , -5;　　　　　　　(2) 1, -1, 1;
   (3) $-\dfrac{1}{3}$, $\dfrac{1}{2}$, -1;　　　　　(4) 0, 0, 0.

3. (1) $x-1=0$;　　　　　(2) $3x-7y+5z-37=0$;　　　(3) $2x+y-2z-15=0$;
   (4) $2x+3y-6z-49=0$;　　(5) $x-2y-2z-2=0$;　　　(6) $y-3z=0$;
   (7) $3x+2z-5=0$;　　　(8) $-9y+z+2=0$;　　　　(9) $3x+y+2z-23=0$;
   (10) $x+z-1=0$.

4. $\dfrac{\pi}{4}$.　5. $\dfrac{x}{3}-\dfrac{3y}{4}+\dfrac{z}{4}=1$; $\dfrac{8}{3}$.　6. $2x+3y+4z-4=0$.　7. 1.

8. (1)与(6)平行; (1)与(2)垂直; (2)与(6)垂直; (4)与(5)垂直.

习　题　8-4

1. (1) $\dfrac{x-1}{1}=\dfrac{y+2}{7}=\dfrac{z+2}{3}$;　　　　(2) $\dfrac{x-2}{3}=\dfrac{y+3}{-1}=\dfrac{z-4}{2}$;

(3) $\dfrac{x+1}{3}=\dfrac{y-2}{1}=\dfrac{z}{1}$;　　　　(4) $\dfrac{x-3}{1}=\dfrac{y-4}{\sqrt{2}}=\dfrac{z+4}{-1}$;

(5) $\dfrac{x+1}{3}=\dfrac{y-2}{-1}=\dfrac{z-1}{1}$;　　　　(6) $\dfrac{x-1}{1}=\dfrac{y+1}{0}=\dfrac{z-2}{2}$;

(7) $\dfrac{x-1}{-2}=\dfrac{y}{1}=\dfrac{z-2}{-3}$.

2. (1) $\dfrac{x+1}{-2}=\dfrac{y-1}{1}=\dfrac{z-1}{4}$;　　　　(2) $\dfrac{x+5}{-5}=\dfrac{y}{1}=\dfrac{z-2}{5}$.

3. $\dfrac{\pi}{3}$.　4. $\left(-\dfrac{5}{3},\dfrac{2}{3},\dfrac{2}{3}\right)$.　5. $(-5,2,4)$, $\sqrt{59}$.　6. $-8x+5y+14z+47=0$.　7. $3x+2y-3z=0$.

8. $22x-19y+18z-46=0$.

9. (1) 直线在平面上;　(2) 垂直;　(3) 直线在平面上.

习　题　8-5

1. $(x+1)^2+(y+3)^2+(z-2)^2=9$.

2. $x^2+y^2-z^2=0$.

3. (1) 抛物柱面;　　(2) 圆柱面;　　　　(3) 双曲柱面;

(4) 球面;　　(5) 椭圆面;　　　　(6) 双曲抛物面.

4. (1) $y^2+z^2=5x$;　(2) $4x^2-9y^2+4z^2=36$;　(3) $4x^2+4y^2=(3z-1)^2$.

5. (1) 平面;　　(2) 椭圆柱面;　　　(3) 单叶旋转双曲面;　　(4) 圆锥面;

(5) 抛物柱面;　　(6) 圆柱面;　　　(7) 双叶旋转双曲面;　　(8) 旋转抛物面.

习　题　8-6

1. 略.　2. 略.

3. $\begin{cases} x=\dfrac{5}{\sqrt{2}}\sin u, \\ y=\dfrac{5}{\sqrt{2}}\sin u, & 0\leqslant u\leqslant 2\pi. \\ z=5\cos u, \end{cases}$

4. $\begin{cases} 2x^2-2x+y^2=8, \\ z=0. \end{cases}$　5. $3x^2+2z^2=16$.

习　题　8-7

1. 略.　2. 略.　3. 略.

习 题 9-1

1. (1) 开集, 无界集, 导集: $\mathbf{R}^2$, 边界: $\{(x,y)\mid x=0 \text{ 或 } y=0\}$;

  (2) 既非开集又非闭集, 有界集, 导集: $\{(x,y)\mid 1 \le x^2+y^2 \le 4\}$,

    边界: $\{(x,y)\mid x^2+y^2=1\} \cup \{(x,y)\mid x^2+y^2=4\}$;

  (3) 开集, 区域, 无界集, 导集: $\{(x,y)\mid y \ge x^2\}$, 边界: $\{(x,y)\mid y=x^2\}$;

  (4) 闭集, 有界集, 导集: 集合本身, 边界: $\{(x,y)\mid x^2+(y-1)^2=1\} \cup \{(x,y)\mid x^2+(y-2)^2=4\}$.

2. (1) $t^2 f(x,y)$;   (2) $\dfrac{x^2(1-y)}{1+y}$.

3. (1) $\{(x,y)\mid x^2+y^2 \le 4\}$;   (2) $\{(x,y)\mid xy > 0\}$;

  (3) $\{(x,y)\mid |x| \le 1, |y| \ge 1\}$;   (4) $\{(x,y)\mid |x|+|y| < 1\}$.

4. (1) 1; (2) $\ln 2$; (3) $-\dfrac{1}{4}$; (4) 2; (5) 2; (6) 0; (7) 0; (8) 0. 5. 略.

6. (1) $\{(x,y)\mid y^2=x\}$;   (2) $\left\{(x,y)\mid x=k\pi \text{ 或 } y=k\pi+\dfrac{\pi}{2}\right\} (k \in \mathbf{Z})$.

7. 提示: $|xy| \le \dfrac{1}{2}(x^2+y^2)$.   8. 略.

习 题 9-2

1. (1) $\dfrac{\partial z}{\partial x}=3x^2y-y^3, \dfrac{\partial z}{\partial y}=x^3-3xy^2$;   (2) $\dfrac{\partial z}{\partial x}=\dfrac{1}{y}-\dfrac{y}{x^2}, \dfrac{\partial z}{\partial y}=\dfrac{1}{x}-\dfrac{x}{y^2}$;

  (3) $\dfrac{\partial z}{\partial x}=\dfrac{1}{2x\sqrt{\ln xy}}, \dfrac{\partial z}{\partial y}=\dfrac{1}{2y\sqrt{\ln xy}}$;

  (4) $\dfrac{\partial z}{\partial x}=y[\cos(xy)-\sin(2xy)], \dfrac{\partial z}{\partial y}=x[\cos(xy)-\sin(2xy)]$;

  (5) $\dfrac{\partial z}{\partial x}=\dfrac{2}{y}\csc\dfrac{2x}{y}, \dfrac{\partial z}{\partial y}=-\dfrac{2x}{y^2}\csc\dfrac{2x}{y}$;

  (6) $\dfrac{\partial z}{\partial x}=y^2(1+xy)^{y-1}, \dfrac{\partial z}{\partial y}=(1+xy)^y\left[\ln(1+xy)+\dfrac{xy}{1+xy}\right]$;

  (7) $\dfrac{\partial z}{\partial x}=\dfrac{1}{3}x^{\frac{4}{3}}, \dfrac{\partial z}{\partial y}=-6y^{-3}$;

  (8) $\dfrac{\partial u}{\partial x}=\dfrac{z(x-y)^{z-1}}{1+(x-y)^{2z}}, \dfrac{\partial u}{\partial y}=-\dfrac{z(x-y)^{z-1}}{1+(x-y)^{2z}}, \dfrac{\partial u}{\partial z}=\dfrac{(x-y)^z\ln(x-y)}{1+(x-y)^{2z}}$;

  (9) $\dfrac{\partial u}{\partial x}=\dfrac{y}{z}x^{\frac{y}{z}-1}, \dfrac{\partial u}{\partial y}=\dfrac{1}{z}x^{\frac{y}{z}}\cdot\ln x, \dfrac{\partial u}{\partial z}=-\dfrac{y}{z^2}x^{\frac{y}{z}}\cdot\ln x$;

  (10) $\dfrac{\partial u}{\partial x}=\dfrac{1}{y}\cos\dfrac{x}{y}\cos\dfrac{y}{x}+\dfrac{y}{x^2}\sin\dfrac{x}{y}\sin\dfrac{y}{x}, \dfrac{\partial u}{\partial y}=-\dfrac{x}{y^2}\cos\dfrac{x}{y}\cos\dfrac{y}{x}-\dfrac{1}{x}\sin\dfrac{x}{y}\sin\dfrac{y}{x}, \dfrac{\partial u}{\partial z}=1$.

2. 1.   3. $\dfrac{\pi}{4}$.   4. 略.

5. (1) $\dfrac{\partial^2 z}{\partial x^2} = 12x^2 - 8y^2, \dfrac{\partial^2 z}{\partial y^2} = 12y^2 - 8x^2, \dfrac{\partial^2 z}{\partial x \partial y} = -16xy$;

　(2) $\dfrac{\partial^2 z}{\partial x^2} = \dfrac{2xy}{(x^2+y^2)^2}, \dfrac{\partial^2 z}{\partial y^2} = -\dfrac{2xy}{(x^2+y^2)^2}, \dfrac{\partial^2 z}{\partial x \partial y} = \dfrac{y^2-x^2}{(x^2+y^2)^2}$;

　(3) $\dfrac{\partial^2 z}{\partial x^2} = y^x \cdot \ln^2 y, \dfrac{\partial^2 z}{\partial y^2} = x(x-1)y^{x-2}, \dfrac{\partial^2 z}{\partial x \partial y} = y^{x-1}(1 + x\ln y)$.

6. $\dfrac{\partial^3 z}{\partial x^2 \partial y} = -\dfrac{1}{x^2}, \dfrac{\partial^3 z}{\partial x \partial y^2} = 0.$ 　7. 略. 　8. 略.

习　题　9-3

1. (1) $\left(y - \dfrac{y}{x^2}\right)dx + \left(x + \dfrac{1}{x}\right)dy$; 　(2) $-\dfrac{1}{x}e^{\frac{y}{x}}\left(\dfrac{y}{x}dx - dy\right)$;

　(3) $-\dfrac{x}{(x^2+y^2)^{3/2}}(ydx - xdy)$; 　(4) $y\cos(x+y)dx + (\sin(x+y) + y\cos(x+y))dy$;

　(5) $yzx^{yz-1}dx + zx^{yz} \cdot \ln xdy + yx^{yz} \cdot \ln xdz$; 　(6) $e^{yz}dx + (xze^{yz} + 1)dy + (xye^{yz} - e^{-z})dz$.

2. $dz = \dfrac{1}{3}dx + \dfrac{2}{3}dy$. 　3. $dz = -0.1e$. 　4. (1) 2.039; (2) 2.95. 　5. –2.8mm, –140 00mm^2 .

6. $17.6\pi\, cm^3$.

习　题　9-4

1. (1) $\dfrac{dz}{dx} = \dfrac{(1+x)e^x}{1 + x^2e^{2x}}$;

　(2) $z_x = \left(1 + \dfrac{x^2+y^2}{xy}\right)\dfrac{x^2-y^2}{x^2 y}e^{\frac{x^2+y^2}{xy}}, z_y = \left(1 + \dfrac{x^2+y^2}{xy}\right)\dfrac{y^2-x^2}{xy^2}e^{\frac{x^2+y^2}{xy}}$;

　(3) $\dfrac{dz}{dt} = 4t^3 + 3t^2 + 2t$;

　(4) $z_u = \dfrac{u}{v^2}\left(2\ln(3u - 2v) + \dfrac{3u}{3u-2v}\right), z_v = -\dfrac{2u^2}{v^2}\left(\dfrac{1}{v}\ln(3u-2v) + \dfrac{1}{3u-2v}\right)$;

　(5) $u_x = f_1' + yf_2', u_y = f_1' + xf_2'$;

　(6) $u_x = \dfrac{1}{y}f_1', u_y = -\dfrac{x}{y^2}f_1' + \dfrac{1}{z}f_2', u_z = -\dfrac{y}{z^2}f_2'$.

2～4. 略.

5. (1) $\dfrac{\partial^2 z}{\partial x^2} = 2f' + 4x^2 f'', \dfrac{\partial^2 z}{\partial x \partial y} = \dfrac{\partial^2 z}{\partial y \partial x} = 4xyf'', \dfrac{\partial^2 z}{\partial y^2} = 2f' + 4y^2 f''$;

　(2) $\dfrac{\partial^2 z}{\partial x^2} = y^2 f_{11}'', \dfrac{\partial^2 z}{\partial x \partial y} = \dfrac{\partial^2 z}{\partial y \partial x} = f_1' + y(xf_{11}'' + f_{12}''), \dfrac{\partial^2 z}{\partial y^2} = x^2 f_{11}'' + 2xf_{12}'' + f_{22}''$;

　(3) $\dfrac{\partial^2 z}{\partial x^2} = 2yf_2' + y^4 f_{11}'' + 4xy^3 f_{12}'' + 4x^2 y^2 f_{22}''$,

　　 $\dfrac{\partial^2 z}{\partial x \partial y} = \dfrac{\partial^2 z}{\partial y \partial x} = 2yf_1' + 2xf_2' + 2xy^3 f_{11}'' + 5x^2 y^2 f_{12}'' + 2x^3 yf_{22}''$,

$$\frac{\partial^2 z}{\partial y^2} = 2xf_1' + 4x^2 y^2 f_{11}'' + 4x^3 y f_{12}'' + x^4 f_{22}'';$$

(4) $\dfrac{\partial^2 z}{\partial x^2} = -\sin x f_1' + 4e^{2x-y} f_3' + \cos x(\cos x f_{11}'' + 4e^{2x-y} f_{13}'') + 4e^{4x-2y} f_{33}'',$

$\dfrac{\partial^2 z}{\partial x \partial y} = \dfrac{\partial^2 z}{\partial y \partial x} = -2e^{2x-y} f_3' - \cos x \sin y f_{12}'' - e^{2x-y} \cos x f_{13}'' - 2e^{2x-y} \sin y f_{23}'' - 2e^{4x-2y} f_{33}'',$

$\dfrac{\partial^2 z}{\partial y^2} = -\cos y f_2' + e^{2x-y} f_3' + \sin^2 y f_{22}'' + 2e^{2x-y} \sin y f_{23}'' + e^{4x-2y} f_{33}''.$

6. 略. 7. 略.

习 题 9-5

1. (1) $\dfrac{\mathrm{d}y}{\mathrm{d}x} = \dfrac{y^2 - e^x}{\cos y - 2xy}$;　　　　　　(2) $\dfrac{\mathrm{d}y}{\mathrm{d}x} = \dfrac{x+y}{x-y}$;

　(3) $\dfrac{\partial z}{\partial x} = \dfrac{y\cos(xy) - z\sin(xy)}{x\sin(xz) - y\sec^2(yz)}, \dfrac{\partial z}{\partial y} = \dfrac{x\cos(xy) + z\sec^2(yz)}{x\sin(xz) - y\sec^2(yz)}$;

　(4) $\dfrac{\partial z}{\partial x} = \dfrac{yz - \sqrt{xyz}}{\sqrt{xyz} - xy}, \dfrac{\partial z}{\partial y} = \dfrac{xz - 2\sqrt{xyz}}{\sqrt{xyz} - xy}$;　　(5) $\dfrac{\partial z}{\partial x} = \dfrac{z}{x+z}, \dfrac{\partial z}{\partial y} = \dfrac{z^2}{y(x+z)}$;

　(6) $\dfrac{\partial z}{\partial x} = \dfrac{1-x}{z-2}, \dfrac{\partial z}{\partial y} = \dfrac{1+y}{2-z}$;　　　　(7) $\dfrac{\partial z}{\partial x} = \dfrac{ye^{-xy}}{2-e^z}, \dfrac{\partial z}{\partial y} = \dfrac{xe^{-xy}}{2-e^z}$;

　(8) $\dfrac{\partial z}{\partial x} = \dfrac{f_1' + yzf_2'}{1 - f_1' - xyf_2'}, \dfrac{\partial x}{\partial y} = -\dfrac{f_1' + xzf_2'}{f_1' + yzf_2'}, \dfrac{\partial y}{\partial z} = \dfrac{1 - f_1' - xyf_2'}{f_1' + xzf_2'}$;

　(9) $\dfrac{\partial^2 z}{\partial x^2} = \dfrac{2y^2 ze^z - 2xy^3 z - y^2 z^2 e^z}{(e^z - xy)^3}, \dfrac{\partial^2 z}{\partial x \partial y} = -\dfrac{z}{xy(z-1)^3}$.

2. $\dfrac{\mathrm{d}z}{\mathrm{d}x} = \dfrac{2(x^2 - y^2)}{x - 2y}, \dfrac{\mathrm{d}^2 z}{\mathrm{d}x^2} = \dfrac{4x - 2y}{x - 2y} + \dfrac{6x}{(x-2y)^3}$.

3. $u_x = 2\left(x + \dfrac{zx^2 - yz^2}{xy - z^2}\right), u_{xx} = 2\left[1 + \left(\dfrac{x^2 - yz}{xy - z^2}\right)^2\right]$.

4. $\dfrac{2xyzf'(x^2 - z^2) - z + yf(x^2 - z^2)}{1 + 2yzf'(x^2 - z^2)}$.

5. 略. 6. 略.

7. (1) $\dfrac{\mathrm{d}y}{\mathrm{d}x} = -\dfrac{x(6z+1)}{2y(3z+1)}, \dfrac{\mathrm{d}z}{\mathrm{d}x} = \dfrac{x}{3z+1}$;

　(2) $\dfrac{\mathrm{d}x}{\mathrm{d}z} = \dfrac{y-z}{x-y}, \dfrac{\mathrm{d}y}{\mathrm{d}z} = \dfrac{z-x}{x-y}$;

　(3) $\dfrac{\partial u}{\partial x} = \dfrac{-uF_1'(2yvG_2' - 1) - F_2' \cdot G_1'}{(xF_1' - 1)(2yvG_2' - 1) - F_2' \cdot G_1'}, \dfrac{\partial v}{\partial x} = \dfrac{G_1'(xF_1' + uF_1' - 1)}{(xF_1' - 1)(2yvG_2' - 1) - F_2' \cdot G_1'}$;

　(4) $\dfrac{\partial u}{\partial x} = \dfrac{\sin v}{e^u(\sin v - \cos v) + 1}, \dfrac{\partial u}{\partial y} = \dfrac{-\cos v}{e^u(\sin v - \cos v) + 1}$,

　　$\dfrac{\partial v}{\partial x} = \dfrac{\cos v - e^u}{u\left[e^u(\sin v - \cos v) + 1\right]}, \dfrac{\partial v}{\partial y} = \dfrac{\sin v + e^u}{u\left[e^u(\sin v - \cos v) + 1\right]}$.

8. $a = 3$.

习　题　9-6

1. (1) 切线方程: $\dfrac{x-\left(\dfrac{\pi}{2}-1\right)}{1}=\dfrac{y-1}{1}=\dfrac{z-2\sqrt{2}}{\sqrt{2}}$, 法平面方程: $x+y+\sqrt{2}z=\dfrac{\pi}{2}+4$;

(2) 切线方程: $\dfrac{x-\dfrac{a}{2}}{a}=\dfrac{y-\dfrac{b}{2}}{0}=\dfrac{z-\dfrac{c}{2}}{-c}$, 法平面方程: $ax-cz=\dfrac{1}{2}\left(a^2-c^2\right)$;

(3) 切线方程: $\dfrac{x-\dfrac{1}{2}}{1}=\dfrac{y-2}{-4}=\dfrac{z-1}{8}$, 法平面方程: $2x-8y+16z-1=0$;

(4) 切线方程: $\dfrac{x-1}{8}=\dfrac{y+1}{10}=\dfrac{z-2}{7}$, 法平面方程: $8x+10y+7z-12=0$;

(5) 切线方程: $\dfrac{x-1}{16}=\dfrac{y-1}{9}=\dfrac{z-1}{-1}$, 法平面方程: $16x+9y-z-24=0$.

2. $(-1,1,-1),\left(-\dfrac{1}{3},\dfrac{1}{9},-\dfrac{1}{27}\right)$.

3. (1) 切平面方程: $2x-y-z+1=0$, 法线方程: $\dfrac{x-1}{2}=\dfrac{y-1}{-1}=\dfrac{z-2}{-1}$;

(2) 切平面方程: $x+2y-4=0$, 法线方程: $\dfrac{x-2}{1}=\dfrac{y-1}{2}=\dfrac{z}{0}$;

(3) 切平面方程: $ax_0x+by_0y+cz_0z=1$, 法线方程: $\dfrac{x-x_0}{ax_0}=\dfrac{y-y_0}{by_0}=\dfrac{z-z_0}{cz_0}$;

(4) 切平面方程: $\dfrac{x}{a}+\dfrac{y}{b}+\dfrac{z}{c}=\sqrt{3}$,

　　 法线方程: $a\left(x-\dfrac{a}{\sqrt{3}}\right)=b\left(y-\dfrac{b}{\sqrt{3}}\right)=c\left(z-\dfrac{c}{\sqrt{3}}\right)$.

4. 切平面方程: $x+4y+6z=\pm21$. 　5. 切平面方程: $x-y+2z=\pm\sqrt{\dfrac{11}{2}}$. 　6. $\dfrac{3}{\sqrt{22}}$.

7. 略. 　8. 略.

习　题　9-7

1. $1+2\sqrt{3}$. 　2. $\dfrac{1}{ab}\sqrt{2(a^2+b^2)}$. 　3. 5. 　4. $\dfrac{98}{13}$. 　5. $\dfrac{6}{7}\sqrt{14}$. 　6. $x_0+y_0+z_0$.

7. $(3,-2,-6),(6,3,0)$; 　8. 略.

9. $\mathrm{grad}u=(2,-4,1)$ 是方向导数取最大值的方向, 其最大值为 $|\mathrm{grad}u|=\sqrt{21}$.

10. (1) $\dfrac{1}{r}(x,y,z)$; (2) $-\dfrac{1}{r^3}(x,y,z)$.

习　题　9-8

1. (1) 极大值: $f(2,-2)=8$; 　　　　　　　(2) 极大值: $f(3,2)=36$;

(3) 极小值：$f\left(\dfrac{1}{2},-1\right)=-\dfrac{\mathrm{e}}{2}$；　　　　(4) 极大值：$f(a,a)=a^3$．

2. 最大值:4, 最小值:-1.　3. 极大值：$z\left(\dfrac{1}{2},\dfrac{1}{2}\right)=\dfrac{1}{4}$．

4. 等腰直角三角形,两直角边长均为 $\dfrac{a}{\sqrt{2}}$ 时,可得最大周长.　5. $\left(\dfrac{8}{5},\dfrac{16}{5}\right)$．

6. 当长、宽、高均为 $\dfrac{2a}{\sqrt{3}}$ 时,可得最大的体积.

7. (1) 此时需要用 0.75 万元做电台广告, 1.25 万元做报纸广告;

(2) 此时要将 1.5 万元广告费全部做报纸广告.

8. 两要素分别投入为 $x=6\left(\dfrac{P_2\alpha}{P_1(1-\alpha)}\right)^{1-\alpha}$，$y=6\left(\dfrac{P_1(1-\alpha)}{P_2\alpha}\right)^{\alpha}$ 时,可使投入总费用最小.

9. $\dfrac{7}{8}\sqrt{2}$．　10. 最长距离为 $\sqrt{9+5\sqrt{3}}$,最短距离为 $\sqrt{9-5\sqrt{3}}$．

*习 题 　9-9

1. (1) $f(x,y)=x^2+y^2+R_2,\ R_2=-\dfrac{2}{3}\Big[3\theta(x^2+y^2)^2\sin(\theta x^2+\theta y^2)+2\theta^3(x^2+y^2)^3\cos(\theta x^2+\theta y^2)\Big]$；

(2) $f(1+h,1+k)=1+h-k-hk+k^2+hk^2-k^3+\left[-\dfrac{hk^3}{(1+\theta k)^4}+\dfrac{1+\theta h}{(1+\theta k)^5}k^4\right]$；

(3) $\mathrm{e}^x\ln(1+y)=y+\dfrac{1}{2!}(2xy-y^2)+\dfrac{1}{3!}(3x^2y-3xy^2+2y^3)+R_3$,　其中

$$R_3=\dfrac{\mathrm{e}^{\theta x}}{24}\left[x^4\ln(1+\theta y)+\dfrac{4x^3y}{1+\theta y}-\dfrac{6x^2y^2}{(1+\theta y)^2}+\dfrac{8xy^3}{(1+\theta y)^3}-\dfrac{6y^4}{(1+\theta y)^4}\right]\ (0<\theta<1)$$；

(4) $\mathrm{e}^{x+y}=1+(x+y)+\dfrac{1}{2!}(x^2+2xy+y^2)+\cdots+\dfrac{1}{n!}(x^n+C_n^1 x^{n-1}y+\cdots+y^n)+R_n$,　其中

$$R_n=\dfrac{\mathrm{e}^{\theta(x+y)}}{(n+1)!}\Big[x^{n+1}+C_{n+1}^1 x^n y+\cdots+y^{n+1}\Big]\ (0<\theta<1)$$；

(5) $\sin x\sin y=\dfrac{1}{2}+\dfrac{1}{2}\left(x-\dfrac{\pi}{4}\right)+\dfrac{1}{2}\left(y-\dfrac{\pi}{4}\right)-\dfrac{1}{4}\left[\left(x-\dfrac{\pi}{4}\right)^2-2\left(x-\dfrac{\pi}{4}\right)\left(y-\dfrac{\pi}{4}\right)+\left(y-\dfrac{\pi}{4}\right)^2\right]+R_2$,

$$R_2=-\dfrac{1}{6}\left[\cos\xi\sin\eta\cdot\left(x-\dfrac{\pi}{4}\right)^3+3\sin\xi\cos\eta\cdot\left(x-\dfrac{\pi}{4}\right)^2\left(y-\dfrac{\pi}{4}\right)\right.$$

$$\left.+3\cos\xi\sin\eta\cdot\left(x-\dfrac{\pi}{4}\right)\left(y-\dfrac{\pi}{4}\right)^2+\sin\xi\cos\eta\cdot\left(y-\dfrac{\pi}{4}\right)^3\right]$$,

且 $\xi=\dfrac{\pi}{4}+\theta\left(x-\dfrac{\pi}{4}\right),\eta=\dfrac{\pi}{4}+\theta\left(y-\dfrac{\pi}{4}\right)\ (0<\theta<1)$；

(6) $f(x,y)=5+2(x-1)^2-(x-1)(y+2)-(y+2)^2$．

2. $x^y=1+4(x-1)+6(x-1)^2+(x-1)(y-4)+o(\rho^2),\rho^2=x^2+y^2$；$(1.08)^{3.96}\approx1.3552$．

习 题 9-10

1. $\dfrac{y^2 - x^2}{(x^2 + y^2)^2}$.   2. $\dfrac{\partial^3 z}{\partial x^2 \partial y} = \dfrac{1}{y}, \dfrac{\partial^3 z}{\partial x \partial y^2} = -\dfrac{1}{y^2}$.   3. $\mathrm{d}z = yzx^{yz-1}\mathrm{d}x + z \cdot x^{yz}\ln x\mathrm{d}y + yx^{yz}\ln x\mathrm{d}z$.

4. $\dfrac{\mathrm{d}z}{\mathrm{d}t} = \mathrm{e}^{\sin t - 2t^3}(\cos t - 6t^2)$.   5. $\dfrac{\partial z}{\partial x} = 2xf_1' + y\mathrm{e}^{xy}f_2'$; $\dfrac{\partial z}{\partial y} = -2yf_1' + x\mathrm{e}^{xy}f_2'$.

6. $\dfrac{\partial z}{\partial x} = \dfrac{z}{x+z}, \dfrac{\partial z}{\partial y} = \dfrac{z^2}{y(x+z)}$.   7. $z_{\min} = \dfrac{1}{2}$.   8. $y = \mathrm{e}^{-0.103686t + 4.36949}$.

习 题 10-1

1. $Q = \iint\limits_{D} \mu(x, y)\mathrm{d}\sigma$.

2. (1) $\iint\limits_{D}(1 - x^2 - y^2)\mathrm{d}x\mathrm{d}y$, D : $x^2 + y^2 \leqslant 1$;   (2) $\iint\limits_{D}\sqrt{2 - x^2 - y^2}\mathrm{d}x\mathrm{d}y$, D : $x^2 + y^2 \leqslant 1$.

3. (1) $\iint\limits_{D}\ln(x+y)\mathrm{d}\sigma > \iint\limits_{D}[\ln(x+y)]^2\mathrm{d}\sigma$;   (2) $\iint\limits_{D}(x+y)^2\mathrm{d}\sigma \leqslant \iint\limits_{D}(x+y)^3\mathrm{d}\sigma$.

4. (1) $ab\pi \leqslant I \leqslant ab\pi\mathrm{e}^{a^2}$;   (2) $36\pi \leqslant \iint\limits_{D}(x^2 + 4y^2 + 9)\mathrm{d}\sigma \leqslant 100\pi$.

习 题 10-2

1. (1) $\iint\limits_{D}f(x, y)\mathrm{d}\sigma = \int_0^3 \mathrm{d}x\int_{\frac{2}{3}}^{2 - \frac{2}{3}x} f(x, y)\mathrm{d}y$ 或 $\iint\limits_{D}f(x, y)\mathrm{d}\sigma = \int_0^2 \mathrm{d}y\int_0^{3 - \frac{3}{2}y} f(x, y)\mathrm{d}x$;

(2) $\iint\limits_{D}f(x, y)\mathrm{d}\sigma = \int_0^1 \mathrm{d}x\int_{\frac{x}{2}}^{2x} f(x, y)\mathrm{d}y + \int_1^2 \mathrm{d}x\int_{\frac{x}{2}}^{3-x} f(x, y)\mathrm{d}y$

或 $\iint\limits_{D}f(x, y)\mathrm{d}\sigma = \int_0^1 \mathrm{d}y\int_{\frac{y}{2}}^{2y} f(x, y)\mathrm{d}x + \int_1^2 \mathrm{d}y\int_{\frac{y}{2}}^{3-y} f(x, y)\mathrm{d}x$;

(3) $\iint\limits_{D}f(x,y)\mathrm{d}\sigma = \int_1^2 \mathrm{d}x\int_{\frac{1}{x}}^x f(x, y)\mathrm{d}y$

或 $\iint\limits_{D}f(x,y)\mathrm{d}\sigma = \int_{\frac{1}{2}}^1 \mathrm{d}y\int_{\frac{1}{y}}^2 f(x, y)\mathrm{d}x + \int_1^2 \mathrm{d}y\int_y^2 f(x, y)\mathrm{d}x$;

(4) $\iint\limits_{D}f(x,y)\mathrm{d}\sigma = \int_0^4 \mathrm{d}x\int_{2\sqrt{x}}^x f(x, y)\mathrm{d}y$ 或 $\iint\limits_{D}f(x,y)\mathrm{d}\sigma = \int_0^4 \mathrm{d}y\int_y^{\frac{y^2}{4}} f(x, y)\mathrm{d}x$.

2. (1) $\dfrac{7}{8}$;   (2) $\dfrac{20}{3}$;   (3) $\dfrac{1}{2}$;   (4) $\dfrac{1}{2}(\mathrm{e} - 1)$;   (5) $-\dfrac{11}{15}$;   (6) $(\mathrm{e} - 1)^2$;

(7) $\dfrac{1}{2}(\cos 1 - \cos 2)$;   (8) $\dfrac{1}{4} + \dfrac{1}{2}\ln 2 - \dfrac{3}{8}\ln 3$.

3. (1) $\int_0^1 \mathrm{d}y\int_0^{1-y} f(x,y)\mathrm{d}x$; (2) $\int_0^1 \mathrm{d}y\int_y^{\sqrt{y}} f(x,y)\mathrm{d}x$;   (3) $\int_0^4 \mathrm{d}x\int_{\frac{x}{2}}^{\sqrt{x}} f(x,y)\mathrm{d}y$;

(4) $\int_0^1 \mathrm{d}x \int_{-\sqrt{x}}^{\sqrt{x}} f(x,y)\mathrm{d}y + \int_1^4 \mathrm{d}x \int_{-\sqrt{x}}^1 f(x,y)\mathrm{d}y$;   (5) $\int_0^1 \mathrm{d}y \int_{1-\sqrt{1-y^2}}^{2-y} f(x,y)\,\mathrm{d}x$;

(6) $\int_{-1}^0 \mathrm{d}y \int_{-2\arcsin y}^{\pi} f(x,y)\mathrm{d}x + \int_0^1 \mathrm{d}y \int_{\arcsin y}^{\pi-\arcsin y} f(x,y)\mathrm{d}x$.

4. 利用交换积分次序.

5. (1) $\int_0^{2\pi} \mathrm{d}\theta \int_0^a f(\rho\cos\theta, \rho\sin\theta)\rho\mathrm{d}\rho$;   (2) $\int_{-\frac{\pi}{2}}^{\frac{\pi}{2}} \mathrm{d}\theta \int_0^{2\cos\theta} f(\rho\cos\theta, \rho\sin\theta)\rho\mathrm{d}\rho$;

(3) $\int_0^{2\pi} \mathrm{d}\theta \int_a^b f(\rho\cos\theta, \rho\sin\theta)\rho\mathrm{d}\rho$;   (4) $\int_0^{\frac{\pi}{2}} \mathrm{d}\theta \int_0^{\frac{1}{\cos\theta+\sin\theta}} f(\rho\cos\theta, \rho\sin\theta)\rho\mathrm{d}\rho$.

6. (1) $\pi(1-\mathrm{e}^{-R^2})$;   (2) $\dfrac{3\pi^3}{64}$;   (3) $\pi\ln 2$;   (4) -4 ;   (5) π ;   (6) $15\left(\dfrac{\pi}{2}-\sqrt{3}\right)$.

习 题 10-3

1. (1) $\int_0^1 \mathrm{d}x \int_0^{1-x} \mathrm{d}y \int_0^{xy} f(x,y,z)\mathrm{d}z$;   (2) $\int_{-1}^1 \mathrm{d}x \int_{-\sqrt{1-x^2}}^{\sqrt{1-x^2}} \mathrm{d}y \int_{x^2+y^2}^1 f(x,y,z)\mathrm{d}z$;

(3) $\int_{-1}^1 \mathrm{d}x \int_{-\sqrt{1-x^2}}^{\sqrt{1-x^2}} \mathrm{d}y \int_{x^2+2y^2}^{2-x^2} f(x,y,z)\mathrm{d}z$;   (4) $\int_0^a \mathrm{d}x \int_0^{\frac{b}{a}\sqrt{a^2-x^2}} \mathrm{d}y \int_0^{\frac{xy}{c}} f(x,y,z)\mathrm{d}z$.

2. (1) $\dfrac{28}{45}$;   (2) $\dfrac{1}{20}$;   (3) $\dfrac{7\pi}{12}$;   (4) $\dfrac{1}{2}\left(\ln 2 - \dfrac{5}{8}\right)$;   (5) $\dfrac{1}{48}$;   (6) $\dfrac{\pi R^2 h^2}{4}$.

3. (1) $\dfrac{7}{12}\pi$;   (2) $\dfrac{16}{3}\pi$;   (3) 336π .

4. (1) $\dfrac{\pi}{10}a^5$;   (2) $\dfrac{\pi}{60}(90\sqrt{2}-89)$;   (3) $\dfrac{\pi}{10}$.

习 题 10-4

1. $\dfrac{32}{3}\pi$.   2. $\dfrac{32}{3}a^3\left(\dfrac{\pi}{2}-\dfrac{2}{3}\right)$.   3. $a^2\left(\sqrt{3}-\dfrac{\pi}{3}\right)$.   4. $2a^2(\pi-2)$.   5. $\sqrt{2}\pi$.

6. (1) $\left(\dfrac{3}{5}x_0, \dfrac{3}{8}y_0\right)$;   (2) $\dfrac{4b}{3\pi}$.   7. $\left(\dfrac{35}{48}, \dfrac{35}{54}\right)$.   8. $\left(\dfrac{2}{5}a, \dfrac{2}{5}a\right)$.

9. (1) $\left(0, 0, \dfrac{3}{4}\right)$;   (2) $\left(0, 0, \dfrac{3(A^4-a^4)}{8(A^3-a^3)}\right)$.   10. $\left(0, 0, \dfrac{5}{4}R\right)$.

11. $F = \left(2G\mu\left(\ln\dfrac{\sqrt{R_2^2+a^2}+R_2}{\sqrt{R_1^2+a^2}+R_1} - \dfrac{R_2}{\sqrt{R_2^2+a^2}} + \dfrac{R_1}{\sqrt{R_1^2+a^2}}\right), 0, \pi G a\mu\left(\dfrac{1}{\sqrt{R_2^2+a^2}} - \dfrac{1}{\sqrt{R_1^2+a^2}}\right)\right)$.

12. $2\pi G\rho\left(h+\sqrt{R^2+(a-h)^2}-\sqrt{R^2+a^2}\right)$.

13. $I_x = \dfrac{1}{12}ab^3\rho, I_y = \dfrac{1}{12}a^3b\rho$.   14. $I_x = \dfrac{bh^3\rho}{12}, I_y = \dfrac{b^3h\rho}{12}$.

习 题 10-5

1. $\dfrac{2}{3}$.   2. $\dfrac{\pi}{4}(2\ln 2-1)$.   3. $\dfrac{4}{15}(A^5-a^5)$.

习　题　11-1

1. (1) (1)$\sqrt{2}$;　(2) $\dfrac{4}{5}$;　(3) $\sqrt{2}+1$;　(4) $\dfrac{\sqrt{2}}{2}+\dfrac{5\sqrt{5}-1}{12}$;　(5) $2\pi a^{2n}$;

(6) $4a^{\frac{7}{3}}$;　(7) $\dfrac{2}{3}\pi\sqrt{a^2+k^2}(3a^2+4\pi^2k^2)$;　(8) 9.　2. $2a^2$.

习　题　11-2

1. (1) $2\pi ab$;　(2) 1;　(3) πa^2;　(4) $\dfrac{131}{12}$;　(5) $\dfrac{4}{3}ab^2$;　(6) -3;　(7) $\dfrac{1}{2}$.　2. $a=1$.　3. $\dfrac{k}{2}\ln 2$.

4. 利用: $\cos\alpha=\dfrac{1}{\sqrt{1+4t^2+9t^4}}$,　$\cos\beta=\dfrac{2t}{\sqrt{1+4t^2+9t^4}}$,　$\cos\gamma=\dfrac{3t^2}{\sqrt{1+4t^2+9t^4}}$.

习　题　11-3

1. (1) $\dfrac{81\pi}{2}$;　(2) 1;　(3) $\dfrac{5}{64}\times 3^6\pi$;　(4) 2π;　(5) $\mathrm{e}^\pi-1$.　2. $\dfrac{3}{8}\pi a^2$.

3. (1) $\dfrac{238}{5}$; (2) $2\mathrm{e}^4$.　4. (1) $x^3+x\sin y$; (2) $x\mathrm{e}^{xy}$.

5. $\dfrac{1}{2}$.　6. $y\dfrac{\partial f}{\partial y}=x\dfrac{\partial f}{\partial x}$ (充要条件).

习　题　11-4

1. (1) 4π; (2) $3\displaystyle\iint_{\Sigma}\mathrm{d}S$.

2. (1) $\dfrac{1+\sqrt{2}}{2}\pi$;　(2) $4\sqrt{61}$;　(3) $-\dfrac{27}{4}$;　(4) $\sqrt{2}$;　(5) 2π.

3. $\dfrac{4}{3}\sqrt{3}$.　4. $\left(\dfrac{4}{5}\sqrt{3}+\dfrac{2}{15}\right)\pi$.

习　题　11-5

1. (1) $\dfrac{4}{3}$;　(2) $\dfrac{2}{105}\pi R^7$;　(3) $\dfrac{2}{3}\pi$.

2. (1) $\displaystyle\iint_{\Sigma}\left(\dfrac{3}{5}P+\dfrac{2}{5}Q+\dfrac{2\sqrt{3}}{5}R\right)\mathrm{d}S$;　(2) $\displaystyle\iint_{\Sigma}\dfrac{2xP+2yQ+R}{\sqrt{1+4x^2+4y^2}}\mathrm{d}S$.　3. $\dfrac{1}{18}$.

习 题 11-6

1. (1) 18; (2) $-\sqrt{3}\pi a^2$; (3) $\dfrac{12\pi a^5}{5}$. 2. (1) $2a^3 - \dfrac{1}{6}a^5$; (2) $4\pi abc$.

3. 提示：利用高斯公式证明. 4. (1) $-\dfrac{\pi}{8}a^6$; (2) -2; (3) $-\sqrt{3}\pi a^2$.

习 题 12-1

1. (1) $\dfrac{1}{3} - \dfrac{1}{3^2} + \dfrac{1}{3^3} - \dfrac{1}{3^4} + \dfrac{1}{3^5}$; (2) $\dfrac{3}{1} + \dfrac{1}{2} + \dfrac{3}{3} + \dfrac{1}{4} + \dfrac{3}{5}$;

(3) $\dfrac{1!}{1} + \dfrac{2!}{2^2} + \dfrac{3!}{3^3} + \dfrac{4!}{4^4} + \dfrac{5!}{5^5}$; (4) $1 + \dfrac{1}{\sqrt{3}} + \dfrac{1}{\sqrt{5}} + \dfrac{1}{\sqrt{7}} + \dfrac{1}{\sqrt{9}}$;

(5) $-\left(\dfrac{1}{3} + 1\right) + \left(\dfrac{1}{3^2} + \dfrac{1}{2^3}\right) - \left(\dfrac{1}{3^3} + \dfrac{1}{3^3}\right) + \left(\dfrac{1}{3^4} + \dfrac{1}{4^3}\right) - \left(\dfrac{1}{3^5} + \dfrac{1}{5^3}\right)$.

2. (1) $u_n = (-1)^{n-1}\dfrac{1}{2n-1}$; (2) $u_n = \dfrac{1}{(n+1)\ln(n+1)}$;

(3) $u_n = \dfrac{1}{n} \cdot \left(\dfrac{2}{3}\right)^n$; (4) $u_n = 1 - \dfrac{1}{10^n}$.

3. (1) 发散; (2) 收敛; (3) 收敛; (4) 发散.
4. (1) 发散; (2) 收敛; (3) 收敛; (4) 发散;
   (5) 收敛; (6) 发散.
5. (1) 发散; (2) 收敛, 和为 $\dfrac{3}{10}$; (3) 发散. (4) 发散;
   (5) 收敛, 和为 $-\dfrac{1}{2}$; (6) 收敛, 和为 $\dfrac{5}{3}$; (7) 发散; (8) 收敛, 和为 1.

习 题 12-2

1. (1) 收敛; (2) 发散; (3) 发散; (4) 收敛;
   (5) 收敛; (6) 收敛; (7) 收敛; (8) 收敛;
   (9) 收敛; (10) 收敛; (11) 发散; (12) 发散.
2. (1) 发散; (2) 收敛; (3) 收敛; (4) 发散.
3. (1) 发散; (2) 收敛; (3) 收敛; (4) 收敛;
   (5) 收敛; (6) 收敛; (7) 收敛; (8) 发散.
4. (1) 收敛; (2) 收敛; (3) 发散; (4) 发散;
   (5) 发散; (6) 发散; (7) 收敛; (8) 发散;
   (9) 收敛; (10) 收敛; (11) 收敛; (12) 收敛;
   (13) 发散; (14) 收敛.
5. (1) 条件收敛; (2) 绝对收敛; (3) 绝对收敛; (4) 绝对收敛;
   (5) 条件收敛; (6) 发散; (7) 条件收敛; (8) 条件收敛;
   (9) 绝对收敛; (10) 发散; (11) 绝对收敛.

6. 收敛.　　　　　　　　7. 发散.

习　题　12-3

1. (1) $(-1,1)$;　　　(2) $(-\infty,+\infty)$;　　　(3) $x=0$;　　　(4) $\left(-\dfrac{1}{2},\dfrac{1}{2}\right)$;

(5) $(-\infty,+\infty)$;　　　(6) $(-1,3)$;　　　(7) $(-3,3)$;　　　(8) $(-\infty,+\infty)$;

(9) $(-\sqrt{3},\sqrt{3})$;　　　(10) $(4,6)$.

2. (1) $R=1$, 收敛区间为 $(-1,1)$, 收敛域为 $[-1,1)$;

(2) $R=\dfrac{1}{2}$, 收敛区间为 $\left(-\dfrac{1}{2},\dfrac{1}{2}\right)$, 收敛域为 $\left(-\dfrac{1}{2},\dfrac{1}{2}\right)$;

(3) $R=+\infty$, 收敛区间为 $(-\infty,+\infty)$, 收敛域为 $(-\infty,+\infty)$;

(4) $R=1$, 收敛区间为 $(-1,1)$, 收敛域为 $(-1,1]$;

(5) $R=1$, 收敛区间为 $(0,1)$, 收敛域为 $[0,1]$;

(6) $R=\dfrac{\sqrt{3}}{3}$, 收敛区间为 $\left(-\dfrac{\sqrt{3}}{3},\dfrac{\sqrt{3}}{3}\right)$, 收敛域为 $\left(-\dfrac{\sqrt{3}}{3},\dfrac{\sqrt{3}}{3}\right)$;

(7) $R=0$, $x=0$, $x=0$;

(8) $R=2$, 收敛区间为 $(-2,2)$, 收敛域为 $(-2,2)$.

3. (1) $s(x)=\dfrac{1}{(1-x)^2}$, $x\in(-1,1)$;　　　(2) $s(x)=\ln(1+x)$, $x\in(-1,1]$;

(3) $s(x)=-\dfrac{\ln(1-x^2)}{2}$, $x\in(-1,1)$.

4. $s(x)=\dfrac{x(2-x)}{(1-x)^2}$, $x\in(-1,1)$; $\displaystyle\sum_{n=0}^{\infty}\dfrac{n+1}{2^n}=s\left(\dfrac{1}{2}\right)=3$.

习　题　12-4

1. (1) $\displaystyle\sum_{n=0}^{\infty}(-1)^n\dfrac{x^{2n+1}}{2^{2n+1}(2n+1)!}$, $x\in(-\infty,+\infty)$;　　(2) $\displaystyle\sum_{n=0}^{\infty}\dfrac{x^{2n+2}}{n!}$, $x\in(-\infty,+\infty)$;

(3) $\displaystyle\sum_{n=0}^{\infty}\dfrac{(\ln 2)^n}{n!}x^n$, $x\in(-\infty,+\infty)$;　　(4) $\ln a+\displaystyle\sum_{n=1}^{\infty}(-1)^{n-1}\dfrac{x^n}{n\cdot a^n}$, $x\in(-a,a]$;

(5) $\displaystyle\sum_{n=0}^{\infty}(-1)^n\dfrac{2^n}{n!}x^{n+1}$, $x\in(-\infty,+\infty)$;　　(6) $\dfrac{1}{4}\left[1-\dfrac{x}{4}+\left(\dfrac{x}{4}\right)^2+\cdots+(-1)^n\left(\dfrac{x}{4}\right)^n+\cdots\right]$, $x\in(-4,4)$;

(7) $\dfrac{1}{2}\left[1+\displaystyle\sum_{n=0}^{\infty}\dfrac{(-1)^n}{(2n)!}(2x)^n\right]$, $x\in(-\infty,+\infty)$;　　(8) $\displaystyle\sum_{n=0}^{\infty}\dfrac{(-1)^n}{(2n+1)}(5x)^{2n+1}$, $x\in(-\infty,+\infty)$;

(9) $\displaystyle\sum_{n=0}^{\infty}2^n x^n$, $x\in\left(-\dfrac{1}{2},\dfrac{1}{2}\right)$;　　(10) $\displaystyle\sum_{n=1}^{\infty}(-1)^{n-1}\dfrac{2^{2n-1}}{(2n)!}x^{2n}$, $x\in(-\infty,+\infty)$;

(11) $x+\displaystyle\sum_{n=1}^{\infty}(-1)^{n-1}\left(\dfrac{1}{n}-\dfrac{1}{n+1}\right)x^{n+1}$, $x\in(-1,1]$; (12) $\displaystyle\sum_{n=0}^{\infty}(-1)^n(n+1)x^n$, $x\in(-1,1)$;

(13) $-\dfrac{1}{5}\displaystyle\sum_{n=0}^{\infty}\left(1+\dfrac{(-1)^n}{4^{n+1}}\right)x^n$, $x\in(-1,1)$;　　(14) $\displaystyle\sum_{n=0}^{\infty}\dfrac{(-1)^n}{(2n)!}4^{2n}x^{2n}$, $x\in(-\infty,+\infty)$.

2. $\dfrac{x}{x+3}=\displaystyle\sum_{n=0}^{\infty}(-1)^{n}\dfrac{1}{3^{n+1}}x^{n+1}$, $x\in(-3,3)$.　　　3. $\dfrac{1}{x}=\displaystyle\sum_{n=0}^{\infty}(-1)^{n}\dfrac{(x-3)^{n}}{3^{n+1}}$, $x\in(0,6)$.

4. $\cos x=\dfrac{\sqrt{3}}{2}\displaystyle\sum_{n=0}^{\infty}\dfrac{(-1)^{n}}{(2n+1)!}\left(x+\dfrac{\pi}{3}\right)^{2n+1}+\dfrac{1}{2}\sum_{n=0}^{\infty}\dfrac{(-1)^{n}}{(2n)!}\left(x+\dfrac{\pi}{3}\right)^{2n}$, $x\in(-\infty,+\infty)$.

5. $\ln x=\displaystyle\sum_{n=0}^{\infty}(-1)^{n}\dfrac{1}{n+1}(x-1)^{n+1}$, $x\in(0,2]$.

6. $\ln(2+x)=\ln 3+\displaystyle\sum_{n=1}^{\infty}\dfrac{(-1)^{n-1}}{n}\left(\dfrac{x-1}{3}\right)^{n}$, $x\in(-2,4]$.

7. $\dfrac{1}{x^{2}+3x+2}=\displaystyle\sum_{n=0}^{\infty}\left(\dfrac{1}{2^{n+1}}-\dfrac{1}{3^{n+1}}\right)(x+4)^{n}$, $x\in(-6,-2)$.

习 题 12-5

1. (1) 2.9926 ;　(2) 0.6931 ;　(3) 1.648 ;　(4) 0.15643 .　　2. (1) 0.49403 ; (2) 0.9461 .

3. (1) $y=a_{0}(1-x)+x^{3}\left[\dfrac{1}{3}+\dfrac{1}{6}x+\dfrac{1}{10}x^{2}+\cdots+\dfrac{2}{(n+2)(n+3)}x^{n}+\cdots\right]$;

　(2) $y=a_{0}\mathrm{e}^{-\frac{x^{2}}{2}}+a_{1}\displaystyle\sum_{n=0}^{\infty}\dfrac{(-1)^{n}}{(2n+1)!!}x^{2n+1}$, $x\in(-\infty,+\infty)$.

4. (1) $y=\dfrac{1}{2}+\dfrac{1}{4}x+\dfrac{1}{8}x^{2}+\dfrac{1}{16}x^{3}+\dfrac{9}{32}x^{4}+\cdots$;　　　(2) $y=x+\dfrac{1}{2}x^{2}+\dfrac{1}{6}x^{3}+\cdots+\dfrac{1}{n(n-1)}x^{n}+\cdots$.

5. $\mathrm{e}^{x}\cos x=1+x+\left(\dfrac{1}{3!}-\dfrac{1}{2!}\right)x^{3}+\left(\dfrac{2}{4!}-\dfrac{1}{2!2!}\right)x^{4}+\cdots$, $x\in\mathbf{R}$.

习 题 12-6

1. (1) $f(x)=\pi^{2}+1+12\displaystyle\sum_{n=1}^{\infty}\dfrac{(-1)^{n}}{n^{2}}\cos nx$;

　(2) $f(x)=\dfrac{\mathrm{e}^{2\pi}-\mathrm{e}^{-2\pi}}{\pi}\left[\dfrac{1}{4}+\displaystyle\sum_{n=1}^{\infty}\dfrac{(-1)^{n}}{n^{2}+4}(2\cos nx-n\sin nx)\right]$, $x\neq(2n+1)\pi$, $n=0,\ \pm1,\ \pm2,\ \cdots$;

在间断点处，级数收敛于 $\dfrac{1}{2}(\mathrm{e}^{2\pi}-\mathrm{e}^{-2\pi})$.

2. $f(x)=\dfrac{18\sqrt{3}}{\pi}\displaystyle\sum_{n=1}^{\infty}(-1)^{n-1}\dfrac{n\sin nx}{9n^{2}-1}$, $-\pi<x<\pi$, 当 $x=\pm\pi$ 时, 右边级数收敛于 0 .

3. $f(x)=\dfrac{2}{\pi}+\dfrac{4}{\pi}\displaystyle\sum_{n=1}^{\infty}(-1)^{n-1}\dfrac{\cos nx}{4n^{2}-1}$, $-\pi\leqslant x\leqslant\pi$.

4. 正弦级数: $f(x)=\dfrac{4}{\pi}\displaystyle\sum_{n=1}^{\infty}\left[-\dfrac{2}{n^{3}}+(-1)^{n}\left(\dfrac{2}{n^{3}}-\dfrac{\pi^{2}}{n}\right)\right]\sin nx$, $0\leqslant x<\pi$,

当 $x=\pi$ 时, 右边的级数收敛于 $\dfrac{f(\pi+0)+f(\pi-0)}{2}=0$;

余弦级数: $f(x)=\dfrac{2}{3}\pi^{2}+8\displaystyle\sum_{n=1}^{\infty}\dfrac{(-1)^{n}}{n^{2}}\cos nx$, $0\leqslant x\leqslant\pi$.

习　题　12-7

1.　$f(x) = x^2 - \dfrac{1}{3}x^4 + \dfrac{2}{45}x^6 - \dfrac{1}{315}x^8 + \dfrac{2}{14175}x^{10}$.

2.　$f(x) = \ln 2 + \dfrac{3}{2}(x-1) + \dfrac{3}{8}(x-1)^2 - \dfrac{5}{8}(x-1)^3 + \dfrac{15}{64}(x-1)^4$.

3.　0.493 967 .　　　　　　　　　　　　4.　0.487 202 .

参 考 文 献

[1] 同济大学应用数学系. 高等数学. 7 版. 北京: 高等教育出版社, 2014.

[2] 吴传生. 微积分. 3 版. 北京: 高等教育出版社, 2016.

[3] 西安交通大学高等数学教研室. 高等数学. 北京: 高等教育出版社, 2014.

[4] 高等数学编写组. 高等数学. 北京: 中国人民大学出版社, 2011.

[5] 北京邮电大学高等数学双语教学组. 高等数学. 2 版. 北京:北京邮电大学, 2012.

[6] 西南财经大学高等数学教研室. 高等数学. 北京: 科学出版社, 2013.